2021年版全国一级建造师执业资格考试辅导

建设工程项目管理

复习题集

全国一级建造师执业资格考试辅导编写委员会　编写

中国建筑工业出版社
中国城市出版社

图书在版编目（CIP）数据

建设工程项目管理复习题集／全国一级建造师执业资格考试辅导编写委员会编写. —北京：中国城市出版社，2021.4

2021年版全国一级建造师执业资格考试辅导

ISBN 978-7-5074-3363-0

Ⅰ. ①建… Ⅱ. ①全… Ⅲ. ①基本建设项目—项目管理—资格考试—习题集 Ⅳ. ①F284-44

中国版本图书馆CIP数据核字（2021）第039664号

责任编辑：田立平

责任校对：党　蕾

2021年版全国一级建造师执业资格考试辅导

建设工程项目管理复习题集

全国一级建造师执业资格考试辅导编写委员会　编写

*

中国建筑工业出版社、中国城市出版社出版、发行（北京海淀三里河路9号）

各地新华书店、建筑书店经销

天津安泰印刷有限公司印刷

*

开本：787毫米×1092毫米　1/16　印张：$23\frac{1}{2}$　字数：540千字

2021年5月第一版　2021年5月第一次印刷

定价：**63.00**元（含增值服务）

ISBN 978-7-5074-3363-0

（904344）

如有印装质量问题，可寄本社图书出版中心退换

（邮政编码 100037）

出版说明

为了满足广大考生的应试复习需要，便于考生准确理解考试大纲的要求，尽快掌握复习要点，更好地适应考试，根据《一级建造师执业资格考试大纲》（2018 年版）（以下简称《考试大纲》）和《2021 年版全国一级建造师执业资格考试用书》（以下简称《考试用书》），我们组织全国著名院校和企业以及行业协会的有关专家教授编写了《2021 年版全国一级建造师执业资格考试辅导——复习题集》（以下简称《复习题集》）。此次出版的复习题集共 13 册，涵盖所有的综合科目和专业科目，分别为：

- 《建设工程经济复习题集》
- 《建设工程项目管理复习题集》
- 《建设工程法规及相关知识复习题集》
- 《建筑工程管理与实务复习题集》
- 《公路工程管理与实务复习题集》
- 《铁路工程管理与实务复习题集》
- 《民航机场工程管理与实务复习题集》
- 《港口与航道工程管理与实务复习题集》
- 《水利水电工程管理与实务复习题集》
- 《矿业工程管理与实务复习题集》
- 《机电工程管理与实务复习题集》
- 《市政公用工程管理与实务复习题集》
- 《通信与广电工程管理与实务复习题集》

《建设工程经济复习题集》《建设工程项目管理复习题集》《建设工程法规及相关知识复习题集》包括单选题和多选题，专业工程管理与实务复习题集包括单选题、多选题、实务操作和案例分析题。题集中附有参考答案、难点解析、案例分析以及综合测试等。为了帮助应试考生更好地复习备考，我们开设了在线辅导课程，考生可通过中国建筑出版在线网站（exam.cabplink.com）了解相关信息，参加在线辅导课程学习。

为了给广大应试考生提供更优质、持续的服务，我社对上述 13 册图书提供网上增值服务，包括在线答疑、在线视频课程、在线测试等内容。

《复习题集》紧扣《考试大纲》，参考《考试用书》，全面覆盖所有知识点要求，力求突出重点，解释难点。题型参照《考试大纲》的要求，力求练习题的难易、大小、长短、宽窄适中。各科目考试时间、分值见下表：

序　号	科 目 名 称	考试时间（小时）	满　分
1	建设工程经济	2	100
2	建设工程项目管理	3	130
3	建设工程法规及相关知识	3	130
4	专业工程管理与实务	4	160

本套《复习题集》力求在短时间内切实帮助考生理解知识点，掌握难点和重点，提高应试水平及解决实际工作问题的能力。希望这套题集能有效地帮助一级建造师应试人员提高复习效果。本套《复习题集》在编写过程中，难免有不妥之处，欢迎广大读者提出批评和建议，以便我们修订再版时完善，使之成为建造师考试人员的好帮手。

中国建筑工业出版社

中 国 城 市 出 版 社

2021 年 2 月

目 录

1Z201000　建设工程项目的组织与管理

1Z201010　建设工程管理的内涵和任务

复习要点

1. 建设工程管理的内涵

（1）建设工程项目的全寿命周期包括项目的决策阶段、实施阶段和使用阶段（或称运营阶段、运行阶段）。

（2）项目立项（立项批准）是项目决策的标志。

（3）决策阶段管理工作的主要任务是确定项目的定义。

（4）建设工程管理的内涵涉及工程项目全过程的管理，包括：决策阶段的管理（项目前期的开发管理 DM）；实施阶段的管理，即项目管理 PM；使用阶段的管理，即设施管理 FM，如图 1Z201010-1 所示。

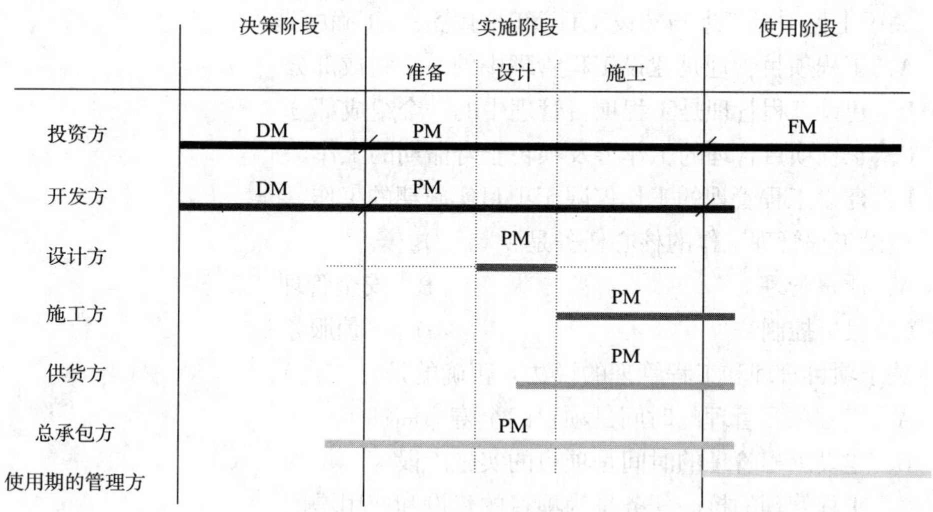

图 1Z201010-1　DM、PM 和 FM

（5）“建设工程管理”涉及参与工程项目的各方对工程的管理，即包括投资方、开发方、设计方、施工方、供货方和项目使用期的管理方的管理，如图 1Z201010-2 所示。

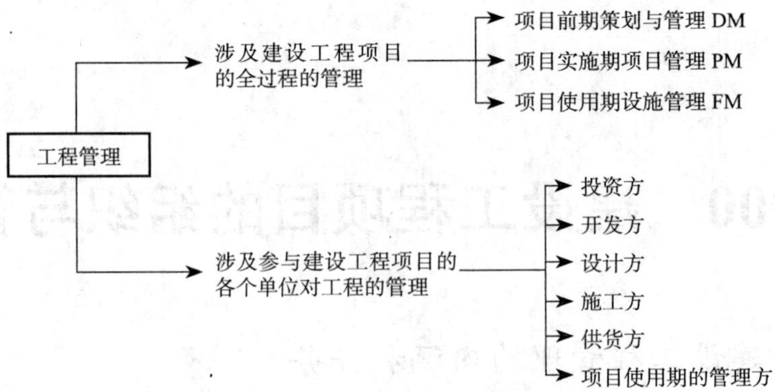

图 1Z201010–2　工程管理的内涵

2. 建设工程管理的任务

（1）工程项目管理是建设工程管理中的一个组成部分，工程项目管理的工作仅限于在项目实施期的工作。建设工程管理则涉及项目全寿命期。

（2）建设工程管理工作是一种增值服务工作，其核心任务是为工程的建设和使用增值。

一 单项选择题

1. 建设工程管理涉及项目全寿命的管理，其中项目决策阶段的管理被称为（　　）。

A．开发管理　　B．实施管理

C．决策管理　　D．组合管理

2. 关于工程项目管理与建设工程管理的说法，正确的是（　　）。

A．工程项目管理是建设工程管理中的一个组成部分

B．建设工程管理是工程项目管理中的一个组成部分

C．工程项目管理的工作涉及项目全寿命期的工作

D．建设工程管理的工作仅限于项目实施期的工作

3. 建设工程管理工作的核心任务是（　　）。

A．质量管理　　B．安全管理

C．目标控制　　D．增值服务

4. 关于项目管理和工程管理的说法，正确的是（　　）。

A．工程项目管理的时间是项目的全寿命周期

B．建设工程管理的时间是项目的实施阶段

C．工程管理的核心任务是为项目的建设和使用增值

D．项目管理的核心任务是目标控制

5. 建设工程管理过程实施阶段的管理，即是（　　）。

A．开发管理　　B．施工管理

C．项目管理　　D．设施管理

6. 建设工程管理是一种增值服务，属于工程使用增值的是（　　）。

A．确保工程建设安全　　B．提高工程质量

C．有利于节能环保　　D．有利于投资控制

7. 建设工程管理是一种增值服务，属于工程建设增值的是（　　）。

A．确保工程使用安全　　B．有利于节能环保

C．有利于工程维护　　D．有利于投资控制

8. 项目决策的标志是（　　）。

A．确定项目定义　　B．项目立项

C．确定建设任务　　D．项目组织

9. 在建设工程管理活动中，只参与了施工阶段和使用阶段的参与单位是（　　）。

A．投资方　　B．开发方

C．施工方　　D．使用方

10. 根据国际设施管理协会的界定，下列设施管理的内容中，属于物业运行管理的是（　　）。

A．财务管理　　B．空间管理

C．用户管理　　D．维修管理

二 多项选择题

1. 从工程项目全寿命周期的角度，建设工程管理可分为（　　）。

A．开发管理　　B．决策管理

C．项目管理　　D．建设管理

E．设施管理

2. 在建工程项目的全寿命周期中，决策阶段管理工作的主要任务是确定项目定义，具体包括（　　）。

A．确定项目实施的组织

B．确定建设任务和建设原则

C．确定和落实项目的施工单位

D．确定和落实建设资金

E．确定项目的投资目的、进度目标、质量目标等

3. 建设工程管理工作是一种增值服务工作，其核心任务是为（　　）增值。

A．工程的开发　　B．工程的建设

C．工程的运营　　D．工程的使用

E．工程的运行

4. 建设工程管理是一种增值服务，下列属于工程使用增值的有（　　）。

A．有利于节能环保　　B．确保工程使用安全

C．提高工程质量　　D．满足最终用户使用功能

E．有利于工程维护

5. 建设工程项目的实施阶段包括（　　）。

A．设计阶段　　B．设计前准备阶段

C．可行性研究阶段　　D．施工阶段

E．动用前准备阶段

6. 建设工程项目的全寿命周期包括项目的（　　）。

A．决策阶段　　B．审批阶段

C．实施阶段　　D．使用阶段

E．建设阶段

【1Z201010　答案与解析】

一、单项选择题（有答案解析的题号前加 *，以下同）

1．A；　2．A；　*3．D；　*4．D；　5．C；　*6．C；　*7．D；　8．B；　9．C；　10．D

【解析】

3. 答案 D：

建设工程管理工作是一种增值服务工作，其核心任务是为工程的建设和使用增值。所以 D 正确。

4. 答案 D：

选项 A 的正确说法应为工程项目管理的时间是项目实施阶段，选项 B 的正确说法应为建设工程管理的时间是项目的全寿命周期，选项 C 的正确说法应为建设工程管理的核心任务是为工程的建设和使用增值。所以 D 正确。

6. 答案 C：

确保工程使用安全、有利于节能环保、有利于工程维护属于工程使用增值。所以 C 正确。

7. 答案 D：

确保工程建设安全、提高工程质量、有利于投资控制属于工程建设增值。所以 D 正确。

二、多项选择题

*1．A、C、E；　2．A、B、D、E；　*3．B、D、E；　*4．A、B、D、E；　*5．A、B、D、E；　6．A、C、D

【解析】

1. 答案 A、C、E：

建设工程管理涉及工程项目全过程（工程项目全寿命）的管理，它包括：决策阶段的管理，即开发管理 DM——Development Management；实施阶段的管理，即项目管理 PM——Project Management；使用阶段的管理，即设施管理 FM——Facility Management。

3. 答案B、D、E：

建设工程管理工作是一种增值服务工作，其核心任务是为工程的建设和使用增值，见考试用书图 1Z201012 工程管理的增值。工程的使用增值也可称为工程的运行增值。所以 B、D、E 正确。

4. 答案A、B、D、E：

参见考试用书图 1Z201012 工程管理的增值。选项 C 提高工程质量，属于工程建设增值范围。所以 A、B、D、E 正确。

5. 答案A、B、D、E：

建设工程项目的实施阶段包括设计前准备阶段、设计阶段、施工阶段、动用前准备阶段和保修期。所以 A、B、D、E 正确。

1Z201020　建设工程项目管理的目标和任务

复习要点

项目的实施阶段包括设计前的准备阶段、设计阶段、施工阶段、动用前准备阶段和保修期，如图 1Z201020 所示。

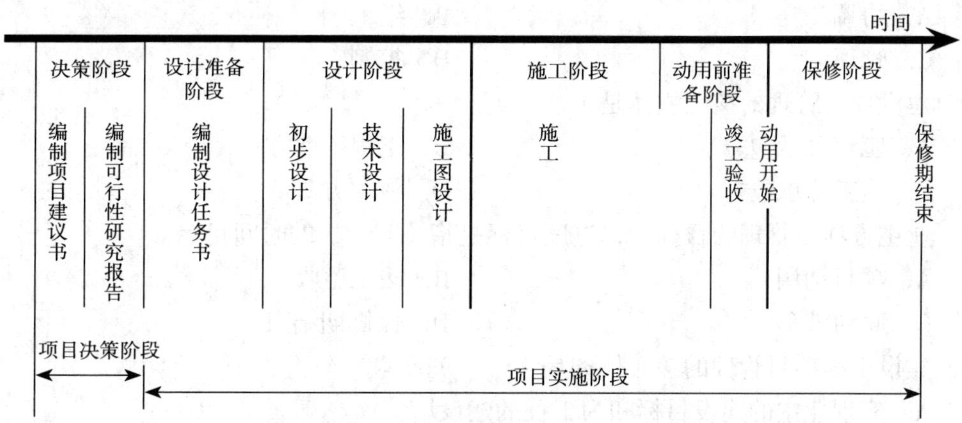

图 1Z201020　建设工程项目的实施阶段的组成

项目实施阶段管理的主要任务是通过管理使项目的目标得以实现。

建设工程项目管理的时间范畴是建设工程项目的实施阶段。

项目管理的核心任务是项目的目标控制，业主方的项目管理是该项目管理的核心。

建设工程项目管理的内涵是：自项目开始至项目完成，通过项目策划（Project Planning）和项目控制（Project Control），以使项目的费用目标、进度目标和质量目标得以实现。

（1）“自项目开始至项目完成”指的是项目的实施阶段。

（2）“项目策划”指的是目标控制前的一系列筹划和准备工作。

（3）“费用目标”对业主而言是投资目标，对施工方而言是成本目标。

1. 业主方、设计方和供货方项目管理的目标和任务

（1）目标：费用目标、进度目标、质量目标。若单位执行施工任务另加安全管理目标。

（2）任务：三控制（投资控制、进度控制、质量控制）、三管理（安全管理、合同管理、信息管理）、一协调（组织和协调）。安全管理是项目管理中的最重要任务。

2. 项目总承包方项目管理的目标和任务

（1）项目总承包方项目管理主要服务于项目的整体利益和项目总承包方本身的利益。

（2）项目总承包方项目管理的主要任务包括项目风险管理，项目进度管理，项目质量管理，项目费用管理，项目安全、职业健康与环境管理，项目资源管理，项目沟通与信息管理，项目合同管理等。

3. 施工方项目管理的目标和任务

（1）施工方项目管理的目标主要服务于项目的整体利益和施工方本身的利益。

（2）施工方项目管理的任务包括施工安全管理、施工成本控制、施工进度控制和施工质量控制、施工合同管理、施工信息管理和与施工有关的组织与协调等。

一 单项选择题

1. 项目实施阶段管理的主要任务是通过（　　）使项目的目标得以实现。

A．协调　　B．组织

C．管理　　D．控制

2. 建设项目管理的核心主体是（　　）。

A．工程总承包方　　B．工程咨询方

C．施工总承包方　　D．业主方

3. 业主方项目管理的目标中，进度目标是指（　　）的时间目标。

A．项目动用　　B．竣工验收

C．联动试车　　D．保修期结束

4. 建设工程项目管理的核心任务是（　　）。

A．实现业主的建设目标和为工程的建设增值

B．项目的目标控制

C．提高建设项目生命周期价值

D．为工程的建设和使用增值

5. 业主方项目管理的目标包括项目的（　　）。

A．投资目标、质量目标、安全目标

B．投资目标、进度目标、成本目标

C．进度目标、投资目标、安全目标

D．投资目标、进度目标、质量目标

6. 关于业主方项目管理目标和任务的说法，错误的是（　　）。

A．业主方项目管理是建设工程项目管理的核心

B．业主方项目管理工作不涉及施工阶段的安全管理工作

C．业主方项目管理目标包括项目的投资目标、进度目标和质量目标

D．业主方项目管理目标包括影响项目运行的环境质量

7．设计方的项目管理工作涉及项目（　　）。

A．决策阶段至保修期　　B．设计阶段至动用前准备阶段

C．设计准备阶段至施工阶段　　D．设计准备阶段至保修期

8．在项目全寿命管理中，实施阶段的管理被称为（　　）。

A．开发管理　　B．项目管理

C．设施管理　　D．使用管理

9．项目总承包方项目管理工作涉及项目（　　）的全过程。

A．决策阶段　　B．实施阶段

C．试用阶段　　D．全寿命周期

10．下列关于《项目管理知识体系指南（PMBOK 指南）》中项目集和项目组合的说法，正确的是（　　）。

A．项目组合的管理包括识别、排序、管理和控制项目等

B．项目组合中的项目一定彼此依赖或有直接关系

C．项目集指的是为有效管理、实现战略业务目标而组合在一起的项目

D．项目集中不包括各单个项目范围之外的相关工作

11．根据《项目管理知识体系指南（PMBOK 指南）》，项目经理应具备的技能包括（　　）。

A．决策能力、领导能力和组织协调能力

B．项目管理技术、应变能力和生产管理技能

C．管理能力、应变能力、社交与谈判能力和项目管理经验

D．项目管理技术、领导力、商业管理技能和战略管理技能

二　多项选择题

1．建设工程项目管理的内涵是：自项目开始至项目完成，通过项目策划（Project Planning）和项目控制（Project Control），以使项目的（　　）得以实现。

A．费用目标　　B．进度目标

C．节能目标　　D．质量目标

E．环境目标

2．关于施工方项目管理工作（任务）的说法，正确的是（　　）。

A．施工方的项目管理管理工作会涉及设计阶段

B．施工方的项目管理管理工作不会涉及动用前准备阶段和保修期

C．一个建设工程项目的施工管理和该项目施工方的项目管理的内涵一致

D．施工方的项目管理不能认为它只是施工企业对项目的管理

E．施工企业委托项目管理咨询公司对项目管理的某个方面提供的服务也属于施工方项目管理的范畴

3．供货方的项目管理工作主要在施工阶段进行，但它也涉及（　　）。

A．设计准备阶段　　B．设计阶段

C．动用前准备阶段　　D．保修期

E．运营阶段

4．关于项目参与各方项目管理的说法，正确的是（　　）。

A．业主方项目管理的投资目标指的是项目的总投资目标

B．设计方的项目管理目标不包括项目的投资目标

C．施工方的项目管理不包括安全管理

D．供货方的项目管理工作主要在施工阶段，但也涉及准备阶段、设计阶段等

E．总承包方项目管理的目标包括项目的总投资目标等

5．项目总承包方作为项目建设的一个重要参与方，其项目管理主要服务于（　　）。

A．业主的利益　　B．项目的整体利益

C．设计方的利益　　D．总承包方本身的利益

E．政府方的利益

6．根据《建设项目工程总承包管理规范》GB/T 50358—2017，项目总承包管理的主要内容包括（　　）。

A．办理可行性研究报批　　B．项目施工管理

C．实施设计管理　　D．实施采购管理

E．实施试运行管理

7．在建设工程项目管理中，施工方项目管理的任务有（　　）。

A．施工安全管理　　B．施工合同管理

C．施工信息管理　　D．施工成本控制

E．建设项目与外部环境的协调

8．建设项目工程总承包方项目管理的任务包括（　　）。

A．投资控制　　B．项目资源管理

C．项目风险管理　　D．项目安全、职业健康与环境管理

E．项目沟通与信息管理

【1Z201020　答案与解析】

一、单项选择题

1．C；　*2．D；　3．A；　*4．B；　5．D；　*6．B；　7．D；　*8．B；

9. B；　10. A；　11. D

【解析】

2. 答案 D：

业主是建设工程项目生产过程的总组织者，因此对于一个建设工程项目而言，业主方的管理往往是该项目管理的核心。所以 D 正确。

4. 答案 B：

建设工程管理的核心任务是为工程的建设和使用增值，而项目管理的核心任务是项目的目标控制，注意两者的区别。所以 B 正确。

6. 答案 B：

业主方的项目管理工作涉及项目实施阶段的全过程，即在设计前的准备阶段、设计阶段、施工阶段、动用前准备阶段和保修期，分别进行如下工作：（1）安全管理；（2）投资控制；（3）进度控制；（4）质量控制；（5）合同管理；（6）信息管理；（7）组织和协调。所以 B 正确。

8. 答案 B：

将项目决策阶段的开发管理（DM——Development Management）、实施阶段的项目管理（PM——Project Management）和使用阶段的设施管理（FM——Facility Management）集成为项目全寿命管理（Lifecycle Management）。所以 B 正确。

二、多项选择题

*1. A、B、D；　2. A、D、E；　3. A、B、C、D；　*4. A、D、E；

*5. B、D；　6. B、C、D、E；　*7. A、B、C、D；　*8. B、C、D、E

【解析】

1. 答案 A、B、D：

建设工程项目管理的内涵是：自项目开始至项目完成，通过项目策划（Project Planning）和项目控制（Project Control），以使项目的费用目标、进度目标和质量目标得以实现（参考英国皇家特许建造师学会关于建设工程项目管理的定义，此定义也是大部分国家建造师学会或协会一致认可的）。所以 A、B、D 正确。

4. 答案 A、D、E：

业主方项目管理的目标包含项目的投资目标、进度目标和质量目标，其中投资目标指的是项目的总投资目标，选项 A 正确。设计方项目管理的目标包含设计的成本目标、设计的进度目标和设计的质量目标，以及项目的投资目标，选项 B 错误。施工方的项目管理包含安全管理、成本控制、进度控制、质量控制、合同管理、信息管理以及与施工有关的组织与协调，选项 C 错误。供货方的项目管理工作主要在施工阶段进行，但它也涉及项目的准备阶段、设计阶段以及动用前准备阶段和保修期，选项 D 正确。建设工程总承包方的项目管理目标包含工程建设的安全管理目标、项目的总投资目标和建设项目工程总承包方的成本目标、进度目标和质量目标，选项 E 正确。所以 A、D、E 正确。

5. 答案 B、D：

项目总承包方作为项目建设的一个重要参与方，其项目管理主要服务于项目的整体利益和项目总承包方本身的利益，其项目管理的目标应符合合同的要求。所以 B、D 正确。

7. 答案 A、B、C、D：

施工方项目管理的任务包括：施工安全管理；施工成本控制；施工进度控制；施工质量控制；施工合同管理；施工信息管理；与施工有关的组织与协调等。选项 E 是建设方的任务。所以 A、B、C、D 正确。

8. 答案 B、C、D、E：

建设项目工程总承包方项目管理的任务包括：（1）项目风险管理；（2）项目资源管理；（3）项目质量管理；（4）项目费用管理；（5）项目安全、职业健康与环境管理；（6）项目进度管理；（7）项目沟通与信息管理；（8）项目合同管理。所以 B、C、D、E 正确。

1Z201030 建设工程项目的组织

复习要点

1. 建设工程项目明显的特征

（1）建设项目都是一次性，没有两个完全相同的项目。

（2）建设项目全寿命周期一般由决策阶段、实施阶段和运营阶段组成。

（3）一个建设项目的任务往往由多个单位共同完成，它们的合作多数不是固定的合作关系，甚至相对立。

影响系统目标实现的三因素：组织、人的因素、方法与工具，其中组织是决定性因素。

控制项目目标的主要措施：组织措施、管理措施、技术措施、经济措施，组织措施是最重要措施。

组织论的相关内容（图 1Z201030-1），组织工具的内容。

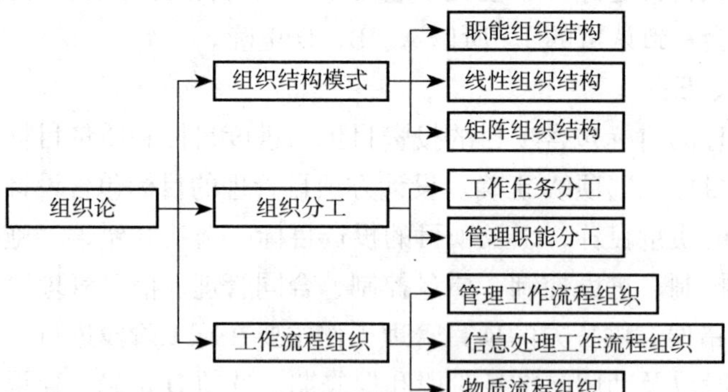

图 1Z201030-1 组织论的基本内容

2. 项目结构分析在项目管理中的应用

项目结构图通过树状图的方式对一个项目的结果进行逐层分解，反映组成该项目的所有工作任务。项目结构图描述的是工作对象之间的关系。

3. 项目结构的编码依据项目结构图

项目结构图和项目结构的编码是编制上述其他编码的基础。

4. 组织结构在项目管理中的应用

（1）组织结构图反映一个组织系统中各组成部分（组成元素）之间的组织关系（指令关系）。上级工作部门对其直接下属工作部门的指令关系用单向箭线表示。

（2）项目结构图、组织结构图、合同结构图的区别（表 1Z201030）。

项目结构图、组织结构图和合同结构图的区别　　表 1Z201030

	表达的含义	图中矩形框的含义	矩形框连接的表达
项目结构图	对一个项目的结构进行逐层分解，以反映组成该项目的所有工作任务（该项目的组成部分）	一个项目的组成部分	直线
组织结构图	反映一个组织系统中各组成部门（组成元素）之间的组织关系（指令关系）	一个组织系统中的组成部分（工作部门）	单向箭线
合同结构图	反映一个建设项目参与单位之间的合同关系	一个建设项目的参与单位	双向箭线

（3）职能、线性、矩阵组织结构模式的特点：职能组织结构每个工作有多个指令源，线性组织结构每个工作只有一个指令源，矩阵组织结构每个工作有纵横两个指令源。

5. 工作任务分工在项目管理中的应用

工作任务分工表须明确主办、协办和配合部门，主办部门至少一个。

6. 管理职能分工在项目管理中的应用

编制项目管理任务分工表，首先应对项目实施的各阶段的费用（投资或成本）控制、进度控制、质量控制、合同管理、信息管理和组织与协调等管理任务进行详细分解。

管理职能分工表是用表的形式反映项目管理班子内部项目经理、各工作部门和各工作岗位对各项工作任务的项目管理职能分工。管理职能分工表也可用于企业管理。

管理五环节：提出问题—筹划—决策—执行—检查，注意顺序。

图 1Z201030-2 管理职能中各职能内容。

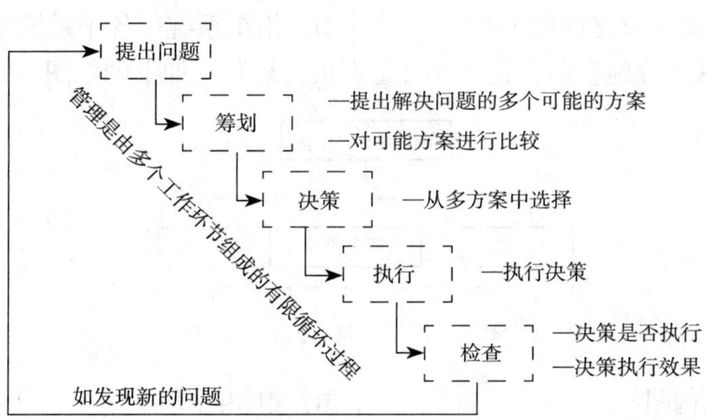

图 1Z201030-2　管理职能

7. 工作流程组织在项目管理中的应用

（1）工作流程组织的分类及其包括的内容

管理工作流程组织，如投资控制、进度控制、合同管理、付款和设计变更等流程；信息处理工作流程组织，如与生成月度进度报告有关的数据处理流程；物质流程组织，如钢结构深化设计工作流程、弱电工程物资采购工作流程、外立面施工工作流程等。

（2）工作流程组织的任务和工作流程图

工作流程组织的任务是定义工作的流程。工作流程图应视需要逐层细化。

工作流程图用图的形式反映一个组织系统中各项工作之间的逻辑关系，它可用以描述工作流程组织。

工作流程图矩形框表示工作，箭线表示逻辑关系，菱形框表示判别条件。

8. 合同结构在项目管理中的应用

合同结构图反映业主方和项目各参与方之间，以及项目各参与方之间的合同关系。两个单位之间有合同关系，在合同结构图中用双向箭线联系；两个单位有管理指令关系，则用单向箭线联系。

一 单项选择题

1. 控制项目目标的主要措施中最重要的是（　　）。

A. 组织措施　　B. 管理措施

C. 经济措施　　D. 技术措施

2. 设计工作中的方案设计、初步设计、技术设计、施工图设计之间的关系属于（　　）。

A. 组织分工　　B. 组织结构模式

C. 工作流程组织　　D. 任务分工

3. 建设工程项目结构图描述的是（　　）。

A. 工作任务之间的关系　　B. 组织系统中各部门的职责分工

C. 项目各参与方之间的关系　　D. 组织系统中各子系统之间的关系

4. 某住宅小区工程施工前，施工项目管理机构绘制了如下的框图，该图是（　　）。

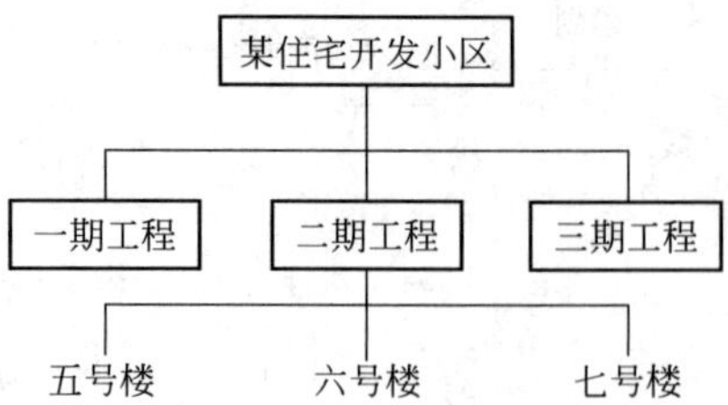

A. 项目结构图　　B. 组织结构图

C. 工作流程图　　D. 合同结构图

5. 反映业主方和项目各参与方之间，以及项目各参与方之间的合同关系的是（　　）。

A. 项目结构图　　B. 组织分工图

C. 合同结构图　　D. 组织结构图

6. 反映一个组织系统中各工作部门或各管理人员之间的指令关系的是（　　）。

A. 组织结构模式　　B. 组织分工

C. 管理职能分工　　D. 工作流程

7. 在常用的组织结构模式中，会产生多个矛盾的指令源的是（　　）。

A. 线性组织结构　　B. 职能组织结构

C. 矩阵组织结构　　D. 混合组织结构

8. 关于组织工具的说法，正确的是（　　）。

A. 组织结构模式反映一个组织系统中的工作任务分工和管理职能的分工

B. 管理职能分工反映的是一种动态的关系

C. 工作流程图是项目管理中的一个重要的技术工具

D. 组织结构模式和组织分工都反映的是相对静态的组织关系

9. 工作流程组织反映一个组织系统中各项工作之间的逻辑关系是一种（　　）关系。

A. 静态　　B. 动态

C. 工艺　　D. 从属

10. 在项目管理的组织结构图中，如果两单位之间有管理指令关系，矩形框之间的连接采用（　　）。

A. 折线　　B. 双向箭线

C. 单向箭线　　D. 直线

11. 关于线性组织结构的说法，错误的是（　　）。

A. 组织中，上下级呈现直线的权责关系

B. 组织中，每个人只接受一个直接上级的指示

C. 结构简单，权责分明，次序井然

D. 分工合理，对主管的知识面及能力要求不高

12. 下列关于项目结构分析的说法，正确的是（　　）。

A. 同一个建设工程项目只有一个项目结构的分解方法

B. 居住建筑开发项目可根据建设的时间对项目结构进行逐层分解

C. 群体项目最多可进行到第二层次的分解

D. 单体工程不应再进行项目结构分解

13. 反映业主方以及项目的参与单位有关的各工作部门之间的组织关系可以用（　　）。

A. 项目管理组织结构图

B. 合同结构图

C. 项目结构图

D. 合同工作关系图

14. 指令源分别来自于纵向和横向工作部门的组织结构是（　　）。

A. 职能组织结构　　B. 矩阵组织结构

C. 事业部　　D. 复合式组织结构

15. 施工单位编制项目管理任务分工表之前要完成的工作是（　　）。

A. 对项目实施各阶段的管理任务进行详细分解

B. 明确各项管理工作的工作流程

C. 落实各工作部门的具体人员

D. 对各项管理工作的执行情况进行检查

16. 关于项目管理职能分工表的说法，正确的是（　　）。

A. 业主方和项目各参与方应编制统一的项目管理职能分工表

B. 管理职能分工表不适用于企业管理

C. 可以用管理职能分工描述书代替管理职能分工表

D. 管理职能分工表可以表示项目各参与方的管理职能分工

17. 某建设工程项目的规模不大，参与单位不多，为提高管理效率，避免出现矛盾指令，宜采用（　　）模式。

A. 线性组织结构　　B. 混合组织结构

C. 矩阵组织结构　　D. 职能组织结构

18. 为表现施工过程中支模、绑扎钢筋、混凝土浇筑等工作之间的逻辑关系，应当编制（　　）。

A. 任务分工表　　B. 项目结构图

C. 管理职能分工表　　D. 工作流程图

19. 在项目管理的组织结构图中，两个单位之间的管理指令关系用（　　）联系。

A. 单向箭线　　B. 双向箭线

C. 矩形框　　D. 菱形框

20. 下列关于组织结构模式的说法，正确的是（　　）。

A. 常用的组织结构模式只包括职能组织结构、线性组织结构两种

B. 项目结构图中矩形框的含义为一个项目的组成部分

C. 组织结构模式反映的是一个组织系统中各子系统之间的逻辑关系

D. 职能组织结构中每一个工作部门只有唯一的指令源

21. 关于组织论及组织工具的说法，正确的是（　　）。

A. 管理职能分工反映的是一种动态组织关系

B. 工作流程图是反映工作间静态逻辑关系的工具

C. 组织结构模式和组织分工都是一种相对的静态组织关系

D. 组织结构模式反映一个组织系统中的工作任务分工和管理职能分工

22. 在项目合同结构图中，两个单位之间的合同关系用（　　）联系。

A. 单向箭线　　B. 双向箭线

C. 矩形框　　D. 菱形框

二 多项选择题

1. 施工单位项目管理任务分工表可以用于定义（　　）的任务分工。

A．项目经理　　B．项目主管工作部门或主管人员

C．项目各参与方　　D．企业内部各部门

E．企业内部各工作人员

2. 组织论是一门学科，它主要研究系统的（　　）。

A．组织结构模式　　B．组织的方法和工具

C．组织分工　　D．参与方的管理

E．工作流程组织

3. 项目结构分解并没有统一的模式，项目结构分解时应参考的原则包括（　　）。

A．考虑项目的合同结构　　B．考虑项目的性质

C．考虑有利于项目的目标控制　　D．考虑有利于项目的后评价

E．考虑项目管理的组织结构

4. 常用的组织结构模式有（　　）。

A．职能组织结构　　B．线性组织结构

C．矩阵组织结构　　D．网格组织结构

E．交叉组织结构

5. 组织分工反映了一个组织系统中各子系统或各元素的（　　）。

A．指令关系　　B．工作任务

C．管理职能分工　　D．静态组织关系

E．动态组织关系

6. 关于常见组织结构模式的说法，正确的有（　　）。

A．包括职能、线性、矩阵组织结构

B．职能组织结构是传统的组织结构模式

C．职能组织结构只有唯一一个指令源

D．线性组织结构模式是建设项目管理组织系统的一种常用模式

E．矩阵组织结构可能会产生纵横向交叉的指令矛盾

7. 关于线性组织结构模式的说法，正确的有（　　）。

A．指令路径较短　　B．指令源是唯一的

C．不能跨部门下达指令　　D．只适用于大型工程项目

E．允许越级指挥

8. 矩阵组织结构的特点包括（　　）。

A．适合于大系统

B．有横向纵向两个指令来源

C．国际上常用

D. 职能部门可以对其非直接的下属下达工作指令

E. 每个部门只有唯一的下属

9. 关于项目管理组织结构模式的说法，正确的有（　　）。

A. 职能组织结构中每一个工作部门只有一个指令源

B. 矩阵组织结构中有横向和纵向两个指令源

C. 大型线性组织系统中的指令路径太长

D. 线性组织结构中可以跨部门下达指令

E. 职能组织结构适用于大型组织系统

10. 属于物质流程组织的有（　　）。

A. 投资控制工作流程　　B. 钢结构深化设计流程

C. 外立面工作流程　　D. 挖基坑工作流程

E. 合同管理工作流程

11. 下列工作流程组织中，属于管理工作流程组织的有（　　）。

A. 基坑开挖施工流程　　B. 设计变更工作流程

C. 投资控制工作流程　　D. 房屋装修施工流程

E. 装配式构件深化设计流程

12. 关于合同结构图的说法，正确的有（　　）。

A. 在合同结构图中，有合同关系的两个单位之间，用双向箭线联系

B. 从合同结构图可以清晰地了解一个项目有哪些或将有哪些合同

C. 在合同结构图中，可以反映出两个单位之间的管理指令关系

D. 反映业主方和项目各参与方之间及项目各参与方之间的合同

E. 可以反映出一个组织系统中各项工作之间的逻辑关系

13. 关于工作任务分工和管理职能分工的说法，正确的有（　　）。

A. 管理职能是由管理过程的多个工作环节组成

B. 在一个项目实施的全过程中，应视具体情况对工作任务分工进行调整

C. 管理职能分工表既可用于项目管理，也可用于企业管理

D. 编制任务分工表前应对项目实施各阶段的具体管理工作进行详细分解

E. 项目各参与方应编制统一的工作任务分工表和管理职能分工表

【1Z201030　答案与解析】

一、单项选择题

*1. A;　2. C;　3. A;　4. A;　*5. C;　*6. A;　*7. B;　8. D;
9. B;　*10. C;　*11. D;　12. B;　*13. A;　14. B;　*15. A;　*16. D;
*17. A;　*18. D;　19. A;　20. B;　21. C;　22. B

【解析】

1. 答案 A:

控制项目目标的主要措施包括组织措施、管理措施、经济措施和技术措施，其中组织措施是最重要的措施。所以 A 正确。

5. 答案 C：

合同结构图反映业主方与项目各参与方之间，以及项目各参与方之间的合同关系。所以 C 正确。

6. 答案 A：

组织结构模式反映了一个组织系统中各子系统或各元素（各工作部门）之间的指令关系。所以 A 正确。

7. 答案 B：

在职能组织结构中，每一个工作部门可能得到其直接或非直接的上级工作部门下达的工作指令，它就会有多个矛盾的指令源。所以 B 正确。

10. 答案 C：

组织结构模式反映了一个组织系统中各子系统之间或各组织元素（如各工作部门）之间的指令关系。为了表示它们之间的指令关系，通常用单向箭线表示。所以 C 正确。

11. 答案 D：

线性组织结构的缺点是：分工欠合理，横向联系差，对主管的知识面及能力要求高。

13. 答案 A：

项目管理组织结构图反映一个组织系统（如项目管理班子）中各子系统之间和各元素（如各工作部门）之间的组织关系。一个建设项目参与的单位多，项目管理组织结构图应尽可能表达业主方以及项目的参与单位有关的各工作部门之间的组织关系。所以 A 正确。

15. 答案 A：

为了编制项目管理任务分工表，首先应对项目实施的各阶段的费用控制、进度控制、质量控制、合同管理、信息管理和组织与协调等管理任务进行详细分解。本题考查的就是这一步骤。所以A 正确。

16. 答案 D：

选项 A 说法错误，业主方和项目各参与方，如设计单位、施工单位、供货单位和工程管理咨询单位等都有各自的项目管理任务和管理职能分工，上述各方都应编制各自的项目管理职能分工表。选项B说法错误，管理职能分工表可以用于企业管理。选项C说法错误，如果管理职能分工表不足以明确一个工作部门职能，则可辅以使用管理职能描述书。所以 D 正确。

17. 答案 A：

在线性组织结构中，每一个工作部门只能对其直接的下属部门下达工作指令，每一个工作部门也只有一个直接的上级部门，即每一个工作部门只有唯一的指令源，避免了由矛盾的指令而影响组织系统的运行。所以 A 正确。

18. 答案 D：

工作流程图用图的形式反映一个组织系统中各项工作之间的逻辑关系。所以 D 正确。

二、多项选择题

*1. A、B；　*2. A、C、E；　*3. A、C、E；　4. A、B、C；
5. B、C、D；　6. A、B、D、E；　7. B、C；　*8. A、B；
9. B、C；　*10. B、C、D；　*11. B、C；　12. A、B、D；
13. A、B、C、D

【解析】

1. 答案A、B：

项目管理任务分工表在项目管理任务分解的基础上定义项目经理和费用（投资或成本）控制、进度控制、质量控制、合同管理、信息管理和组织与协调等主管工作部门或主管人员的工作任务。所以A、B正确。

2. 答案A、C、E：

组织论是一门学科，它主要研究系统的组织结构模式、组织分工和工作流程组织，它是与项目管理学相关的一门非常重要的基础理论学科。所以A、C、E正确。

3. 答案A、C、E：

项目结构分解并没有统一的模式，但应结合项目的特点和参考以下原则进行：考虑项目进展的总体部署、考虑项目的组成、有利于项目实施任务的发包和有利于项目实施任务的进行，并结合合同结构、有利于项目目标的控制、结合项目管理的组织结构等。所以A、C、E正确。

8. 答案A、B：

在矩阵组织结构中，每一项纵向和横向交汇的工作，指令来自于纵向和横向两个工作部门，因此其指令源为两个。当纵向和横向工作部门的指令发生矛盾时，由该组织系统的最高指挥者进行协调或决策。所以A、B正确。

10. 答案B、C、D：

工作流程组织包括：管理工作流程组织，如投资控制、进度控制、合同管理、付款和设计变更等流程；信息处理工作流程组织，如与生成月度进度报告有关的数据处理流程；物质流程组织，如钢结构深化设计工作流程、弱电工程物资采购工作流程、外立面施工工作流程等。所以B、C、D正确。

11. 答案B、C：

管理工作流程组织有：投资控制、进度控制、合同管理、付款和设计变更等流程。所以B、C正确。

1Z201040　建设工程项目策划

复习要点

建设工程项目策划旨在为项目建设的决策和实施增值（目的是增值）。

有关“增值”的知识点汇总 表 1Z201040

建设工程管理工作	是一种增值服务，其核心是为工程的建设和使用增值
建设工程项目策划	旨在为项目建设的决策和实施增值
工程总承包核心	是通过设计与施工过程的组织集成，促进设计与施工的紧密结合，以达到为项目建设增值的目的

1. 项目决策阶段策划的工作内容

（1）建设工程项目决策阶段策划的主要任务是定义（指的是严格地确定）项目开发或建设的任务和意义。

（2）建设工程项目决策阶段策划的基本内容

① 项目环境和条件的调查与分析。

② 项目定义和项目目标论证。

③ 组织策划。

④ 管理策划。

⑤ 合同策划。

⑥ 经济策划。

⑦ 技术策划。

2. 项目实施阶段策划的工作内容

（1）建设工程项目实施阶段策划的主要任务：确定如何组织该项目的开发或建设。

（2）建设工程项目实施策划的基本内容

项目实施的环境和条件的调查与分析；项目目标的分析和再论证；项目实施的组织策划；项目实施的管理策划；项目实施的合同策划；项目实施的经济策划；项目实施的技术策划和项目实施的风险策划等。

一 单项选择题

1. 关于工程项目策划过程的说法，正确的是（　　）。

A. 工程项目策划是项目团队的知识集成，以及技术与信息的集成

B. 工程项目策划是专家知识的组织和集成，以及文化的组织和集成

C. 工程项目策划是专家知识的组织和集成，以及信息的组织和集成

D. 工程项目策划是项目成员的组织和集成，以及信息的组织和集成

2. 项目建设成本分析属于建设工程项目（　　）阶段的主要任务。

A. 决策　　B. 设计

C. 动工前准备　　D. 施工

3. 不属于建设项目决策阶段经济策划的主要任务的是（　　）。

A. 项目建设成本分析　　B. 生产运营期经营管理总体方案

C．项目效益分析　　D．编制资金需求量计划

4．建设工程项目实施阶段策划的主要任务是确定（　　）。

A．项目建设的总目标　　B．如何实现项目的目标

C．项目建设的指导思想　　D．如何组织项目的开发或建设

5．下列选项中属于项目决策阶段策划中组织策划的工作内容的是（　　）。

A．确定项目建设的目的、宗旨和指导思想

B．决策期任务分工

C．项目总投资规划和论证

D．建设周期规划和论证

6．下列选项中不属于项目实施阶段策划的工作内容的是（　　）。

A．技术方案分析和论证　　B．项目实施的风险策划

C．项目环境和条件的调查与分析　　D．项目实施的合同策划

7．下列工程项目决策阶段策划工作内容中，属于组织策划的是（　　）。

A．设计项目管理组织结构　　B．制定项目管理工作流程

C．确定项目实施期组织总体方案　　D．进行项目管理职能分工

8．下列选项中属于项目决策阶段策划中管理策划的工作内容的是（　　）。

A．项目决策期的合同结构管理　　B．项目实施期管理总体方案

C．项目建设成本分析和效益分析　　D．技术方案分析和论证

9．项目决策阶段策划的工作内容中，技术策划的内容不包含（　　）。

A．技术标准、规范的应用和制定　　B．关键技术分析和论证

C．项目技术编码体系分析　　D．技术方案分析和论证

10．下列项目策划的工作内容中，属于项目实施管理策划的是（　　）。

A．项目实施期管理总体方案　　B．生产运营期设施管理总体方案

C．生产运营期经营管理总体方案　　D．项目风险管理与工程保险方案

11．下列工程项目策划工作中，属于决策阶段经济策划的是（　　）。

A．项目总投资规划　　B．项目总投资目标的分解

C．项目建设成本分析　　D．技术方案分析和论证

二　多项选择题

1．关于工程项目策划的说法，正确的有（　　）。

A．需整合多方面专家的知识

B．是一个封闭性的工作过程

C．旨在为项目建设的决策和实施增值

D．其过程实质是知识组合的过程

E．其过程的实质是知识管理的过程

2. 建设工程项目决策阶段策划的基本内容包括（　　）等。

A．项目决策的风险分析　　B．项目目标分析与再论证

C．项目实施的合同策划　　D．与项目决策有关的管理方面的论证与策划

E．与项目决策有关的技术方面的论证与策划

3. 项目决策阶段的管理策划的工作内容包括（　　）。

A．项目实施期管理总体方案　　B．生产运营期设施管理总体方案

C．生产运营期经营管理总体方案　　D．项目风险管理与工程保险方案

E．业主方项目管理的组织结构

4. 在建设工程项目实施阶段策划工作中，对项目目标的分析和论证的主要工作内容包括（　　）。

A．项目的功能分解　　B．项目总投资规划和论证

C．编制项目建设总进度规划　　D．建立编码体系

E．确定建设规模和标准

5. 下列建设工程项目实施阶段策划的工作中，属于项目目标分析和再论证工作内容的有（　　）。

A．编制项目投资总体规划　　B．编制项目建设总进度规划

C．项目功能分解　　D．建筑面积分配

E．项目实施环境调查

【1Z201040　答案与解析】

一、单项选择题

*1．C；　2．A；　3．B；　*4．D；　*5．B；　*6．A；　*7．C；　8．B；

9．C；　10．D；　11．C

【解析】

1. 答案 C：

工程项目策划的过程是专家知识的组织和集成，以及信息的组织和集成的过程，其实质是知识管理的过程，即通过知识的获取，经过知识的编写、组合和整理，而形成新的知识。所以 C 正确。

4. 答案 D：

建设工程项目实施阶段策划的主要任务是确定如何组织该项目的开发或建设。所以 D 正确。

5. 答案 B：

组织策划其主要工作内容包括：决策期的组织结构、决策期任务分工、决策期管理职能分工、决策期工作流程、实施期组织总体方案、项目编码体系分析。所以 B 正确。

6. 答案 A：

项目实施阶段策划的工作内容包括：项目实施的环境和条件的调查与分析、项目目标的分析和再论证、项目实施的组织策划、项目实施的管理策划、项目实施的合同策划、项目实施的经济策划、项目实施的技术策划、项目实施的风险策划。所以 A 正确。

7. 答案 C：

组织策划内容包括：（1）决策期的组织结构；（2）决策期任务分工；（3）决策期管理职能分工；（4）决策期工作流程；（5）实施期组织总体方案；（6）项目编码体系分析。所以 C 正确。

二、多项选择题

*1. A、C、E；　2. D、E；　3. A、B、C；　*4. A、C；　*5. A、B、C、D

【解析】

1. 答案 A、C、E：

建设工程项目策划指的是通过调查研究和收集资料，在充分占有信息的基础上，针对建设工程项目的决策和实施，或决策和实施中的某个问题，进行组织、管理、经济和技术等方面的科学分析论证，旨在为项目建设的决策和实施增值。工程项目策划的过程是专家知识的组成和集合，以及信息的组织和集成的过程，其实质是知识管理的过程。工程项目策划是一个开放性的工作过程，它需整合多方面专家的知识。所以 A、C、E 正确。

4. 答案 A、C：

项目目标的分析和论证的主要内容包括：投资目标的分解和论证、编制项目投资总体规划、进度目标的分解和论证、编制项目建设总进度规划、项目功能分解、建筑面积分配、确定项目质量目标。所以 A、C 正确。

5. 答案 A、B、C、D：

项目目标的分析和再论证的主要工作内容包括：（1）投资目标的分解和论证；（2）编制项目投资总体规划；（3）进度目标的分解和论证；（4）编制项目建设总进度规划；（5）项目功能分解；（6）建筑面积分配；（7）确定项目质量目标。所以 A、B、C、D 正确。

1Z201050　建设工程项目采购的模式

复习要点

1. 项目管理委托的模式

在国际上业主方项目管理的方式主要有三种：

（1）业主方自行项目管理。

（2）业主方委托项目管理咨询公司承担全部业主方项目管理的任务。

（3）业主方委托项目管理咨询公司与业主方人员共同进行项目管理，业主方从事项目管理的人员在项目管理咨询公司委派的项目经理的领导下工作。

2. 设计任务委托的模式

（1）设计总负责

业主方委托一个设计单位或由多个设计单位组成的设计联合体或设计合作体作为设计总负责单位，设计总负责单位视需要再委托其他设计单位配合设计。

（2）设计平行委托

业主方不委托设计总负责单位，而平行委托多个设计单位进行设计。

3. 项目总承包的模式

对工业与民用建筑工程而言，在国际上，建筑师事务所往往起着主导作用，其他专业设计事务所则配合建筑师事务所从事相应的设计工作。

（1）项目总承包的方式

设计—施工总承包（D–B）和设计采购施工总承包（EPC）。

（2）基本出发点、核心及目的：建设项目工程总承包的主要意义并不在于总价包干和"交钥匙"，其核心是通过设计与施工过程的组织集成，促进设计与施工的紧密结合，以达到为项目建设增值的目的。

（3）项目总承包方的工作程序：项目启动——项目初始阶段——设计阶段——采购阶段——施工阶段——试运行阶段——合同收尾——项目管理收尾。

4. 施工任务委托的模式

（1）施工总承包：业主方委托一个施工单位或由多个施工单位组成的施工联合体或施工合作体作为施工总包单位，施工总包单位视需要再委托其他施工单位作为分包单位配合施工，如图 1Z201050 所示。

（2）施工总承包管理：业主方委托一个施工单位或由多个施工单位组成的施工联合体或施工合作体作为施工总包管理单位，业主方另委托其他施工单位作为分包单位进行施工。

（3）平行承包：业主不委托施工总包单位，也不委托施工总包管理单位，而平行委托多个施工单位进行施工。

注：工程总承包不属于施工任务委托模式。

（4）施工总承包模式的特点

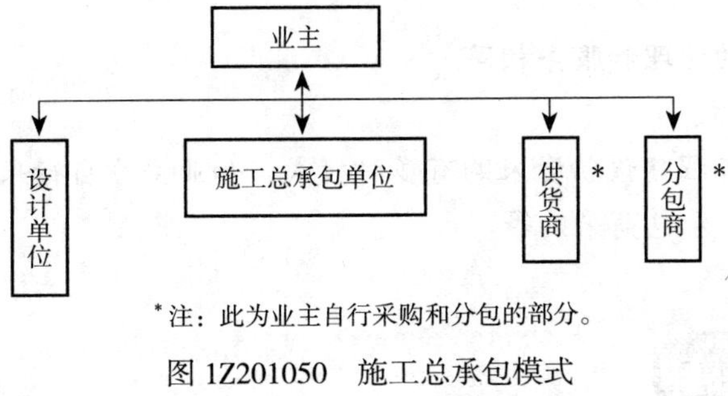

*注：此为业主自行采购和分包的部分。

图 1Z201050　施工总承包模式

① 投资控制方面

以施工图设计为投标报价基础；在开工前就有较明确的合同价，利于业主的总投资控制；如在施工过程中发生设计变更，可能会引起索赔。

② 进度控制方面

开工日期不可能太早，建设周期会较长。这是施工总承包模式的最大缺点。

③ 质量控制方面

建设工程项目质量的好坏在很大程度上取决于施工总承包单位的管理水平和技术水平。

④ 合同管理方面，业主只需要进行一次招标，对业主方的投资管理和控制不利。

⑤ 组织与协调方面，业主组织与协调的工作量少，对业主有利。

（5）施工总承包管理模式特点

① 投资控制方面

一部分施工图完成后，业主就可单独或与施工总承包管理单位共同进行该部分工程的招标；以施工图设计为投标报价基础；招标时，只确定施工总承包管理费，而不确定工程总造价，这可能成为业主控制总投资的风险；业主方与分包人直接签约，这样有可能增加业主方的风险。

② 进度控制方面

有利于提前开工，有利于缩短建设周期。

③ 质量控制方面

对分包人的质量控制由施工总承包管理单位进行；分包工程任务符合质量控制的“他人控制”原则，对质量控制有利；各分包之间的关系可由施工总承包管理单位负责，这样就可减轻业主方管理的工作量。

④ 合同管理方面

业主方的招标及合同管理工作量较大；对分包人的工程款支付可由施工总包管理单位支付，有利于施工总包管理单位对分包人的管理。

⑤ 组织与协调方面

大大减轻业主方的工作。

（6）施工总承包管理和施工总承包模式比较的不同点

工作开展程序不同、合同关系不同、分包单位的选择和认可不同、对分包单位的付款不同、合同价格不同。

注：对分包单位的管理和服务相同。

5. 物资采购的模式

在国际上业主方工程建设物资采购有多种模式，如业主方自行采购、与承包商约定某些物资为指定供货商、承包商采购等。

一 单项选择题

1. 与发达国家不同，我国业主方选择设计方案和设计单位主要通过的方式是（　　）。

A. 设计竞赛　　B. 设计招标

C．设计评审　　　　D．专项委托

2．建设工程项目总承包的基本出发点是借鉴工业生产组织的经验，实现建设生产过程的（　　），以及克服由于设计和施工的不协调而影响建设进度等弊病。

A．组织扁平化　　　　B．组织集成化

C．组织柔性化　　　　D．组织高效化

3．建设项目工程总承包方编制项目设计建议书的依据是（　　）。

A．可行性研究报告　　　　B．项目建议书

C．项目建设纲要　　　　D．项目管理规划

4．建设项目工程总承包即使采用总价包干的方式，稍大一些的项目也难以用固定总价包干，而多数采用（　　）。

A．变动总价合同　　　　B．单价合同

C．成本加酬金合同　　　　D．视情况而定

5．业主方委托一个施工单位或由多个施工单位组成的施工联合体或施工合作体作为施工总承包单位，施工总承包单位视需要再委托其他施工单位作为分包单位配合施工，这种施工任务委托模式是（　　）。

A．施工总承包　　　　B．施工总承包管理

C．平行承发包　　　　D．建设工程项目总承包

6．施工总承包模式的最大缺点是（　　）。

A．容易引发索赔　　　　B．建设周期较长

C．不利于投资控制　　　　D．业主组织协调工作量较大

7．在国际上，民用建筑项目工程总承包的招标多数采用（　　）的方式。

A．项目构造描述　　　　B．项目价值描述

C．项目结构描述　　　　D．项目功能描述

8．属于施工总承包在质量控制方面的特点的是（　　）。

A．质量的好坏在很大程度上取决于施工总承包单位的管理水平和技术水平

B．质量的好坏在很大程度上取决于分包单位的管理水平和技术水平

C．质量的好坏在很大程度上取决于业主方的管理水平和技术水平

D．分包工程任务符合质量“他人控制”原则，对质量控制有利

9．采用施工总承包管理模式时对各个分包单位的工程款项，一般由（　　）负责支付。

A．施工总承包单位　　　　B．施工总承包管理单位

C．业主方　　　　D．施工总承包管理单位或业主方

10．关于施工总承包和施工总承包管理模式的说法，正确的是（　　）。

A．施工总承包模式如果采用费率招标，对投资控制有利

B．施工总承包管理模式，业主方招标和合同管理的工作量较小

C．施工总承包管理模式一般要等到施工图全部设计完成才能进行招标

D．施工总承包管理模式有利于压缩工期

11. 根据《建设项目工程总承包管理规范》GB/T 50358—2017，项目总承包方项目管理工作涉及（　　）。

A. 项目决策管理、设计管理、施工管理和试运行管理

B. 项目设计管理、施工管理、试运行管理和项目收尾

C. 项目决策管理、设计管理、施工管理、试运行管理和项目收尾

D. 项目设计管理、采购管理、施工管理、试运行管理和项目收尾

12. 根据《建设项目工程总承包管理规范》GB/T 50358—2017，属于工程总承包方启动阶段工作的是（　　）。

A. 任命项目经理，组建项目部　　B. 编制项目计划，召开开工会议

C. 编制初步设计文件　　D. 做好施工开工前的准备工作

13. 在施工总承包管理模式下，施工项目总体管理和目标控制的责任由（　　）承担。

A. 业主　　B. 分包单位

C. 施工总承包管理单位　　D. 施工总承包单位

14. 与施工总承包模式相比，施工总承包管理模式在合同价格方面的特点是（　　）。

A. 合同总价一次性确定，对业主投资控制有利

B. 施工总承包管理合同中确定总承包管理费和建安工程造价

C. 所有分包工程都需要再次进行发包，不利于业主节约投资

D. 分包合同价对业主是透明的

15. 在物资采购管理工作中，编制完成采购计划后进行的工作是（　　）。

A. 进行采购合同谈判，签订采购合同

B. 明确采购产品的基本要求、采购分工和有关责任

C. 选择材料、设备的采购单位

D. 进行市场调查，选择合格产品供应单位，建立名录

二 多项选择题

1. 国际上，业主方项目管理的方式主要有（　　）。

A. 业主方自行进行项目管理

B. 业主方委托施工方承担全部业主方项目管理任务

C. 业主方委托项目管理咨询公司承担全部业主方项目管理任务

D. 业主方委托项目管理咨询公司与业主方工作人员共同进行项目管理

E. 业主方委托施工方与业主方人员共同进行项目管理

2. 工程总承包企业受业主委托，按照合同约定对工程建设项目的（　　）等实行全过程或若干阶段的承包。

A. 设计　　B. 采购

C．施工　　D．竣工验收

E．试运行

3．建设工程项目总承包的基本工作程序，包括（　　）。

A．编制设计纲要　　B．编制项目设计建议书

C．设计评审　　D．确定合同价

E．签订合同

4．根据《建设项目工程总承包管理规范》GB/T 50358—2017，工程总承包方在项目管理收尾阶段的工作有（　　）。

A．办理决算手续　　B．办理项目资料归档

C．清理各种债权债务　　D．进行项目总结

E．考核评价项目部人员

5．关于项目施工总承包模式特点的说法，正确的是（　　）。

A．业主择优选择承包方范围小

B．项目质量好坏在很大程度上取决于总承包单位的管理水平和技术水平

C．开工日期不可能太早，建设周期会较长

D．不利于投资控制

E．与平行发包模式相比，组织协调工作量大

6．关于施工总承包管理模式特点的说法，正确的有（　　）。

A．业主方的招标及合同管理工作量较大

B．在开工前有较明确的合同价，有利于业主的总投资控制

C．分包工程任务符合质量控制的“他人控制”原则，对质量控制有利

D．各分包之间的关系可由施工总承包管理单位负责协调，这样可减轻业主方管理的工作量

E．多数情况下，由业主方与分包人直接签约，这样有可能减少业主方的风险

7．施工总承包管理模式与施工总承包模式相比，具有的优点有（　　）。

A．整个工程项目的合同总额的确定较有依据

B．对业主方节约投资较为有利

C．缩短建设周期，有利于进度控制

D．能为分包单位提供更好的管理和服务

E．有利于施工现场的总体管理与协调

8．在国际上业主方工程建设物资采购模式有（　　）。

A．业主方自行采购

B．承包商采购

C．业主方指定供货商

D．业主方指定承包商购入用于工程的建设物资

E．与承包商约定某些物资为指定供货商

9．关于施工总承包管理模式的说法，正确的有（　　）。

A．施工总承包管理单位应自行完成主体结构工程的施工

B．一般情况下，由施工总承包管理单位与分包单位签订分包合同

C．施工总承包管理模式下，分包合同价对业主是透明的

D．施工总承包管理的招标可以不依赖完整的施工图

E．施工总承包管理单位负责对分包单位的质量、进度进行控制

【1Z201050　答案与解析】

一、单项选择题

*1．B；　*2．B；　3．C；　*4．A；　*5．A；　*6．B；　*7．D；　8．A；　9．D；　*10．D；　*11．D；　12．A；　*13．C；　*14．D；　*15．D

【解析】

1．答案 B：

我国业主方主要通过设计招标的方式，而国际上常用设计竞赛方式。所以 B 正确。

2．答案 B：

建设工程项目总承包的基本出发点是借鉴工业生产组织的经验，实现建设生产过程的组织集成化，以克服由于设计与施工的分离致使投资增加，以及克服由于设计和施工的不协调而影响建设进度等弊病。所以 B 正确。

4．答案 A：

建设项目工程总承包的主要意义并不在于总价包干和“交钥匙”，其核心是通过设计与施工过程的组织集成，促进设计与施工的紧密结合，以达到为项目建设增值的目的。应该指出，即使采用总价包干的方式，稍大一些的项目也难以用固定总价包干，而多数采用变动总价合同。所以 A 正确。

5．答案 A：

业主方委托一个施工单位或由多个施工单位组成的施工联合体或施工合作体作为施工总承包单位，施工总承包单位视需要再委托其他施工单位作为分包单位配合施工，这种施工任务委托模式是施工总承包。所以 A 正确。

6．答案 B：

施工总承包模式在进度控制方面，由于一般要等施工图设计全部结束后，业主才能进行施工总承包单位的招标，因此，开工日期不可能太早，建设周期会较长，这是施工总承包模式最大的缺点，限制了其在建设周期紧迫的建设工程项目上的应用。所以 B 正确。

7．答案 D：

国际上民用建筑项目工程总承包的招标多数采用项目功能描述的方式，而不采用项目构造描述的方式，因为项目构造描述的招标依据是设计文件，而工程总承包招标时业主方还不可能提供具体的设计文件。所以 D 正确。

10. 答案 D：

施工总承包管理模式，业主方的招标及合同管理工作量较大；施工总承包管理单位的招标可以不依赖完整的施工图，当完成一部分施工图就可对其进行招标。施工总承包模式中，“费率招标”实质上是开口合同，对业主方的合同管理和投资控制十分不利。所以 D 正确。

11. 答案 D：

项目总承包方的管理工作涉及：（1）项目设计管理；（2）项目采购管理；（3）项目施工管理；（4）项目试运行管理和项目收尾等。所以 D 正确。

13. 答案 C：

在施工总承包管理模式下，施工项目总体管理和目标控制的责任由施工总承包管理单位承担。所以 C 正确。

14. 答案 D：

合同总价不是一次性确定，某一部分施工图设计完以后再进行该部分施工招标，确定该部分合同价，因此，整个建设项目的合同总额的确定较有依据。所有分包都通过招标获得有竞争力的报价，对业主投资有利。施工总承包管理模式下，分包合同对业主是透明的。所以 D 正确。

15. 答案 D：

采购管理应遵循下列程序：（1）明确采购产品或服务的基本要求、采购分工及有关责任；（2）进行采购策划，编制采购计划；（3）进行市场调查，选择合格的产品供应或服务单位，建立名录；（4）采用招标或协商等方式实施评审工作，确定供应或服务单位；（5）签订采购合同；（6）运输、验证、移交采购产品或服务；（7）处置不合格产品或不符合要求的服务；（8）采购资料归档。所以 D 正确。

二、多项选择题

1. A、C、D；　2. A、B、C、E；　3. A、B、C、D；　*4. B、D、E；
5. B、C；　*6. A、C、D；　7. A、B、C；　8. A、B、E；
9. C、D、E

【解析】

4. 答案 B、D、E：

建设项目工程总承包方在合同收尾时的工作包括：取得合同目标考核证书，办理决算手续，清理各种债权债务；缺陷通知期限满后取得履约证书。所以 B、D、E 正确。

6. 答案 A、C、D：

一般情况下，所有分包合同的招标投标、合同谈判以及签约工作均由业主负责，业主方的招标及合同管理工作量较大；在进行对施工总承包管理单位的招标时，只确定施工总承包管理费，而不确定工程总造价，这可能成为业主控制总投资的风险；多数情况下，由业主方与分包人直接签约，这样有可能增加业主方的风险。所以 A、C、D 正确。

1Z201060　建设工程项目管理规划的内容和编制方法

复习要点

建设工程项目管理规划是指导项目管理工作的纲领性文件。

建设工程项目管理规划涉及项目整个实施阶段，属于业主方项目管理的范畴。

1. 项目管理规划的内容

（1）建设工程项目管理规划必须随着情况的变化而进行动态调整。

（2）建设工程项目管理规划分成两个类型：项目管理规划大纲和项目管理实施规划。

2. 项目管理规划的编制方法

（1）《建设工程项目管理规范》GB/T 50326—2017 规定："项目管理规划大纲应由组织的管理层或组织委托的项目管理单位编制。""项目管理实施规划应由项目经理组织编制。"

（2）编制项目管理规划大纲应遵循的程序

① 明确项目需求和项目管理范围。

② 确定项目管理目标。

③ 分析项目实施条件，进行项目工作结构分解。

④ 确定项目管理组织模式、组织结构和职责分工。

⑤ 规定项目管理措施。

⑥ 编制项目资源计划。

⑦ 报送审批。

（3）编制项目管理实施规划应遵循的程序

了解项目相关各方的要求，分析项目具体特点和环境条件，熟悉相关法规和文件，实施编制活动，履行报批手续。

一　单项选择题

1. 工程项目管理规划是指导项目管理工作的（　　）文件。

A. 操作性　　B. 实施性

C. 纲领性　　D. 作业性

2. 建设工程项目管理规划属于（　　）项目管理范畴。

A. 工程总承包方　　B. 工程总承包管理方

C. 业主方　　D. 工程咨询方

3. 建设工程项目管理规划的内容涉及的范围与深度要求是（　　）。

A. 一经编制则不得改变

B. 必须随着项目进展过程中情况的变化而动态调整

C. 不会因项目而变化

D. 可按《建设工程项目管理规范》标准化

4. 根据《建设工程项目管理规范》GB/T 50326—2017，项目管理实施规划应由（　　）组织编制。

A. 项目技术负责人　　B. 项目经理

C. 企业技术负责人　　D. 企业生产负责人

5. 项目管理实施规划的编制依据，不包括（　　）。

A. 技术经济指标　　B. 项目管理规划大纲

C. 项目条件和环境分析资料　　D. 工程合同及相关文件

6. 项目管理规划应包括项目管理规划大纲和（　　）两类文件。

A. 项目管理实施规划　　B. 项目管理决策规划

C. 项目管理设计规划　　D. 项目管理施工规划

7. 项目管理实施规划的编制工作包括：① 分析项目具体特点和环境条件；② 熟悉相关的法规和文件；③ 了解相关方的要求；④ 履行报批手续；⑤实施编制活动。其正确的工作程序是（　　）。

A. ①—②—③—④—⑤　　B. ①—③—②—⑤—④

C. ③—②—①—④—⑤　　D. ③—①—②—⑤—④

二 多项选择题

1. 项目管理规划是指导项目管理工作的纲领性文件，它从总体上分析和描述（　　）。

A. 项目管理需要做的工作　　B. 项目的总投资

C. 项目的总进度　　D. 怎样进行项目管理

E. 技术标准

2. 建设工程项目管理规划的内容一般包括（　　）。

A. 项目可行性研究报告　　B. 项目的评估论证

C. 项目管理的组织　　D. 信息管理的方法和手段

E. 项目的目标分析和论证

3. 关于建设工程项目管理规划的说法，正确的有（　　）。

A. 建设项目的其他参与单位不需要编制项目管理规划

B. 业主方也可以委托总承包方编制建设工程项目管理规划

C. 建设工程项目管理规划属于业主方项目管理的范畴

D. 建设工程项目管理规划涉及项目从施工阶段至保修期

E. 建设工程项目管理规划必须随着情况的变化而进行动态调整

4. 根据《建设工程项目管理规范》GB/T 50326—2017，项目管理规划大纲可由（　　）负责编制。

A. 组织的管理层　　B. 组织委托的项目管理单位

C. 设计单位　　D. 总承包单位

E. 建设单位

5. 根据《建设工程项目管理》GB/T 50326—2017，项目管理规划大纲的编制依据包括（　　）。

A. 项目文件、相关法律法规和标准　　B. 项目设计文件

C. 类似项目经验的资料　　D. 实施条件调查资料

E. 项目建议书

【1Z201060　答案与解析】

一、单项选择题

1. C；　2. C；　*3. B；　*4. B；　*5. A；　6. A；　7. D

【解析】

3. 答案 B：

建设工程项目管理规划内容涉及的范围和深度，在理论上和工程实践中并没有统一的规定，应视项目的特点而定。由于项目实施过程中主客观条件的变化是绝对的，不变则是相对的；在项目进展过程中平衡是暂时的，不平衡则是永恒的，因此，建设工程项目管理规划必须随着情况的变化而进行动态调整。所以 B 正确。

4. 答案 B：

《建设工程项目管理规范》GB/T 50326—2017 规定："项目管理规划大纲应由组织的管理层或组织委托的项目管理单位编制。""项目管理实施规划应由项目经理组织编制。"所以 B 正确。

5. 答案 A：

项目管理实施规划的编制可依据以下资料：项目管理规划大纲；项目条件和环境分析；工程合同及相关文件；同类项目的相关资料。所以 A 正确。

二、多项选择题

1. A、B、C、D；　2. C、D、E；　*3. B、C、E；　4. A、B；　*5. A、C、D

【解析】

3. 答案 B、C、E：

建设项目的其他参与单位，如设计单位、施工单位和供货单位等，为进行其项目管理也需编制项目管理规划；建设工程项目管理规划涉及项目的整个实施阶段，属于业主方的项目管理范畴。所以 B、C、E 正确。

5. 答案 A、C、D：

项目管理规划大纲可依据下列资料编制：（1）项目文件、相关法律法规和标准；（2）类似项目经验的资料；（3）实施条件调查资料。所以 A、C、D 正确。

1Z201070　施工组织设计的内容和编制方法

复习要点

施工组织设计是以施工项目为对象编制的，用以指导施工的技术、经济和管理的综合性文件，是对施工活动实行科学管理的重要手段，它具有战略部署和战术安排的双重作用。

1. 施工组织设计的基本内容

（1）施工组织设计应包括编制依据、工程概况、施工部署、施工进度计划、施工准备与资源配置计划、主要施工方法、施工现场平面布置及主要施工管理计划等基本内容。

技术经济指标用以衡量组织施工的水平，它是对施工组织设计文件的技术经济效益进行全面评价。

（2）施工组织设计按编制对象，可分为施工组织总设计、单位工程施工组织设计和施工方案（表 1Z201070）。三种施工组织设计内容的共性与个性。

表 1Z201070

	施工组织总设计	单位工程施工组织设计	施工方案
编制对象	群体工程或特大型项目	单位工程	分部分项工程或专项工程
主要内容	1. 工程概况 2. 总体施工部署 3. 施工总进度计划 4. 总体施工准备与主要资源配置计划 5. 主要施工方法 6. 施工总平面布置	1. 工程概况 2. 施工部署 3. 施工进度计划 4. 施工准备与资源配置计划 5. 主要施工方案 6. 施工现场平面布置	1. 工程概况 2. 施工安排 3. 施工进度计划 4. 施工准备与资源配置计划 5. 施工方案及工艺要求

（3）大型房屋建筑工程标准：25 层以上，高度 100m 及以上，单体建筑面积 3 万 m^2 及以上，单跨跨度 30m 及以上，建筑面积 10 万 m^2 及以上的住宅小区或建筑群体工程，单项建安合同额 1 亿元及以上。

（4）施工管理计划应包括进度管理计划、质量管理计划、安全管理计划、环境管理计划、成本管理计划以及其他管理计划等内容。

2. 施工组织设计的编制方法

（1）施工组织设计应由项目负责人主持编制，可根据需要分阶段编制和审批。

施工组织总设计应由总承包单位技术负责人审批。

单位工程施工组织设计应由施工单位技术负责人或技术负责人授权的技术人员审批，施工方案应由项目技术负责人审批。

重点、难点分部（分项）工程和专项工程施工方案应由施工单位技术部门组织相关专家评审，施工单位技术负责人批准。

达到一定规模的危险性较大的专项施工方案，施工单位还应当组织专家进行论证，审查。经施工单位技术负责人、总监理工程师签字后实施。

（2）施工组织设计的动态管理

① 项目施工过程中，发生以下情况之一时，施工组织设计应及时进行修改或补充。

工程设计有重大修改；有关法律、法规、规范和标准实施、修订和废止；主要施工方法有重大调整；主要施工资源配置有重大调整；施工环境有重大改变。

② 经修改或补充的施工组织设计应重新审批后实施。

一 单项选择题

1. 施工组织设计是以（　　）为对象编制的。

A．施工项目　　B．施工内容

C．施工单位　　D．施工目标

2. 编制工程项目施工组织设计时，一般将施工顺序的安排列入施工组织设计的（　　）部分。

A．施工进度计划　　B．施工平面图

C．施工部署和施工方案　　D．工程概况

3. 技术经济指标用以衡量（　　）的水平。

A．科技创新　　B．技术管理

C．组织施工　　D．管理施工

4. 用以衡量组织施工的水平，并对施工组织设计文件的技术经济效益进行全面评价的是（　　）。

A．施工平面图　　B．施工进度计划

C．施工方案　　D．主要技术经济指标

5. 根据《建筑施工组织设计规范》GB/T 50502—2009，施工组织设计应由（　　）主持编制。

A．施工单位技术负责人　　B．项目负责人

C．施工单位技术负责人授权人　　D．项目技术负责人

6. 施工方案即以（　　）为主要对象编制的施工技术与组织方案，用以具体指导其施工过程。

A．单位工程　　B．任何工程

C．分部（分项）工程或专项工程　　D．子单位工程

7. 施工组织设计是对施工活动实行科学管理的重要手段，它具有（　　）的作用。

A．战略部署和经济安排　　B．战术安排和经济安排

C．战略部署和战术安排　　D．战术安排和技术安排

8. 根据《建筑施工组织设计规范》GB/T 50502—2009，关于施工组织设计审批的说法，正确的是（　　）。

A．专项施工方案应由项目技术负责人审批

B．施工方案应由项目总监理工程师审批

C．施工组织总设计应由建设单位技术负责人审批

D．单位工程施工组织设计应由承包单位技术负责人审批

9. 施工组织总设计的编制对象为（　　）。

A．群体工程　　B．分部工程

C．专项工程　　D．单位工程

10. 根据《建设工程安全生产管理条例》，对达到一定规模的危险性较大的分部（分项）工程编制专项施工方案，经施工单位技术负责人和（　　）签字后实施。

A．项目经理　　B．项目技术负责人

C．总监理工程师　　D．业主方项目负责人

11. 下列属于大型房屋建筑工程的是（　　）。

A．21 层的房屋建筑工程　　B．高度 90m 的构筑物

C．单跨跨度 40m 的房屋建筑工程　　D．单项合同 8000 万元房屋建筑工程

二　多项选择题

1. 施工组织设计按编制对象，可分为（　　）。

A．施工组织总设计　　B．单项施工组织设计

C．单位工程施工组织设计　　D．施工方案

E．分项工程施工组织设计

2. 根据《建筑施工组织设计规范》GB/T 50502—2009，施工方案的主要内容应包括（　　）。

A．工程概况　　B．施工部署

C．施工准备和资源配置计划　　D．施工方法及工艺要求

E．施工现场平面布置

3. 关于施工组织设计审批的说法，正确的有（　　）。

A．施工组织总设计应由建设单位技术负责人或总监理工程师审批

B．单位工程施工组织设计应由总承包单位的技术负责人审批

C．施工组织总设计应由总承包单位技术负责人审批

D．施工方案应由项目技术负责人审批

E．施工方案应由监理工程师审批

4. 根据《建设工程安全生产管理条例》，施工单位应当组织专家进行专项施工方案论

证的有（　　）。

A．深基坑工程　　B．地下暗挖工程

C．脚手架工程　　D．高大模板工程

E．拆除爆破工程

5. 项目施工过程中，发生以下（　　）情况时，施工组织设计应及时进行修改或补充。

A．某施工中的项目，设计单位应业主要求对工程设计图纸的楼梯部分进行了细微修改

B．某在建大桥，由于政府对预应力钢筋进行了新的规范调整修改导致需要重新调整工艺

C．某在建钢混结构大楼，由于国际钢材市场的大幅度调整导致采用的进口钢材无法提取，严重影响工程施工

D．在建项目，由于自然灾害导致工期严重滞后

E．某工程在施工时，施工单位发现设计图纸存在严重错误，无法正常施工

6. 根据《建筑施工组织设计规范》GB/T 50502—2009，施工管理计划包括（　　）。

A．进度管理计划　　B．质量管理计划

C．安全管理计划　　D．环境管理计划

E．运营管理计划

【1Z201070　答案与解析】

一、单项选择题

*1．A；　2．C；　3．C；　*4．D；　5．B；　*6．C；　7．C；　*8．D；
9．A；　10．C；　11．C

【解析】

1. 答案 A：

《建筑施工组织设计规范》GB/T 50502—2009 对施工组织设计作了如下的解释：以施工项目为对象编制的，用以指导施工的技术、经济和管理的综合性文件。所以 A 正确。

4. 答案 D：

技术经济指标用以衡量组织施工的水平，它是对施工组织设计文件的技术经济效益进行全面评价。所以 D 正确。

6. 答案 C：

施工方案即以分部（分项）工程或专项工程为主要对象编制的施工技术与组织方案，用以具体指导其施工过程。所以 C 正确。

8. 答案 D：

选项 A 错误，专项施工方案应由施工单位技术负责人审批。选项 B 错误，施工方案应由项目技术负责人审批。选项 C 错误，施工组织总设计应由总承包单位技术负责人审批。

所以 D 正确。

二、多项选择题

1. A、C、D;　　2. A、C、D;　　3. C、D;　　*4. A、B、D;

*5. B、C、D、E;　　6. A、B、C、D

【解析】

4. 答案 A、B、D:

危险性较大的分部分项工程中涉及深基坑、地下暗挖工程、高大模板工程的专项施工方案，施工单位还应当组织专家进行论证审查。所以 A、B、D 正确。

5. 答案 B、C、D、E:

项目施工过程中，发生以下情况之一时，施工组织设计应及时进行修改或补充:（1）工程设计有重大修改;（2）有关法律、法规、规范和标准实施的修订或废止;（3）主要施工方法有重大调整;（4）主要施工资源配置有重大调整;（5）施工环境有重大改变。所以 B、C、D、E 正确。

1Z201080　建设工程项目目标的动态控制

复习要点

项目目标的动态控制是项目管理最基本的方法论。

1. 项目目标动态控制的方法及其应用

（1）项目目标动态控制的工作程序（“三部曲”）

第一步，项目目标动态控制的准备工作：将项目的目标进行分解，以确定用于目标控制的计划值。

第二步，在项目实施过程中项目目标的动态控制：

① 收集项目目标的实际值，如实际投资、实际进度等；

② 定期（如每两周或每月）进行项目目标的计划值和实际值的比较；

③ 通过项目目标的计划值和实际值的比较，如有偏差，则采取纠偏措施进行纠偏。

第三步，如有必要，则进行项目目标的调整，目标调整后再返回到第一步。

（2）项目目标动态控制的纠偏措施（图 1Z201080）

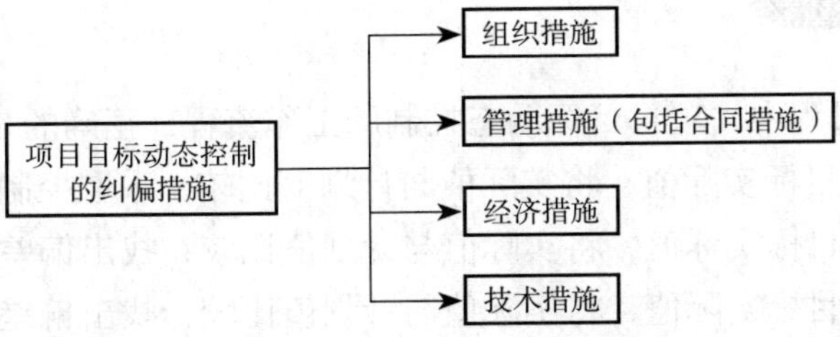

图 1Z201080　项目目标动态控制的纠偏措施

组织措施，管理措施（包括合同措施），经济措施，技术措施。

组织措施：与人有关。

技术措施：设计、方案、材料、机械。

（3）项目目标动态控制的核心

在项目实施的过程中定期地进行项目目标的计划值和实际值的比较，当发现项目目标偏离时采取纠偏措施。为避免项目目标偏离的发生，还应重视事前的主动控制。

2. 动态控制在进度控制中的应用

（1）运用动态控制原理控制进度的步骤

工程进度目标的逐层分解；在项目实施过程中对工程进度目标进行动态跟踪和控制；如有必要，则调整工程进度目标。

（2）进度的控制周期

一般的项目控制周期为一个月，对于重要的项目，控制周期可定为一旬或一周等。

3. 动态控制在投资控制中的应用

（1）项目投资目标的分解指的是通过编制项目投资规划，分析和论证项目投资目标实现的可能性，并对项目投资目标进行分解。

（2）定期对项目投资的计划值和实际值进行比较

通过项目投资计划值和实际值的比较，如发现偏差，则必须采取相应的纠偏措施进行纠偏。在设计过程中，投资的计划值和实际值的比较即工程概算与投资规划的比较，以及工程预算与概算的比较。在施工过程中投资的计划值和实际值的比较包括：

① 工程合同价与工程概算的比较；

② 工程合同价与工程预算的比较；

③ 工程款支付与工程概算的比较；

④ 工程款支付与工程预算的比较；

⑤ 工程款支付与工程合同价的比较；

⑥ 工程决算与工程概算的比较；

⑦ 工程决算与工程预算的比较；

⑧ 工程决算与工程合同价的比较。

注意：投资计划值和实际值是相对的。

一 单项选择题

1. 在项目实施过程中，项目目标动态控制的工作流程，正确的是（　　）。

A. 收集项目目标实际值，将实际值与计划值比较，采取控制措施，进行目标调整

B. 收集项目目标实际值，将实际值与计划值比较，找出偏差，进行目标调整

C. 收集项目目标实际值，将实际值与计划值比较，找出偏差，采取纠偏措施

D. 将实际值与计划值比较，找出偏差，采取控制措施，收集项目目标的实际值

2. 项目目标动态控制的纠偏措施中，应充分重视（　　）对项目目标控制的作用。

A. 组织措施　　B. 管理措施

C. 经济措施　　D. 技术措施

3. 某项目由于关键设备采购延误导致总体工程进度延误，项目经理部研究决定调整项目采购负责人以解决问题，该措施属于项目目标控制的（　　）。

A. 组织措施　　B. 管理措施

C. 经济措施　　D. 技术措施

4. 在某大型工程项目的施工过程中，由于“下情不能上传，上情不能下达”，导致项目经理不能及时作出正确决策，拖延了工期，为了加快施工进度，项目经理修正了信息传递工作流程。这种纠偏措施属于动态控制的（　　）。

A. 技术措施　　B. 管理措施

C. 经济措施　　D. 组织措施

5. 在项目目标动态控制中，为避免项目目标偏离的发生，除了项目目标的过程控制的动态控制外，还应重视（　　）的主动控制。

A. 事前控制　　B. 事中控制

C. 事后控制　　D. 全过程控制

6. 应用动态控制原理进行建设工程项目目标控制时，产生的纠偏可采取多种纠偏措施，下列纠偏措施中不属于管理措施的是（　　）。

A. 采取限额设计的方法　　B. 调整管理职能分工

C. 采用价值工程的方法　　D. 强化合同管理

7. 在下列目标控制措施中，属于经济措施的是（　　）。

A. 落实加快工程进度所需的资金　　B. 改变施工方法和改变施工机具

C. 强化合同管理　　D. 调整项目管理班子人员

8. 项目目标动态控制的核心是：在项目实施的过程中定期地进行项目目标（　　）的比较。

A. 偏差值和调整值　　B. 偏差值和实际值

C. 计划值和实际值　　D. 计划值和调整值

9. 对建设工程项目进度目标进行分析和论证，其目的是（　　）。

A. 论证进度目标是否合理　　B. 制定进度控制措施

C. 论证进度目标实现的经济性　　D. 确定调整进度目标的方法

10. 项目进度的控制周期应视项目的规模和特点而定，一般的项目控制周期为（　　）。

A. 一周　　B. 一旬

C. 一个月　　D. 两个月

11. 施工过程中投资的计划值和实际值进行比较时，相对于工程合同价可作为投资计划值的是（　　）。

A. 投资估算　　B. 工程结算

C. 施工图预算　　D. 竣工决算

12. 应用动态控制原理控制项目投资时，若将工程合同价作为投资的实际值，则可作为投资计划值的是（　　）。

A. 工程概算和工程款支付值　　B. 工程概算和工程预算

C. 工程概算和工程决算　　D. 工程决算和工程款支付值

13. 项目目标动态控制工作包括：① 确定目标控制的计划值；② 分解项目目标；③ 收集项目目标的实际值；④ 定期比较计划值和实际值；⑤ 纠正偏差。其正确的工作流程是（　　）。

A. ①—③—②—⑤—④　　B. ②—①—③—④—⑤

C. ③—②—①—④—⑤　　D. ①—②—③—④—⑤

二 多项选择题

1. 控制项目目标的主要措施包括（　　）。

A. 组织措施　　B. 管理措施

C. 经济措施　　D. 技术措施

E. 生产措施

2. 应用动态控制原理进行目标控制时，用于纠偏的管理措施的有（　　）。

A. 调整进度管理的方法

B. 调整招标工作的管理职能分工

C. 将横道图计划改为网络计划对目标进行控制

D. 改进施工方法

E. 调整合同管理任务分工

3. 下列项目目标动态控制的纠偏措施中，属于技术措施的有（　　）。

A. 调整工作流程组织　　B. 调整项目管理职能分工

C. 优化施工方法　　D. 调整进度管理手段

E. 改变施工机具

4. 有关项目目标控制方法的说法，正确的有（　　）。

A. 项目目标动态控制工作程序的第一步是将项目目标进行分解

B. 当计划值与实际值产生偏差时，必须调整项目的目标

C. 为避免项目目标偏离的发生，应重视事前的主动控制

D. 项目目标的动态控制是项目管理最基本的方法论

E. 项目目标动态控制有利于项目目标的实现

5. 在施工过程中，投资的计划值和实际值的比较包括（　　）。

A. 工程合同价与工程概算的比较　　B. 工程合同价与工程预算的比较

C. 工程款支付与工程概算的比较　　D. 工程款支付与工程预算的比较

E. 工程决算与投资规划的比较

6. 应用动态控制原理进行建设工程项目投资控制时，相对于工程合同价而言，投资的计划值有（　　）。

A. 投资规划　　B. 工程概算

C. 工程预算　　D. 工程进度款

E. 工程决算

7. 动态控制在进度控制的应用中，通过项目进度计划值和实际值的比较，如发现偏差，则可采取的纠偏措施有（　　）。

A. 优化施工方法　　B. 改变施工机具

C. 调整投资控制的方法和手段　　D. 制订节约投资的奖励措施

E. 采取限额设计的方法

8. 下列项目目标动态控制的纠偏措施中，属于组织措施的有（　　）。

A. 调整管理职能分工　　B. 调整或修改设计

C. 调整组织结构　　D. 调整进度管理手段

E. 改变施工管理

【1Z201080　答案与解析】

一、单项选择题

1. C;　*2. A;　3. A;　4. D;　*5. A;　*6. B;　7. A;　*8. C;

9. A;　*10. C;　*11. C;　12. B;　13. B

【解析】

2. 答案 A:

组织是目标能否实现的决定性因素。应充分重视组织措施对项目目标控制的作用。所以 A 正确。

5. 答案 A:

为避免项目目标偏离的发生，还应重视事前的主动控制，即事前分析可能导致项目目标偏离的各种影响因素，并针对这些影响因素采取有效的预防措施。所以 A 正确。

6. 答案 B:

管理措施（包括合同措施），分析由于管理的原因而影响项目目标实现的问题，并采取相应的措施，如调整进度管理的方法和手段，改变施工管理和强化合同管理等。B 选项是组织措施，所以 B 正确。

8. 答案 C:

项目目标动态控制的核心是在项目实施的过程中定期地进行项目目标的计划值和实际值的比较，当发现项目目标偏离时采取纠偏措施。所以 C 正确。

10. 答案 C:

项目进度的控制周期一般为一个月，对于重要的项目，控制周期可定为一旬或一周等。所以 C 正确。

11. 答案 C：

在施工过程中投资的计划值和实际值比较时，相对于工程合同价，工程概算和工程预算都可作为投资的计划值。所以 C 正确。

二、多项选择题

1. A、B、C、D；　2. A、C；　*3. C、E；　*4. A、C、D、E；
*5. A、B、C、D；　6. B、C；　*7. A、B；　8. A、C

【解析】

3. 答案 C、E：

选项 A、B 是组织措施，选项 D 是管理措施。所以 C、E 正确。

4. 答案 A、C、D、E：

通过项目目标的计划值和实际值的比较，如有偏差，则采取纠偏措施进行纠偏。所以 A、C、D、E 正确。

5. 答案 A、B、C、D：

在施工过程中，投资的计划值和实际值的比较包括：工程合同价和工程概算的比较；工程合同价与工程预算的比较；工程款支付与工程概算的比较；工程款支付与工程预算的比较；工程款支付与工程合同价的比较；工程决算与工程概算、工程决算与工程预算、工程决算与工程合同价的比较。所以 A、B、C、D 正确。

7. 答案 A、B：

通过工程进度计划值和实际值的比较，如发现进度的偏差，则必须采取相应的纠偏措施进行纠偏，如：分析由于管理的原因而影响进度的问题，并采取相应的措施、调整进度管理的方法和手段、改变施工管理和强化合同管理、及时解决工程款支付和落实加快工程进度所需的资金、改进施工方法和改变施工机具等。所以 A、B 正确。

1Z201090　施工企业项目经理的工作性质、任务和责任

复习要点

1. 施工企业项目经理的工作性质

（1）大、中型工程项目施工的项目经理必须由取得建造师注册证书的人员担任；但取得建造师注册证书的人员是否担任工程项目施工的项目经理，由企业自主决定。

（2）建造师是一种专业人士的名称，项目经理是一个管理岗位的名称。

（3）承包人需要更换项目经理的，应提前 14 天书面通知发包人和监理人，并征得发包人书面同意。

（4）项目经理受企业法定代表人委托；在我国，项目经理是建筑施工企业法定代表人在工程项目上的代表人；在国际上，项目经理不一定是（多数不是）一个企业法定代表人

在工程项目上的代表人。

（5）关于项目经理的一些时间节点。

2. 施工企业项目经理的任务

项目经理不仅要考虑项目的利益，还应服从企业的整体利益。项目经理的任务包括项目的行政管理和项目管理两个方面。

3. 建设工程项目管理机构负责人的责任

（1）项目管理机构负责人应具有的权限：

① 参与项目招标、投标和合同签订；

② 参与组建项目管理机构；

③ 参与组织对项目各阶段的重大决策；

④ 主持项目管理机构工作；

⑤ 决定授权范围内的项目资源使用；

⑥ 在组织制度的框架下制定项目管理机构管理制度；

⑦ 参与选择并直接管理具有相应资质的分包人；

⑧ 参与选择大宗资源的供应单位；

⑨ 在授权范围内与项目相关方进行直接沟通；

⑩ 法定代表人和组织授予的其他权利。

（2）项目经理由于主观原因，或由于工作失误有可能需要承担法律责任（政府追究）和经济责任（企业追究）。

（3）项目机构负责人应履行下列职责：

① 项目管理目标责任书中规定的职责；

② 工程质量安全责任承诺书中应履行的职责；

③ 组织或参与编制项目管理规划大纲、项目管理实施规划，对项目目标进行系统管理；

④ 主持制定并落实质量、安全技术措施和专项方案，负责相关的组织协调工作；

⑤ 对各类资源进行质量管控和动态管理；

⑥ 对进场的机械、设备、工器具的安全、质量和使用进行监控；

⑦ 建立各类专业管理制度并组织实施；

⑧ 制定有效的安全、文明和环境保护措施并组织实施；

⑨ 组织或参与评价项目管理绩效；

⑩ 进行授权范围的任务分解和利益分配；

⑪ 按规定完善工程资料，规范工程档案文件，准备工程结算和竣工资料，参与工程竣工验收；

⑫ 接受审计，处理项目管理机构解体的善后工作；

⑬ 协助和配合组织进行项目检查、鉴定和评奖申报；

⑭ 配合组织完善缺陷责任期的相关工作。

4. 项目各参与方之间的沟通方法

（1）沟通过程五要素：沟通主体、沟通客体、沟通介体、沟通环境、沟通渠道。

（2）沟通能力：表达能力、争辩能力、倾听能力、设计能力。

沟通有两个要素：思维与表达。

沟通也有两个层面：思维的交流和语言的交流。

（3）沟通障碍：发送者的障碍、接受者的障碍、沟通渠道的障碍。

5. 施工企业人力资源管理的任务

（1）目前我国施工企业劳动用工的种类：企业自有员工；劳务分包企业用工；施工企业直接雇佣的短期用工。

劳务分包企业用工和施工企业直接雇佣的短期用工是目前施工企业劳务用工的主力军。

（2）劳动用工管理

建筑施工企业与劳动者建立劳动关系，应当自用工之日起按照劳动合同法规的规定订立书面劳动合同。

（3）工资支付管理

建筑施工企业应当至少每月向劳动者支付一次工资，且支付部分不得低于当地最低工资标准，每季度末结清劳动者剩余应得的工资。

一 单项选择题

1. 关于建造师和项目经理关系的说法，正确的是（　　）。

A. 取得建造师注册证书的人员即可成为施工项目经理

B. 建造师是管理岗位，项目经理是技术岗位

C. 大中型工程项目的项目经理必须由取得建造师注册证书的人员担任

D. 取得建造师注册证书的人员只能担任施工项目经理

2. 取得建造师注册证书的人员是否担任工程项目施工的项目经理，取决于（　　）。

A. 建筑业企业　　B. 建设行政主管部门

C. 建设单位　　D. 建设监督部门

3. 建筑施工企业项目经理是受企业（　　）委托，对工程项目施工过程全面负责的项目管理者。

A. 董事会　　B. 股东

C. 股东代表大会　　D. 法定代表人

4. 施工项目经理在承担工程项目施工的管理过程中，是以（　　）身份处理所承担的工程项目有关的外部关系。

A. 施工企业　　B. 施工企业法定代表人的代表

C. 施工企业法定代表人　　D. 建设单位项目管理者

5. 在国际上，对项目经理的地位和作用表述不正确的是（　　）。

A. 项目经理是项目管理班子的负责人

B. 项目经理不是一个技术岗位，而是一个管理岗位

C．项目经理是企业法定代表人在项目上的代表人

D．项目经理的主要任务是项目目标的控制

6．在国际上，项目经理是其上级任命的一个项目的项目管理班子的负责人，它的主要任务是（　　）。

A．负责项目物资和设备的采购　　B．负责项目部的日常行政管理工作

C．负责项目的技术工作　　D．项目目标的控制

7．编制项目管理目标责任书的依据不包括（　　）。

A．项目合同文件　　B．项目管理实施规划

C．组织的经营方针　　D．组织的经营目标

8．项目经理的任务仅限于主持项目管理工作，其主要任务是（　　）。

A．施工的安全管理　　B．项目目标的质量控制

C．项目目标的进度控制　　D．项目目标的控制和组织协调

9．某项目经理在某高层建筑的施工中，由于工作失误，致使施工人员死亡并造成施工项目重大经济损失，施工企业对该项目经理的处理方式为（　　）。

A．追究法律责任　　B．吊销建造师资格证书

C．追究社会责任　　D．追究经济责任

10．根据《建设工程项目管理规范》GB/T 50326—2017，下列工作中属于施工方项目经理管理控制的是（　　）。

A．主持项目的投标工作　　B．组建工程项目经理部

C．制定内部计酬办法　　D．选择具有相应资质的分包人

11．项目各参与方沟通过程的五个要素是指沟通主体、沟通客体、沟通介体以及（　　）。

A．沟通内容和沟通渠道　　B．沟通环境和沟通方法

C．沟通内容和沟通方法　　D．沟通环境和沟通渠道

12．沟通的两个要素及沟通两个层面分别是（　　）。

A．思维与表达；情感的交流和语言的交流

B．表达与倾听；思维的交流和语言的交流

C．思维与表达；思维的交流和语言的交流

D．信息传递与交换；思维的交流和语言的交流

13．为了实现项目目标，项目人力资源管理的目的是（　　）。

A．调动与项目相关的所有人员的积极性

B．调动所有项目参与人的积极性

C．建立广泛的人际关系

D．降低项目的人力成本

14．关于项目人力资源管理的说法，正确的有（　　）。

A．人力资源管理的工作步骤中包括编制人力资源规划

B．人力资源管理不包括员工的绩效考评

C．人力资源管理的主要特点是管理对象广泛

D．人力资源管理的目的是减少人才流动

15. 根据政府主管部门有关建设工程劳动用工管理规定，建筑施工企业应将项目作业人员有关情况在当地建筑企业信息管理系统中如实填报，人员发生变更的，应在变更后（　　）个工作日内做相应变更。

A．7　　B．14

C．15　　D．30

16. 建筑施工企业因暂时生产经营困难无法按劳动合同约定日期支付工资的，应当向劳动者说明情况，并与工会或职工代表协商一致后，可以延期支付工资，但最长不得超过（　　）日。

A．30　　B．45

C．60　　D．90

17. 根据《建设工程项目管理规范》GB/T 50326—2017，项目管理机构负责人的职责包括（　　）等。

A．参与组建项目管理机构

B．主持编制项目管理目标责任书

C．对各类资源进行质量监控和动态管理

D．确定项目管理实施目标

二　多项选择题

1. 关于建造师和项目经理说法，正确的有（　　）。

A．建造师是一种专业人士的名称

B．项目经理是一个工作岗位的名称

C．取得建造师执业资格表示其知识和能力符合建造师执业的要求

D．建造师在企业中的工作岗位由企业视工作需要和安排而定

E．建造师在企业中的工作岗位由其知识和能力而定

2. 项目经理应履行的职责有（　　）。

A．项目管理目标责任书规定的职责

B．主持编制项目管理实施规划，并对项目目标进行系统管理

C．对资源进行静态管理

D．进行授权范围内的利益分配

E．接受审计，处理项目经理部解体的善后工作

3. 根据《建设工程项目管理规范》GB/T 50326—2017，项目经理的权限包括（　　）。

A．签订承包合同　　B．自主选择分包单位

C．参与选择物资供应单位　　D．主持项目管理机构工作

E．制定内部计酬办法

4. 导致沟通失真的沟通障碍主要来自（　　）。

A. 发送者的障碍　　B. 处理者的障碍

C. 接受者的障碍　　D. 沟通通道的障碍

E. 沟通方式的障碍

5. 项目人力资源管理控制应包括（　　）。

A. 人力资源的选择　　B. 制定员工工资标准

C. 订立劳务分包合同　　D. 制定企业管理规划

E. 教育培训和考核

6. 下列关于施工企业项目经理工作性质的说法，正确的是（　　）。

A. 紧急情况下，项目经理采取必要措施后，应在48小时内向发包人代表和监理工程师提交报告

B. 承包人需更换项目经理的，应提前14天书面通知发包人和监理人，并征得发包人书面同意

C. 承包人应在接到更换通知后14天内向发包人提出书面改进报告

D. 发包人收到改进报告后仍要求更换的，承包人应在接到第二次更换通知的28天内进行更换

E. 项目经理因特殊情况需授权其具有相应职责能力的下属人员某项工作职责的，应提前14天将上述人员的相关信息通知监理人

7. 项目人力资源管理计划应包括（　　）。

A. 人力资源需求计划　　B. 人力资源配置计划

C. 人力资源培训计划　　D. 人力资源的选择

E. 人力资源组织规划

8. 根据《建设工程施工合同（示范文本）》GF—2017—0201，施工单位任命项目经理需要向建设单位提供的证明有（　　）。

A. 劳动合同　　B. 缴纳的社会保险

C. 项目经理持有的注册执业证书　　D. 职称证书

E. 授权范围

9. 项目经理在项目管理方面的主要任务有（　　）。

A. 施工安全管理　　B. 施工投资控制

C. 施工质量控制　　D. 工程合同管理

E. 工程信息管理

【1Z201090　答案与解析】

一、单项选择题

1. C；　2. A；　*3. D；　*4. B；　*5. C；　6. D；　*7. B；　*8. D；　*9. D；

10. C；　*11. D；　12. C；　*13. B；　14. A；　15. A；　*16. A；　17. C

【解析】

3. 答案D:

建筑施工企业项目经理，是指受企业法定代表人委托对工程项目施工过程全面负责的项目管理者，是建筑施工企业法定代表人在工程项目上的代表人。所以D正确。

4. 答案B:

项目经理在承担工程项目施工的管理过程中，应当按照建筑施工企业与建设单位签订的工程承包合同，与本企业法定代表人签订项目承包合同，并在企业法定代表人授权范围内，以企业法定代表人的代表身份处理与所承担的工程项目有关的外部关系，签署有关合同。所以B正确。

5. 答案C:

在国际上，项目经理是企业任命的一个项目的项目管理班子的负责人（领导人），但它并不一定是（多数不是）一个企业法定代表人在工程项目上的代表人，因为一个企业法定代表人在工程项目上的代表人在法律上赋予其的权限范围太大。所以C正确。

7. 答案B:

项目管理责任书的编制依据有项目合同文件、组织的管理制度、项目管理规划大纲、组织的经营方针和目标。所以B正确。

8. 答案D:

项目经理的任务仅限于主持项目管理工作，其主要任务是项目目标的控制和组织协调。所以D正确。

9. 答案D:

项目经理由于主观原因，或由于工作失误有可能承担法律责任和经济责任。政府主管部门将追究的主要是其法律责任，企业将追究的主要是其经济责任；但是，由于项目经理的违法行为而导致企业的损失，企业也有可能追究其法律责任。所以D正确。

11. 答案D:

沟通过程五个要素:（1）沟通主体;（2）沟通客体;（3）沟通介体;（4）沟通环境;（5）沟通渠道。所以D正确。

13. 答案B:

项目人力资源管理的目的是调动所有项目参与人的积极性，在项目承担的组织（企业）的内部和外部建立有效的工作机制，以实现项目目标。所以B正确。

16. 答案A:

建筑施工企业因暂时生产经营困难无法按劳动合同约定的日期支付工资的，应当向劳动者说明情况，并与工会或职工代表协商一致后，可以延期支付工资，但最长不得超过30日。超过30日不支付劳动者工资的，属于无故拖欠工资行为。所以A正确。

二、多项选择题

1. A、B、C、D; *2. A、B、D、E; 3. C、D、E; 4. A、C、D;
*5. A、C、E; 6. B、C、D; 7. A、B、C; 8. A、B;
*9. A、C、D、E

【解析】

2. 答案A、B、D、E:

项目经理应履行下列职责：项目管理目标责任书规定的职责；主持编制项目管理实施规划，并对项目目标进行系统管理；对资源进行动态管理；建立各种专业管理体系，并组织实施；进行授权范围内的利益分配；收集工程资料，准备结算资料，参与工程竣工验收；接受审计，处理项目经理部解体的善后工作；协助组织进行项目的检查、鉴定和评奖申报工作。所以A、B、D、E正确。

5. 答案A、C、E:

项目人力资源管理控制应包括：(1)人力资源的选择；(2)订立劳务分包合同；(3)教育培训和考核。所以A、C、E正确。

9. 答案A、C、D、E:

项目经理的任务包括项目的行政管理和项目管理两个方面，其在项目管理方面的主要任务是：(1)施工安全管理；(2)施工成本控制；(3)施工进度控制；(4)施工质量控制；(5)工程合同管理；(6)工程信息管理；(7)工程组织与协调等。所以A、C、D、E正确。

1Z201100 建设工程项目的风险和风险管理的工作流程

复习要点

1. 项目的风险类型

(1)风险和风险量的定义

风险指的是损失的不确定性，对建设工程项目管理而言，风险是指可能出现的影响项目目标实现的不确定因素。

风险可以用风险量来衡量。风险量反映不确定的损失程度和损失发生的概率。风险等级由风险发生概率等级和风险损失等级间的关系矩阵确定，见表1Z201100。

风险等级矩阵表　　表1Z201100

风险等级		损失等级			
		1	2	3	4
概率等级	1	Ⅰ级	Ⅰ级	Ⅱ级	Ⅱ级
	2	Ⅰ级	Ⅱ级	Ⅱ级	Ⅲ级
	3	Ⅱ级	Ⅱ级	Ⅲ级	Ⅲ级
	4	Ⅱ级	Ⅲ级	Ⅲ级	Ⅳ级

《建设工程项目管理规范》GB/T 50326—2017将工程建设风险事件按照不同风险程度分为四个等级：

① 一级风险。风险等级最高，风险后果是灾难性的，并造成恶劣的社会影响和政治影响。

② 二级风险。风险等级较高，风险后果严重，可能在较大范围内造成破坏或人员伤亡。

③ 三级风险。风险等级一般，风险后果一般，对工程建设可能造成破坏的范围较小。

④ 四级风险。风险等级较低，风险后果在一定条件下可以忽略，对工程本身以及人员等不会造成较大损失。

（2）风险类型：组织风险，经济与管理风险，工程环境风险，技术风险。

组织风险：组织结构模式，工作流程组织，任务分工和管理职能分工等与人有关的风险。技术风险：设计、方案、材料、机械等方面的风险。

2. 项目风险管理的工作流程

（1）风险管理过程包括项目实施全过程的项目风险识别、项目风险评估、项目风险应对和项目风险监控。

风险评估：对风险的量化。

（2）常见的风险对策：规避、减轻、自留和转移（向保险公司投保），如图1Z201100所示。

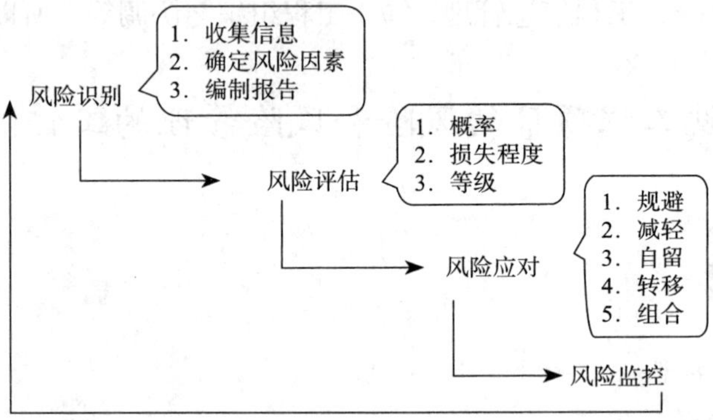

图 1Z201100　风险对策

一 单项选择题

1. 关于风险量、损失程度和损失发生的概率之间的关系的说法，正确的是（　　）。

A. 损失程度越大，风险量越大

B. 损失发生的概率越大，风险量越大

C. 损失程度和损失发生的概率越大，风险量越大

D. 风险量越大，损失程度越大

2. 在事件风险量的区域图中，若某事件经过风险评估，处于风险区 A，则应采取措施降低其概率，可使它移位至（　　）。

A. 风险区 B　　B. 风险区 C

C. 风险区 D　　D. 风险区 E

3. 某项目采用固定价格合同，对于承包商来说，如果估计价格上涨的风险发生概率等级为2，估计如果发生所造成的损失等级为4，则此种风险的等级应评为（　　）级风险。

A. Ⅰ　　B. Ⅱ

C. Ⅲ　　D. Ⅳ

4. 建设工程项目的技术风险不包括（　　）。

A. 工程设计文件　　B. 工程机械

C. 工程物资　　D. 事故防范措施和计划

5. 某企业承接了一大型水坝施工任务，但企业有该类项目施工经验的人员较少，大部分管理人员缺乏经验，这类属于建设工程风险类型中的（　　）。

A. 组织风险　　B. 经济与管理风险

C. 工程环境风险　　D. 技术风险

6. 项目风险管理过程包括：①项目风险应对；②项目风险评估；③项目风险识别；④项目风险监控。其正确的管理流程是（　　）。

A. ③—②—④—①　　B. ②—③—④—①

C. ①—③—②—④　　D. ③—②—①—④

7. 下列针对防范土方开挖过程中的塌方风险而采取的措施，属于风险转移对策的是（　　）。

A. 投保建设工程一切险　　B. 设置警示牌

C. 进行专题安全教育　　D. 设置边坡护壁

8. 某投标人在招标工程开标后发现由于自己报价失误，比正常报价少报18%，虽然被确定为中标人，但拒绝与业主签订施工合同。该投标人所采取的风险对策是（　　）。

A. 风险自留　　B. 风险规避

C. 风险减轻　　D. 风险转移

9. 下列属于建设工程项目技术风险的是（　　）。

A. 合同风险　　B. 工程物资风险

C. 工程机械风险　　D. 气象条件风险

10. 下列项目风险管理工作中，属于风险识别的是（　　）。

A. 收集与项目风险有关的信息　　B. 分析各风险因素发生概率

C. 确定各种的风险量和风险等级　　D. 向保险公司投保难以控制的风险

11. 根据《建设工程项目管理规范》GB/T 50326—2017，一级风险指（　　）。

A. 风险后果是灾难性的，并造成恶劣社会影响和政治影响

B. 风险后果严重，可能在较大范围内造成破坏或人员伤亡

C. 风险后果一般，对工程建设可能造成破坏的范围较小

D. 风险后果在一定条件下可以忽略，对工程本身以及人员等不会造成较大损失

二 多项选择题

1. 下列建设工程项目风险中，属于组织风险的有（　　）。

A. 人身安全控制计划　　B. 工作流程组织

C．任务分工和管理职能分工　　D．引起火灾和爆炸的因素

E．设计人员和监理工程师的能力

2. 风险管理包括策划、(　　)等方面的工作。

A．组织　　B．协调

C．归纳　　D．领导

E．控制

3. 施工风险管理过程包括施工全过程的(　　)。

A．风险识别　　B．风险评估

C．风险应对　　D．风险监控

E．风险转移

4. 工程项目风险管理过程中，风险识别工作包括(　　)。

A．确定风险因素　　B．分析风险因素发生的概率

C．分析各风险的损失量　　D．编制项目风险识别报告

E．收集与项目风险有关的信息

5. 某在建商业建筑区在项目风险管理过程中，风险评估工作包括(　　)。

A．确定各种风险的损失量　　B．确定应对各种风险的对策

C．确定风险因素　　D．确定风险等级

E．确定各种风险因素的发生概率

6. 常用的风险响应对策包括(　　)。

A．风险规避　　B．风险减轻

C．风险自留　　D．风险控制

E．风险转移

7. 项目风险管理过程中，项目风险评估包括(　　)。

A．确定风险因素　　B．编制项目风险识别报告

C．分析各种风险的损失量　　D．分析各种风险因素发生的概率

E．确定各种风险的风险量和风险等级

【1Z201100　答案与解析】

一、单项选择题

*1. C；　*2. A；　*3. C；　*4. D；　*5. A；　6. D；　7. A；　8. B；

9. C；　10. A；　11. D

【解析】

1. 答案C：

风险量反映不确定的损失程度和损失发生的概率，损失程度和损失发生的概率越大，风险量越大。所以C正确。

2. 答案A：

若某事件经过风险评估，它处于风险区 A，则应采取措施，降低其概率，即使它移位至风险区 B；或采取措施降低其损失量，即使它移位至风险区 C。风险区 B 和 C 的事件则应采取措施，使其移位至风险区 D。所以 A 正确。

3. 答案 C：

参见考试用书表 1Z201101。

4. 答案 D：

技术风险，如：工程勘测资料和有关文件；工程设计文件；工程施工方案；工程物资；工程机械等。所以 D 正确。

5. 答案 A：

组织风险包含项目承包方管理人员的能力、施工机械操作人员的能力和经验；工程环境风险包含岩土地质条件和水文地质条件。所以 A 正确。

二、多项选择题

*1. B、C、E；　　2. A、B、D、E；　　*3. A、B、C、D；　　*4. A、D、E；

*5. A、D、E；　　6. A、B、C、E；　　7. C、D、E

【解析】

1. 答案 B、C、E：

组织风险，如：组织结构模式；工作流程组织；任务分工和管理职能分工；业主方（包括代表业主利益的项目管理方）人员的构成和能力；设计人员和监理工程师的能力；承包方管理人员和一般技工的能力；施工机械操作人员的能力和经验；损失控制和安全管理人员的资历和能力等。所以 B、C、E 正确。

3. 答案 A、B、C、D：

风险管理过程包括项目实施全过程的项目风险识别、项目风险评估、项目风险应对和项目风险监控。所以 A、B、C、D 正确。

4. 答案 A、D、E：

风险识别工作包括：（1）确定风险因素；（2）编制项目风险识别报告；（3）收集信息。所以 A、D、E 正确。

5. 答案 A、D、E：

风险评估包含以下工作：利用已有数据资料和相关专业方法分析各种风险因素发生的概率；分析各种风险的损失量，包括可能发生的工期损失、费用损失，以及对工程的质量、功能和使用效果等方面的影响；根据各种风险发生的概率和损失量，确定各种风险的风险量和风险等级。所以 A、D、E 正确。

1Z201110　建设工程监理的工作性质、工作任务和工作方法

复习要点

1. 监理的工作性质

（1）建设工程监理是一种高智能的有偿技术服务，我国的工程监理属于业主方项目管理范畴。在国际上把这类服务归为工程咨询（工程顾问）服务。

（2）工程监理的工作性质：服务性、科学性、独立性、公平性。

公平性：在维护业主合法权益时，不损害承包商的合法权益。

独立性：指的是不依附性，它在组织上和经济上不能依附于监理工作的对象。

2. 监理的工作任务

（1）监理依据

未经监理工程师签字，建筑材料、建筑构配件和设备不得在工程上使用或者安装，施工单位不得进行下一道工序的施工。未经总监理工程师签字，建设单位不拨付工程款，不进行竣工验收。

质量监理的依据：法律法规、技术标准、设计文件和工程承包合同。

安全监理的依据：法律法规、工程建设强制性标准。

（2）监理的形式：旁站、巡视、平行检查。

（3）工程监理人员发现施工行为不符合要求，可以直接要求整改；发现其他单位行为不符合要求的，需报告建设单位由建设单位要求其他单位整改。

3. 监理的工作方法

工程监理人员发现工程设计不符合建筑工程质量标准或者合同约定的质量要求的，应当报告建设单位要求设计单位改正。

（1）工程建设监理规划

工程建设监理规划应由总监理工程师主持，专业监理工程师参加编制，监理单位技术负责人审核批准。

（2）工程建设监理实施细则

工程建设监理实施细则应由各有关专业的专业工程师参与编制。需编制监理细则的范围为中型及以上或专业性较强的工程项目。

（3）竣工验收阶段建设监理工作的主要任务

督促和检查施工单位及时整理竣工文件和验收资料，并提出意见。

审查施工单位提交的竣工验收申请，编写工程质量评估报告。

组织工程预验收，参加业主组织的竣工验收，并签署竣工验收意见。

编制、整理工程监理归档文件并提交给业主。

一 单项选择题

1. 工程监理单位是建筑市场的主体之一，建设工程监理是一种高智能的（　　）。

A．工程监理服务　　B．委托代理服务

C．无偿技术服务　　D．有偿技术服务

2. 当业主方和施工方发生利益冲突或矛盾时，受业主的委托进行工程建设监理活动的监理机构应该以事实为依据，以法律和合同为准绳进行处理，这体现了监理的（　　）。

A．服务性　　B．公平性

C．科学性　　D．独立性

3.《建设工程质量管理条例》规定，未经（　　）签字，建筑材料、建筑构配件和设备不得在工程上使用或者安装，施工单位不得进行下一道工序的施工。

A．建设单位　　B．总监理工程师

C．政府质量检验检疫部门　　D．监理工程师

4. 某工程项目实施过程中，监理人发现工程设计不符合国家颁布的建设工程质量标准，监理人的下列做法中，正确的是（　　）。

A．自行对设计进行修改　　B．直接要求设计人更正

C．要求承包人提出变更建议　　D．书面报告委托人要求设计人更正

5. 审查施工组织设计作为建设工程监理的一项主要任务，开展阶段应是在（　　）。

A．设计阶段　　B．施工招标阶段

C．施工准备阶段　　D．工程施工阶段

6. 工程建设监理规划编制完成后，必须经（　　）审核批准。

A．业主　　B．总监理工程师

C．监理单位技术负责人　　D．专业监理工程师

7. 工程建设监理实施细则不包括（　　）。

A．监理工作的流程　　B．监理工作的方法和措施

C．监理工作权限　　D．监理工作的控制要点及目标值

8. 对中型及以上或专业性较强的工程项目，项目监理机构应编制工程建设监理实施细则，并必须经（　　）批准后执行。

A．监理单位技术负责人　　B．总监理工程师

C．专业监理工程师　　D．专业工程师

9. 根据《中华人民共和国建筑法》，工程监理人员发现工程设计不符合建筑工程质量标准或者合同约定的质量要求的，应当（　　）。

A．报告总监理工程师　　B．通知施工单位

C．报告审图机构和建设行政主管部门　　D．报告建设单位要求设计单位改正

二　多项选择题

1. 根据《中华人民共和国建筑法》，实施建筑工程监理前，建设单位书面通知被监理的建筑施工企业的事项应当包括（　　）。

A．委托的监理单位　　B．监理内容

C．监理范围　　D．监理目标

E．监理权限

2. 工程监理人员认为工程施工不符合（　　）的，有权要求建筑施工企业改正。

A．工程设计要求　　B．监理规划

C．施工技术标准　　D．合同约定

E．监理实施细则

3. 按照工程监理规范的相关要求，监理工程师在对建设工程实施监理时，应当采取的形式有（　　）。

A．旁站　　B．抽样检验

C．巡视　　D．见证取样

E．平行检验

4. 根据《建筑工程质量管理条例》，在工程项目建设监理过程中，未经监理工程师签字时，下列做法中正确的有（　　）。

A．建筑材料、构配件不得在工程上使用

B．建筑设备不得在工程上安装

C．施工单位不得进行下一道工序的施工

D．建设单位不得进行竣工验收

E．施工单位不得更换施工作业人员

5. 下列各项中，不属于工程建设监理工作程序的是（　　）。

A．编制工程建设监理规划　　B．组织工程竣工验收

C．编制工程建设监理细则　　D．参与工程竣工预验收

E．向档案管理部门提交工程建设监理档案资料

6. 根据《建设工程监理规范》GB/T 50319—2013，编制工程建设监理规划应遵循的程序和依据是（　　）。

A．在收到设计文件后开始编制

B．在签订委托监理合同前编制完成

C．完成后必须经监理单位技术负责人审核批准

D．应由总监理工程师主持编制

E．依据项目审批文件编制

7. 根据我国相关规定，下列工程中需要编制工程建设监理实施细则的是（　　）。

A．大中型工程项目　　B．外国政府投资的项目

C．专业性较强的项目　　D．建筑面积 1 万 m^2 以下的住宅工程

E．政府投资项目

8. 施工招标阶段建设监理工作的主要任务包括（　　）。

A．协助业主办理招标申请　　B．准备建设工程施工招标条件

C．参与施工合同的商签　　D．参与主要材料和设备的选型

E．参与审核主要材料的清单

9. 在工程项目施工阶段，建设监理工作的主要任务有（　　）。

A．审查施工组织设计

B．签署单位工程质量评定表

C．审查施工单位申报的月度和季度计量表

D．参与设计交底

E．对施工单位的检测仪器设备、度量衡进行定期检验和不定期抽验

【1Z201110　答案与解析】

一、单项选择题

1．D；　2．B；　*3．D；　*4．D；　*5．C；　*6．C；　7．C；　*8．B；　9．D

【解析】

3．答案 D：

工程监理单位应当选派具备相应资格的总监理工程师和监理工程师进驻施工现场。未经监理工程师签字，建筑材料、建筑构配件和设备不得在工程上使用或者安装，施工单位不得进行下一道工序的施工。未经总监理工程师签字，建设单位不拨付工程款，不进行竣工验收。所以 D 正确。

4．答案 D：

工程监理人员发现工程设计不符合建筑工程质量标准或者合同约定的质量要求的，应当报告建设单位要求设计单位改正（引自《中华人民共和国建筑法》）。所以 D 正确。

5．答案 C：

审查施工单位提交的施工组织设计中的质量安全技术措施、专项施工方案与工程建设强制性标准的符合性，属于施工准备阶段建设监理工作的主要任务。所以 C 正确。

6．答案 C：

工程建设监理规划应在签订委托监理合同及收到设计文件后开始编制，完成后必须经监理单位技术负责人审核批准，并应在召开第一次工地会议前报送业主。所以 C 正确。

8．答案 B：

工程建设监理实施细则应在工程施工开始前编制完成，并必须经总监理工程师批准。所以 B 正确。

二、多项选择题

1．A、B、E；　*2．A、C、D；　3．A、C、E；　*4．A、B、C；　*5．B、D、E；　6．A、C、D、E；　*7．A、C；　8．A、B、C；　*9．B、C、E

【解析】

2．答案 A、C、D：

工程监理人员认为工程施工不符合工程设计要求、施工技术标准和合同约定的，有权要求建筑企业改正。工程监理人员发现工程设计不符合建筑工程质量标准或者合同约定的

质量要求的，应当报告建设单位要求设计单位改正。所以A、C、D正确。

4. 答案A、B、C：

未经监理工程师签字，建筑材料、建筑构配件和设备不得在工程上使用或者安装，施工单位不得进行下一道工序的施工。未经总监理工程师签字，建设单位不拨付工程款，不进行竣工验收。所以A、B、C正确。

5. 答案B、D、E：

监理只能参与工程竣工验收；监理应向业主提交工程建设监理档案资料。所以B、D、E正确。

7. 答案A、C：

对中型及中型以上或专业性较强的工程项目，项目监理机构应编制工程建设监理实施细则。所以A、C正确。

9. 答案B、C、E：

选项A、D属于施工准备阶段建设监理工作的主要任务。所以B、C、E正确。

1Z202000　建设工程项目成本管理

组织管理层应负责项目成本管理的决策，确定项目的成本控制重点、难点，确定项目成本目标，并对项目管理机构进行过程和结果的考核。项目管理机构应负责项目成本管理，遵守组织管理层的决策，实现项目管理的成本目标。

1Z202010　成本管理的任务、程序和措施

复习要点

1. 成本管理的任务、程序和措施

施工成本是指在建设工程项目的施工过程中所发生的全部生产费用的总和。建设工程项目施工成本由直接成本和间接成本所组成。

成本管理就是要在保证工期和质量满足要求的情况下，采取相应管理措施，包括组织措施、经济措施、技术措施、合同措施，把成本控制在计划范围内，并进一步寻求最大程度的成本节约。成本管理的任务包括：

（1）成本计划，是以货币形式编制施工项目在计划期内的生产费用、成本水平、成本降低率以及为降低成本所采取的主要措施和规划的书面方案。

在编制成本计划时应遵循以下一些原则：

① 从实际情况出发；

② 与其他计划相结合；

③ 采用先进技术经济定额；

④ 统一领导、分级管理；

⑤ 适度弹性。

（2）成本控制，是在施工过程中，对影响成本的各种因素加强管理，并采取各种有效措施，将实际发生的各种消耗和支出严格控制在成本计划范围内。

（3）成本核算，有两个基本环节：一是按照规定的成本开支范围对施工成本进行归集和分配，计算出施工成本的实际发生额；二是根据成本核算对象，采用适当的方法，计算出该施工项目的总成本和单位成本。

（4）成本分析，是在成本核算的基础上，对成本的形成过程和影响成本升降的因素进行分析，以寻求进一步降低成本的途径。

（5）成本考核，是指在项目完成后，对项目成本形成中的各责任者，按项目成本目标责任制的有关规定，将成本的实际指标与计划、定额、预算进行对比和考核，评定施工项目成本计划的完成情况和各责任者的业绩，并以此给予相应的奖励和处罚。

2. 成本管理的程序

（1）掌握生产要素的价格信息；

（2）确定项目合同价；

（3）编制成本计划，确定成本实施目标；

（4）进行成本控制；

（5）进行项目过程成本分析；

（6）进行项目过程成本考核；

（7）编制项目成本报告；

（8）项目成本管理资料归档。

3. 成本管理的措施

为了取得成本管理的理想成效，应当从多方面采取措施实施管理：

（1）组织措施

组织措施是从成本管理的组织方面采取的措施。成本控制是全员的活动，如实行项目经理责任制，落实成本管理的组织机构和人员，明确各级成本管理人员的任务和职能分工、权力和责任。成本管理不仅是专业成本管理人员的工作，各级项目管理人员都负有成本控制责任。组织措施的另一方面是编制成本控制工作计划、确定合理详细的工作流程。

（2）技术措施

施工过程中降低成本的技术措施，包括：进行技术经济分析，确定最佳的施工方案；结合施工方法，进行材料使用的比选，在满足功能要求的前提下，通过代用、改变配合比、使用外加剂等方法降低材料消耗的费用；确定最合适的施工机械、设备使用方案；结合项目的施工组织设计及自然地理条件，降低材料的库存成本和运输成本；应用先进的施工技术，运用新材料，使用先进的机械设备等。

（3）经济措施

经济措施是最易为人们所接受和采用的措施，包括编制资金使用计划，确定、分解成本管理目标。对成本管理目标进行风险分析，并制定防范性对策。对各种支出，应做好资金的使用计划，在施工中严格控制各项开支。及时准确地记录、收集、整理、核算实际支出的费用。对各种变更，及时做好增减账，及时落实业主签证。通过偏差分析和未完工程预测，发现潜在的可能引起成本增加的问题，以主动控制为出发点，及时采取预防措施。

（4）合同措施

成本控制的合同措施，应贯穿从合同谈判开始到合同终结的整个合同周期。如对各种合同结构模式进行分析、比较，在合同谈判时，争取选用适合于本工程的合同结构。对于合同条款，应仔细考虑一切影响成本和效益的因素，特别是潜在的风险因素。通过对引起成本变动的风险因素的识别和分析，采取必要的风险对策，并最终将这些策略体现在合同的具体条款中。在合同执行期间，既要密切注视对方合同执行的情况，以寻求合同索赔的机会；同时也要关注自己的履约情况，以防被对方索赔。

一 单项选择题

1. 根据成本运行规律，建设工程项目成本管理责任体系包括组织管理层和项目管理机构，其中的项目管理机构应（　　）。

A．体现以效益为中心的管理职能　　B．努力达到社会、企业综合效益最大化

C．确定项目成本目标值　　D．负责项目成本管理

2. 成本管理的最根本、最重要的基础工作是（　　）。

A．明确成本管理的指导思想　　B．科学设计成本核算账册

C．建立成本管理责任体系　　D．建立企业内部施工定额

3. 建设工程项目的成本管理是在保证工期和质量满足要求的情况下采取各种措施，基本任务是（　　），并寻求成本节约。

A．全面分析实际成本的变动状态　　B．将实际成本控制在计划范围内

C．严格控制计划成本的变动范围　　D．把计划成本控制在目标范围内

4. 以货币形式编制项目在施工周期内的生产费用、成本水平、成本降低率，以及为降低成本所采取的主要措施和规划的书面方案是指（　　）。

A．成本预测　　B．成本计划

C．成本核算　　D．成本考核

5. 成本管理的基础工作之一是建立企业内部施工定额，并应保持其（　　），为成本计划的编制提供支持。

A．科学性　　B．稳定性

C．准确性　　D．适应性

6. 编制成本计划时，应遵循从实际出发的原则，注意避免发生的情况是（　　）。

A．片面增加劳动强度，加班加点施工

B．降低成本的潜力在于合理组织施工

C．提高机械利用率

D．追逐改善材料供应，降低材料消耗

7. 下列成本管理的环节中，属于应贯穿于施工项目从投标阶段直至项目保证金返还的全过程，并且是企业全面成本管理的重要环节的是（　　）。

A．成本预测　　B．成本控制

C．成本考核　　D．成本核算

8. 成本管理的基础工作是多方面的，其中最根本最重要的基础工作是（　　）。

A．成本管理计划体系的建立　　B．成本管理制度体系的建立

C．成本管理责任体系的建立　　D．成本管理程序体系的建立

9. 成本管理的成本包括成本计划编制、进行成本控制、开展成本核算、进行成本分析和成本考核等，其成果可以用于设立目标成本依据的是（　　）。

A．成本核算　　B．成本计划

C．成本预测　　D．成本分析

10. 成本分析是对成本的形成过程和影响成本升降的因素进行分析，其分析的基础是（　　）。

A．成本预测　　B．成本核算

C．成本计划　　D．成本控制

11. 成本考核是将成本的实际指标与（　　）进行对比和考核。

A．计划、定额、概算　　B．计划、定额、预算

C．目标、决算、产值　　D．目标、决算、利润

12. 成本管理的每一个环节都是相互联系和相互作用的，其中（　　）是成本决策的前提。

A．成本预测　　B．成本计划

C．成本核算　　D．成本考核

13. 项目管理机构对竣工工程成本核算的目的是（　　）。

A．考核项目管理绩效　　B．寻求进一步降低成本的途径

C．考核企业经营效益　　D．分析成本偏差的原因

14. 在成本管理的任务中，用于对成本计划是否实现进行最后检验的是（　　）。

A．成本控制　　B．成本分析

C．成本考核　　D．成本核算

15. 实行项目经理责任制、确定合理详细的工作流程，属于成本管理的（　　）。

A．技术措施　　B．组织措施

C．经济措施　　D．合同措施

16. 在竣工工程的成本核算时，对竣工工程完全成本进行核算分析的机构或部门应是（　　）。

A．项目管理机构　　B．造价咨询机构

C．施工企业审计部门　　D．施工企业财务部门

17. 结合项目的施工组织设计及自然地理条件，降低材料的库存成本和运输成本，属于成本管理的（　　）措施。

A．组织　　B．技术

C．经济　　D．合同

18. 项目管理机构加强施工调度，避免因施工计划不周和盲目调度造成窝工损失的措施，属于成本管理的（　　）。

A．组织措施　　B．技术措施

C．经济措施　　D．合同措施

19. 下列成本管理措施中，属于合同措施的是（　　）。

A．编制成本计划　　B．对不同的技术方案进行技术经济分析

C．对成本管理目标进行风险分析　　D．在合同执行中寻找索赔的机会

20. 下列成本管理的措施中，属于经济措施的是（　　）。

A．编制成本计划，确定合理详细的工作流程

B．对不同的技术方案进行技术经济分析

C．对成本管理目标进行风险分析，并制定防范性对策

D．在执行合同的过程中寻求索赔的机会

二 多项选择题

1. 工程项目成本管理的主要任务有（　　）。

A．成本控制　　B．成本分析

C．成本核算　　D．成本纠偏

E．成本计划编制

2. 成本分析是通过比较，以了解和研究成本的变动情况和因素。为此，可以用来与成本核算资料进行比较的有（　　）。

A．目标成本　　B．责任成本

C．实际成本　　D．预算成本

E．类似项目的实际成本

3. 工程项目成本核算时，应由项目管理机构承担的工作有（　　）。

A．按规定的会计周期进行项目成本核算

B．编制项目成本报告

C．健全项目核算台账

D．核算竣工工程完全成本

E．考核项目管理成本绩效

4. 进行工程项目的成本分析时，关于成本偏差控制的说法，正确的有（　　）。

A．计划是关键　　B．分析是关键

C．核算是核心　　D．纠偏是核心

E．考核是核心

5. 工程项目施工成本管理的基础工作包括（　　）。

A．建立成本管理责任体系　　B．建立企业内部施工定额

C．及时进行成本核算　　D．编制项目成本计划

E．科学设计成本核算账册

6. 下列工程项目成本管理的措施中，属于技术措施的有（　　）。

A．编制成本控制工作计划

B．对成本目标进行风险分析，并制定防范性对策

C．进行技术经济分析，确定最佳的施工方案

D．确定最合适的施工机械使用方案

E．结合施工组织设计，降低材料的库存成本

7. 下列施工成本管理的措施中，属于组织措施的有（　　）。

A．进行技术经济分析，确定最佳的施工方案

B．对成本目标进行风险分析，并制定防范对策

C．编制成本控制工作计划

D．确定合理详细的成本控制工作流程

E．做好资金使用计划，严格控制各项开支

8. 下列工程项目成本管理的措施中，属于经济措施的有（　　）。

A．明确成本管理人员的工作任务和责、权、利

B．对不同的技术方案进行技术经济分析

C．编制资金使用计划，确定成本管理目标

D．通过偏差原因分析，预测未完工程施工成本

E．防止分包商的索赔

【1Z202010　答案与解析】

一、单项选择题

*1．D；　2．C；　3．B；　*4．B；　*5．D；　6．A；　7．B；　8．C；

9．B；　10．B；　11．B；　12．A；　13．A；　14．D；　*15．B；　16．D；

17．B；　*18．A；　*19．D；　20．C

【解析】

1. 答案 D：

本题考查对建设工程项目成本控制概念的理解，公司层的成本管理除生产成本以外，还包括经营管理费用；项目管理层应对生产成本进行管理。所以 D 正确。

4. 答案 B：

成本计划是以货币形式编制施工项目在计划期内的生产费用、成本水平、成本降低率以及为降低成本所采取的主要措施和规划的书面方案，它是建立施工项目成本管理责任制、开展成本控制和核算的基础。所以 B 正确。

5. 答案 D：

成本预测就是根据成本信息和施工项目的具体情况，运用一定的专门方法，对未来的成本水平及其可能发展趋势作出科学的估计。所以 D 正确。

15. 答案 B：

成本管理的措施包括：技术措施、组织措施、经济措施、合同措施，题干内容属于组

织措施。所以 B 正确。

18. 答案 A：

组织措施的另一方面是编制成本控制工作计划、确定合理详细的工作流程。要做好施工采购计划，通过生产要素的优化配置、合理使用、动态管理，有效控制实际成本；加强施工定额管理和施工任务单管理，控制活劳动和物化劳动的消耗；加强施工调度，避免因施工计划不周和盲目调度造成窝工损失、机械利用率降低、物料积压等现象。所以 A 正确。

19. 答案 D：

在合同执行期间，合同管理的措施既要密切注视对方合同执行的情况，以寻求合同索赔的机会；同时也要密切关注自己履行合同的情况，以防被对方索赔。所以 D 正确。

二、多项选择题

1. A、B、C、E；　2. A、D、E；　*3. A、B、C；　4. B、D；

5. A、B、E；　6. C、D、E；　*7. C、D；　*8. C、D

【解析】

3. 答案 A、B、C：

竣工工程完全成本应是由企业财务部门进行核算分析；考核项目管理成本绩效属于成本考核的工作。工程项目成本核算时，按规定的会计周期进行项目成本核算、编制项目成本报告、健全项目核算台账等应由项目管理机构承担。所以 A、B、C 正确。

7. 答案 C、D：

选项 A 是技术措施，选项 B、E 是经济措施。选项 C、D 是组织措施，所以 C、D 正确。

8. 答案 C、D：

明确成本管理人员的工作任务和责、权、利属于组织措施，对不同的技术方案进行技术经济分析属于技术措施，防止分包商的索赔属于合同措施。所以 C、D 正确。

1Z202020　成本计划

复习要点

1. 成本计划的类型

（1）成本计划按照其发挥的作用可以分为以下三类：

① 竞争性成本计划，是工程项目投标及签订合同阶段的估算成本计划。

② 指导性成本计划，是选派项目经理阶段的预算成本计划，是项目经理的责任成本目标。

③ 实施性成本计划，是项目施工准备阶段的施工预算成本计划，是以项目实施方案为依据，以落实项目经理责任目标为出发点，采用企业的施工定额通过施工预算的编制而形成。

（2）施工预算

施工预算是编制实施性成本计划的主要依据，是施工单位为了加强企业内部的经济核算，在施工图预算的控制下，依据企业内部的施工定额，以建筑安装单位工程为对象，根据施工图纸、施工定额、施工及验收规范、标准图集、施工组织设计（或施工方案）编制的单位工程（或分部分项工程）施工所需的人工、材料和机械台班用量，以及费用总和计算的技术经济文件。

施工预算编制依据：

会审后的施工图纸、设计说明书和有关的标准图；施工组织设计或施工方案；施工图预算书；现行的施工定额，材料预算价格，人工工资标准，机械台班费用定额及有关文件；工程现场实际勘察与测量资料，如工程地质报告、地下水位标高等；建筑材料手册等常用工具性资料。

施工预算编制方法：

①熟悉施工图纸、施工组织设计及现场资料；②熟悉施工定额及有关文件规定；③列出工程项目，计算工程量；④套用定额，计算人料机费并进行工料分析；⑤单位工程人料机费及人工、材料、机械台班消耗量汇总；⑥进行“两算”对比分析；⑦编写编制说明并填写封面，装订成册。

（3）施工图预算和施工预算的对比

两者编制的依据不同（施工定额和预算定额）；适用的范围不同（施工单位和施工及建设单位）；发挥的作用不同（施工和投标报价）。

2. 成本计划的编制依据和编制程序

（1）成本计划编制依据

合同文件；项目管理实施规划；相关设计文件；价格信息；相关定额；类似项目的成本资料。

（2）成本计划编制程序

预测项目成本；确定项目总体成本目标；编制项目总体成本计划；项目管理机构与组织的职能部门根据其责任成本范围，分别确定自己的成本目标，并编制相应的成本计划；针对成本计划制订相应的控制措施；由项目管理机构与组织的职能部门负责人分别审批相应的成本计划。

3. 按成本组成编制成本计划的方法

（1）考试用书图 1Z202023-1 按成本构成要素划分的建筑安装工程费用项目组成。

（2）施工成本可以按成本构成分解为人工费、材料费、施工机具使用费和企业管理费等，在此基础上，编制按成本构成分解的成本计划。

4. 按项目组成编制成本计划的方法

（1）首先要把项目总成本分解到单项工程和单位工程中，再进一步分解到分部工程和分项工程中。

（2）在完成项目成本目标分解之后，接下来就要具体地分配成本，编制分项工程的成本支出计划。

5. 按工程实施阶段编制成本计划的方法

（1）在时标网络图上按月编制成本计划。

（2）利用时间—成本累计曲线（S形曲线）表示成本计划。

一 单项选择题

1. 编制施工项目成本计划的基础是（　　）。

A. 成本目标　　B. 成本核算

C. 成本考核　　D. 成本预测

2. 下列各类工程文件中，属于选派项目经理阶段预算成本计划编制依据的是（　　）。

A. 设计图纸　　B. 技术规程

C. 合同价　　D. 工程量清单

3. 项目施工实施性成本计划是项目施工准备阶段编制的成本计划，其是以项目实施方案为依据，编制时采用的定额是（　　）。

A. 估价定额　　B. 概算定额

C. 预算定额　　D. 施工定额

4. 关于实施性成本计划编制依据和作用的说法，正确的是（　　）。

A. 以合同标价为依据

B. 选派项目经理阶段的预算成本计划

C. 工程项目投标及签订合同阶段的估算成本计划

D. 以项目实施方案为依据

5. 采用企业施工定额通过施工预算的编制而形成的成本计划是（　　）。

A. 指导性成本计划　　B. 竞争性成本计划

C. 实施性成本计划　　D. 预测性成本计划

6. 下列成本计划中，属于项目施工准备阶段的施工预算成本计划，以项目实施方案为依据，以落实项目经理责任目标为出发点，采用企业的施工定额通过施工预算的编制而形成的是（　　）。

A. 控制性成本计划　　B. 竞争性成本计划

C. 实施性成本计划　　D. 项目性成本计划

7. 在编制成本计划时通常需要进行“两算”对比，“两算”指的是（　　）。

A. 概算成本和目标成本　　B. 预算成本和目标成本

C. 施工图预算和施工预算　　D. 预算成本和计划成本

8. 关于施工预算和施工图预算性质和编制依据的说法，正确的是（　　）。

A. 施工预算的编制以预算定额为主要依据

B. 施工预算的编制以概算定额为主要依据

C. 施工预算是施工企业内部管理用的一种文件，与建设单位无直接关系

D．施工图预算只适用于建设单位，而不适用于施工单位

9. 关于成本计划编制过程的说法，正确的是（　　）。

A．是动员全体设计管理人员、施工项目管理人员的过程

B．是挖掘提升成本潜力的过程

C．是检验工程施工安全管理是否有效落实的过程

D．是检验施工技术质量管理是否有效落实的过程

10. 下列文件资料中，可以作为成本计划编制依据的是（　　）。

A．项目总概算　　B．项目核算台账

C．项目成本目标责任　　D．项目管理实施规划

11. 施工预算的内容是以单位工程为对象，进行人工、材料、机械台班数及其费用总和的计算，它的两个组成部分是（　　）。

A．施工预算工料分析表和施工预算表

B．编制说明和预算表格

C．施工预算表和“两算”对比表

D．编制说明和人、料、机使用量汇总

12. 成本计划是施工项目成本控制的一个重要环节，一般情况下，成本计划总额应控制在（　　）范围内。

A．固定成本　　B．目标成本

C．预算成本　　D．实际成本

13. 施工总成本目标确定之后，还需通过编制详细的（　　）把目标成本层层分解，落实到施工过程的每个环节，有效地进行成本控制。

A．指导性成本计划　　B．竞争性成本计划

C．实施性成本计划　　D．工艺性成本计划

14. 建设工程项目施工成本按成本构成可分解为（　　），并在此基础上编制成本计划。

A．直接费、间接费、利润、税金等

B．单位工程施工成本及分部、分项施工成本等

C．人工费、材料费、施工机具使用费、措施项目费等

D．人工费、材料费、施工机具使用费、企业管理费等

15. 成本计划若按项目组成进行编制，首先要把项目总施工成本分解到（　　）中去。

A．单项工程和分部工程　　B．单位工程和分部工程

C．分部工程和分项工程　　D．单项工程和单位工程

16. 对大中型工程项目，按项目组成编制成本计划时，其总成本分解的顺序是（　　）。

A．单项工程成本—单位（子单位）工程成本—分部（子分部）工程成本—分项工程成本

B．单位（子单位）工程成本—单项工程成本—分部（子分部）工程成本—分项工程成本

C．分项工程成本—分部（子分部）工程成本—单位（子单位）工程成本—单项工程成本

D．分部（子分部）工程成本—分项工程成本—单项工程成本—单位（子单位）工程成本

17. 在编制成本支出计划时，除要在项目总体层面上考虑总的预备费外，也要在(　　)中安排适当的不可预见费。

A. 所有的检验批　　B. 主要的检验批

C. 所有的分项工程　　D. 主要的分项工程

18. 在实践中，通常如果项目分解程度对时间控制合适的话，则对施工成本支出计划可能分解过细的是(　　)。

A. 按子项目编制的成本计划　　B. 按时间进度编制的成本计划

C. 按费用构成编制的成本计划　　D. 按形象进度编制的成本计划

19. 关于在编制成本计划时对预备费考虑的说法，正确的是(　　)。

A. 编制成本支出计划时，不需在项目总体层面上考虑总的预备费

B. 编制成本支出计划时，不需在主要的分项工程中安排适当的不可预见费

C. 编制成本支出计划时，需要在不必要的分项工程中安排不可预见费

D. 编制成本支出计划时，需要在主要的分项工程中安排适当的不可预见费

20. 按单位时间编制的成本计划，所得的S形曲线必然包络在全部工作都按最早开始时间和全部工作都按(　　)开始的曲线所组成的“香蕉图”内。

A. 最早必须开始时间　　B. 最早必须结束时间

C. 最迟必须开始时间　　D. 最迟必须结束时间

21. 按工程进度编制成本计划，即按时间编制成本支出计划，可以采用的合适的进度计划图是(　　)。

A. 搭接网络图　　B. 单代号网络图

C. 双代号网络图　　D. 时标网络图

22. 某项目按照施工进度编制了成本计划，如下图所示，有关该图的描述，错误的是(　　)。

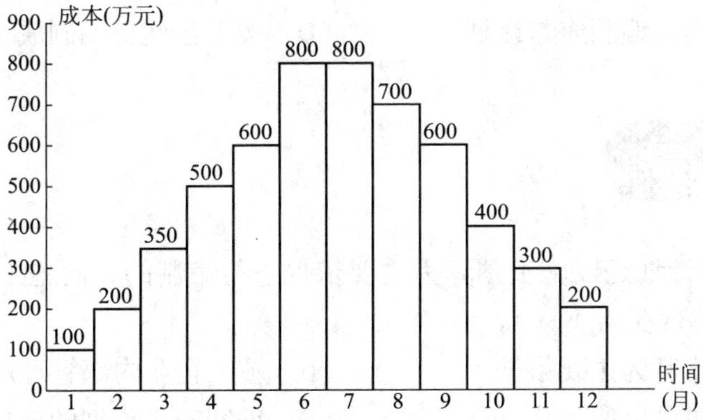

A. 该项目前五个月的累计支出为1750万元

B. 该项目本年度的成本计划支出总额为5550万元

C. 该项目本年度平均每月的计划支出是462.5万元

D. 该项目前半年平均每月的计划支出是420万元

23. 下表是某施工项目的数据资料，有关该数据资料的描述，错误的是(　　)。

编码	项目名称	最早开始时间（月份）	工期（月）	成本强度（万元/月）
11	场地平整	1	1	20
12	基础施工	2	3	15
13	主体工程施工	4	5	30
14	砌筑工程施工	8	3	20
15	屋面工程施工	10	2	30
16	楼地面施工	11	2	20
17	室内设施安装	11	1	30
18	室内装饰	12	1	20
19	室外装饰	12	1	10
20	其他工程		1	10

A. 第四个月的计划支出是 45 万元

B. 若表中所列各工程的施工速度相同且均按计划顺利进行，则屋面工程与室内设施安装可以同时完工

C. 基础施工与主体工程施工在进度上有一个月的搭接

D. 若表中所列各工程的施工速度相同且均按计划顺利进行，截止到 8 月底，砌筑工程还有三分之一的工程量未完成

24. 下列成本计划中，施工承包企业将承接的高速公路项目的目标总成本分解为桥梁工程成本、隧道工程成本、道路工程成本等子项形成的成本计划，属于（ ）。

A. 按成本组成编制成本计划　　B. 按项目组成编制成本计划

C. 按工程类别编制成本计划　　D. 按工程性质编制成本计划

二 多项选择题

1. 实施性成本计划是以施工预算为主要依据进行编制的，而施工预算相对于施工图预算，其区别主要体现在（ ）。

A. 以预算定额为主要依据　　B. 施工企业内部管理用的文件

C. 适用于建设单位　　D. 编制施工计划的依据

E. 工程价款结算的依据

2. 下列成本计划中，属于战术安排类计划的有（ ）。

A. 竞争性成本计划　　B. 指导性成本计划

C. 实施性成本计划　　D. 预测性成本计划

E. 适应性成本计划

3. 按照成本计划发挥的作用不同，相应的计划类型有（　　）。

A．竞争性成本计划　　B．规划性成本计划

C．控制性成本计划　　D．指导性成本计划

E．实施性成本计划

4. 下列费用计算文件中，属于在编制实施性成本计划时要进行“两算”对比的“两算”的是（　　）。

A．设计概算　　B．施工预算

C．设计预算　　D．施工图预算

E．工程决算

5. 关于成本计划编制的说法，正确的有（　　）。

A．在编制成本支出计划时，无需考虑不可预见费

B．施工成本可分解为人工费、材料费、机械费、间接费和税金

C．编制成本计划可利用控制项目进度的网络进度计划

D．编制成本计划的关键是确立目标成本

E．按进度编制的成本计划可以用“时间—成本累积曲线”来表示

6. 按施工成本组成编制成本计划时，下列各项费用中，属于材料费构成的有（　　）。

A．材料原价　　B．运杂费

C．运输损耗费　　D．采购及保管费

E．安拆及场外运费

7. 下列项目建设文件中，属于建设工程项目成本计划编制依据的有（　　）。

A．建设投资估算书　　B．投标报价文件

C．施工组织设计或施工方案　　D．施工成本预测资料

E．施工招标公告

8. 根据《建设工程工程量清单计价规范》GB 50500—2013，对施工成本进行划分，应计入企业管理费用的有（　　）。

A．固定资产使用费　　B．工程用材料购置费

C．管理人员工资　　D．工程排污费

E．工具用具使用费

9. 在编制成本计划时，将所有工作都按最迟必须开始时间开始绘制S形曲线，会产生（　　）的情况。

A．提高项目按期竣工的保证率　　B．节约资金贷款利息

C．增加成本计划的数值　　D．降低项目按期竣工的保证率

E．项目进度控制

10. 编制按成本构成分解的成本计划，组成施工成本的有（　　）。

A．措施项目费　　B．人工费、材料费和施工机械使用费

C．企业管理费　　D．其他项目费

E．工程排污费

【1Z202020 答案与解析】

一、单项选择题

1. D; *2. C; 3. D; 4. D; *5. C; 6. C;
7. C; 8. C; *9. D; 10. D; 11. B; 12. B;
13. C; 14. D; 15. D; *16. A; 17. D; *18. B;
*19. D; 20. C; 21. D; *22. D; *23. D; 24. B

【解析】

2. 答案 C:

A、B、D 是竞争性成本计划的编制依据。所以 C 正确。

5. 答案 C:

本题考查对实施性成本计划的理解。所以 C 正确。

9. 答案 D:

编制成本计划的过程也是动员全体施工项目管理人员的过程，是挖掘降低成本潜力的过程，是检验施工技术质量管理、工期管理、物资消耗和劳动力消耗管理等是否有效落实的过程。所以 D 正确。

16. 答案 A:

大中型的工程项目通常是由若干单项工程构成的，而每个单项工程包括了多个单位工程，每个单位工程又是由若干个分部分项工程构成的。所以 A 正确。

18. 答案 B:

成本计划的编制方式有：

（1）按施工成本组成编制成本计划。

（2）按施工项目组成编制成本计划。

（3）按施工进度编制成本计划。在实践中，编制按施工进度的成本计划，通常如果项目分解程度对时间控制合适，则对施工成本支出计划可能分解过细。所以 B 正确。

19. 答案 D:

在编制成本支出计划时，要在项目总体层面上考虑总的预备费，也要在主要的分项工程中安排适当的不可预见费，避免在具体编制成本计划时，可能发现个别单位工程或工程量表中某项内容的工程量计算有较大出入，偏离原来的成本预算。因此，应在项目实施过程中对其尽可能地采取一些措施。所以 D 正确。

22. 答案 D:

如图，依次计算出项目前五个月的累计支出为 1750 万元，整个年度的成本计划支出总额为 5550 万元，相应每月的计划支出为 5550/12 = 462.5 万元，项目前半年平均每月的计划支出是（1750 + 800）/6 = 425。所以 D 错误。

23. 答案 D:

根据表中数据绘制进度计划的横道图。

编码	项目名称	时间（月）	费用强度（万元/月）	工程进度（月）											
				01	02	03	04	05	06	07	08	09	10	11	12
11	场地平整	1	20												
12	基础施工	3	15												
13	主体工程施工	5	30												
14	砌筑工程施工	3	20												
15	屋面工程施工	2	30												
16	楼地面施工	2	20												
17	室内设施安装	1	30												
18	室内装饰	1	20												
19	室外装饰	1	10												
20	其他工程	1	10												……

所以D错误。

二、多项选择题

1. B、D； 2. B、C； 3. A、D、E； 4. B、D；
5. C、D、E； *6. A、B、C、D； 7. B、C、D； *8. A、C、E；
*9. B、D； 10. B、C

【解析】

6. 答案A、B、C、D：

按成本构成要素划分的建安工程费用中，材料费由材料原价、运杂费、采购及保管费、运输损耗费构成，而安拆及场外运费属于施工机具使用费。所以A、B、C、D正确。

8. 答案A、C、E：

选项B属于材料费的内容，选项D属于规费的内容。

9. 答案B、D：

一般而言，所有工作都按最迟开始时间开始，对节约资金贷款利息是有利的，但同时，也降低了项目按期竣工的保证率，因此项目经理必须合理地确定成本支出计划，达到既节约成本支出，又能控制项目工期的目的。所以B、D正确。

1Z202030 成本控制

复习要点

1. 成本控制的依据

成本控制的依据包括：工程承包合同；成本计划；进度报告；工程变更与索赔资料；各种资源的市场信息等。

2. 成本控制的程序

成本的过程控制中，管理行为控制程序是对成本全过程控制的基础，指标控制程序则是成本进行过程控制的重点。

1）管理行为控制程序

管理行为控制程序就是为规范项目成本的管理行为而制定的约束和激励机制，内容如下：建立项目成本管理体系的评审组织和评审程序；建立项目成本管理体系运行的评审组织和评审程序；目标考核，定期检查；制定对策，纠正偏差。

2）指标控制程序

项目成本指标控制程序：（1）确定成本管理分层次目标；（2）收集成本数据，监测成本形成过程，在施工过程中要定期收集反映施工成本支出情况的数据；（3）找出偏差，分析原因；（4）制定对策，纠正偏差；（5）调整改进成本管理方法。

3. 成本控制的方法

1）成本的过程控制方法

成本的过程控制包括人工费的控制、材料费的控制、施工机具使用费的控制和施工分包费用的控制。

人工费的控制，实行"量价分离"的方法，加强劳动定额管理，提高劳动生产率，降低工程耗用人工工日，是控制人工费支出的主要手段。

材料费的控制按照"量价分离"原则，分为材料用量的控制和材料价格的控制。

施工机具使用费的控制，主要控制台班数量和台班单价两方面。

2）赢得值（挣值）法

赢得值法的三个基本参数：

已完工作预算费用（*BCWP*）＝已完成工作量 × 预算单价

计划工作预算费用（*BCWS*）＝计划工作量 × 预算单价

已完工作实际费用（*ACWP*）＝已完成工作量 × 实际单价

赢得值法的四个评价指标：

（1）费用偏差 *CV*

费用偏差 *CV*＝已完工作预算费用（*BCWP*）－已完工作实际费用（*ACWP*）

当费用偏差 *CV* 为负值时，即表示项目运行超出预算费用，即实际费用超出预算费用。

（2）进度偏差 *SV*

进度偏差 *SV*＝已完工作预算费用（*BCWP*）－计划工作预算费用（*BCWS*）

当进度偏差 *SV* 为负值时，表示进度延误，即实际进度落后于计划进度。

（3）费用绩效指数 *CPI*

费用绩效指数 *CPI*＝已完工作预算费用（*BCWP*）/ 已完工作实际费用（*ACWP*）

当费用绩效指数（*CPI*）＜1 时，表示超支，即实际费用高于预算费用；

当费用绩效指数（*CPI*）＞1 时，表示节支，即实际费用低于预算费用。

（4）进度绩效指数 *SPI*

进度绩效指数 *SPI*＝已完工作预算费用（*BCWP*）/ 计划工作预算费用（*BCWS*）

当进度绩效指数（*SPI*）＜1时，表示进度延误，即实际进度比计划进度拖后；

当进度绩效指数（*SPI*）＞1时，表示进度提前，即实际进度比计划进度快。

费用（进度）偏差反映的是绝对偏差；费用（进度）绩效指数反映的是相对偏差。偏差仅适合对同一项目作偏差分析，绩效系数在同一项目和不同项目中都可以采用。

3）偏差分析的表达方法

（1）横道图法

是用不同的横道标识已完工作预算费用（*BCWP*）、计划工作预算费用（*BCWS*）和已完工作实际费用（*ACWP*），横道的长度与其金额成正比例。

（2）表格法

表格法是进行偏差分析的最常用的方法。它将项目编号、名称、各费用参数以及费用偏差数综合归纳入一张表格中，并且直接在表格中进行比较。

（3）曲线法

在项目实施过程中，以三条曲线，即计划工作预算费用（*BCWS*）、已完工作预算费用（*BCWP*）、已完工作实际费用（*ACWP*）曲线，采用赢得值法进行费用、进度综合控制，还可以根据当前的进度、费用偏差情况，通过原因分析，对趋势进行预测，预测项目结束时的进度、费用情况。

4）偏差原因分析与纠偏措施

（1）偏差原因分析

一般来说，产生费用偏差的原因有以下几种，如图1Z202030所示。

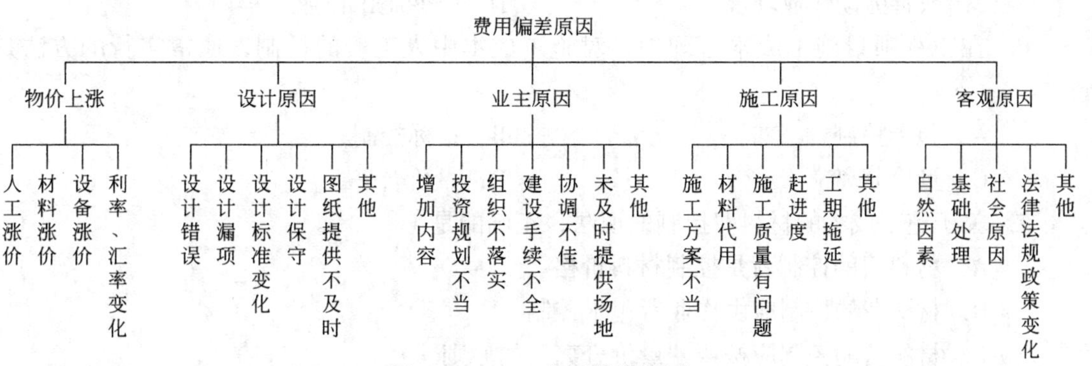

图1Z202030　费用偏差原因

（2）纠偏措施

通常要压缩已经超支的费用，而不影响其他目标是十分困难的，一般只有当给出的措施比原计划已选定的措施更为有利，比如使工程范围减少或生产效率提高等，成本才能降低。

一　单项选择题

1. 成本控制是在项目成本的形成过程中，及时纠正将要发生和已经发生的偏差，把各项生产费用控制在（　　）的范围内。

A．计划成本　　B．成本目标

C．预期成本　　D．成本偏差

2．关于成本控制程序的说法，正确的是（　　）。

A．管理行为控制程序是对成本全过程控制的重点

B．指标控制程序是成本进行过程控制的基础

C．能否达到预期的成本目标是成本控制是否成功的关键

D．成本控制程序是对项目成本进行结果控制的主要内容

3．成本的控制需要进行实际成本情况与成本计划的比较，其中实际成本情况是通过（　　）反映的。

A．工程变更文件　　B．进度报告

C．施工组织设计　　D．分包合同

4．在施工成本指标控制的程序中，控制工作的核心是（　　）。

A．事先分析产生偏差原因，决策及采取预防措施

B．分析产生偏差原因，采取纠偏措施

C．收集实际成本支出数据

D．成本实际值与计划值比较

5．下列施工管理手段中，属于控制人工费支出的是（　　）。

A．节约使用劳动保护　　B．提高劳动生产率

C．改善劳动作业环境　　D．改变施工作业流程

6．在工程项目施工成本管理中，对施工成本中人工费的控制，通常实行的方法是（　　）。

A．包干控制　　B．指标控制

C．量价分离　　D．量价合一

7．关于施工成本的材料费控制的说法，正确的是（　　）。

A．材料费的控制就是控制材料价格

B．材料费的控制应由作业者包干控制

C．材料费的控制应按照“量价分离”的原则

D．材料费的控制主要就是计划配料和控制发料

8．下列施工成本材料费的控制中，可以影响材料价格的因素是（　　）。

A．材料领用的指标　　B．材料的投料计量

C．材料消耗量的大小　　D．材料的采购运输

9．项目管理机构在对施工机具使用费支出的控制过程中，采取合理安排施工生产、加强机械调度工作等的成本控制措施，主要作用是控制机械的（　　）。

A．台班单价　　B．台班数量

C．台班保养费　　D．台班质量

10．项目管理机构进行项目成本费用控制的主要费用对象是（　　）。

A．工程设计费用　　　　B．工程监理费用

C．业主建设管理成本　　　　D．工程分包费用

11．某建筑工程施工至某月月末，出现了工程的费用偏差小于0、进度偏差大于0的状况，则该工程的已完工作实际费用（*ACWP*）、计划工作预算费用（*BCWS*）和已完工作预算费用（*BCWP*）的关系可表示为（　　）。

A．*BCWP* > *ACWP* > *BCWS*　　　　B．*BCWS* > *BCWP* > *ACWP*

C．*ACWP* > *BCWP* > *BCWS*　　　　D．*BCWS* > *ACWP* > *BCWP*

12．某土方工程合同约定的某月计划工程量为3200m^3，计划单价为15元/m^3。到月底检查时，确认的承包商实际完成工程量为2800m^3，实际单价为20元/m^3，则该工程的计划工作预算费用（*BCWS*）为（　　）元。

A．42000　　　　B．48000

C．56000　　　　D．64000

13．某工程公司某月计划开挖土方4000m^3，预算单价72元/m^3，月末检查时实际完成工程量为4500m^3，实际单价68元/m^3，则该工程的费用偏差（*CV*）为（　　）元。

A．18000　　　　B．16000

C．36000　　　　D．34000

14．对总额1000万元的工程项目进行期中检查，截至检查时已完工作预算费用为410万元，计划工作预算费用为400万元，已完工作实际费用为430万元，则其费用绩效指数为（　　）。

A．0.430　　　　B．0.930

C．0.953　　　　D．1.075

15．某工程主体结构混凝土工程量约3200m^3，预算单价550元/m^3，计划4个月内均衡完成。开工后，混凝土实际采购价格为560元/m^3。施工至第二个月底，实际完成混凝土工程量1800m^3。运用赢得值法，可分析得到该工程的进度偏差（*SV*）为（　　）万元。

A．－1.8　　　　B．1.8

C．－11　　　　D．11

16．工程项目施工成本管理中，判断成本控制是否成功的关键是（　　）。

A．能否及时地采取纠偏措施　　　　B．能否达到预期的成本目标

C．能否准确地分析偏差原因　　　　D．能否达到考核用成本指标

17．在成本控制的材料费控制中，准确做好材料物资的收发计量检查是在保证符合设计要求和质量标准的前提下，有效控制物资材料消耗的（　　）方法。

A．领料控制　　　　B．计量控制

C．定额控制　　　　D．指标控制

18．工程计划工程量3000m^3，计划成本15元/m^3，实际完成工程量2500m^3，实际成本20元/m^3，则该分项工程的施工进度偏差为（　　）。

A．拖后7500元　　　　B．提前7500元

C. 拖后 12500 元　　D. 提前 12500 元

19. 某地面工程合同约定的本月计划完成工作量 5000m^3，计划单价 20 元 /m^3。到月底检查时，确认的承包商实际完成工作量 4600m^3，实际单价 25 元 /m^3，则该工程的费用绩效指数（*CPI*）为（　　）。

A. 0.8　　B. 0.92

C. 1.09　　D. 1.25

20. 某施工企业进行土方开挖工程，按合同约定 3 月份的计划工作量为 2400m^3，计划单价是 12 元 /m^3；到月底检查时，确认承包商完成的工程量为 2000m^3，实际单价为 15 元 /m^3。则该工程的进度偏差（*SV*）和进度绩效指数（*SPI*）分别为（　　）。

A. 0.6 万元；0.80　　B. −0.6 万元；0.83

C. −0.48 万元；0.83　　D. 0.48 万元；0.80

21. 成本偏差分析可采用不同的表达方法，常用的有（　　）。

A. 网络图法、表格法和曲线法

B. 网络图法、横道图法和表格法

C. 比较法、因素分析法和差额计算法

D. 横道图法、表格法和曲线法

22. 反映的信息量少，但用它进行分析具有形象直观的特点的成本偏差分析方法是（　　）。

A. 横道图法　　B. 曲线法

C. 表格法　　D. 折线法

23. 下列偏差分析方法的优点中，表格法所没有的是（　　）。

A. 灵活、适用性强　　B. 形象、直观、一目了然

C. 信息量大　　D. 可借助计算机，提高速度

24. 下图中所示为拟完工程和已完工程计划施工成本的比较，图中 Δ 表示 t 时刻的（　　）。

A. 施工成本节约值　　B. 施工成本增加值

C. 施工进度滞后值　　D. 施工进度提前量

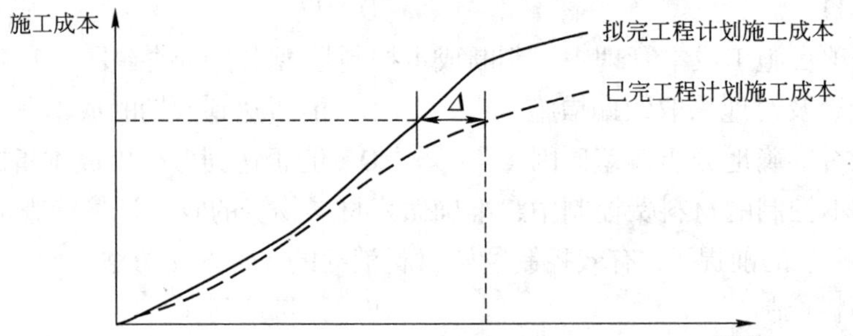

25. 下列成本偏差的原因中，属于业主原因的是（　　）。

A. 组织不落实　　B. 图纸提供不及时

C. 材料代用　　D. 赶进度

二 多项选择题

1. 工程项目施工成本控制的主要依据有（　　）。

A. 概预算定额　　B. 招标文件

C. 进度报告　　D. 工程承包合同

E. 分包合同

2. 关于施工成本偏差分析方法的说法，正确的是（　　）。

A. 横道图法形象、直观，一目了然　　B. 横道图法是最常用的一种方法

C. 表格法反映的信息量大　　D. 表格法具有灵活、适用性强的优点

E. 曲线法能够直接用于定量分析

3. 在成本控制过程中，采取措施纠正成本偏差之前需要完成的工作有（　　）。

A. 检查纠偏的执行情况和效果

B. 比较计划值与实际值

C. 确定偏差的严重性及偏差产生的原因

D. 估计完成项目所需的总费用

E. 考核成本降低的实际效果

4. 某土方开挖工程于某年1月开工，至同年5月底，检查时得：*ACWP*与*BCWS*相同，*BCWP*小于*ACWP*，则有（　　）。

A. 费用偏差为零　　B. 费用偏差为负，费用超支

C. 进度偏差为零　　D. 进度偏差为负，进度延误

E. 进度绩效指数为零

5. 施工成本控制中，控制人工费支出的主要手段有（　　）。

A. 约束社会平均工资的大幅增长　　B. 加强劳动定额管理

C. 提高劳动生产率　　D. 降低工程耗用人工

E. 实行弹性需求的劳务管理制度

6. 某分项工程采用赢得值法进行综合分析后得到：已完工作预算费用（*BCWP*）＞计划工作预算费用（*BCWS*）＞已完工作实际费用（*ACWP*），则该工程（　　）。

A. 费用超支　　B. 费用节余

C. 进度延误　　D. 进度提前

E. 费用绩效指数大于1

7. 用表格法进行偏差分析的优点有（　　）。

A. 能准确表达施工成本的绝对偏差

B. 反映的信息量大

C. 灵活、适用性强

D. 形象、直观

E. 可借助于计算机

8. 采用赢得值法进行成本费用分析，关于下图，正确的分析有（　　）。

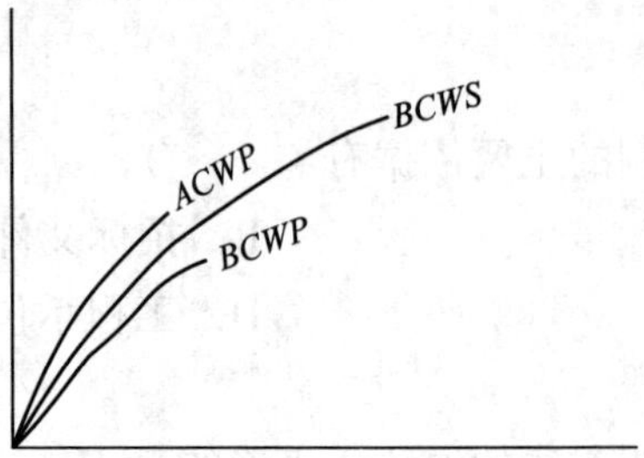

A．$BCWP > ACWP > BCWS$

B．$ACWP > BCWS > BCWP$

C．$SV < 0$，$CV < 0$

D．该工程效率低，进度较慢，投入超前

E．该工程效率较低，进度慢，投入延后

9. 关于成本分析基本方法的用途的说法，正确的有（　　）。

A．比较法通过技术经济指标的对比，检查目标的完成情况，分析产生差异的原因

B．差额计算法将两个性质不同而又相关的指标加以对比，求出比率

C．因素分析法可用来分析各种因素对成本的影响程度

D．动态比率法将同类指标不同时期的数值进行对比，分析指标的发展方向和速度

E．相关比率法通过构成比率，考察各成本项目占成本总量的比重

10. 用比较法进行成本分析时，通常采用的比较形式有（　　）。

A．将实际指标与目标指标对比

B．本期实际指标与拟完成指标对比

C．本期实际指标与上期实际指标对比

D．与本行业平均水平对比

E．与本行业先进水平对比

【1Z202030　答案与解析】

一、单项选择题

1．A；　2．C；　3．B；　4．B；　*5．B；　*6．C；　7．C；　8．D；
*9．B；　10．D；　11．C；　12．B；　13．A；　14．C；　15．D；　*16．B；
17．B；　18．A；　19．A；　20．C；　*21．D；　*22．A；　*23．B；　24．C；
*25．A

【解析】

5．答案 B：

选项 B 属于控制人工费支出的主要手段。所以 B 正确。

6. 答案C：

人工费的控制实行“量价分离”的方法，将作业用工及零星用工按定额工日的一定比例综合确定用工数量与单价，通过劳务合同进行控制。所以C正确。

9. 答案B：

施工生产的合理安排、加强机械调度等工作主要涉及台班数量，与机械台班单价、台班保养费和台班质量无直接关系。所以B正确。

16. 答案B：

成本控制是否成功的关键是能否达到预期的成本目标。所以B正确。

21. 答案D：

偏差分析可以采用不同的表达方法，常用的有横道图法、表格法和曲线法。所以D正确。

22. 答案A：

横道图法具有形象、直观、一目了然等优点，它能够准确表达出费用的绝对偏差，而且能直观地表明偏差的严重性。但这种方法反映的信息量少，一般在项目的较高管理层应用。所以A正确。

23. 答案B：

形象、直观、一目了然属于横道图法的优点。所以B正确。

25. 答案A：

在造成费用偏差的原因中，图纸提供不及时属于设计原因，材料代用和赶进度属于施工原因，而组织不落实属于业主原因。所以A正确。

二、多项选择题

1. C、D、E；　*2. A、C、D；　3. B、C、D；　4. B、D；

5. B、C、E；　*6. B、D、E；　*7. B、C、E；　*8. B、C、D；

9. A、C、D；　10. A、C、D、E

【解析】

2. 答案A、C、D：

表格法是最常用的一种方法，曲线法很难直接用于定量分析，只能对定量分析起一定的指导作用。所以A、C、D正确。

6. 答案B、D、E：

费用偏差 $CV = BCWP\text{–}ACWP$，为负表示费用超支，为正表示费用节余；$SV = BCWP\text{–}BCWS$，为负表示进度延误，为正表示进度提前；费用绩效指数（CPI）=已完工作预算费用（BCWP）÷已完工作实际费用（ACWP），<1时表示超支，>1时表示节支。所以B、D、E正确。

7. 答案B、C、E：

表格法是进行偏差分析的最常用的方法。其优点有：灵活、实用性强；信息量大；表格处理可借助于计算机，从而节约大量数据处理所需的人力，并大大提高速度。所以B、C、E正确。

8. 答案B、C、D：

关于该图，正确的分析应为

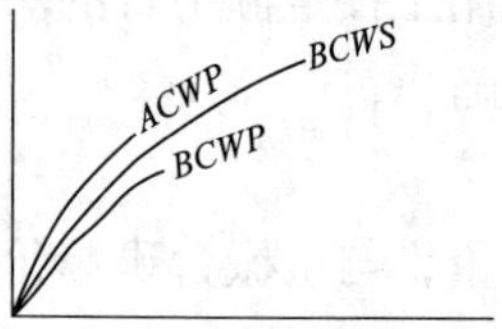	$ACWP > BCWS > BCWP$ $SV < 0$；$CV < 0$	效率低 进度较慢 投入超前	用工作效率高的人员更换一批工作效率低的人员

所以 B、C、D 正确。

1Z202040　成本核算

复习要点

1. 成本核算的原则、依据、范围和程序

1）成本核算的原则

应坚持形象进度、产值统计、成本归集同步的原则。

2）成本核算的依据

（1）各种财产物资的收发、领退、转移、报废、清查、盘点资料。

（2）与成本核算有关的各项原始记录和工程量统计资料。

（3）工时、材料、费用等各项内部消耗定额以及材料、结构件、作业、劳务的内部结算指导价。

3）成本核算的范围

施工企业在核算产品成本时，就是按照成本项目来归集企业在施工生产经营过程中所发生的应计入成本核算对象的各项费用。其中，属于人工费、材料费、机械使用费和其他直接费等直接成本费用，直接计入有关工程成本。间接费用可先通过费用明细科目进行归集，期末再按确定的方法分配计入有关工程成本核算对象的成本。

4）成本核算的程序

（1）对所发生的费用进行审核，以确定应计入工程成本的费用和计入各项期间费用的数额。

（2）将应计入工程成本的各项费用，区分为哪些应当计入本月的工程成本，哪些应由其他月份的工程成本负担。

（3）将每个月应计入工程成本的生产费用，在各个成本对象之间进行分配和归集，计算各工程成本。

（4）对未完工程进行盘点，以确定本期已完工程实际成本。

（5）将已完工程成本转入工程结算成本；核算竣工工程实际成本。

2. 成本核算的方法

1）表格核算法。

2）会计核算法。

一 单项选择题

1. 项目成本核算时，应坚持同步原则的三同步是（　　）的同步。

A. 成本计划、形象进度、成本归集

B. 形象进度、产值统计、成本归集

C. 成本计划、形象进度、产值统计

D. 形象进度、实物盘点、成本统计

2. 施工企业在核算产品成本时，需归集在施工生产经营过程中所发生的各项费用，其是按照（　　）来归集的。

A. 概算项目　　B. 预算项目

C. 结算项目　　D. 成本项目

3. 工程成本核算程序的确立，是结合工程成本发生的特点和核算的要求，根据的是企业（　　）。

A. 财务核算程序　　B. 会计核算程序

C. 业务核算程序　　D. 基本核算程序

4. 施工项目成本核算的表格核算法，用来进行工程项目（　　）核算。

A. 施工各岗位成本的责任　　B. 施工的直接成本

C. 施工过程中出现的债权债务　　D. 分包完成和分包付款

5. 某工程各门窗安装班组的相关经济指标见下表，按照成本分析的比率法，人均效益最好的班组是（　　）。

项目	班组甲	班组乙	班组丙	班组丁
工程量（m^2）	5400	5000	4800	5200
班组人数（人）	50	45	42	43
班组人工费（元）	150000	126000	147000	129000

A. 甲　　B. 乙

C. 丙　　D. 丁

二 多项选择题

1. 工程项目成本核算的依据主要有（　　）。

A. 各种财产物资的收发、领退、转移、报废、清查、盘点资料

B．工程量统计与工程结算资料

C．与成本核算有关的各项原始记录

D．材料、结构件、作业、劳务的市场指导价

E．工时、材料、费用等各项内部消耗定额

2．进行施工项目成本核算的会计核算法，除主要是建立在会计对工程项目进行全面核算的基础上外，再利用具有一定综合特点的其他方法有（　　）。

A．收支全面核实　　B．借贷记账法

C．财务核实法　　D．表格核算法

E．业务核算法

3．根据《财政部关于印发〈企业产品成本核算制度（试行）〉的通知》（财会［2013］17号），建筑业企业可设置的成本项目有（　　）。

A．直接人工　　B．其他直接费用

C．分包成本　　D．借款费用

E．相关税费

【1Z202040　答案与解析】

一、单项选择题

1．B；　*2．D；　3．B；　*4．A；　5．A

【解析】

2．答案D：

施工企业在核算产品成本时，就是按照成本项目来归集企业在施工生产经营过程中所发生的应计入成本核算对象的各项费用。所以D正确。

4．答案A：

因为表格核算具有操作简单和表格格式自由等特点，因而对工程项目内各岗位成本的责任核算比较实用。故用表格核算法进行工程项目施工各岗位成本的责任核算和控制，用会计核算法进行工程项目成本核算，两者互补，相得益彰，确保工程项目成本核算工作的开展。所以A正确。

二、多项选择题

*1．A、C、E；　　2．A、B；　　3．A、B、C

【解析】

1．答案A、C、E：

成本核算的依据包括：（1）各种财产物资的收发、领退、转移、报废、清查、盘点资料。做好各项财产物资的收发、领退、清查和盘点工作，是正确计算成本的前提条件。（2）与成本核算有关的各项原始记录和工程量统计资料。（3）工时、材料、费用等各项内部消耗定额以及材料、结构件、作业、劳务的内部结算指导价。所以A、C、E正确。

1Z202050　成本分析和成本考核

复习要点

1. 成本分析的依据、内容和步骤

1）成本分析的依据

（1）会计核算，主要是价值核算，它是成本分析的重要依据。

（2）业务核算，是各业务部门根据业务工作的需要而建立的核算制度，其不但可以对已经发生的，而且还可以对尚未发生或正在发生的经济活动进行核算。它的特点是，对个别的经济业务进行单项核算，目的在于迅速取得资料，在经济活动中及时采取措施进行调整。

（3）统计核算，可以计算当前的实际水平，确定变动速度，预测发展的趋势。

2）成本分析的内容

时间节点成本分析；工作任务分解单元成本分析；组织单元成本分析；单项指标成本分析；综合项目成本分析。

3）成本分析的步骤

选择成本分析方法；收集成本信息；进行成本数据处理；分析成本形成原因；确定成本结果。

2. 成本分析的方法

1）基本方法

（1）比较法。又称“指标对比分析法”，是指对比技术经济指标，检查目标的完成情况，分析产生差异的原因，进而挖掘降低成本的方法。

比较法主要进行三项对比：实际指标与目标指标对比；本期实际指标与上期实际指标对比；与本行业平均水平、先进水平对比。

（2）因素分析法。又称连环置换法，可用来分析各种因素对成本的影响程度。在进行分析时，假定众多因素中的一个因素发生了变化，而其他因素则不变，然后逐个替换，分别比较其计算结果，以确定各个因素的变化对成本的影响程度。

（3）差额计算法。是因素分析法的一种简化形式，它利用各个因素的目标值与实际值的差额来计算其对成本的影响程度。

（4）比率法。是指用两个以上的指标的比例进行分析的方法。它的基本特点是：先把对比分析的数值变成相对数，再观察其相互之间的关系。

常用的比率法有以下几种：相关比率法、构成比率法、动态比率法。

2）综合成本的分析方法

综合成本是指涉及多种生产要素，并受多种因素影响的成本费用，如分部分项工程成本、月（季）度成本、年度成本等。

（1）分部分项工程成本分析

分部分项工程成本分析是施工项目成本分析的基础。成本分析的对象为已完成分部分项工程。分析的方法是：进行预算成本、目标成本和实际成本的“三算”对比，分别计算实际偏差和目标偏差，分析偏差产生的原因，为今后的分部分项工程成本寻求节约途径。

分部分项工程成本分析的资料来源是：预算成本来自投标报价成本，目标成本来自施工预算，实际成本来自施工任务单的实际工程量、实耗人工和限额领料单的实耗材料。

（2）月（季）度成本分析

月（季）度成本分析，是施工项目定期的、经常性的中间成本分析，对于施工项目来说具有特别重要的意义。通过月（季）度成本分析，可以及时发现问题。

（3）年度成本分析

年度成本分析的依据是年度成本报表。年度成本分析的内容，除了月（季）度成本分析的六个方面以外，重点是针对下一年度的施工进展情况制定切实可行的成本管理措施，以保证施工项目成本目标的实现。

（4）竣工成本的综合分析

单位工程竣工成本分析，包括以下三方面内容：竣工成本分析；主要资源节超对比分析；主要技术节约措施及经济效果分析。

3）成本项目的分析方法

（1）人工费分析

人工费分析的主要内容有：因实物工程量增减而调整的人工和人工费；定额人工以外的计日工工资；对班组和个人进行奖励的费用。

（2）材料费分析

材料费分析包括主要材料和结构件费用的分析；周转材料使用费的分析；采购保管费分析；材料储备资金的分析。

（3）机械使用费分析

在机械设备的使用过程中，应以满足施工需要为前提，加强机械设备的平衡调度，充分发挥机械的效用；同时，还要加强平时的机械设备的维修保养工作，提高机械的完好率，保证机械的正常运转。

（4）管理费分析

现场管理费分析，也应通过预算（或计划）数与实际数的比较来进行。管理费包括：管理人员工资；办公费；差旅交通费；固定资产使用费；工具用具使用费；劳动保险费等。

4）专项成本分析方法

针对与成本有关的特定事项的分析，包括成本盈亏异常分析、工期成本分析、资金成本分析等内容。

5）“三同步”检查可以通过以下五个方面的对比分析来实现：

（1）产值与施工任务单的实际工程量和形象进度是否同步。

（2）资源消耗与施工任务单的实耗人工、限额领料单的实耗材料、当期租用的周转材料和施工机械是否同步。

（3）其他费用（如材料价、超高费和台班费等）的产值统计与实际支付是否同步。

（4）预算成本与产值统计是否同步。

(5) 实际成本与资源消耗是否同步。

3. 成本考核的依据和方法

1) 成本考核的依据

成本考核的依据包括成本计划、成本控制、成本核算和成本分析的资料。成本考核的主要依据是成本计划确定的各类指标。

2) 成本考核的方法

公司应以项目成本降低额、项目成本降低率作为对项目管理机构成本考核主要指标，对项目管理机构的成本和效益进行全面评价、考核与奖惩。

一 单项选择题

1. 成本分析是对成本的形成过程和影响因素进行分析，其基础是（　　）。

A. 成本计划　　B. 成本预测

C. 成本核算　　D. 成本考核

2. 下列施工项目成本分析的主要依据中，属于既可对已发生的，又可对尚未发生或正在发生的经济活动进行核算的是（　　）。

A. 会计核算　　B. 成本核算

C. 统计核算　　D. 业务核算

3. 关于成本分析的依据的说明，正确的是（　　）。

A. 会计核算的范围比业务核算大

B. 会计核算不仅能对已发生的业务进行核算，还能对未发生的业务进行核算

C. 会计核算的计量尺度比统计核算宽

D. 会计核算主要是价值核算

4. 项目成本分析依据之一的业务核算的特点是（　　）。

A. 核算的范围比较小　　B. 能对个别的经济业务进行单项核算

C. 主要是价值核算　　D. 只能对已经发生的经济活动进行核算

5. 通过会计核算提出的有关各种综合性经济指标的数据，是用（　　）来反映的。

A. 实物　　B. 货币

C. 劳动量　　D. 质量

6. 下列为成本分析提供依据的各种核算中，范围最广的是（　　）。

A. 会计核算　　B. 统计核算

C. 动态核算　　D. 业务核算

7. 针对各种技术措施、新工艺等项目，既可以核算已经完成的项目是否达到原定的目的，也可以对准备采取措施的项目进行核查和审查，看是否有效果的核算方法是（　　）。

A. 会计核算　　B. 业务核算

C．统计核算　　　　　　　　　　D．成本核算

8．下列建设工程项目成本分析方法中，属于可用来分析各种因素对成本的影响程度的是（　　）。

A．相关比率法　　　　　　　　　B．比重分析法

C．连环置换法　　　　　　　　　D．动态比率法

9．可以考查成本总量的构成情况及各成本项目占总成本的比重，同时也可以看出预算成本、实际成本和降低成本的比例关系，从而寻求降低成本途径的成本分析的基本方法是（　　）。

A．指标对比分析法　　　　　　　B．结构对比分析法

C．相关比率分析法　　　　　　　D．动态比率分析法

10．通过技术经济指标的对比，检查目标的完成情况，分析产生差异的原因，进行挖掘内部潜力的方法是（　　）。

A．比较法　　　　　　　　　　　B．因素分析法

C．差额计算法　　　　　　　　　D．比率法

11．在运用比较法进行成本分析时，能够看出各项技术经济指标变动情况和反映施工管理水平提高程度的对比分析是通过（　　）。

A．实际指标与目标指标的对比

B．本期实际指标与上期实际指标对比

C．与本行业平均水平对比

D．与本行业先进水平对比

12．某施工项目某月的成本数据见下表，应用差额计算法得到预算成本增加对成本的影响是（　　）万元。

项目	单位	计划	实际
预算成本	万元	600	640
成本降低率	%	4	5

A．1.6　　　　　　　　　　　　B．6.4

C．8.0　　　　　　　　　　　　D．12.0

13．可以看出各项技术经济指标的变动情况，反映施工管理水平提高程度的成本比较方法是（　　）。

A．实际指标与目标指标对比　　　B．本期实际指标与上期实际指标对比

C．计划指标与目标指标对比　　　D．与本行业平均水平、先进水平对比

14．因素分析法的排序规则是（　　）。

A．先价值量，后实物量；先绝对值，后相对值

B．先实物量，后价值量；先相对值，后绝对值

C．先实物量，后价值量；先绝对值，后相对值

D．先价值量，后实物量；先相对值，后绝对值

15. 应用相关比率法进行成本分析、考查管理成果的好坏，通常所采用的对比指标具有的特点是（　　）。

A. 性质不同但相关　　B. 性质不同又不相关

C. 概念相关时期相同　　D. 概念相关时期不同

16. 采用两个以上的指标比例进行分析，特点是把对比分析的数值变成相对数，再观察其相互之间的关系，这种方法称为（　　）。

A. 比较法　　B. 因素分析法

C. 比率法　　D. 差额计算法

17. 成本分析的基础是（　　）。

A. 分部分项工程成本分析　　B. 单位工程成本分析

C. 单项工程成本分析　　D. 月（季）度成本分析

18. 综合成本的分析方法中，分部分项工程成本分析的对象是（　　）。

A. 待完成分部分项工程　　B. 已完成分部分项工程

C. 零星分部分项工程　　D. 所有分部分项工程

19. 在分部分项工程成本分析中，预算成本的资料来自（　　）。

A. 施工任务单的实际工程量　　B. 施工预算

C. 限额领料单的实耗材料　　D. 投标报价成本

20. 在进行月（季）度成本分析时，如果发现是属于预算定额规定的“政策性”亏损，则应该（　　）。

A. 从控制支出着手，把超支额压缩到最低限度

B. 增加收入，弥补亏损

C. 采取增收节支措施，防止今后再超支

D. 停止生产，等待机会

21. 关于竣工成本综合分析的说法，正确的是（　　）。

A. 单位工程竣工成本分析，不含主要资源节超对比分析

B. 竣工成本分析需要考虑对外分包所产生的效益

C. 若项目包含几个单位工程，应以单项工程竣工成本分析资料为基础

D. 若项目有多个成本核算对象，需要整合的竣工成本资料作为分析依据

22. 在进行分部分项工程成本分析时，成本的实际偏差是通过比较（　　）而获得的。

A. 实际成本与计划成本　　B. 实际成本与预算成本

C. 实际成本与概算成本　　D. 实际成本与估算成本

23. 施工单位年度成本分析的重点是（　　）。

A. 通过实际成本与目标成本的对比，分析目标成本落实情况

B. 通过对技术组织措施执行效果的分析，寻求更加有效的节约途径

C. 针对下一年度施工进展情况，规划切实可行的成本管理措施

D. 通过实际成本与计划成本的对比，分析成本降低水平

24. 下列分析方法中，属于专项成本分析方法的是（　　）。

A. 采购保管费分析　　B. 人工费分析

C. 成本盈亏异常分析　　D. 管理费分析

25. 某大学新校区建设项目，主要项目有图书馆、教学楼、学生宿舍等。进行工程项目竣工成本综合分析，作为成本核算对象的是（　　）。

A. 建设项目　　B. 单项工程

C. 单位工程　　D. 分部工程

二 多项选择题

1. 可以为施工成本形成过程和影响成本升降因素进行分析而提供资料（依据）的主要有（　　）。

A. 财务核算　　B. 经济核算

C. 会计核算　　D. 业务核算

E. 统计核算

2. 关于成本分析依据的说法，正确的有（　　）。

A. 会计核算主要是成本核算

B. 业务核算是对个别的经济业务进行单项核算

C. 会计和统计核算一般是对已经发生的经济活动进行核算

D. 会计核算具有连续性、系统性、综合性等特点

E. 业务核算可以对尚未发生或正在发生的经济活动进行核算

3. 下列施工成本的分析方法中，属于比率法的有（　　）。

A. 相关比率法　　B. 相对比率法

C. 静态比率法　　D. 动态比率法

E. 构成比率法

4. 进行成本分析时，比较法的应用通常采用的形式有（　　）。

A. 将实际指标与目标指标对比

B. 本期实际指标与上期实际指标对比

C. 本期实际指标与拟完成指标对比

D. 与本行业平均水平对比

E. 与本行业先进水平对比

5. 在分部分项工程成本分析的过程中“三算”对比是指（　　）之间的比较。

A. 预算成本　　B. 动态成本

C. 目标成本　　D. 实际成本

E. 偏差成本

6. 关于分部分项工程成本分析的说法，正确的是（　　）。

A. 必须对施工项目中的所有分部分项工程进行成本分析

B. 分部分项工程成本分析方法是进行实际与目标成本比较

C. 分部分项工程成本分析的对象为已完分部分项工程

D. 分部分项工程成本分析是施工项目成本分析的基础

E. 需要做到从开工到竣工进行系统的成本分析

7. 成本项目分析中，在实行周转材料内部租赁制的情况下，项目周转材料费的节约或超支，取决于材料的指标有（　　）。

A. 周转率　　B. 储备率

C. 维修率　　D. 损耗率

E. 租赁率

8. 关于综合成本分析方法的说法，正确的有（　　）。

A. 分部分项工程成本法分析的方法是进行计划成本、目标成本和实际成本的三算对比

B. 每一个分部分项工程都必须进行成本分析

C. 月度成本分析的依据是当月的成本报表

D. 年度成本分析的重点是分析产量、工期、质量、三材节约率对成本的影响

E. 单位工程竣工成本分析应包括对主要资源节超比进行对比分析

9. 下列分析内容中，属于单位工程竣工成本分析内容的有（　　）。

A. 竣工成本分析　　B. 综合成本分析

C. 经济效果分析　　D. 主要资源节超对比分析

E. 主要技术节约措施分析

10. 下列同步对比分析中，可以用来实现“三同步”的有（　　）。

A. 产值与施工任务单的实际工程量和形象进度是否同步

B. 施工图预算与施工预算的对比是否同步

C. 实际成本与资源消耗是否同步

D. 预算成本与产值统计是否同步

E. 业务核算与统计核算是否同步

【1Z202050　答案与解析】

一、单项选择题

1. C;　2. D;　3. D;　4. B;　5. B;　6. D;　7. B;　8. C;
9. B;　*10. A;　11. B;　12. A;　13. B;　14. C;　15. A;　*16. C;
17. A;　*18. B;　19. D;　*20. A;　*21. B;　22. B;　*23. C;　*24. C;
25. C

【解析】

10. 答案 A:

比较法，又称“指标对比分析法”，就是通过技术经济指标的对比，检查目标的完成情况，分析产生差异的原因，进而挖掘内部潜力的方法。所以 A 正确。

16. 答案 C：

比率法是指用两个以上的指标的比例进行分析的方法。它的基本特点是：先把对比分析的数值变成相对数，再观察其相互之间的关系。所以 C 正确。

18. 答案 B：

分部分项工程成本分析是施工项目成本分析的基础，分部分项工程成本分析的对象为已完成分部分项工程。没有必要对每一个分部分项工程都进行成本分析，特别是一些工程量小、成本费用少的零星工程。所以 B 正确。

20. 答案 A：

在月度成本分析中，若发现人工费、机械费等项目大幅度超支，则应该对这些费用的收支配比关系进行研究，并采取对应的应对措施，防止今后再超支。如果是属于规定的“政策性”亏损，则应从控制支出着手，把超支额压缩到最低限度。所以 A 正确。

21. 答案 B：

凡是有几个单位工程且单独进行成本核算（即成本核算对象）的施工项目，其竣工成本分析应以各单位工程竣工成本分析资料为基础，再加上项目管理层的经营效益（如资金调度、对外分包等所产生的效益）进行综合分析。所以 B 正确。

23. 答案 C：

本题考查对年度成本分析的理解，年度成本分析的内容，除了月（季）度成本分析的六个方面以外，重点是针对下一年度的施工进展情况规划切实可行的成本管理措施。所以 C 正确。

24. 答案 C：

专项成本分析方法：针对与成本有关的特定事项的分析，包括成本盈亏异常分析、工期成本分析、资金成本分析等内容。所以 C 正确。

二、多项选择题

1. C、D、E；　2. B、C、D、E；　3. A、D、E；　*4. A、B、D、E；
*5. A、C、D；　6. C、D、E；　*7. A、D；　8. C、E；
*9. A、C、D、E；　10. A、C、D

【解析】

4. 答案 A、B、D、E：

比较法的应用通常有以下形式：将实际指标与目标指标对比；本期实际指标与上期实际指标对比；与本行业平均水平、先进水平对比。通过这种对比，可以反映本项目的技术和经济管理水平与行业的平均及先进水平的差距，进而采取措施提高本项目管理水平。所以 A、B、D、E 正确。

5. 答案 A、C、D：

本题考查对分部分项工程成本分析的理解，分部分项工程成本分析的方法是：进行预算成本、目标成本和实际成本的“三算”对比。所以 A、C、D 正确。

7. 答案A、D：

周转材料实行内部租赁制，项目周转材料费的节约或超支取决于材料的周转率和损耗率。所以A、D正确。

9. 答案A、C、D、E：

单位工程竣工成本分析，应包括以下内容：竣工成本分析、主要资源节超对比分析、主要技术节约措施及经济效果分析。所以A、C、D、E正确。

1Z203000 建设工程项目进度控制

建设项目是在动态条件下实施的，因此进度控制也就必须是一个动态的管理过程，它包括：进度目标分析和论证；进度计划的编制；进度计划的跟踪检查与调整。

1Z203010 建设工程项目进度控制与进度计划系统

复习要点

1. 项目进度控制的目的

进度控制的目的是通过控制以实现工程的进度目标。

施工进度控制不仅关系到施工进度目标能否实现，它还直接关系到工程的质量和成本。在工程施工实践中，必须树立和坚持一个最基本的工程管理原则，即在确保工程质量的前提下，控制工程的进度。

2. 项目进度控制的任务

建设工程项目管理有多种类型，代表不同利益方的项目管理（业主方和项目参与各方）都有进度控制的任务，但是，其控制的目标和实践范畴是不相同的。

业主方进度控制的任务是控制整个项目实施阶段的进度；设计方进度控制的任务是依据设计任务委托合同的要求控制设计工作进度，并尽可能使设计工作的进度与招标、施工和物资采购等工作进度相协调；施工方进度控制的任务是依据施工合同的要求控制施工进度；供货方进度控制的任务是依据供货合同的要求控制供货进度。

3. 项目进度计划系统的建立

建设工程项目进度计划系统是由多个相互关联的进度计划组成的系统，它是项目进度控制的依据。由于各种进度计划编制所需要的必要资料是在项目进展过程中逐步形成的，因此，项目进度计划系统的建立和完善也有一个过程，它是逐步形成的。

根据项目进度控制的不同需要和不同的用途，业主方和项目各参与方可以构建多个不同的建设工程项目进度计划系统。不同的建设工程项目进度计划系统，如图 1Z203010-1 所示。

在建设工程项目进度计划系统中，各进度计划或各子系统进度计划编制和调整时必须注意其相互间的联系和协调。

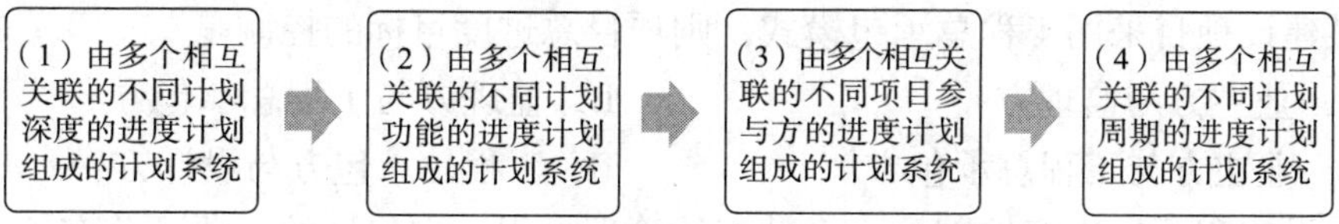

图 1Z203010-1　不同的建设工程项目进度计划系统

4. 计算机辅助建设工程项目进度控制

进度计划控制软件是在工程网络计划原理的基础上编制的，应用这些软件可以实现计算机辅助建设工程项目进度计划的编制和调整，以确定工程网络计划的时间参数。

计算机辅助工程网络计划编制的意义，如图 1Z203010-2 所示。

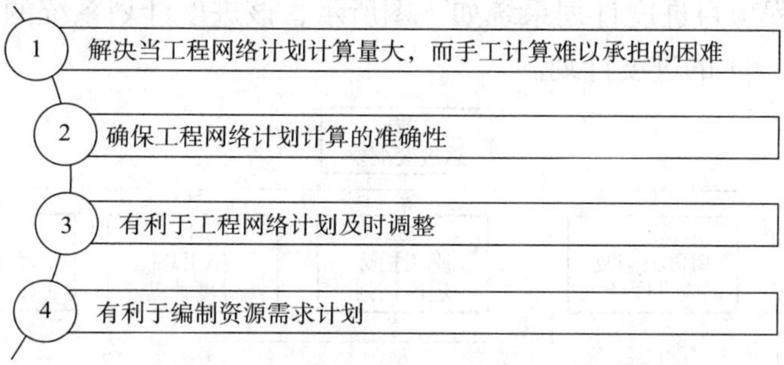

图 1Z203010-2　计算机辅助工程网络计划编制的意义

一 单项选择题

1. 建设工程项目进度控制的目的是（　　）。
   A．通过控制以实现工程的进度目标　　B．论证进度目标是否合理
   C．编制更新的进度计划　　D．跟踪检查实际进度计划
2. 在工程项目施工实践中，控制工程进度的前提是要确保（　　）。
   A．工程质量　　B．投资规模
   C．设计标准　　D．经济效益
3. 设计方进度控制的任务是依据（　　）对设计工作进度的要求，控制设计工作进度。
   A．可行性研究报告　　B．设计标准和规范
   C．设计任务委托合同　　D．设计总进度纲要
4. 对建设工程项目整个实施阶段进行进度控制是（　　）的任务。
   A．投资方　　B．DB 总承包方
   C．施工总承包管理方　　D．项目使用方
5. 建设工程项目的业主和参与各方都有进度控制的任务，各方进度控制的（　　）。
   A．目标相同，但时间范畴不同　　B．目标不同，但时间范畴相同
   C．目标和时间范畴均相同　　D．目标和时间范畴各不相同

6. 某建设项目采用工程总承包模式，则项目总进度目标的控制是（　　）的任务。

A．业主方与监理方　　　　　　B．监理方与工程总承包方

C．业主方与工程总承包方　　　D．工程总承包方与设计方

7. 建设工程项目进度控制是一个动态的管理过程，它包括的主要环节有（　　）。

A．成本目标的分析和论证　　　B．施工方案的编制

C．进度计划的跟踪检查与调整　D．管理规划和制度的建立

8. 建设项目进度控制是一个动态的管理过程，其中进度目标分析和论证的目的是（　　）。

A．落实进度控制的具体措施　　B．论证进度目标是否合理、能否实现

C．决定进度计划的不同层面　　D．分析进度计划系统内部的相互关系

9. 某建设工程项目进度计划系统如下图所示，该进度计划系统的第二层面是多个相互关联的不同（　　）的进度计划。

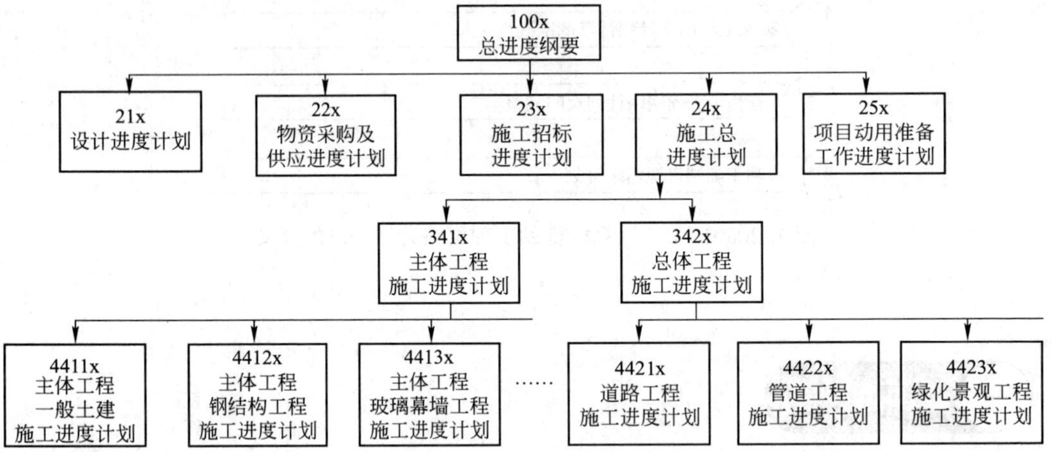

A．计划深度　　　　　　　　　B．计划功能

C．项目参与方　　　　　　　　D．计划周期

10. 总进度规划（计划）、项目子系统进度（规划）与项目子系统中的（　　）进度计划之间要联系和协调。

A．分项工程　　　　　　　　　B．分部分项工程

C．单位工程　　　　　　　　　D．单项工程

11. 建设工程项目进度计划系统是由多个相互（　　）的进度计划组成的系统，它是项目进度控制的依据。

A．平行　　　　　　　　　　　B．搭接

C．关联　　　　　　　　　　　D．独立

12. 如果一个进度计划系统是由控制性进度计划、指导性进度计划、实施性进度计划组成，该进度计划系统是由（　　）的计划组成的计划系统。

A．不同深度　　　　　　　　　B．不同功能

C．不同项目参与方　　　　　　D．不同周期

13. 供货方进度计划应包括供货的所有环节，如采购、加工制造和（　　）。

A．运输　　B．询价
C．投标　　D．仓储

14. 辅助进度控制的计算机软件是指以（　　）为核心的项目管理软件包。

A．横道图　　B．BIM
C．网络计划　　D．合同

15. 建设项目供货进度计划应包括的供货环节是（　　）。

A．采购、制造、安装　　B．采购、制造、运输
C．选型、制造、运输　　D．选型、供货、存储

二 多项选择题

1. 建设工程项目进度控制的动态管理过程主要包括（　　）。

A．进度计划的跟踪检查与调整　　B．进度目标分析和论证
C．工期索赔的分析与比较　　D．建立进度信息处理平台
E．进度计划的编制

2. 建设项目进度计划的跟踪检查与调整，主要包括（　　）。

A．必要时调整进度计划　　B．确定项目的工作编码系统
C．计算网络计划的时间参数　　D．对发现的进度偏差采取纠偏措施
E．定期跟踪检查进度计划执行情况

3. 在编制和调整不同项目参与方的进度计划系统时，必须注意其相互间的联系和协调，包括（　　）。

A．总进度规划　　B．设计进度计划
C．施工和设备安装进度计划　　D．控制性进度规划
E．业主方整个项目实施进度计划

4. 建设工程项目设计方进度控制的任务包括（　　）。

A．编制项目总进度计划　　B．编制详细的出图计划
C．控制设计工作进度　　D．协调施工和物资采购等工作进度
E．落实监理单位设计进度要求

5. 代表不同利益方的进度控制目标和时间范畴是不相同的，建设工程项目承担进度控制任务的单位有（　　）。

A．业主方　　B．设计方
C．担保方　　D．总承包方
E．营运方

6. 下列建设工程项目进度计划中，存在关联关系的进度计划有（　　）。

A．施工总进度计划和主体工程进度计划
B．钢结构主体施工进度计划和设备安装进度计划

C．设计进度计划和运营维修进度计划

D．业主方项目月度计划和施工企业周生产计划

E．土建施工进度计划和主材供货进度计划

7. 在建设工程项目进度计划系统中，按不同深度的进度计划可分为（　　）。

A．总进度计划　　B．设计进度计划

C．施工进度计划　　D．项目子系统进度计划

E．业主方项目实施进度计划

8. 建设项目供货进度计划应包括的环节是（　　）。

A．采购　　B．加工制造

C．设计进度　　D．施工进度

E．运输

9. 根据项目不同需要和不同用途，业主方和各参与方可以构建由（　　）等多个不同的进度计划系统组成的计划系统。

A．不同计划模式　　B．不同计划深度

C．不同计划功能　　D．不同计划方法

E．不同项目参与方

10. 在建设工程项目进度计划中，按计划的不同功能可以分为（　　）。

A．总进度规划　　B．指导性进度规划

C．控制性进度规划　　D．设计进度计划

E．实施性进度规划

【1Z203010　答案与解析】

一、单项选择题

1．A；　*2．A；　3．C；　*4．A；　*5．D；　6．C；　*7．C；　*8．B；　*9．C；　10．D；　11．C；　12．B；　13．A；　14．C；　15．B

【解析】

2. 答案 A：

如果因工期要求紧迫而盲目赶工，难免会导致施工质量问题和施工安全问题的出现，并且会引起施工成本的增加。因此，施工进度控制不仅关系到施工进度目标能否实现，它还直接关系到工程的质量和成本。在工程施工实践中，必须树立和坚持一个最基本的工程管理原则，即在确保工程质量的前提下，控制工程的进度。所以 A 正确。

4. 答案 A：

业主方进度控制的任务是控制整个项目实施阶段的进度，包括控制设计准备阶段工作进度、设计工作进度、施工进度、物资采购工作进度，以及项目动用前准备阶段的工作进度。所以 A 正确。

5. 答案D：

业主方进度控制的任务是控制整个项目实施阶段的进度，从设计准备阶段到项目动用前的准备阶段；设计方进度控制的任务是依据设计任务委托合同对设计工作进度的要求控制设计工作进度，并使之与招标、施工、物资采购等工作进度相协调；施工方进度控制的任务是依据施工任务委托合同对施工进度的要求控制施工进度；供货方控制的任务是根据供货合同对供货的要求控制供货进度，供货进度计划应包括供货的所有环节，如采购、加工制造、运输等。所以D正确。

7. 答案C：

进度控制动态管理的主要环节包括：进度目标的分析和论证；编制进度计划；进度计划的跟踪检查与调整，并采取纠偏措施等。因此，成本目标的分析和论证、施工方案的编制指的是与进度控制相关的某一方面或某一阶段性的工作，而管理规划和制度的建立属于进度控制的基础工作，不是进度控制环节本身，故答案A、B、D均不正确。所以C正确。

8. 答案B：

在进行建设工程项目总进度目标控制前，首先要分析和论证目标实现的可能性。进度目标分析和论证的目的是论证进度控制目标是否合理，进度目标有否可能实现。如果经过科学的论证，发现目标不可能实现，则必须调整目标。答案A落实进度控制的措施是项目具体实施阶段的内容；答案C和答案D，决定进度计划的不同层面及确定进度计划系统内部关系都是制定进度目标阶段的工作。所以B正确。

9. 答案C：

图中的第二平面是多个相互关联的不同项目参与方的进度计划组成的计划系统。其第三和第四平面是多个相互关联的不同计划深度的进度计划组成的计划系统。所以C正确。

二、多项选择题

*1. A、B、E；　2. A、D、E；　3. B、C、E；　*4. B、C、D；

5. A、B、D；　*6. A、B、E；　7. A、D；　8. A、B、E；

9. B、C、E；　10. B、C、E

【解析】

1. 答案A、B、E：

本题主要考查对进度控制工作内容的理解，进度控制的主要工作环节包括进度目标的分析和论证、进度计划的编制、进度计划的跟踪检查与调整。选项A、B、E包括上述主要工作环节的内容；选项C、D主要表现为进度控制的具体工作方法，故不正确。

4. 答案B、C、D：

设计方进度控制的任务是依据设计任务委托合同对设计工作进度的要求控制设计工作进度。另外，设计方应尽可能使设计工作的进度与招标、施工和物资采购等工作进度相协调。在国际上，设计进度计划主要是各设计阶段的设计图纸（包括有关的说明）的出图计划。所以B、C、D正确。

6. 答案A、B、E：

建设工程项目进度计划系统中各进度计划或各子系统进度计划编制和调整时，必须注意其相互间的联系和协调，如：（1）总进度规划（计划）、项目子系统进度规划（计划）与项目子系统中的单项工程进度计划之间的联系和协调；（2）控制性进度规划（计划）、指导性进度规划（计划）与实施性（操作性）进度计划之间的联系和协调；（3）业主方编制的整个项目实施的进度计划、设计方编制的进度计划、施工和设备安装方编制的进度计划与采购和供货方编制的进度计划之间的联系和协调等。而业主方项目月度计划和施工企业周生产计划属于两个不同主体的计划，故选项C、D错误。所以A、B、E正确。

1Z203020　建设工程项目总进度目标的论证

复习要点

1. 项目总进度目标论证的工作内容

建设工程项目的总进度目标指整个项目的进度目标，它是在项目决策阶段项目定义时确定的，项目管理的主要任务是在项目的实施阶段对项目的目标进行控制。

在进行建设工程项目总进度目标控制前，首先应分析和论证目标实现的可能性。

在项目的实施阶段项目的总进度的内容，如图1Z203020-1所示。

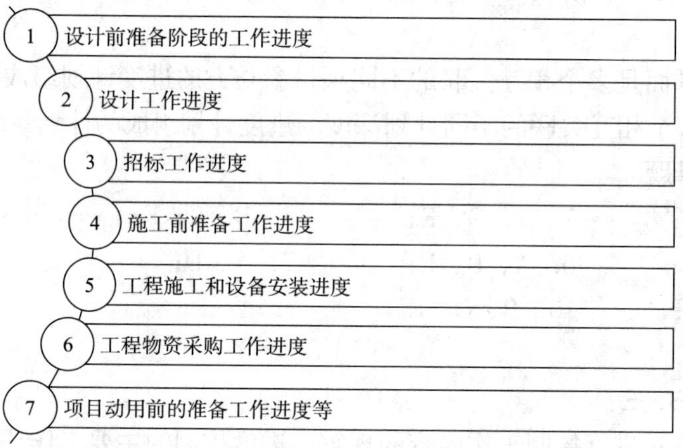

图1Z203020-1　项目实施阶段总进度的内容

建设工程项目总进度目标论证应分析和论证上述各项工作的进度，以及上述各项工作进展的相互关系。

大型建设工程项目总进度目标论证的核心工作是通过编制总进度纲要论证总进度目标实现的可能性。

总进度纲要的主要内容包括：项目实施的总体部署、总进度规划、各子系统进度规划、确定里程碑事件的计划进度目标、总进度目标实现的条件和应采取的措施等。

2. 项目总进度目标论证的工作步骤

建设工程项目总进度目标论证的工作步骤，如图1Z203020-2所示。

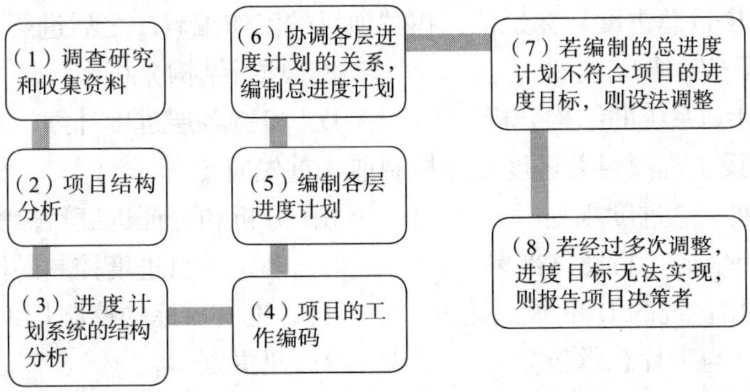

图 1Z203020–2　建设工程项目总进度目标论证的工作步骤

一　单项选择题

1. 分析和论证建设工程项目进度目标的目的是分析和论证（　　）。
   A．进度目标与成本目标、质量目标的匹配性
   B．进度目标实现措施的经济性和可操作性
   C．进度目标的合理性及实现的可能性
   D．进度目标与成本目标、质量目标的一致性
2. 建设工程项目的总进度目标是在（　　）时确定的。
   A．项目可行性分析　　B．项目规划
   C．项目设计准备　　D．项目定义
3. 建设工程项目总进度目标的分析和论证，应在（　　）前进行。
   A．施工准备阶段　　B．设计准备阶段
   C．招标工作阶段　　D．工程物资采购工作阶段
4. 关于建设工程项目总进度目标论证应（　　）。
   A．建立整个工程项目的施工进度目标
   B．分析项目实施阶段各项工作的进度和关系
   C．安排建设工程项目各子系统的资源分配
   D．研究整个建设项目的技术经济可行性
5. 关于建设工程项目总进度目标论证工作顺序的说法，正确的是（　　）。
   A．先进行项目工作编码，后进行项目结构分析
   B．先进行计划系统结构分析，后进行项目工作编码
   C．先协调各层进度计划关系，后编制各层进度计划
   D．先进行项目结构分析，后进行资料收集
6. 大型建设工程项目总进度目标论证的核心工作是（　　）。
   A．编制总进度规划　　B．提出采取的控制措施
   C．论证总进度目标实现的可能性　　D．编制总进度纲要

7. 建设工程项目总进度目标论证，在“项目的工作编码”之后进行（　　）工作。

A．调查研究和收集资料　　B．项目结构分析

C．进度计划系统的结构分析　　D．编制各层进度计划

8. 在进行建设工程项目总进度目标控制前，首先应（　　）。

A．编制施工总进度规划　　B．分析和论证进度目标实现的可能性

C．对项目实施进行总体部署　　D．制定项目进度控制的措施

9. 某工程采用传统的 DBB 模式建设，则项目总进度目标的控制是（　　）的任务。

A．业主方与工程总承包方　　B．业主方

C．工程总承包方　　D．业主方与分包商

10. 下列属于工程项目总进度目标论证工作内容的是（　　）。

A．研究项目设计方案的可行性　　B．分析进度计划系统的结构

C．探讨项目施工承发包结构的合理性　　D．设计各方责任主体分工合作关系

11. 建设工程项目的总进度目标是指整个项目的进度目标，它的确定是在项目（　　）。

A．决策阶段　　B．设计准备阶段

C．设计阶段　　D．施工阶段

12. 建设工程项目总进度目标论证中，大型建设工程项目的结构分析是根据编制总进度纲要的需要，将整个项目进行逐层分解，并（　　）。

A．编制施工平面图　　B．编制设计任务书

C．确定设备采购选型　　D．确定相应的工作目录

13. 在进度计划系统的结构分析时，整个项目划分成多少结构层，其依据是项目的（　　）。

A．规模和工期　　B．规模和特点

C．组织和规模　　D．组织和工期

14. 若项目总进度目标不可能实现，则（　　）应提出调整项目总进度目标的建议，并提请项目决策者审议。

A．项目管理者　　B．监理方

C．业主　　D．各分包商

15. 大型建设工程项目的结构分析是根据编制总进度纲要的需要，将整个项目进行逐层分解，并确立相应的工作目录。其中，一级工作任务目录是（　　）。

A．将整个项目划分成若干个工作项

B．将整个项目划分成若干个子系统

C．将每一个子系统分解为若干个子项目

D．将每一个子项目分解为若干个工作项

二 多项选择题

1. 下列选项中，属于建设工程项目总进度目标论证工作步骤有（　　）。

A．工程进度风险分析

B．进度计划系统的结构分析

C．项目实施的总体部署

D．设计方案的评审和选用

E．项目的工作编码

2. 大型建设工程项目的总进度纲要的主要内容包括（　　）。

A．项目施工的总体部署

B．各子系统的进度规划

C．总进度规划

D．确定里程碑事件的计划进度目标

E．项目实施的主客观条件

3. 下列选项中，属于项目实施阶段项目总进度的内容的是（　　）。

A．设计工作进度

B．招标工作进度

C．施工前准备工作进度

D．工程施工和设备安装进度

E．竣工验收进度

4. 在建设工程项目总进度目标论证过程中，项目的工作项编码应考虑对不同的（　　）进行标识。

A．计划方法

B．计划层

C．计划对象

D．计划形式

E．工作（如设计、施工、招标投标等）

5. 关于建设工程项目总进度目标论证的说法，正确的有（　　）。

A．总进度目标的论证是项目施工阶段的策划工作

B．总进度目标的论证涉及工程实施条件分析

C．在项目实施过程中应论证总进度目标实现的可能性

D．总进度目标的论证应分析实施阶段各项工作之间的逻辑关系

E．总进度目标论证前宜收集类似项目的进度资料

6. 某项目总进度目标论证时，应调研和收集的资料包括（　　）。

A．项目决策阶段有关项目进度目标确定的资料

B．与项目进度有关的组织、管理、经济和技术资料

C．项目进度管理顾问单位经验和能力水平资料

D．项目的总体部署和设计方案

E．施工总承包单位的信用等级

【1Z203020　答案与解析】

一、单项选择题

1．C；　2．D；　3．B；　4．B；　*5．B；　6．C；　*7．D；　8．B；
9．B；　10．B；　11．A；　*12．D；　*13．B；　14．A；　15．B

【解析】

5. 答案 B：

正确认识建设工程项目总进度目标论证的工作步骤，是一个关键的知识点。正确的工作步骤如下：（1）调查研究和收集资料；（2）项目结构分析；（3）进度计划系统的结构分析；（4）项目的工作编码；（5）编制各层进度计划；（6）协调各层进度计划的关系，编制总进度计划；（7）若所编制的总进度计划不符合项目的进度目标，则设法调整；（8）若经过多次调整，进度目标无法实现，则报告项目决策者。所以 B 正确。

7. 答案 D：

建设工程项目总进度目标论证的工作步骤如下：（1）调查研究和收集资料；（2）项目结构分析；（3）进度计划系统的结构分析；（4）项目的工作编码；（5）编制各层进度计划；（6）协调各层进度计划的关系，编制总进度计划；（7）若编制的总进度计划不符合项目的进度目标，则设法调整；（8）若经过多次调整，进度目标无法实现，则报告项目决策者。所以 D 正确。

12. 答案 D：

建设工程项目总进度目标论证中，大型建设工程项目的结构分析是，将整个项目进行逐层分解，并确立相应的工作目录。所以 D 正确。

13. 答案 B：

项目划分成多少结构层，应根据项目规模和特点而定，而与项目组织与工期没有直接的关系。所以 B 正确。

二、多项选择题

1. B、E；　*2. B、C、D；　3. A、B、C、D；　4. B、C、E；　*5. B、D、E；
6. A、B、D

【解析】

2. 答案 B、C、D：

大型建设工程项目总进度纲要的主要内容包括：项目实施的总体部署；总进度规划；各子系统进度规划；确定里程碑事件的计划进度目标；总进度目标实现的条件和应采取的措施等。选项 A 项目施工的总体部署，与正确答案项目实施的总体部署不符。所以 B、C、D 正确。

5. 答案 B、D、E：

有关建设工程项目总进度目标论证的要点有：（1）建设工程项目的总进度目标指的是整个工程项目的进度目标，它是在项目决策阶段项目定义时确定的；（2）在进行建设工程项目总进度目标控制前，首先应分析和论证进度目标实现的可能性；（3）建设工程项目总进度目标论证应分析和论证有关各项工作的进度，以及各项工作进展的相互关系；（4）总进度目标论证并不是单纯的总进度规划的编制工作，它涉及许多工程实施的条件分析和工程实施策划方面的问题。所以 B、D、E 正确。

1Z203030　建设工程项目进度计划的编制和调整方法

复习要点

1．横道图进度计划的编制方法

横道图是一种最简单、运用最广泛的传统的进度计划方法，用于小型项目或大型项目的子项目上，或用于计算资源需要量和概要预示进度，也可用于其他计划技术的表示结果。

横道图进度计划表中的进度线（横道）与时间坐标相对应，这种表达方式较直观，易看懂计划编制的意图。但是，横道图进度计划法也存在一些问题。横道图进度计划法的缺点，如图 1Z203030−1 所示。

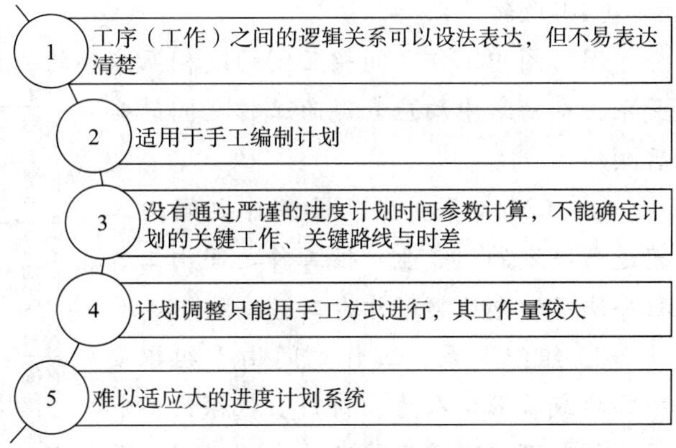

图 1Z203030−1　横道图进度计划法的缺点

2．工程网络计划的编制方法

国际上，工程网络计划有许多名称，如 CPM、PERT、CPA、MPM 等。工程网络计划的类型可按工作持续时间的特点划分，也可按工作和事件在网络图中的表示方法划分，还可按计划平面的个数划分。

我国《工程网络计划技术规程》JGJ/T 121—2015 推荐的常用工程网络计划类型包括：双代号网络计划；单代号网络计划；双代号时标网络计划；单代号搭接网络计划。

1）双代号网络计划

双代号网络图是以箭线及其两端节点的编号表示工作的网络图。

（1）箭线（工作）

工作是泛指一项需要消耗人力、物力和时间的具体活动过程，也称工序、活动、作业。双代号网络图中，每一条箭线表示一项工作。箭线的箭尾节点 i 表示该工作的开始，箭线的箭头节点 j 表示该工作的完成。

在双代号网络图中，任意一条实箭线都要占用时间，并多数要消耗资源。为了正确地表达图中工作之间的逻辑关系，往往需要应用虚箭线。虚箭线是实际工作中并不存在的一项虚设工作，故它们既不占用时间，也不消耗资源，一般起着工作之间的联系、区分和断路三个作用。

（2）节点（又称结点、事件）

节点是网络图中箭线之间的连接点。在时间上节点表示指向某节点的工作全部完成后该节点后面的工作才能开始的瞬间，它反映前后工作的交接点。

网络图中有三个类型的节点：起点节点、终点节点和中间节点。

（3）线路

网络图中从起始节点开始，沿箭头方向顺序通过一系列箭线与节点，最后达到终点节点的通路称为线路。

在一个网络图中可能有很多条线路，线路中各项工作持续时间之和就是该线路的长度，即线路所需要的时间。在各条线路中，有一条或几条线路的总时间最长，称为关键路线，一般用双线或粗线标注。其他线路长度均小于关键线路，称为非关键线路。

（4）逻辑关系

网络图中工作之间相互制约或相互依赖的关系称为逻辑关系，它包括工艺关系和组织关系，在网络中均应表现为工作之间的先后顺序。

① 工艺关系。生产性工作之间由工艺过程决定的，非生产性工作之间由工作程序决定的先后顺序称为工艺关系。

② 组织关系。工作之间由于组织安排需要或资源（人力、材料、机械设备和资金等）调配需要而确定的先后顺序关系称为组织关系。

双代号网络图的绘图规则，如图 1Z203030-2 所示。

① 双代号网络图必须正确表达已确定的逻辑关系
② 双代号网络图中，不允许出现循环回路
③ 双代号网络图中，在节点之间不能出现带双向箭头或无箭头的连线
④ 双代号网络图中，不能出现没有箭头节点或没有箭尾节点的箭线
⑤ 双代号网络图的某些节点有多余外向箭线或多条内向箭线时，为使图形简洁，可使用母线法绘制（但应满足一项工作用一条箭线和相应的一对节点表示）
⑥ 绘制网络图时，箭线不宜交叉
⑦ 双代号网络图中应只有一个起点节点和一个终点节点（多目标网络计划除外），而其他所有节点均应是中间节点

图 1Z203030-2　双代号网络图的绘图规则

2）双代号时标网络计划

双代号时标网络计划是以时间坐标为尺度编制的网络计划。时标网络计划中应以实箭线表示工作，以虚箭线表示虚工作，以波形线表示工作的自由时差。

一般规定：

（1）双代号时标网络计划必须以水平时间坐标为尺度表示工作时间。时标的时间单位往往应根据需要在编制网络计划之前确定，可为时、天、周、月或季。

（2）时标网络计划中所有工作在时间坐标上的水平投影位置，都必须与其时间参数相对应。节点中心必须对准相应的时标位置。

（3）时标网络计划中虚工作必须以垂直方向的虚箭线表示。有自由时差时加波形线表示。

3）单代号网络计划

单代号网络图是以节点及其编号表示工作，以箭线表示工作之间逻辑关系的网络图，并在节点中加注工作代号、名称和持续时间，以形成单代号网络计划。

单代号网络图与双代号网络图相比的特点，如图 1Z203030-3 所示。

单代号网络图的绘图规则：

（1）单代号网络图必须正确表达已确定的逻辑关系。

（2）单代号网络图中，不允许出现循环回路。

（3）单代号网络图中，不能出现双向箭头或无箭头的连线。

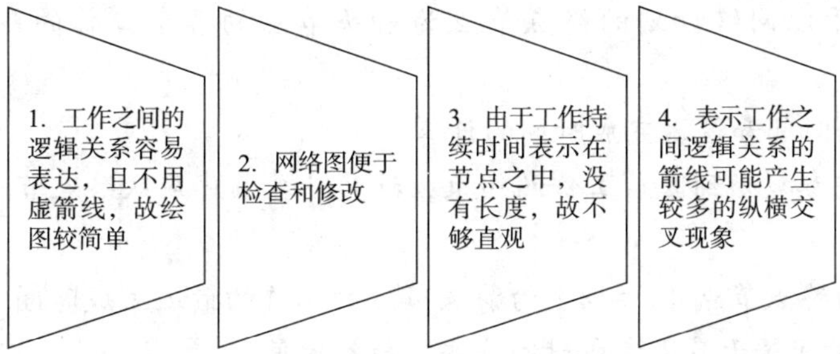

图 1Z203030–3　单代号网络图与双代号网络图相比的特点

（4）单代号网络图中，不能出现没有箭尾节点的箭线和没有箭头节点的箭线。

（5）绘制网络图时，箭线不宜交叉。当交叉不可避免时，可采用过桥法或指向法绘制。

（6）单代号网络图中只应有一个起点节点和一个终点节点。当网络图中有多项起点节点或多项终点节点时，应在网络图的两端分别设置一项虚工作，作为该网络图的起点节点（*St*）和终点节点（*Fin*）。

4）单代号搭接网络计划

在普通双代号和单代号网络计划中，各项工作按依次顺序进行，即任何一项工作都必须在它的紧前工作全部完成后才能开始。但在实际工作中，为了缩短工期，许多工作可采用平行搭接的方式进行。为了简单直接地表达这种搭接关系，使编制网络计划得以简化，于是出现了搭接网络计划方法（表 1Z203030）。

单代号搭接网络计划中的搭接关系　　　　表 1Z203030

序号	类别	解　释
1	完成到开始时距（$FTS_{i,j}$）	紧前工作 i 的完成时间与紧后工作 j 的开始时间之间的时距和连接方法
2	完成到完成时距（$FTF_{i,j}$）	紧前工作 i 的完成时间与紧后工作 j 的完成时间之间的时距和连接方法
3	开始到开始时距（$STS_{i,j}$）	紧前工作 i 的开始时间与紧后工作 j 的开始时间之间的时距和连接方法
4	开始到完成时距（$STF_{i,j}$）	紧前工作 i 的开始时间与紧后工作 j 的结束时间之间的时距和连接方法
5	混合时距	在搭接网络计划中，两项工作之间可同时由四种基本连接关系中两种以上来限制工作间的逻辑关系

3. 工程网络计划有关时间参数的计算

1）双代号网络计划时间参数的计算步骤

（1）最早开始时间和最早完成时间的计算

工作最早时间参数受到紧前工作的约束，故其计算顺序应从起点节点开始，顺着箭线方向依次逐项计算。

① 以网络计划的起点节点为开始节点的工作最早开始时间为零。

② 最早完成时间等于最早开始时间加上其持续时间。

③ 最早开始时间等于各紧前工作的最早完成时间 EF_{h-i} 的最大值。

（2）确定计算工期

计算工期等于以网络计划的终点节点为箭头节点的各个工作的最早完成时间的最大值。

（3）最迟开始时间和最迟完成时间的计算

工作最迟时间参数受到紧后工作的约束，故其计算顺序应从终点节点起，逆着箭线方向依次逐项计算。

以网络计划的终点节点（$j=n$）为箭头节点的工作的最迟完成时间等于计划工期。

① 最迟开始时间等于最迟完成时间减去其持续时间。

② 最迟完成时间等于各紧后工作的最迟开始时间 LS_{j-k} 的最小值。

③ 网络计划的计划工期 T_p 应按下列情况分别确定：

当已规定了要求工期 T_r 时，

$$T_p \leqslant T_r$$

当未规定要求工期时，可令计划工期等于计算工期，

$$T_p = T_c$$

（4）计算总时差

总时差等于其最迟开始时间减去最早开始时间，或等于最迟完成时间减去最早完成时间。

（5）计算自由时差

自由时差等于其紧后工作最早开始时间的最小值减去本工作的最早完成时间。

以网络计划的终点节点（$j=n$）为箭头节点的工作，其自由时差等于计划工期 T_p 减去本工作的最早完成时间。

（6）关键工作和关键线路的确定

① 关键工作。网络计划中总时差最小的工作是关键工作。

② 关键线路。自始至终全部由关键工作组成的线路为关键线路，或线路上总的工作持续时间最长的线路为关键线路。网络图上的关键线路可用双线或粗线标注。

2）单代号网络计划时间参数的计算步骤

（1）计算最早开始时间和最早完成时间

网络计划中各项工作的最早开始时间和最早完成时间的计算应从网络计划的起点节点开始，顺着箭线方向依次逐项计算。

① 网络计划的起点节点的最早开始时间为零。

② 工作最早完成时间等于该工作最早开始时间加上其持续时间。

③ 工作最早开始时间等于该工作的各个紧前工作的最早完成时间的最大值。

（2）网络计划的计算工期 T_c

计算工期 T_c 等于网络计划的终点节点 n 的最早完成时间 EF_n。

（3）计算相邻两项工作之间的时间间隔 $LAG_{i,j}$

相邻两项工作 i 和 j 之间的时间间隔 $LAG_{i,j}$ 等于紧后工作 j 的最早开始时间 ES_j 和本工作的最早完成时间 EF_i 之差。

（4）计算工作总时差 TF_i

工作 i 的总时差 TF_i 应从网络计划的终点节点开始，逆着箭线方向依次逐项计算。网络计划终点节点的总时差 TF_n，如计划工期等于计算工期，其值为零。

其他工作 i 的总时差 TF_i 等于该工作的各个紧后工作 j 的总时差 TF_j 加该工作与其紧后工作之间的时间间隔 $LAG_{i,j}$ 之和的最小值。

（5）计算工作自由时差

工作 i 若无紧后工作，其自由时差 FF_j 等于计划工期 T_p 减该工作的最早完成时间 EF_n。

当工作 i 有紧后工作 j 时，其自由时差 FF_i 等于该工作与其紧后工作 j 之间的时间间隔 $LAG_{i,j}$ 的最小值。

（6）计算工作的最迟开始时间和最迟完成时间

① 工作 i 的最迟开始时间 LS_i 等于该工作的最早开始时间 ES_i 与其总时差 TF_i 之和。

② 工作 i 的最迟完成时间 LF_i 等于该工作的最早完成时间 EF_i 与其总时差 TF_i 之和。

（7）关键工作和关键线路的确定

总时差最小的工作是关键工作。

从起点节点开始到终点节点均为关键工作，且所有工作的时间间隔为零的线路为关键线路。

4. 关键工作、关键路线和时差的确定

1）关键工作

关键工作指的是网络计划中总时差最小的工作。当计划工期等于计算工期时，总时差为零的工作就是关键工作。

图 1Z203030–4　在选择缩短持续时间的关键工作时宜考虑的因素

当计算工期不能满足计划工期时，可设法通过压缩关键工作的持续时间，以满足计划工期要求。在选择缩短持续时间的关键工作时宜考虑的因素，如图 1Z203030−4 所示。

2）关键线路

在双代号网络计划和单代号网络计划中，关键路线是总的工作持续时间最长的线路。该线路在网络图上应用粗线、双线或彩色线标注。

一个网络计划可能有一条或几条关键路线，在网络计划执行过程中，关键路线有可能转移。

3）时差的运用

① 总时差，指的是在不影响总工期的前提下，本工作可以利用的机动时间。

② 自由时差，指的是在不影响其紧后工作最早开始时间的前提下，本工作可以利用的机动时间。

5. 进度计划调整的方法

进度计划执行中的管理工作主要有以下几个方面，如图 1Z203030−5 所示。

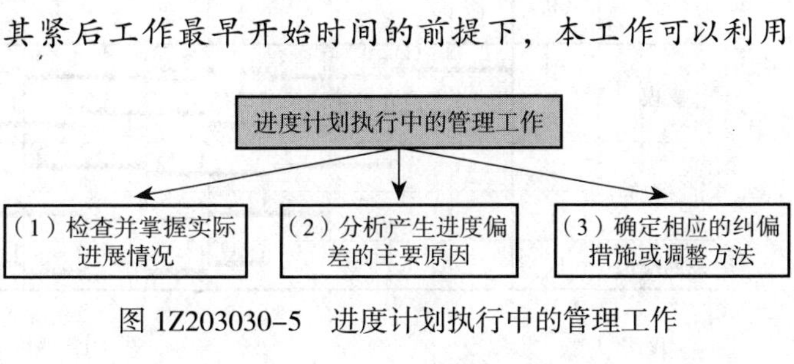

图 1Z203030–5　进度计划执行中的管理工作

进度计划的检查方法主要有
- （1）计划执行中的跟踪检查
- （2）收集数据的加工处理
- （3）实际进度检查记录的方式

网络计划检查的主要内容有
- （1）关键工作进度
- （2）非关键工作的进度及时差利用情况
- （3）实际进度对各项工作之间逻辑关系的影响
- （4）资源状况
- （5）成本状况
- （6）存在的其他问题

进度计划的调整内容
- （1）调整关键线路的长度
- （2）调整非关键工作时差
- （3）增、减工作项目
- （4）调整逻辑关系
- （5）调整工作的持续时间
- （6）调整资源的投入

一 单项选择题

1. 在双代号网络图中，需要应用虚箭线来表示工作之间的（　　）。

A. 时间间歇　　B. 搭接关系

C. 逻辑关系　　D. 自由时差

2. 关于横道图进度计划特点的说法，正确的是（　　）。

A. 可以识别进度计划的关键工作　　B. 不能表达工作之间的逻辑关系

C. 调整进度计划的工作量较大　　D. 可以自动计算工作时差

3. 某施工项目横道图进度计划如下图所示，从图中可以看出：第一层第1施工段浇筑混凝土完成后（　　）天，第二层第1施工段才能开始支设模板。

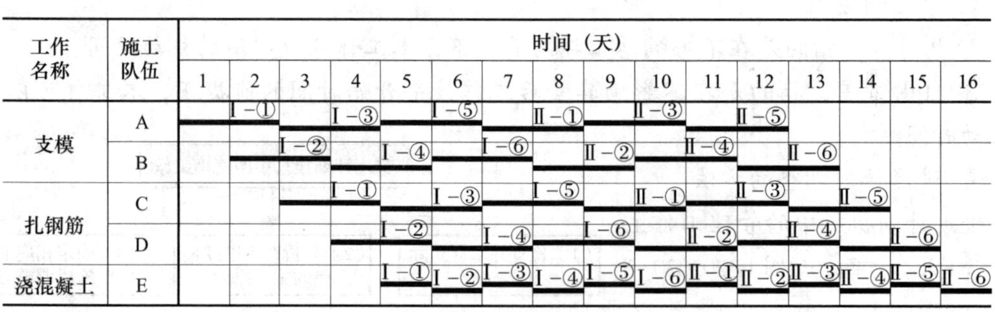

A. 0　　B. 1

C．2　　　　　　　　D．4

4. 当工程网络计划的计算工期大于要求工期时，为满足要求工期，对网络计划进行调整的基本方法是（　　）。

A．减少关键工作的总时差　　　　B．缩短关键工作的持续时间

C．减少工作的自由时差　　　　D．缩短相邻工作之间的时间间隔

5. 在网络计划中，中间节点的特点是（　　）。

A．既无外向箭头，也无内向箭头　　　　B．只有内向箭头

C．既有外向箭头，也有内向箭头　　　　D．只有外向箭头

6. 当网络图中某一非关键工作的持续时间拖延 δ，且大于该工作的总时差 TF 时，网络计划总工期将（　　）。

A．拖延 δ　　　　B．拖延 $\delta-TF$

C．拖延 $TF+\delta$　　　　D．拖延 $TF-\delta$

7. 关于工程网络计划的说法，正确的是（　　）。

A．单代号搭接网络计划属于肯定型网络计划

B．单代号网络计划属于活动型网络计划

C．双代号网络计划属于非肯定型网络计划

D．双代号时标网络计划属于非肯定型网络计划

8. 关于双代号时标网络计划的说法，正确的是（　　）。

A．表示工作的箭线只能画成水平方向　B．可以用水平虚箭线表示虚工作

C．节点中心必须对准相应时标位置　D．时间坐标规定用日历坐标体系

9. 某双代号网络图各工作间逻辑关系表及相应双代号网络图如下图所示，图中虚箭线的作用是（　　）。

工作	A	B	C	D
紧前工作	—	—	A	A、B

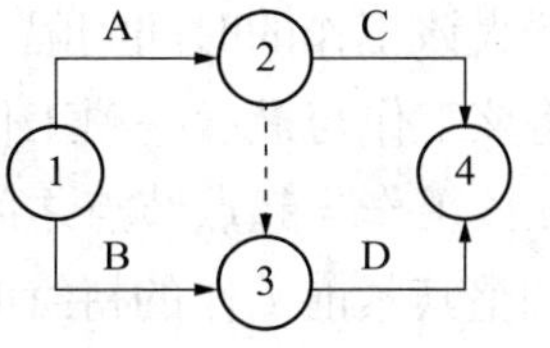

A．联系　　　　B．区分

C．断路　　　　D．指向

10. 关于单代号网络计划绘图规则的说法，正确的是（　　）。

A．不允许出现虚箭线

B．箭线不能交叉

C．只能有一个起点节点，但可以有多个终点节点

D．不能出现双向箭头的连线

11. 在双代号网络计划中，节点的最迟时间是以该节点为（　　）。

A．开始节点的工作最迟开始时间　　B．开始节点的工作最早开始时间

C．完成节点的工作最迟完成时间　　D．完成节点的工作最早完成时间

12. 网络计划中工作与其紧后工作之间的时间间隔等于该工作紧后工作的（　　）。

A．最早开始时间与该工作最早完成时间之差

B．最迟开始时间与该工作最早完成时间之差

C．最早开始时间与该工作最迟完成时间之差

D．最迟开始时间与该工作最迟完成时间之差

13. 在单代号网络计划中，设 A 工作的紧后工作有 B 和 C，B 和 C 工作的总时差分别为 3 天和 5 天，工作 A、B 之间间隔时间为 8 天，工作 A、C 之间的间隔时间为 7 天，则工作 A 的总时差为（　　）。

A．9 天　　B．10 天

C．11 天　　D．12 天

14. 在双代号时标网络计划中，关键线路是指（　　）。

A．各项工作持续时间之和最小的线路

B．自始至终不出现波形线的线路

C．自始至终不出现虚工作的线路

D．节点编号依次连续的线路

15. 某工程网络计划中，某工作自由时差为 3 天，总时差为 7 天。进度检查时发现该工作持续时间延长了 5 天，则该工作实际进度（　　）。

A．将使总工期延长 5 天，但不影响其后续工作的正常进行

B．不影响总工期，但将其紧后工作的最早开始时间推迟 2 天

C．既不影响总工期，也不影响其后续工作的正常进行

D．将其后续工作的开始时间推迟 2 天，并使总工期延长 1 天

16. 计算单代号搭接网络的时间参数时，若某项中间工作的最早开始时间为负值，则应当（　　）。

A．增大该工作的时间间隔

B．将该工作与最后一项工作联系起来

C．在该工作与起点节点之间添加虚箭线

D．调整其紧前工作的持续时间

17. 某工程双代号时标网络计划如下图所示，其中：工作 A 的总时差为（　　）。

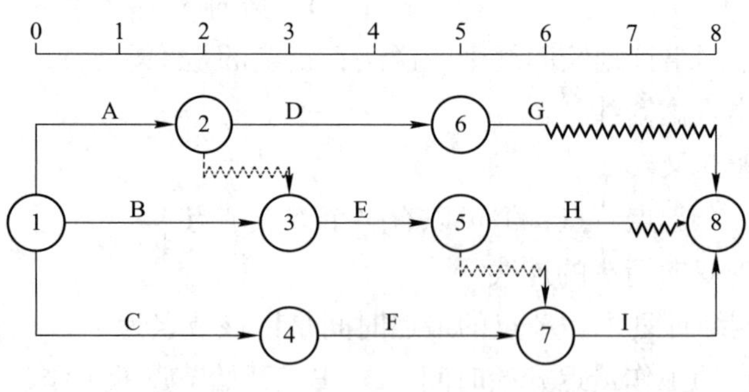

A．0　　B．1

C．2　　D．3

18. 某工程单代号网络图如下图所示，正确的说法是（　　）。

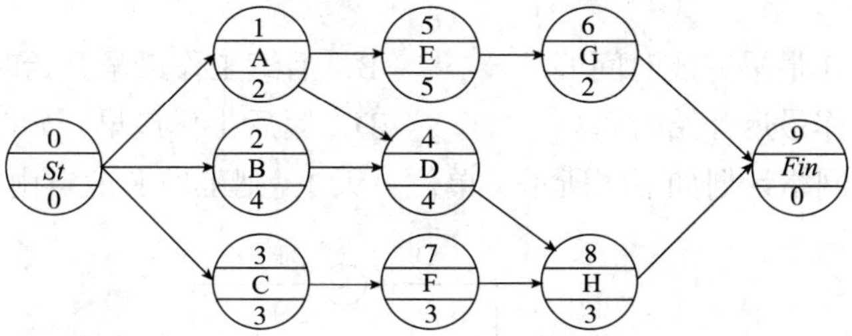

A．工作 D 的 *ES* 为 2　　　　B．工作 G 的 *FF* 为 2

C．工作 H 的 *FF* 为 1　　　　D．工作 F 的 *FF* 为 1

19. 单代号搭接网络计划中，某工作持续时间为 3 天，有且仅有一项紧前工作，紧前工作最早第 2 天开始，工作持续时间 5 天，该工作与紧前工作间的时距是 $FTF=2$ 天。该工作的最早开始时间是第（　　）天。

A．2　　　　B．3

C．5　　　　D．6

20. 关于总时差、关键工作和关键线路的说法，正确的是（　　）。

A．总时差最小的工作是关键工作　　　　B．关键线路上不能有虚工作

C．关键线路上的工作都是关键工作　　　　D．关键线路上工作的总持续时间最短

21. 某双代号网络计划如下图所示，关键路线有（　　）条。

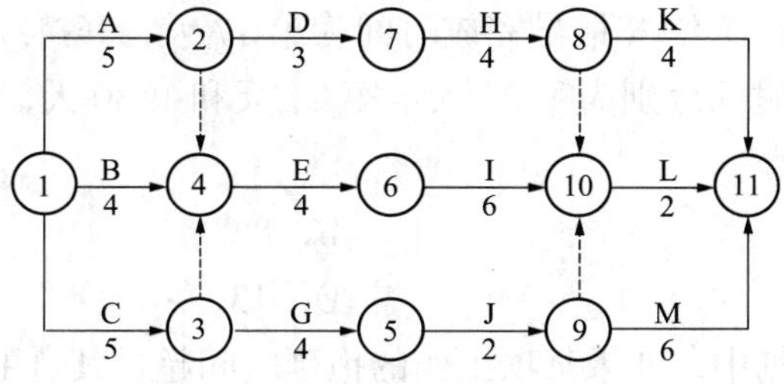

A．1　　　　B．2

C．3　　　　D．4

22. 双代号时标网络计划中，当某工作之后有虚工作时，则该工作的自由时差为（　　）。

A．该工作的波形线的水平长度

B．本工作与紧后工作间波形线水平长度之和的最大值

C．本工作与紧后工作间波形线水平长度之和的最小值

D．后续所有工作中波形线水平长度之和的最小值

23. 已知某工程网络计划的计划工期等于计算工期，且工作的开始节点和结束节点均为关键节点，则该工作（　　）。

A．为关键工作　　　　B．总时差等于自由时差

C．自由时差为零　　　　D．总时差大于自由时差

24. 在网络计划中，工作的总时差是指在不影响（　　）的前提下，该工作可以利用的机动时间。

A. 紧后工作最早完成时间　　B. 后续工作最早开始时间

C. 紧后工作最迟开始时间　　D. 紧后工作最早开始时间

25. 某双代号网络计划如下图所示（单位：天），则工作 E 的自由时差为（　　）天。

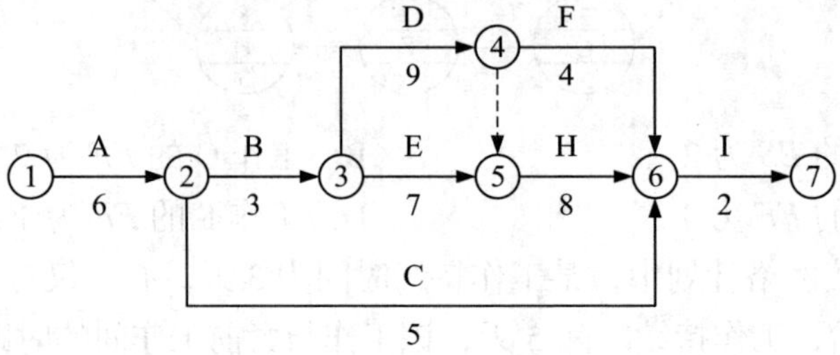

A. 0　　B. 4

C. 2　　D. 15

26. 在网络计划中，工作 N 最迟完成时间为第 25 天，其持续时间为 6 天。该工作三项紧前工作的最早完成时间分别为第 10 天、第 12 天和第 13 天，则工作 N 的总时差为（　　）天。

A. 6　　B. 9

C. 12　　D. 15

27. 在网络计划中，工作 N 最早完成时间为第 17 天，其持续时间为 5 天。该工作三项紧后工作的最早开始时间分别为第 25 天、第 27 天和第 30 天，则工作 N 的自由时差为（　　）天。

A. 3　　B. 8

C. 10　　D. 13

28. 在工程网络计划中，如果某项工作的拖延时间超过其自由时差，但没有超过总时差，则该项工作（　　）。

A. 会影响工程总工期

B. 会变成关键工作

C. 对后续工作及工程总工期无影响

D. 使其紧后工作不能按最早时间开始

29. 在工程网络计划中，已知某工作总时差和自由时差分别为 7 天和 5 天，其工作持续时间延长 3 天，则该工作（　　）。

A. 既不影响总工期，也不影响其后续工作的正常进行

B. 将使总工期延长 3 天，但不影响其后续工作的正常进行

C. 不影响总工期，但将其后续工作的开始时间推迟 3 天

D. 将其后续工作的开始时间推迟 3 天，并使总工期延长 2 天

30. 双代号时标网络计划中采用波形线表示工作的（　　）。

A．逻辑关系　　　　B．关键线路

C．总时差　　　　D．自由时差

31．如果先绘制出时标网络计划，计算各工作的最早时间参数，再根据时间参数确定节点位置。这样的双代号时标网络计划编制方法称为（　　）。

A．直接绘制法　　　　B．间接绘制法

C．分段绘制法　　　　D．连续绘制法

32．关于单代号搭接网络计划中时距一词的说法，正确的是（　　）。

A．时距是某工作具有的特殊时间参数

B．相邻工作间只能有一种时距的限制

C．时距是时间间隔的特殊形式

D．时距一般标注在箭线的上方

33．某双代号时标网络计划如下图所示，工作 F、工作 H 的最迟完成时间分别为（　　）。

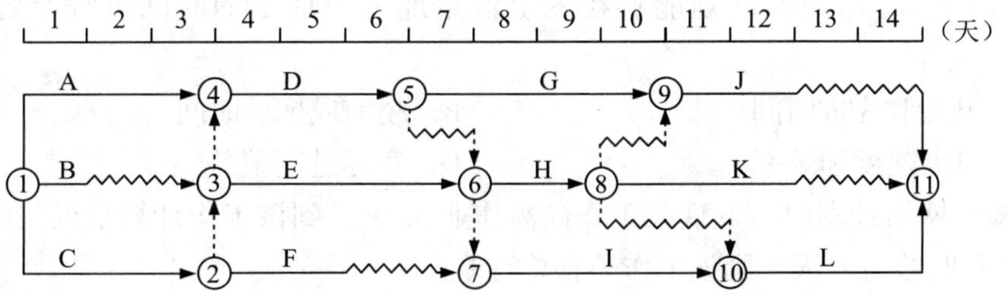

A．第 7 天、第 9 天　　　　B．第 7 天、第 11 天

C．第 8 天、第 9 天　　　　D．第 8 天、第 11 天

34．关于网络进度计划中工期调整的说法，正确的是（　　）。

A．非关键线路上的工作时间拖延，不需进行调整

B．某项工作进度超前，不需进行调整

C．某项工作拖延时间超过其总时差时，只需考虑总工期限制

D．根据计划检查的结果在必要时进行计划调整

35．某项目单代号搭接网络计划如下图所示，该计划的计算工期是（　　）天。

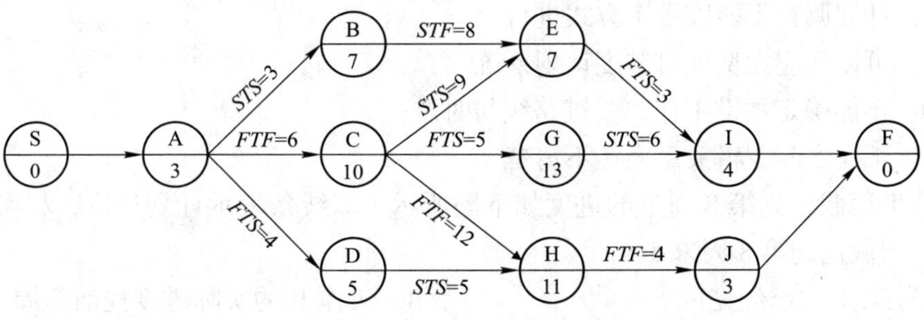

A．26　　　　B．27

C．28　　　　D．29

36. 双代号网络计划中，某工作最早第 3 天开始，工作持续时间 2 天，有且仅有 2 项紧后工作，紧后工作最早开始时间分别是第 5 天和第 6 天，对应总时差是 4 天和 2 天。该工作的总时差和自由时差分别是（　　）。

A．0 天，0 天　　B．4 天，1 天

C．2 天，2 天　　D．3 天，0 天

37. 在双代号网络计划中，如果其计划工期与计算工期相等，且工作 $i-j$ 的完成节点在关键线路上，则工作 $i-j$ 的自由时差（　　）。

A．等于零　　B．小于零

C．小于其相应的总时差　　D．等于其相应的总时差

38. 已知某工程网络计划中某工作自由时差为 3 天，总时差为 5 天。该工作实际进度拖后影响总工期 1 天。那么，该工作实际进度拖后（　　）天。

A．3　　B．4

C．5　　D．6

39. 双代号时标网络计划能够在图上清楚地表明计划的时间进程及各项工作的（　　）。

A．开始和完成时间　　B．超前或拖后时间

C．进展速度和效率　　D．实际进度偏差

40. 检查网络计划时，发现某工作尚需作业 M 天，到该工作计划最迟完成时刻尚余 N 天，原有总时差为 P 天，则该工作尚有总时差为（　　）天。

A．$P-N$　　B．$P-M$

C．$M-N$　　D．$N-M$

二 多项选择题

1. 横道图进度计划的特点有（　　）。

A．图形表达复杂，不太直观

B．计划调整不能以手工方式进行

C．可以适应大型项目进度计划系统

D．不能确定关键工作、关键路线与时差

E．工作之间逻辑关系表达不清楚

2. 某工程截止到第 8 周末的进度如下图所示（双线条表示计划进度，粗实线表示实际进度），则截止到第 8 周末（　　）。

A．工作 A 已经完成　　B．工作 B 的实际进度提前两周

C．工作 C 的实际进度正常　　D．工作 D 尚未开始

E．工作 E 的实际进度拖后一周

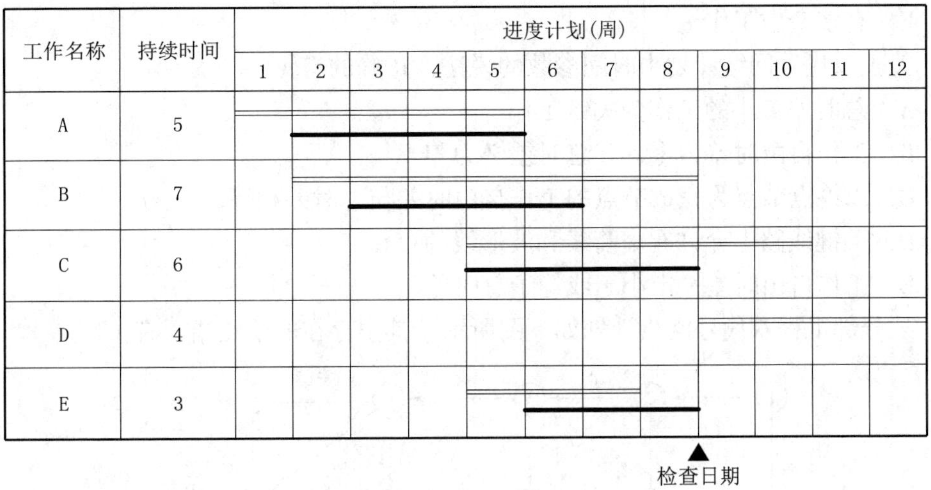

3. 双代号网络图中工作之间相互制约或相互依赖的关系称为逻辑关系，它包括（　　）。

A．工艺关系　　B．组织关系

C．生产关系　　D．技术关系

E．协调关系

4. 某单代号网络图如下图所示，该图存在的错误有（　　）。

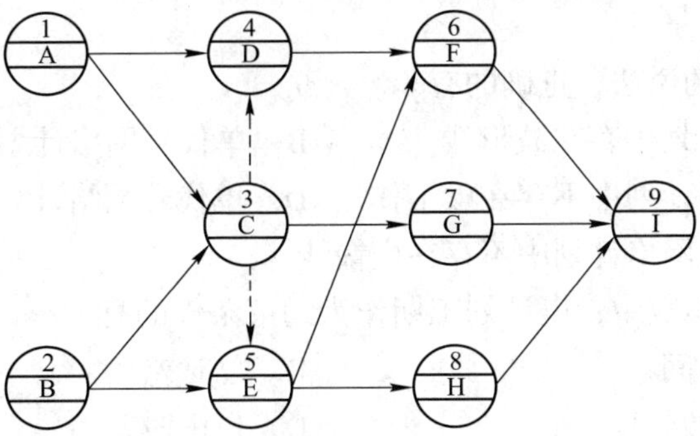

A．多个起点节点　　B．出现循环回路

C．虚箭线用法错误　　D．出现交叉箭线

E．没有终点节点

5. 某双代号网络计划如下图所示，绘图的错误有（　　）。

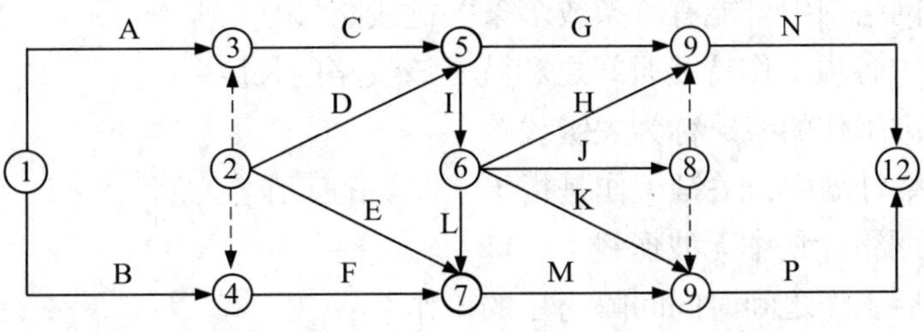

A．有多个起点节点　　B．有多个终点节点

C．节点编号有误　　D．存在循环回路

E. 有多余虚工作

6. 关于双代号网络计划中时间参数的说法，正确的有（　　）。

A. 总时差最小的工作为关键工作

B. 工作自由时差为零，其总时差必为零

C. 以终点节点为完成节点的工作自由时差与总时差相等

D. 关键线路上允许有虚箭线和波形线的存在

E. 工作自由时差一定小于或等于总时差

7. 某分部工程双代号网络计划如下图所示，其中存在的绘图错误有（　　）。

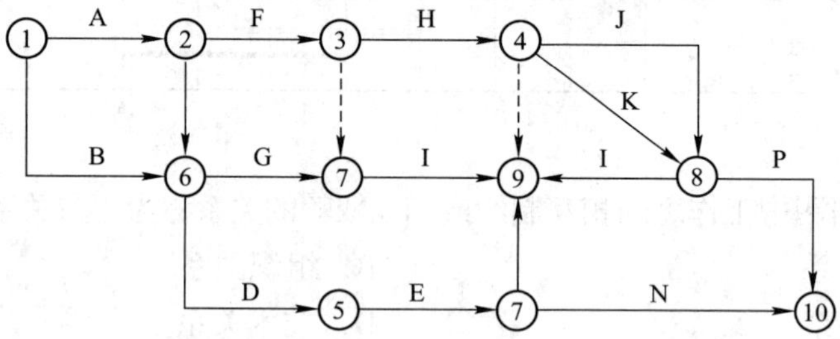

A. 循环回路

B. 多个终点节点

C. 多个起点节点

D. 两项工作有相同的代号

E. 节点编号重复

8. 关于网络计划的说法，正确的有（　　）。

A. 时标网络计划中存在波形线

B. 单代号网络计划中存在虚箭线

C. 双代号网络计划中不存在虚工作

D. 单代号网络计划中不存在虚工作

E. 单代号搭接网络计划中不存在虚箭线

9. 下列网络计划参数中，以计划工期作为约束条件的有（　　）。

A. 最早完成时间

B. 总时差

C. 最迟完成时间

D. 自由时差

E. 时间间隔

10. 关于双代号网络计划中线路的说法，正确的有（　　）。

A. 长度最短的线路称为非关键线路

B. 线路中各节点应从小到大连续编号

C. 一个网络图中可能有一条或多条关键线路

D. 线路中各项工作持续时间之和就是该线路的长度

E. 没有虚工作的线路称为关键线路

11. 工程网络计划中，关键工作是指（　　）的工作。

A. 时标网络计划中无波形线

B. 与紧后工作之间时间间隔为零的工作

C. 最早开始时间与最迟开始时间相差最小

D. 最早完成时间与最迟完成时间相差最小

E．双代号网络计划中两端节点为关键节点

12．关于网络计划关键线路的说法，正确的有（　　）。

A．时标网络计划中没有波形线的线路

B．总持续时间最长的线路

C．相邻两项工作间的时间间隔均为零的线路

D．双代号网络计划中无虚箭线的线路

E．双代号网络计划中由关键节点连成的线路

13．某分部分项工程双代号网络计划如下图所示，其中关键工作有（　　）。

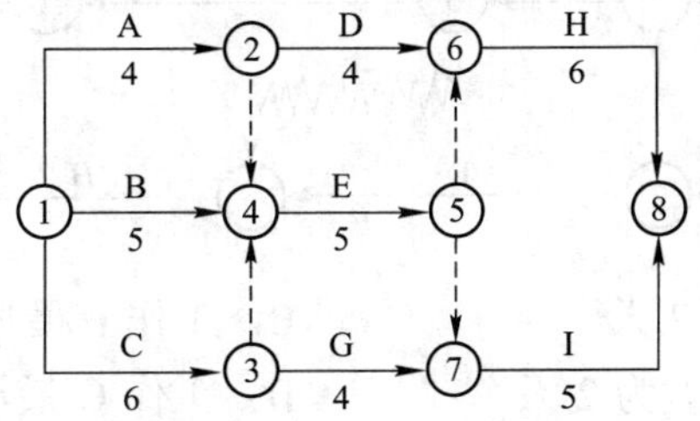

A．工作 B　　B．工作 C

C．工作 D　　D．工作 E

E．工作 H

14．某双代号网络计划如下图所示，已知每项工作的最早开始时间和最迟开始时间，该计划表明（　　）。

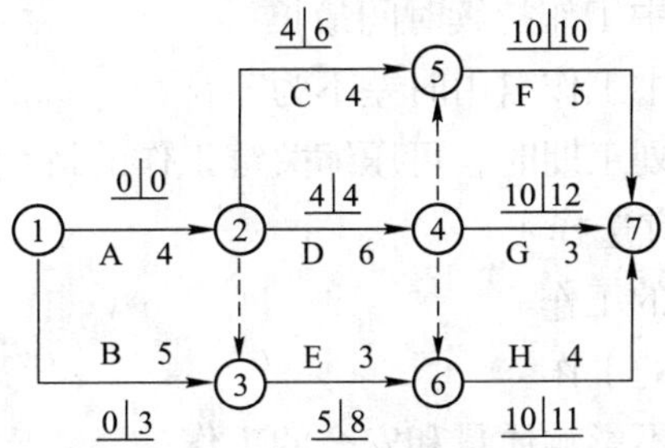

A．工作 D 的总时差为零　　B．工作 H 为关键工作

C．工作 E 的自由时差为 3 天　　D．工作 C 的自由时差为 2 天

E．工作 B 的自由时差为零

15．下列单代号网络图中，违反绘图规则的地方有（　　）。

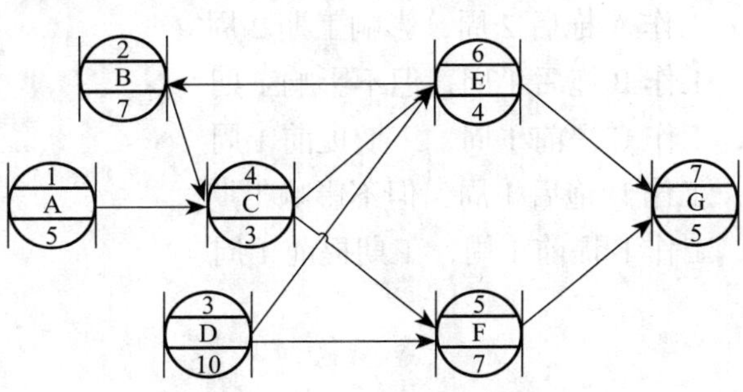

A．箭线交叉　　　　　　　　　B．出现循环回路

C．没有设置虚拟的起点工作　　D．没有设置虚拟的终点工作

E．节点编号顺序颠倒

16．某双代号时标网络图如下图所示，下列选项中正确的有（　　）。

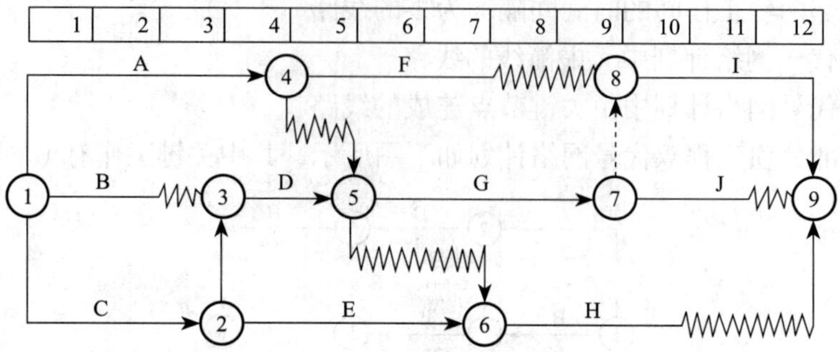

A．工作 A 总时差为 2 天　　　B．工作 F 最迟完成时间为第 9 天

C．工作 E 的自由时差为 2 天　D．工作 G 最早开始时间为第 5 天

E．工作 F 总时差为 2 天

17．在工程网络计划中，关键线路是指（　　）的线路。

A．双代号网络计划中无虚箭线

B．双代号时标网络计划中无波形线

C．单代号网络计划中工作时间间隔均为零

D．双代号网络计划中工作持续时间最长

E．单代号网络计划中工作自由时差不为零

18．当计算工期超过计划工期时，可压缩关键工作的持续时间以满足要求，在确定缩短持续时间的关键工作时，宜选择（　　）。

A．有多项紧前工作的工作

B．有充足备用资源的工作

C．缩短持续时间而不影响质量和安全的工作

D．缩短持续时间所增加的费用相对较少的工作

E．单位时间消耗资源量大的工作

19．某项目时标网络计划第 2、4 周末实际进度前锋线如下图所示。关于该项目进度情况的说法，正确的有（　　）。

A．第 2 周末，工作 A 拖后 2 周，影响工期 2 周

B．第 2 周末，工作 B 拖后 1 周，但不影响工期

C．第 2 周末，工作 C 提前 1 周，工期提前 1 周

D．第 4 周末，工作 D 拖后 1 周，但不影响工期

E．第 4 周末，工作 F 提前 1 周，工期提前 1 周

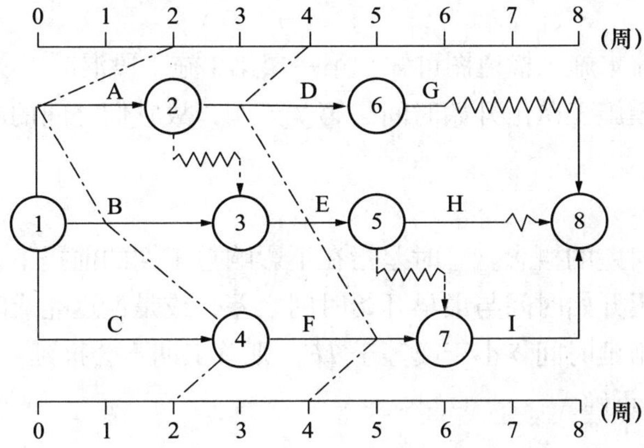

20. 某工程单代号网络图如下所示，属于关键工作的工序为（　　）。

A．工作 A　　　　B．工作 B

C．工作 C　　　　D．工作 D

E．工作 E

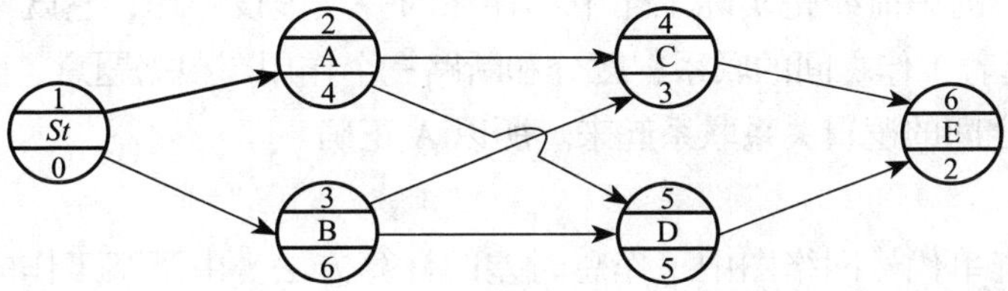

【1Z203030　答案与解析】

一、单项选择题

*1. C；　*2. C；　*3. B；　4. B；　5. C；　*6. B；　7. A；　*8. C；

*9. A；　10. D；　11. C；　12. A；　*13. C；　14. B；　15. B；　16. C；

*17. C；　18. B；　*19. D；　20. C；　*21. C；　*22. C；　*23. B；　24. C；

25. C；　*26. A；　*27. B；　*28. D；　29. A；　30. D；　31. B；　*32. D；

33. B；　34. D；　*35. C；　*36. D；　*37. D；　38. D；　*39. A；　40. D

【解析】

1. 答案 C：

在双代号网络图中，为了正确地表达图中工作之间的逻辑关系，往往需要应用虚箭线。虚箭线是实际工作中并不存在的一项虚设工作，故它们既不占用时间，也不消耗资源，一般起着工作之间的联系、区分和断路三个作用。所以 C 正确。

2. 答案 C：

横道图计划表达方式较直观，易看懂计划编制的意图。但是进度计划调整只能用手工方式进行，其工作量较大。所以 C 正确。

3. 答案B：

由题中所给定的流水施工横道图可知：第一层第1施工段混凝土浇筑完成是第5天末，第二层第1施工段支模施工队伍开始时间是第7天始，故它们之间的间隔时间为1天。所以B正确。

6. 答案B：

本题主要考查总时差的概念。总时差指在不影响总工期的前提下，本工作可以利用的机动时间，即工作最迟开始时间与最早开始时间之差，或是最迟完成时间与最早完成时间之差。若非关键工作拖延时间 δ 小于或等于 TF，则总工期不会推延；若大于 TF 则拖延的时间为 $\delta-TF$。所以B正确。

8. 答案C：

双代号时标网络计划的一般规定：（1）双代号时标网络计划必须以水平时间坐标为尺度表示工作时间；（2）节点中心必须对准相应的时标位置；（3）时标网络计划中虚工作必须以垂直方向的虚箭线表示。所以C正确。

9. 答案A：

双代号计划中的虚箭线是实际工作中不存在的一项虚设工作，它既不占用时间，也不消耗资源，一般起着工作之间的联系、区分和断路三个作用。根据题意，图中的虚箭线是将工作A和工作D之间的逻辑关系联系起来。所以A正确。

13. 答案C：

本题主要考查单代号网络图中工作总时差的计算方法。由于某工作的总时差等于其紧后工作的总时差与其紧后工作的时间间隔之和的最小值，因而本题总时差 $TF=\min\{3+8, 5+7\}=11$。所以C正确。

17. 答案C：

由该双代号时标网络图可以看出，C－F－I为关键线路，A最早完成时间 $EF_A=2$，最迟完成时间 $LF_A=\min\{LS_D, LS_E\}=\min\{4, 4\}=4$，所以 $TF_A=4-2=2$。所以C正确。

19. 答案D：

根据题意，画出本工作与紧前工作以及最早时间计算结果，如下图所示。

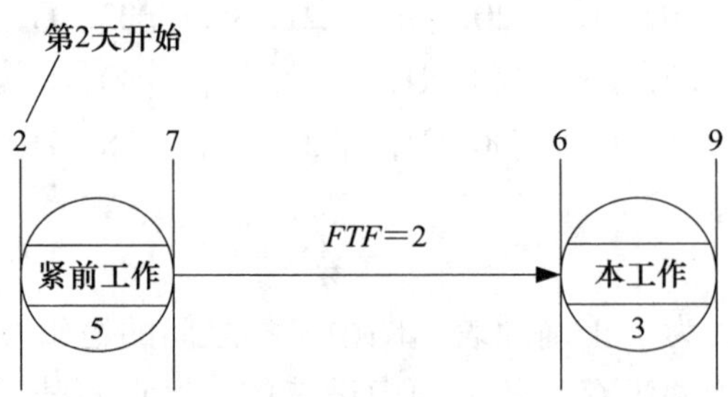

从图中可以看出，紧前工作的最早完成时间为 $2+5=7$ 天，本工作完成时间是 $7+2=9$ 天。因此，本工作最早开始时间是 $9-3=6$ 天。所以D正确。

21. 答案C：

按节点标号法计算网络计划中各节点的标号值，如下图所示。

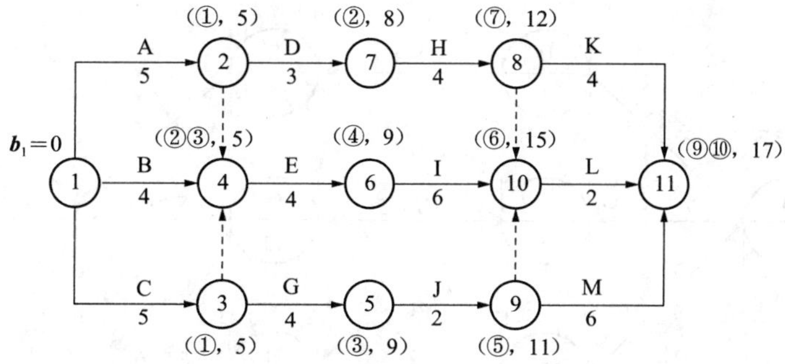

由上图可知，关键线路有 3 条，分别为：①－②－④－⑥－⑩－⑪；①－③－④－⑥－⑩－⑪；①－③－⑤－⑨－⑪。所以 C 正确。

22. 答案 C：

自由时差（FF_{i-j}）是指在不影响其紧后工作最早开始的前提下，工作 i—j 是可以利用的机动时间。在双代号时标网络计划中，当某工作之后有虚工作时，则该工作的自由时差为本工作与紧后工作间波形线水平长度和的最小值。所以 C 正确。

23. 答案 B：

因为工作 M 的完成节点为关键节点，则该工作的紧后工作中必有一项是关键工作。如果该工作的完成节点是终点节点，那么其总时差就等于该工作的自由时差，就是时标网络图中波形线的长度。如果该工作的完成节点非终点节点，那么该工作的总时差等于其紧后工作的总时差与该工作自由时差的最小值。该工作紧后工作总时差的最小值是 0，所以该工作的总时差等于自由时差。所以 B 正确。

26. 答案 A：

工作的总时差是指在不影响紧后工作的最迟开始时间的前提下，本工作可以利用的机动时间，因此 $TF_N = 25-6-\max\{10，12，13\} = 6$。所以 A 正确。

27. 答案 B：

工作的自由时差是指在不影响紧后工作的最早开始时间的前提下，本工作可以利用的机动时间，因此 $FF_N = \min\{25，27，30\}-17 = 8$。所以 B 正确。

28. 答案 D：

总时差是指在不影响总工期的前提下，工作可以利用的机动时间；自由时差是指在不影响其紧后工作最早开始的前提下，工作可以利用的机动时间。所以 D 正确。

32. 答案 D：

时距指的是前项工作的开始或完成时间与其紧后工作的开始或完成时间之间的间距，是相邻工作之间的时间参数，故选项 A 错误。相邻工作间不仅仅有一种时距的限制，故选项 B 错误。相邻两项工作 i 和 j 之间的时间间隔 $LAG_{i,j}$ 等于紧后工作 j 的最早开始时间 ES_j 和本工作的最早完成时间 EF_i 之差，时距是一种搭接顺序关系，和时间间隔不同，故选项 C 错误。时距一般标注在箭线的上方。所以 D 正确。

35. 答案 C：

解析：计算该单代号搭接网络计划的时间参数，如下图所示。

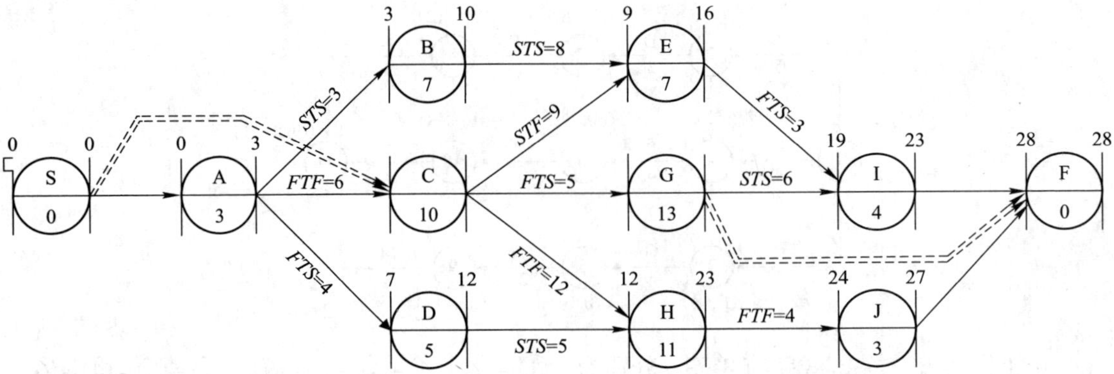

所以 C 正确。

36. 答案 D:

根据题意，该工作的最早开始时间是 3，则其最早完成时间为 3 ＋ 2 ＝ 5；两个紧后工作的最早开始时间分别为 5 和 6，最迟开始时间分别为 5 ＋ 4 ＝ 9 和 6 ＋ 2 ＝ 8，则该工作的最迟完成时间为 8（8 和 9 中取小）；该工作的总时差＝最迟完成时间－最早完成时间＝（8－5）＝ 3，自由时差＝紧后工作最早开始时间的最小值－本工作的最早完成时间＝ 5－5 ＝ 0。所以 D 正确。

37. 答案 D:

考查自由时差和总时差的概念。由于工作 $i–j$ 的完成节点在关键线路上，说明该节点 j 为关键节点，即工作 $i–j$ 的紧后工作中必有关键工作，此时工作 $i–j$ 的自由时差就等于其总时差。所以 D 正确。

39. 答案 A:

双代号时标网络计划能在图上直接显示出各项工作的开始与完成时间、工作的自由时差及关键线路，而其他时间参数均需经过一定的换算才能求得。所以 A 正确。

二、多项选择题

1. D、E;	*2. C、D、E;	*3. A、B;	4. A、C、D;
5. A、C;	6. A、C、E;	7. B、D、E;	8. A、E;
*9. B、C;	10. C、D;	11. C、D;	12. A、B、C;
*13. B、D、E;	*14. A、D、E;	15. B、C;	*16. B、D、E;
17. B、C、D;	18. B、C、D;	*19. B、D、E;	*20. B、D、E

【解析】

2. 答案 C、D、E:

根据横道图上的线条所示，工作 A 只完成了五分之四即停止了，工作 B 也只是完成了七分之四就停止了，工作 C 跟计划的进度相同，工作 D 尚未开始，工作 E 已经完成了，但是比计划进度拖后了一周。所以 C、D、E 正确。

3. 答案 A、B:

本题主要考查工程网络计划中工作之间逻辑关系的类型。选项 A、B 为工艺关系和组织关系，确定工作之间的工艺关系和组织关系是编制网络计划的基本条件；选项 C、D、E

生产关系，技术关系和协调关系均不属于逻辑关系的范畴。所以 A、B 正确。

9. 答案 B、C：

工作最早完成时间、自由时差、时间间隔的计算都与计划工期无关，而总时差和最迟完成时间的计算依赖于计划工期。所以 B、C 正确。

13. 答案 B、D、E：

计算时间参数确定关键线路为①→③→④→⑤→⑥→⑧，关键工作有 C、E、H。所以 B、D、E 正确。

14. 答案 A、D、E：

简单的参数计算后可知工作 H 的总时差为 1，不是关键工作，工作 E 的自由时差为 2，所以 B、C 是错误选项，A、D、E 正确。

16. 答案 B、D、E：

双代号时标网络图中各工作的时间参数不用计算，可通过直观判断确定。从图中可以看出：工作 A 后面的波形线为 1 天，总时差为 1 天；E 工作没有波浪线，故没有自由时差；工作 F 最迟完成时间为波浪线右端点对应的坐标，为第 9 天，最早开始时间为第 7 天，总时差为 2 天；工作 G 为关键工作，最迟开始时间等于最早开始时间，等于 5 天。所以 B、D、E 正确。

19. 答案 B、D、E：

从时标网络计划中，可以直观判断有关工作的时间参数：

工作A：总时差＝2周，自由时差＝0；工作B：总时差＝1周，自由时差＝0；工作D：总时差＝2周，自由时差＝0；工作E：总时差＝1周，自由时差＝0；工作C：关键工作。

第 2 周末实际进度前锋线：

工作 A：比原计划落后 2 周，因为有 2 周的总时差，不影响工期。

工作 B：比原计划落后 1 周，由 1 周的总时差，不影响工期。

工作C：比原计划提前1周，关键工作，但由于工作A、工作B的影响，工期不能提前。

第 4 周末实际进度前锋线：

工作 D：比原计划落后 1 周，因为有 2 周的总时差，不影响工期。

工作 F：比原计划提前 1 周，关键工作，可使工期缩短 1 周。

所以 B、D、E 正确。

20. 答案 B、D、E：

因为单代号网络图关键线路为 1–3–5–6，工期为 0 ＋ 6 ＋ 5 ＋ 2 ＝ 13。关键线路上的工作即为关键工作，工作 B、D、E 为关键工作。所以 B、D、E 正确。

1Z203040　建设工程项目进度控制的措施

复习要点

1. 项目进度控制的组织措施

组织是目标能否实现的决定性因素，应充分重视健全项目管理的组织体系。在项目结构中应有专门工作部门和符合进度控制岗位资格的专人负责进度控制工作。

进度控制的主要工作环节，如图 1Z203040 所示。

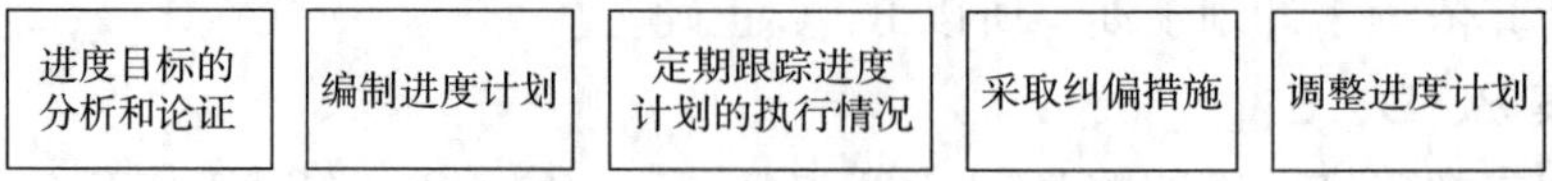

图 1Z203040　进度控制的主要工作环节

进度控制工作包含了大量的组织和协调工作，而会议是组织和协调的重要手段，应进行有关进度控制会议的组织设计。

2. 项目进度控制的管理措施

建设工程项目进度控制的管理措施涉及管理的思想、管理的方法、管理的手段、承发包模式、合同和风险管理等。

建设工程项目进度控制在管理观念方面存在的主要问题是：缺乏进度计划系统的观念；缺乏动态控制的观念；缺乏进度计划多方案比较和选优的观念。

建设工程项目进度控制的管理措施包括：用工程网络计划的方法编制进度计划；选择合理的承发包模式、合同结构和物资采购模式；重视信息技术在进度控制中的应用。

常见的影响工程进度的风险包括：组织风险；管理风险；合同风险；资源风险；技术风险等。

3. 项目进度控制的经济措施

建设工程项目进度控制的经济措施涉及资金需求计划、资金供应的条件和经济激励措施等。其中，资源需求计划包括资金需求计划和其他资源需求计划，以反映工程实施的各时段所需要的资源。

资金供应条件包括可能的资金总供应量、资金来源（自有资金和外来资金）以及资金供应的时间。在工程预算中应考虑加快工程进度所需的资金。

4. 项目进度控制的技术措施

建设工程项目进度控制的技术措施涉及对实现目标有利的设计技术和施工技术的选用。

在设计工作的前期，特别是在设计方案评审和选用时，应对设计技术与工程进度的关系做分析比较；在施工方案决策时，不仅应分析技术的先进性和经济合理性，还应考虑其对进度的影响。

一 单项选择题

1. 项目进度控制的主要工作环节中，首先应该进行的工作是（　　）。

A. 编制进度计划　　B. 定期跟踪进度计划的执行情况

C. 项目进度的分析和论证　　D. 采取控制和纠偏措施

2. 建设工程项目进度控制的工作流程有（　　）。

A. 技术程序　　B. 招标程序

C. 采购程序　　D. 审批程序

3. 常见的影响工程进度的风险有（　　）。

A. 道德风险　　B. 政治风险

C. 军事风险　　D. 技术风险

4. 建设工程项目进度控制的管理措施不包括（　　）。

A. 重视信息技术的应用

B. 选择承发包模式

C. 用工程网络计划的方法编制的进度计划

D. 编制项目进度控制的工作流程

5. 下列各项措施，属于建设工程项目进度控制的组织措施的是（　　）。

A. 用工程网络计划的方法编制进度计划

B. 进行有关进度控制会议的组织设计

C. 选择合理的合同结构

D. 优选项目设计和施工方案

6. 下列为加快进度而采取的各项措施，属于技术措施的是（　　）。

A. 重视计算机软件的应用　　B. 编制进度控制工作流程

C. 实行班组内部承包制　　D. 用大模板代替小钢模

7. 下列建设工程项目进度控制措施中，属于经济措施的是（　　）。

A. 增加进度控制的工作岗位和人员　　B. 比较分析工程物资采购模式

C. 编制资源需求计划　　D. 分析施工技术先进性和经济合理性

8. 在建设项目实施过程中，项目经理修正了信息传递工作流程。这种纠偏措施属于动态控制的（　　）。

A. 组织措施　　B. 管理措施

C. 经济措施　　D. 技术措施

9. 在项目组织结构中，应有专门的工作部门和符合进度控制岗位资格的专人负责进度控制工作，属于工程项目进度控制的（　　）。

A. 组织措施　　B. 管理措施

C. 经济措施　　D. 技术措施

10. 建设工程项目进度控制的技术措施涉及对（　　）的选用。

A. 设计人员及其构成　　B. 设计机构和施工人员

C. 设计技术和施工技术　　D. 信息平台软件技术

11. 建设工程项目进度控制的管理观念方面存在的主要问题不包括（　　）。

A. 缺乏动态控制观念　　B. 缺乏进度计划系统观念

C. 缺乏计划系统集成控制观念　　D. 缺乏进度计划多方案比较和优选观念

12. 下列进度控制纠偏措施，属于管理措施的是（　　）。

A．落实加快工程进度所需的资金　　B．调整项目管理工作流程和班子人员

C．调整进度管理的方法和手段　　D．改变施工方法和改变施工机具

13. 进度纠偏的措施有多种，属于进度纠偏的技术措施的是（　　）。

A．调整进度管理方法　　B．强化合同管理

C．改变施工方法　　D．调整工作流程组织

14. 运用工程网络计划的方法编制进度计划，有利于实现进度控制的科学化，其表现为（　　）。

A．采用先进的计算机软件　　B．合理确定工作编码

C．制定规范的工作时间定额　　D．分析工作之间的逻辑关系

15. 下列建设工程项目进度控制的措施中，属于经济措施的是（　　）。

A．优选工程项目设计、施工方案　　B．落实资金供应的条件

C．进行工程进度的风险分析　　D．选择承发包模式

16. 为了实现进度目标，应选择合理的合同结构，以避免过多的合同交界面而影响工程的进展，这属于进度控制的（　　）。

A．组织措施　　B．管理措施

C．经济措施　　D．技术措施

17. 建设工程项目可能的资金总供应量属于（　　）。

A．资金需求计划的内容　　B．资源风险分析的要素

C．资金供应条件的范畴　　D．合同条款的组成部分

18. 对设计技术与工程进度的关系作分析比较，这项工作的主要时间段在（　　）。

A．施工准备工作阶段　　B．设计工作的前期

C．招标采购阶段　　D．设计工作的后期

19. 建设工程项目进度控制的经济措施包括（　　）。

A．选择项目承发包模式　　B．编制资源需求计划

C．分析和论证项目进度目标　　D．优化项目设计方案

20. 为实现项目的进度目标，应充分重视健全项目管理的组织体系，是出于（　　）的考虑。

A．网络计划技术的要求　　B．项目目标动态控制原理

C．组织与目标的关系　　D．项目管理的承发包模式

二 多项选择题

1. 建设工程项目资金供应条件包括的内容有（　　）。

A．资金总供应量　　B．资金来源

C．资金供应的时间　　D．资金供应的渠道

E．资金供应的成本

2. 为顺利地实施建设工程项目的进度控制，项目管理者应当强化（　　）的管理观念。

A．系统方法　　B．动态控制

C．多方案比选　　D．互利共赢

E．以顾客为导向

3. 在项目组织结构中，应由（　　）负责进度控制工作。

A．分包人　　B．专门的工作部门

C．符合进度控制岗位资格的专人　　D．总承包公司

E．项目管理部门

4. 下列进度控制的措施中，属于管理措施的有（　　）。

A．确定各类进度计划的审批程序　　B．选择合理的合同结构

C．选择合理的工程物资采购模式　　D．落实资金供应的条件

E．进行工程进度的风险分析

5. 下列进度控制的措施中，属于组织措施的有（　　）。

A．选择承发包模式

B．落实资金供应的条件

C．编制项目进度控制的工作流程

D．进行工程进度的风险分析

E．进行有关进度控制会议的组织设计

6. 下列项目进度控制的措施中，属于经济措施的有（　　）。

A．编制工程网络计划　　B．编制资源需求计划

C．分析影响进度的风险因素　　D．采取激励措施

E．分析资金供应条件

7. 下列建设工程项目进度控制措施中，属于技术措施的有（　　）。

A．分析工程主体结构选型对进度的影响

B．通过比较选择合理的施工方案

C．采用网络计划技术优化施工工期

D．分析施工物质供应商的资金实力

E．建立工程变更管理制度

8. 建设工程项目进度控制的组织措施包括有（　　）。

A．进度控制任务分工表和管理职能分工表的编制

B．进行进度控制会议的组织设计

C．编制项目施工资源需求计划

D．设置专门的工作部门和配备专门的控制人员

E．制订进度控制的工作流程

9. 下列选项中，属于建设工程项目进度控制管理措施的有（　　）。

A．选择适用的网络计划方法　　B．选择合理的承发包模式

C．选择合理的工程物资的采购模式　　D．重视信息技术的应用

E．考虑影响项目技术的风险

10. 建设工程项目进度控制的技术措施有（　　）。

A．优化设计，尽量选用新技术、新工艺、新材料

B．建立图纸审查、工程变更和设计变更管理制度

C．优化施工方案，合理选用机械设备

D．优化工作之间的逻辑关系，缩短持续时间

E．制订与进度计划相适应的资源保证计划

【1Z203040　答案与解析】

一、单项选择题

1．C；　2．D；　3．D；　4．D；　5．B；　*6．D；　*7．C；　*8．A；
9．A；　*10．C；　11．C；　12．C；　13．C；　*14．D；　*15．B；　16．B；
17．C；　*18．B；　19．B；　20．C

【解析】

6．答案 D：

选项 A、C 是管理的手段，属于管理措施；选项 B 属于组织措施；选项 D 施工方案的选优属于技术措施。所以 D 正确。

7．答案 C：

项目进度控制的经济措施涉及资金需求计划、资金供应的条件和经济激励措施等。为确保进度目标的实现，应编制与进度计划相适应的资源需求计划（资源进度计划），包括资金需求计划和其他资源（人力和物力资源）需求计划，以反映工程实施的各时段所需要的资源；资金供应条件包括可能的资金总供应量、资金来源（自有资金和外来资金）以及资金供应的时间；在工程预算中应考虑加快工程进度所需要的资金，其中包括为实现进度目标将要采取的经济激励措施所需要的费用。所以 C 正确。

8．答案 A：

编制信息传递工作流程属于组织措施。所以 A 正确。

10．答案 C：

建设工程项目进度控制的技术措施涉及对实现进度目标有利的设计技术和施工技术的选用。所以 C 正确。

14．答案 D：

运用工程网络计划的方法编制进度计划的最大特点之一，是能够严谨地分析工作之间的逻辑关系，而合理确定工作编码和制定规范的工作时间定额是编制进度计划的基本条件，也不取决于是否采用先进的计算机软件。所以 D 正确。

15．答案 B：

优选工程项目设计、施工方案属于进度控制的技术措施；落实资金供应的条件属于进

度控制的经济措施；进行工程进度的风险分析属于进度控制的管理措施；选择承发包模式属于进度控制的管理措施。所以 B 正确。

18. 答案 B：

不同的设计理念、设计技术路线、设计方案会对工程进度产生不同的影响，所以应该在设计工作的前期，特别是在设计方案评审和选用时，对设计技术与工程进度的关系做分析比较，而不是在施工准备阶段、招标采购阶段和设计工作的后期。所以 B 正确。

二、多项选择题

*1. A、B、C； *2. A、B、C； 3. B、C； *4. B、C、E；

*5. C、E； 6. B、D、E； *7. A、B； 8. A、B、D、E；

9. A、B、C、D； 10. C、D

【解析】

1. 答案 A、B、C：

资金供应条件包括可能的资金总供应量、资金来源（自有资金和外来资金）以及资金供应的时间。所以 A、B、C 正确。

2. 答案 A、B、C：

建设工程项目进度控制在管理观念方面存在的主要问题是：缺乏进度计划系统的观念；缺乏动态控制的观念；缺乏进度计划多方案比较和选优的观念；为顺利地实施建设工程项目的进度控制，项目管理者应当强化上述管理观念。所以 A、B、C 正确。

4. 答案 B、C、E：

确定各类进度计划的审批程序属于进度控制的组织措施；选择合理的工程物资采购模式、选择合理的合同结构与进行工程进度的风险分析属于进度控制的管理措施；落实资金供应的条件属于进度控制的经济措施。所以 B、C、E 正确。

5. 答案 C、E：

选项 A、D 属于管理措施；选项 B 属于经济措施。所以 C、E 正确。

7. 答案 A、B：

项目进度控制的技术措施涉及对实现进度目标有利的设计技术和施工技术的选用。在设计工作的前期，特别是在设计方案评审和选用时，应对设计技术与工程进度的关系作分析比较；施工方案对工程进度有直接的影响，在决策其选用时，不仅应分析技术的先进性和经济合理性，还应考虑其对进度的影响。选项 C、D、E 分别属于经济措施和组织措施，故不正确。所以 A、B 正确。

1Z204000　建设工程项目质量控制

1Z204010　建设工程项目质量控制的内涵

复习要点

1. 项目质量控制的目标、任务与责任

1）对项目质量控制相关概念的理解

质量：根据国家标准《质量管理体系 基础和术语》GB/T 19000—2016 的定义，质量是指客体的一组固有特性满足要求的程度。

工程项目质量：建设工程项目质量是指通过项目实施形成的工程实体的质量，是反映建筑工程满足相关标准规定或合同约定的要求，包括其在安全、使用功能及其在耐久性能、环境保护等方面所有明显和隐含能力的特性总和。其质量特性主要体现在适用性、安全性、耐久性、可靠性、经济性及与环境的协调性六个方面。

质量管理：质量管理就是关于质量的管理，是在质量方面指挥和控制组织的协调活动，包括建立和确定质量方针和质量目标，并在质量管理体系中通过质量策划、质量保证、质量控制和质量改进等手段来实施全部质量管理职能，从而实现质量目标的所有活动。

工程项目质量管理：工程项目实施过程中，指挥和控制项目参与各方关于质量的相互协调的活动，是围绕着使工程项目满足质量要求，而开展的策划、组织、计划、实施、检查、监督和审核等所有管理活动的总和。它是工程项目的建设、勘察、设计、施工、监理等单位的共同职责，项目参与各方的项目经理必须调动与项目质量有关的所有人员的积极性，共同做好本职工作，才能完成项目质量管理的任务。

质量控制：质量控制是质量管理的一部分，是致力于满足质量要求的一系列相关活动。也就是说，质量控制是在明确的质量目标和具体的条件下，通过行动方案和资源配置的计划、实施、检查和监督，进行质量目标的事前预控、事中控制和事后纠偏控制，实现预期质量目标的系统过程。

工程项目质量控制：在项目实施整个过程中，包括项目的勘察设计、招标采购、施工安装、竣工验收等各个阶段，项目参与各方致力于实现业主要求的项目质量总目标的一系列活动。工程项目质量控制包括项目的建设、勘察、设计、施工、监理各方的质量控制活动。

2）项目质量控制的目标与任务

建设工程项目质量控制的目标，就是实现由项目决策所决定的项目质量目标，使项目的适用性、安全性、耐久性、可靠性、经济性及与环境的协调性等方面满足建设单位需要并符合国家法律、行政法规和技术标准、规范的要求。

工程项目质量控制的任务就是对项目的建设、勘察、设计、施工、监理单位的工程质量行为，以及涉及项目工程实体质量的设计质量、材料质量、设备质量、施工安装质量进行控制。

施工质量控制是项目质量控制的重点。

3）项目质量控制的责任和义务

建设单位的质量责任和义务：

（1）建设单位应当将工程发包给具有相应资质等级的单位，并不得将建设工程肢解发包。

（2）建设单位应当依法对工程建设项目的勘察、设计、施工、监理以及与工程建设有关的重要设备、材料等的采购进行招标。

（3）建设单位必须向有关的勘察、设计、施工、工程监理等单位提供与建设工程有关的原始资料。原始资料必须真实、准确、齐全。

（4）建设工程发包单位不得迫使承包方以低于成本的价格竞标，不得任意压缩合理工期；不得明示或者暗示设计单位或者施工单位违反工程建设强制性标准，降低建设工程质量。

（5）建设单位应当将施工图设计文件上报县级以上人民政府建设行政主管部门或者其他有关部门审查。施工图设计文件未经审查批准的，不得使用。

（6）实行监理的建设工程，建设单位应当委托具有相应资质等级的工程监理单位进行监理。

（7）建设单位在领取施工许可证或者开工报告前，应当按照国家有关规定办理工程质量监督手续。

（8）按照合同约定，由建设单位采购建筑材料、建筑构配件和设备的，建设单位应当保证建筑材料、建筑构配件和设备符合设计文件和合同要求。建设单位不得明示或者暗示施工单位使用不合格的建筑材料、建筑构配件和设备。

（9）涉及建筑主体和承重结构变动的装修工程，建设单位应当在施工前委托原设计单位或者具有相应资质等级的设计单位提出设计方案；没有设计方案的，不得施工。房屋建筑使用者在装修过程中，不得擅自变动房屋建筑主体和承重结构。

（10）建设单位收到建设工程竣工报告后，应当组织设计、施工、工程监理等有关单位进行竣工验收。建设工程经验收合格的，方可交付使用。

（11）建设单位应当严格按照国家有关档案管理的规定，及时收集、整理建设项目各环节的文件资料，建立、健全建设项目档案，并在建设工程竣工验收后，及时向建设行政主管部门或者其他有关部门移交建设项目档案。

勘察、设计单位的质量责任和义务：

（1）从事建设工程勘察、设计的单位应当依法取得相应等级的资质证书，在其资质等级许可的范围内承揽工程，并不得转包或者违法分包所承揽的工程。

（2）勘察、设计单位必须按照工程建设强制性标准进行勘察、设计，并对其勘察、设计的质量负责。注册建筑师、注册结构工程师等注册执业人员应当在设计文件上签字，对设计文件负责。

（3）勘察单位提供的地质、测量、水文等勘察成果必须真实、准确。

（4）设计单位应当根据勘察成果文件进行建设工程设计。设计文件应当符合国家规定的设计深度要求，注明工程合理使用年限。

（5）设计单位在设计文件中选用的建筑材料、建筑构配件和设备，应当注明规格、型号、性能等技术指标，其质量要求必须符合国家规定的标准。除有特殊要求的建筑材料、专用设备、工艺生产线等外，设计单位不得指定生产、供应商。

（6）设计单位应当就审查合格的施工图设计文件向施工单位作出详细说明。

（7）设计单位应当参与建设工程质量事故分析，并对因设计造成的质量事故，提出相应的技术处理方案。

施工单位的质量责任和义务：

（1）施工单位应当依法取得相应等级的资质证书，在其资质等级许可的范围内承揽工程，并不得转包或者违法分包工程。

（2）施工单位对建设工程的施工质量负责。施工单位应当建立质量责任制，确定工程项目的项目经理、技术负责人和施工管理负责人。建设工程实行总承包的，总承包单位应当对全部建设工程质量负责；建设工程勘察、设计、施工、设备采购的一项或者多项实行总承包的，总承包单位应当对其承包的建设工程或者采购的设备的质量负责。

（3）总承包单位依法将建设工程分包给其他单位的，分包单位应当按照分包合同的约定对其分包工程的质量向总承包单位负责，总承包单位与分包单位对分包工程的质量承担连带责任。

（4）施工单位必须按照工程设计图纸和施工技术标准施工，不得擅自修改工程设计，不得偷工减料。施工单位在施工过程中发现设计文件和图纸有差错的，应当及时提出意见和建议。

（5）施工单位必须按照工程设计要求、施工技术标准和合同约定，对建筑材料、建筑构配件、设备和商品混凝土进行检验，检验应当有书面记录和专人签字；未经检验或者检验不合格的，不得使用。

（6）施工单位必须建立健全施工质量的检验制度，严格工序管理，作好隐蔽工程的质量检查和记录。隐蔽工程在隐蔽前，施工单位应当通知建设单位和建设工程质量监督机构。

（7）施工人员对涉及结构安全的试块、试件以及有关材料，应当在建设单位或者工程监理单位监督下现场取样，并送具有相应资质等级的质量检测单位进行检测。

（8）施工单位对施工中出现质量问题的建设工程或者竣工验收不合格的建设工程，应当负责返修。

（9）施工单位应当建立、健全教育培训制度，加强对职工的教育培训；未经教育培训或者考核不合格的人员，不得上岗作业。

工程监理单位的质量责任和义务：

（1）工程监理单位应当依法取得相应等级的资质证书，在其资质等级许可的范围内承担工程监理业务，并不得转让工程监理业务。

（2）工程监理单位与被监理工程的施工承包单位以及建筑材料、建筑构配件和设备供应单位有隶属关系或者其他利害关系的，不得承担该项建设工程的监理业务。

（3）工程监理单位应当依照法律、法规以及有关技术标准、设计文件和建设工程承包合同，代表建设单位对施工质量实施监理，并对施工质量承担监理责任。

（4）工程监理单位应当选派具备相应资格的总监理工程师和监理工程师进驻施工现场。未经监理工程师签字，建筑材料、建筑构配件和设备不得在工程上使用或者安装，施工单位不得进行下一道工序的施工。未经总监理工程师签字，建设单位不拨付工程款，不进行竣工验收。

（5）监理工程师应当按照工程监理规范的要求，采取旁站、巡视和平行检验等形式，对建设工程实施监理。

2. 项目质量的形成过程和影响因素分析

1）建设工程项目质量的基本特性

建设工程项目质量的基本特性可以概括如下：

（1）反映使用功能的质量特性：主要表现为反映项目使用功能需求的一系列特性指标，如房屋建筑工程的平面空间布局、通风采光性能；工业建筑工程的生产能力和工艺流程；道路交通工程的路面等级、通行能力等。

（2）反映安全可靠的质量特性：在正常的使用条件下应能达到安全可靠的标准，如建筑结构自身安全可靠，使用过程防腐蚀、防坠、防火、防盗、防辐射，以及设备系统运行与使用安全等。

（3）反映文化艺术的质量特性：建筑产品具有深刻的社会文化背景，历来人们都把建筑产品视同艺术品。

（4）反映建筑环境的质量特性：建筑环境质量包括项目用地范围内的规划布局、交通组织、绿化景观、节能环保，还要追求其与周边环境的协调性或适宜性。

2）项目质量的形成过程

建设工程项目质量的形成过程，贯穿于整个建设项目的决策过程和各个子项目的设计与施工过程，体现在建设项目质量的目标决策、目标细化到目标实现的系统过程。

（1）质量需求的识别过程

在建设项目决策阶段，主要工作包括建设项目发展策划、可行性研究、建设方案论证和投资决策。这一过程的质量管理职能在于识别建设意图和需求，对建设项目的性质、规模、使用功能、系统构成和建设标准要求等进行策划、分析、论证，为整个建设项目的质量总目标以及项目内各个子项目的质量目标提出明确要求。

必须指出，由于建筑产品采取定制式的承发包生产，因此，其质量目标的决策是建设单位（业主）或项目法人的质量管理职能。

（2）质量目标的定义过程

建设工程项目质量目标的具体定义过程，主要是在工程设计阶段。

工程项目设计的任务就是按照业主的建设意图、决策要点、相关法规和标准、规范的强制性条文要求，将工程项目的质量目标具体化。通过方案设计、扩大初步设计、技术设计和施工图设计等环节，对工程项目各细部的质量特性指标进行明确定义，即确定各项质量目标值，为工程项目的施工安装作业活动及质量控制提供依据。其次，承包方有时也会为了创品牌工程或根据业主的创优要求及具体情况来制定更高的项目质量目标，创造精品工程。

（3）质量目标的实现过程

工程项目质量目标实现的最重要和最关键的过程是在施工阶段，包括施工准备过程和施工作业技术活动过程。其任务是按照质量策划的要求，制定企业或工程项目内控标准，实施目标管理、过程监控、阶段考核、持续改进的方法，严格按设计图纸和施工技术标准施工；把特定的劳动对象转化成符合质量标准的建设工程产品。

3）项目质量的影响因素

建设工程项目质量的影响因素，主要是指在项目质量目标策划、决策和实现过程中影响质量形成的各种客观因素和主观因素，包括人的因素、机械因素、材料因素、方法因素和环境因素（简称人、机、料、法、环）等。

3. 项目质量风险分析和控制

建设工程项目质量风险通常是指某种因素对实现项目质量目标造成不利影响的不确定性，这些因素导致发生质量损害的概率和造成质量损害的程度都是不确定的。在项目实施的整个过程中，对质量风险进行识别、评估、响应及控制，减少风险源的存在，降低风险事故发生的概率，减少风险事故对项目质量造成的损害，把风险损失控制在可以接受的程度，是项目质量控制的重要内容。

1）质量风险的识别

项目质量风险的识别就是识别项目实施过程中存在哪些风险因素以致可能产生哪些质量风险。

从风险产生的原因分析，常见的质量风险有如下几类：自然风险、技术风险、管理风险、环境风险。

从风险损失责任承担的角度，项目质量风险可以分为：业主方的风险、勘察设计方的风险、施工方的风险、监理方的风险。

风险识别可按风险责任单位和项目实施阶段分别进行，如设计单位在设计阶段或施工阶段的质量风险识别、施工单位在施工阶段或保修阶段的质量风险识别等。识别可分三步进行：（1）采用层次分析法画出质量风险结构层次图；（2）分析每种风险的促发因素；（3）将风险识别的结果汇总成为质量风险识别报告。

2）质量风险评估

质量风险评估包括两个方面：一是评估各种质量风险发生的概率；二是各种质量风险可能造成的损失量。

质量风险评估通常可以采用经验判断法或德尔菲法，对各个风险事件发生的概率和事件后果对项目的结构安全和主要使用功能影响的严重性进行专家打分，然后进行汇总分析。以估算每一个风险事件的风险水平，进而确定其风险等级。

3）质量风险响应

质量风险响应就是根据风险评估的结果，针对各种质量风险制定应对策略和编制风险管理计划。

常用的质量风险对策包括风险规避、减轻、转移、自留及其组合等策略。

质量风险应对策略应形成项目质量风险管理计划。其内容一般包括：

（1）项目质量风险管理方针、目标；

（2）质量风险识别和评估结果；

（3）质量风险应对策略和具体措施；

（4）质量风险控制的责任分工；

（5）相应的资源准备计划。

为便于管理，项目质量风险管理计划的具体内容也可以采用一览表的形式表示。

4）质量风险控制

项目质量风险控制是在对质量风险进行识别、评估的基础上，按照风险管理计划对各种质量风险进行监控，包括对风险的预测、预警。

项目质量风险控制需要项目的建设单位、设计单位、施工单位和监理单位共同参与。

一 单项选择题

1. 关于质量管理的说法，正确的是（　　）。

A．质量管理中包含质量方针的确立　　B．质量管理中包含环境保护

C．质量管理中不包含质量改进　　D．质量管理中不包含质量控制

2. 工程项目质量是指通过项目实施形成的（　　）的质量。

A．工程服务　　B．工程产品

C．工程结果　　D．工程实体

3. 项目质量控制的重点是（　　）。

A. 设计质量控制　　B. 材料质量控制

C. 施工质量控制　　D. 设备质量控制

4. 质量管理活动通常包括：①明确质量目标及职责；②建立质量管理体系；③确定质量方针；④通过质量控制等手段实现质量管理职能。其正确的顺序应该是（　　）。

A. ①—②—③—④　　B. ③—①—②—④

C. ①—③—②—④　　D. ③—④—①—②

5. 建设工程项目质量控制是指（　　）。

A. 通过项目实施形成的工程实体的质量

B. 工程项目实施过程中，指挥和控制项目参与各方关于质量的相互协调的活动

C. 项目实施整个过程中，项目参与各方致力于实现项目质量总目标的活动

D. 满足质量要求的一系列作业技术和活动

6. 工程项目质量在项目实施过程中，包括项目的（　　）阶段。

A. 施工准备、施工过程、竣工验收、运维保修

B. 分项工程、分部工程、单位工程、群体工程

C. 勘察设计、招标采购、施工安装、竣工验收

D. 投入资源、施工过程、工程产出、持续改进

7. 关于质量控制的说法，正确的是（　　）。

A. 质量控制是指确定质量方针并对其工作效果进行评价和改进的一系列工作

B. 质量控制是质量管理的一部分，是致力于满足质量要求的一系列相关活动

C. 质量控制的主要任务是工程质量行为的控制

D. 质量控制是围绕质量方针采取的一系列活动

8. 工程项目质量控制均应围绕着致力于满足（　　）的质量总目标而展开。

A. 法律法规　　B. 业主要求

C. 工程合同　　D. 项目决策

9. 工程项目质量控制的任务是控制（　　）。

A. 质量管理方针及质量目标　　B. 质量策划及管理活动

C. 作业技术及质量效果　　D. 工程质量行为及工程实体质量

10. 工程质量控制要重点做好质量的（　　），加强过程的质量检查和控制。

A. 事前控制和事中控制　　B. 事前控制和事后控制

C. 自检和第三方检查　　D. 重点控制和专业控制

11. 建设单位在领取施工许可证前，需要办理的工作是（　　）。

A. 组织施工图纸会审　　B. 办理工程质量监督手续

C. 办理档案管理手续　　D. 组织现场踏勘

12. 下列属于施工单位质量责任及义务的是（　　）。

A. 组织与工程建设有关的重要设备、材料的采购招标

B. 提供真实的地质、测量、水文等勘察成果

C. 建立健全质量检验制度，做好隐蔽工程的质量检查、记录

D. 对工程质量实行旁站监督

13. 在施工阶段，通过对施工全过程、全面的质量监督管理、协调和决策，保证竣工项目达到投资决策所确定的质量标准，此质量控制目标属于（　　）。

A. 监理单位的控制目标　　B. 施工单位的控制目标

C. 建设单位的控制目标　　D. 供货单位的控制目标

14. 在我国，实行建筑业企业经营资质管理制度、执业资格注册制度、作业及管理人员持证上岗等制度，从本质上来说，都是对建设工程项目质量影响因素中（　　）的控制。

A. 管理因素　　B. 人的因素

C. 环境因素　　D. 技术因素

15. 建设工程项目质量的形成过程，体现了从目标决策，目标细化到目标实现的系统

过程，而质量目标的决策是（　　）的质量管理职能。

A．建设单位　　B．设计单位

C．管理咨询单位　　D．工程总承包单位

16. 根据《建设工程质量管理条例》，监理工程师应当按照（　　）的要求，采取旁站、巡视和平行检验等形式，对建设工程实施监理。

A．工程监理规范　　B．建设工程强制性标准条文

C．委托监理合同　　D．工程技术标准

17. 关于建设工程项目质量形成过程的说法，正确的是（　　）。

A．建设工程项目质量形成于项目的实施过程之中

B．建设工程项目质量目标决策是设计方和施工方的质量管理职能

C．业主的需求和法律法规的要求是决定建设工程项目质量目标的主要依据

D．建设工程项目的质量就是指项目实体本身的质量

18. 工程项目质量目标实现的最重要和最关键的过程是在（　　）阶段。

A．质量策划　　B．勘察设计

C．工程施工　　D．竣工保修

19. 下列影响建设工程项目质量的因素中，属于管理因素的是（　　）。

A．人的因素和技术因素　　B．决策因素和组织因素

C．人的因素和环境因素　　D．技术因素和决策因素

20. 从风险损失责任承担的角度，下列项目质量风险中，属于施工方风险的是（　　）。

A．项目决策的失误　　B．地质勘察的疏漏

C．施工机械使用不当　　D．旁站监督的缺失

二 多项选择题

1. 关于质量定义的说法，正确的有（　　）。

A．是指产品的质量　　B．是指产品生产活动或过程的工作质量

C．是指质量管理体系运行的质量　　D．是指质量规划的质量

E．是指工程实体的质量

2. 下列事物中，属于客体定义范围的包括（　　）。

A．产品　　B．服务

C．人员　　D．组织

E．强制性要求

3. 工程项目的质量总目标，是业主建设意图通过（　　）来提出的。

A．项目策划　　B．可行性研究

C．质量计划　　D．目标决策

E．工程合同

4. 质量控制活动主要包括（　　）。

A. 设定目标　　B. 测量检查

C. 评价分析　　D. 纠正偏差

E. 总结评估

5. 下列属于建设单位质量责任与义务的事项包括（　　）。

A. 依法对建筑材料、建筑构配件进行检验

B. 依法对工程建设有关的主要设备进行招标采购

C. 在领取施工许可证前，按照国家相关规定办理工程质量监督手续

D. 在建设工程竣工验收后向有关部门移交建设项目档案

E. 隐蔽工程在隐蔽前通知监理单位

6. 项目质量的影响因素包括（　　）。

A. 人的因素　　B. 机械因素

C. 材料（含设备）因素　　D. 方法因素

E. 政治因素

7. 下列工作中，属于风险识别的有（　　）。

A. 画出质量风险结构层次图　　B. 分析风险的促发因素

C. 形成质量风险识别报告　　D. 评估质量风险发生概率

E. 评估质量风险造成的损失

8. 下列影响建设工程项目质量的因素中，属于可控因素的有（　　）。

A. 社会因素　　B. 人的因素

C. 技术因素　　D. 管理因素

E. 环境因素

9. 从风险产生的原因分析，常见的质量风险主要有（　　）。

A. 业主方的风险　　B. 施工方的风险

C. 技术风险　　D. 管理风险

E. 环境风险

10. 下列影响建设工程项目质量的环境因素中，属于劳动作业环境因素的有（　　）。

A. 地下水位　　B. 风力等级

C. 照明方式　　D. 道路条件

E. 围挡设施

【1Z204010　答案与解析】

一、单项选择题

*1. A;　2. D;　*3. C;　4. B;　*5. C;　6. C;　7. B;　8. B;

9. D;　10. A;　11. B;　12. C;　13. C;　14. B;　15. A;　16. A;

17. C； 18. C； 19. B； 20. C

【解析】

1. 答案 A：

根据国家标准《质量管理体系 基础和术语》GB/T 19000—2016 的定义，质量管理通常包括质量方针和质量目标的建立、质量策划、质量控制、质量保证和质量改进等。所以 A 正确。

3. 答案 C：

施工质量控制是项目质量控制的重点。所以 C 正确。

5. 答案 C：

考核工程项目质量、工程项目质量管理、工程项目质量控制的定义，需要明确工程项目质量控制是工程项目质量管理内容的一部分。所以 C 正确。

二、多项选择题

1. A、B、C； 2. A、B、C、D； 3. A、D； 4. A、B、C、D；
*5. B、C、D； 6. A、B、C、D； 7. A、B、C； 8. B、C、D、E；
9. B、C、D； *10. C、D、E

【解析】

5. 答案 B、C、D：

建设单位的质量责任和义务，包括：

（1）建设单位应当依法对工程建设项目的勘察、设计、施工、监理以及与工程建设有关的重要设备、材料等的采购进行招标。

（2）建设单位在领取施工许可证或者开工报告前，应当按照国家有关规定办理工程质量监督手续。

（3）建设单位应当严格按照国家有关档案管理的规定，及时收集、整理建设项目各环节的文件资料，建立健全建设项目档案，并在建设工程竣工验收后，及时向建设行政主管部门或者其他有关部门移交建设项目档案。

所以 B、C、D 正确。

10. 答案 C、D、E：

作业环境因素主要指项目实施现场平面和空间环境条件，各种能源介质供应，施工照明、通风、安全防护设施，施工场地给水排水，以及交通运输和道路条件等因素。所以 C、D、E 正确。

1Z204020 建设工程项目质量控制体系

复习要点

1. 全面质量管理思想和方法的应用

1）全面质量管理 (TQC) 的思想

全面质量管理 (TQC) 基本原理就是强调在企业或组织最高管理者的质量方针指引下，实行全面、全过程和全员参与的质量管理。

TQC 的主要特点是：以顾客满意为宗旨；领导参与质量方针和目标的制定；提倡预防为主、科学管理、用数据说话等。

建设工程项目的质量管理，同样应贯彻“三全”管理的思想和方法，即全面质量管理、全过程质量管理、全员参与质量管理。

2）质量管理的 PDCA 循环

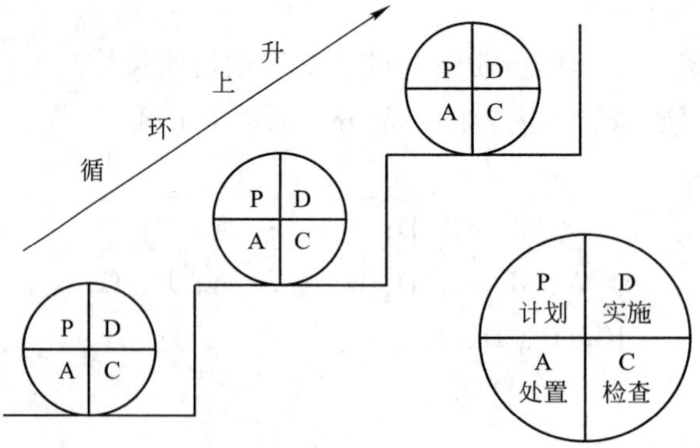

图 1Z204020　PDCA 循环

PDCA 循环是建立质量管理体系和进行质量管理的基本方法。PDCA 循环如图 1Z204020 所示。从某种意义上说，管理就是确定任务目标，并通过 PDCA 循环来实现预期目标。每一循环都围绕着实现预期的目标，进行计划、实施、检查和处置活动，随着对存在问题的解决和改进，在一次一次的滚动循环中逐步上升，不断增强质量管理能力，不断提高质量水平。每一个循环的四大职能活动相互联系，共同构成了质量管理的系统过程。

2. 项目质量控制体系的建立和运行

1）项目质量控制体系的特点和构成

建设工程项目质量控制系统是项目目标控制的一个工作系统，与建筑企业或其他组织机构按照 GB/T 19000/ISO 9000 族标准建立的质量管理体系相比较，有五点不同：建立的目的不同；服务的范围不同；控制的目标不同；作用的实效不同；评价的方式不同。

建设工程项目质量控制体系，一般形成多层次、多单元的结构形态，这是由其实施任务的委托方式和合同结构所决定的。

2）项目质量控制体系的建立

建设工程项目质量控制体系的建立，遵循以下原则：（1）分层次规划原则；（2）目标分解原则；（3）质量责任制原则。

工程项目质量控制体系的建立过程，一般可按以下环节依次展开工作：（1）建立系统质量控制网络；（2）制定质量控制制度；（3）分析质量控制界面；（4）编制质量控制计划。

根据建设工程项目质量控制体系的特点和结构，一般情况下，建设工程项目质量控制体系应由建设单位或工程项目总承包企业的工程项目管理机构负责建立；在分阶段依次对勘察、设计、施工、安装等任务进行分别招标发包的情况下，该体系通常应由建设单位或其委托的工程项目管理企业负责建立，并由各承包企业根据项目质量控制体系的要求，建立隶属于总的项目质量控制体系的设计项目、施工项目、采购供应项目等分质量保证体系（可称相应的质量控制子系统），以具体实施其质量责任范围内的质量管理和目标控制。

3）项目质量控制体系的运行

质量控制体系要有效地运行，还有赖于系统内部的运行环境和运行机制的完善。

项目质量控制体系的运行环境包括：（1）项目的合同结构；（2）质量管理的资源配置；（3）质量管理的组织制度。

项目质量控制体系的运行机制，是由一系列质量管理制度安排所形成的内在动力。运行机制包括：（1）动力机制；（2）约束机制；（3）反馈机制；（4）持续改进机制。

3. 施工企业质量管理体系的建立与认证

1）质量管理七项原则

质量管理七项原则：（1）以顾客为关注焦点；（2）领导作用；（3）全员积极参与；（4）过程方法；（5）改进；（6）循证决策；（7）关系管理。

2）企业质量管理体系文件构成

质量管理标准所要求的质量管理体系文件由下列内容构成：（1）质量手册；（2）程序文件；（3）质量计划；（4）质量记录。

3）企业质量管理体系的建立和运行

企业质量管理体系的建立：

（1）企业质量管理体系的建立，是在确定市场及顾客需求的前提下，按照八项质量管理原则制定企业的质量方针、质量目标、质量手册、程序文件及质量记录等体系文件，并将质量目标分解落实到相关层次、相关岗位的职能和职责中，形成企业质量管理体系的执行系统。

（2）企业质量管理体系的建立还包含组织企业不同层次的员工进行培训，使体系的工作内容和执行要求为员工所了解，为形成全员参与的企业质量管理体系的运行创造条件。

（3）企业质量管理体系的建立需识别并提供实现质量目标和持续改进所需的资源，包括人员、基础设施、环境、信息等。

企业质量管理体系的运行：

（1）企业质量管理体系的运行是在生产及服务的全过程，按质量管理体系文件所制定的程序、标准、工作要求及目标分解的岗位职责进行运作。

（2）在企业质量管理体系运行的过程中，按各类体系文件的要求，监视、测量和分析过程的有效性和效率，做好文件规定的质量记录，持续收集、记录并分析过程的数据和信息，全面反映产品质量和过程符合要求，并具有可追溯的效能。

（3）按文件规定的办法进行质量管理评审和考核。对过程运行的评审考核工作，应针对发现的主要问题，采取必要的改进措施，使这些过程达到所策划的结果并实现对过程的持续改进。

（4）落实质量管理体系的内部审核程序，有组织有计划开展内部质量审核活动。

为确保系统内部审核的效果，企业领导应发挥决策领导作用，制定审核政策和计划，组织内审人员队伍，落实内审条件，并对审核发现的问题采取纠正措施和提供人、财、物等方面的支持。

4）企业质量管理体系的认证与监督

《中华人民共和国建筑法》规定，国家对从事建筑活动的单位推行质量体系认证制度。

企业质量管理体系认证的程序：（1）申请和受理；（2）审核；（3）审批与注册发证。

获准认证后的维持与监督管理：企业质量管理体系获准认证的有效期为3年。获准认证后，企业应通过经常性的内部审核，维持质量管理体系的有效性，并接受认证机构对企业质量管理体系实施监督管理。

获准认证后的质量管理体系，维持与监督管理内容如下：（1）企业通报；（2）监督检查；（3）认证注销；（4）认证暂停；（5）认证撤销；（6）复评；（7）重新发证。

一 单项选择题

1. 建设工程项目的全面质量管理包括（　　）。

A．工程质量和工作质量的管理　　B．决策过程和实施过程的管理

C．管理岗位和工作岗位的管理　　D．全方位和全流程的管理

2. 建设工程项目质量管理的PDCA循环中，质量计划阶段（P）的主要任务是（　　）。

A．明确质量目标并制定实现目标的行动方案

B．将管理计划落实到工程项目的施工作业技术活动

C．对计划实施过程进行科学管理

D．对质量问题进行原因分析并采取措施予以纠正

3. 建设工程项目质量管理的PDCA循环中，质量检查阶段（C）的主要任务是（　　）。

A．明确质量目标并制定实现目标的行动方案

B．将管理计划落实到工程项目的施工作业技术活动

C．对计划实施过程进行各种检查

D．对质量问题进行原因分析并采取措施予以纠正

4. 建设工程项目质量管理的PDCA循环中，质量处置阶段（A）的主要任务是（　　）。

A．明确质量目标并制定实现目标的行动方案

B．将管理计划落实到工程项目的施工作业技术活动

C．对计划实施过程进行科学管理

D．对质量问题进行原因分析并采取措施予以纠正

5. 建设工程项目质量管理的PDCA循环中，质量实施阶段（D）的主要任务是（　　）。

A．明确质量目标并制定实现目标的行动方案

B．将管理计划落实到工程项目的施工作业技术活动

C．对计划实施过程进行科学管理

D．对质量问题进行原因分析并采取措施予以纠正

6．建设工程项目质量控制体系的建立过程：①制定系统质量控制制度；②编制系统质量控制计划；③建立系统质量控制网络；④分析系统质量控制界面。其正确的顺序是（　　）。

A．①—②—③—④　　B．③—④—①—②

C．①—③—②—④　　D．③—①—④—②

7．建设工程项目质量控制系统的有效性由（　　）进行评价和诊断。

A．项目监理部门　　B．项目管理的总组织者

C．项目管理咨询结构　　D．第三方认证机构

8．施工总承包单位建立的质量控制体系在层级上属于（　　）的质量控制体系。

A．第一层级　　B．第二层级

C．第三层级　　D．第四层级

9．建设工程项目质量控制体系明确了多个质量责任主体的（　　）。

A．质量层级关系　　B．质量责任关系

C．质量管理关系　　D．质量合同关系

10．先由建设单位和工程总承包企业对整个建设项目和总承包项目进行质量控制系统设计，再由设计、施工、监理企业进行责任范围内的质量控制系统设计，是依据（　　）建立工程项目质量控制体系。

A．分层次规划的原则　　B．总目标分解的原则

C．质量责任制的原则　　D．系统有效性的原则

11．按照建设工程项目质量控制系统的性质、范围和主体的构成，一般情况下其质量控制系统应由（　　）负责建立。

A．建设单位　　B．政府监督部门

C．监理单位　　D．设计单位

12．关于建设工程项目质量控制体系中质量控制界面的说法，正确的是（　　）。

A．静态界面是指设计单位之间的责任划分

B．静态界面是指施工单位之间的责任划分

C．动态界面可根据组织内部责任分工确定

D．动态界面是指设计单位与施工单位之间的责任划分

13．工程项目质量控制体系按（　　）划分，可分为勘察设计、材料设备、施工安装、竣工验收等质量控制子系统。

A．控制内容　　B．控制方法

C．控制原理　　D．控制目标

14．建设工程项目质量控制系统运行机制的核心是（　　）。

A．约束机制　　B．激励机制

C．反馈机制　　D．动力机制

15．建设工程项目质量控制系统的建立，应按照建筑法和建设工程质量管理条例有关

建设工程质量责任的规定，界定各方的质量责任范围和控制要求。这主要体现了建设工程项目质量控制系统建立原则中的（　　）。

A．系统有效性　　B．质量责任制

C．分层次规划　　D．总目标分解

16．某项目实施主体外部对质量工作的检查监督缺失，需要对项目质量控制体系的运行机制进行改进的是（　　）。

A．动力机制　　B．约束机制

C．反馈机制　　D．持续改进机制

17．项目质量控制体系运行的基础条件是（　　）。

A．项目的合同结构　　B．项目质量管理制度

C．项目质量管理程序性文件　　D．人员和资源的合理配置

18．项目质量控制体系有序运行的基本保证是（　　）。

A．项目质量管理制度和程序性文件　　B．项目资源的合理配置

C．项目合理的合同结构　　D．项目合理的约束机制

19．建设工程项目质量控制系统是面向（　　）而建立的。

A．工程项目　　B．工程实施参与各方

C．建筑业企业　　D．施工单位项目经理部

20．质量管理的首要关注点是（　　）。

A．全员积极参与　　B．领导作用

C．满足顾客要求　　D．持续改进

21．质量手册是企业质量管理系统的（　　）文件。

A．指导性　　B．纲领性

C．控制性　　D．支持性

22．企业的质量方针是属于企业质量管理体系文件中（　　）的内容。

A．质量手册　　B．程序文件

C．质量计划　　D．质量记录

23．获得 ISO 9000 质量管理体系认证的企业因质量体系严重不符合规定而被撤销认证的，最早可在撤销认证（　　）后重新提出认证申请。

A．6 个月　　B．1 年

C．2 年　　D．3 年

24．企业领导应该重视数据信息的收集、汇总和分析，以便为决策提供依据，这体现了质量管理体系七项原则中的（　　）原则。

A．过程方法　　B．循证决策

C．改进　　D．领导作用

25．企业质量管理体系获准认证的有效期是（　　）。

A．一年　　B．两年

C．三年　　D．四年

26. 根据质量管理体系认证制度，当在认证证书有效期内出现体系认证范围变更时，企业可以采取的行动是（　　）。

A．申请复评　　B．认证暂停

C．重新换证　　D．认证撤销

27. 获得 ISO 9000 质量管理体系认证的企业，若其质量管理体系存在严重不符合规定，并在规定时间未予整改的，认证机构可以作出（　　）的决定。

A．认证注销　　B．认证暂停

C．重新认证　　D．认证撤销

28. 某企业在通过质量体系认证后由于管理不善，认证机构对其作出了撤销认证的决定。关于该企业重新申请认证的说法，正确的是（　　）。

A．不能再重新提出认证申请　　B．一年后方可重新提出认证申请

C．半年后方可重新提出认证申请　　D．三个月后方可重新提出认证申请

29. 第三方认证机构对认证合格单位质量管理体系维持情况进行定期检查的频次是（　　）。

A．半年一次　　B．一年一次

C．15 个月一次　　D．30 个月一次

30. 企业认证后的质量管理体系，在维持与监督管理过程中，属于企业自愿行为的是（　　）。

A．监督检查　　B．认证注销

C．认证暂停　　D．认证撤销

二 多项选择题

1. 建设工程项目质量控制系统的建立，遵循的原则有（　　）。

A．分层次规划原则　　B．质量责任制原则

C．全员参与原则　　D．目标分解原则

E．系统有效性原则

2. 质量管理 PDCA 循环中的计划职能 P（Plan）包括（　　）。

A．确定质量目标　　B．制定实现目标的行动方案

C．进行生产要素的投入　　D．进行作业活动

E．制定质量偏差纠偏措施

3. PDCA 循环中 C（Check）是指对计划实施过程进行各种检查，包括（　　）。

A．作业者的自检　　B．作业者的互检

C．专职管理者的抽检　　D．专职管理者的专检

E．质量监督部门的巡检

4. 建设工程项目质量控制体系的多层次结构包括（　　）。

A．建设单位建立的质量控制体系

B．设计总负责单位建立的质量控制体系

C．施工总承包单位建立的质量控制体系

D．政府主管部门建立的质量控制体系

E．材料设备供应单位建立的现场质量自控体系

5. 项目质量管理体系的运行环境包括（　　）。

A．项目的合同结构　　B．质量管理的资源配置

C．质量管理的组织制度　　D．项目的持续改进

E．项目的信息反馈

6. 施工企业质量管理体系与项目质量控制体系相比较，两者的异同点有（　　）。

A．建立的目的相同　　B．服务的范围不同

C．控制的目标不同　　D．作用的时效不同

E．评价的方式相同

7. 企业质量管理体系认证的程序有（　　）。

A．申请和受理　　B．审核

C．审批与注册发证　　D．培训

E．定期检查

8. 企业质量管理体系获准认证后的维持与监督管理的内容包括（　　）。

A．企业通报　　B．监督检查

C．认证注册　　D．认证暂停

E．认证撤销

9. 在认证证书有效期内，出现（　　）时，可按规定重新换证。

A．体系认证标准变更　　B．体系认证范围变更

C．体系认证证书持有者变更　　D．企业安全事故

E．企业质量事故

10. 建设工程项目质量控制体系中，质量控制制度包括（　　）。

A．报告审批制度　　B．例会制度

C．协调制度　　D．质量验收制度

E．质量责任制度

【1Z204020　答案与解析】

一、单项选择题

1. A；　2. A；　3. C；　4. D；　5. B；　*6. D；　7. B；　8. B；
9. C；　10. A；　11. A；　*12. D；　13. A；　14. D；　15. B；　16. B；
17. D；　18. A；　19. A；　20. C；　21. B；　22. A；　*23. B；　24. B；

*25. C;　26. C;　27. D;　28. B;　*29. B;　*30. B

【解析】

6. 答案 D:

项目质量控制体系的建立过程，一般可按以下环节依次展开工作:（1）建立系统质量控制网络;（2）制定质量控制制度;（3）分析质量控制界面;（4）编制质量控制计划。所以 D 正确。

12. 答案 D:

项目质量控制体系的质量责任界面，包括静态界面和动态界面。一般说静态界面根据法律法规、合同条件、组织内部职能分工来确定。动态界面主要是指项目实施过程中设计单位之间、施工单位之间、设计与施工单位之间的衔接配合关系及其责任划分。所以 D 正确。

23. 答案 B:

当获证企业发生质量管理体系存在严重不符合规定，或在认证暂停的规定期限未予整改，或发生其他构成撤销体系认证资格情况时，认证机构作出撤销认证的决定。企业不服可提出申诉。撤销认证的企业一年后可重新提出认证申请。所以 B 正确。

25. 答案 C:

企业质量管理体系获准认证的有效期为 3 年。获准认证后，企业应通过经常性的内部审核，维持质量管理体系的有效性，并接受认证机构对企业质量管理体系实施监督管理。所以 C 正确。

29. 答案 B:

认证机构对认证合格单位质量管理体系维持情况进行监督性现场检查，包括定期和不定期的监督检查。定期检查通常是每年一次，不定期检查视需要临时安排。所以 B 正确。

30. 答案 B:

注销是企业的自愿行为，与认证撤销是不同的行为。所以 B 正确。

二、多项选择题

1. A、B、D;　2. A、B;　*3. A、B、D;　4. A、B、C、E;
5. A、B、C;　6. B、C、D;　7. A、B、C;　8. A、B、D、E;
*9. A、B、C;　10. A、B、C、D

【解析】

3. 答案 A、B、D:

检查 C（Check）指对计划实施过程进行各种检查，包括作业者的自检、互检和专职管理者专检。所以 A、B、D 正确。

9. 答案 A、B、C:

当体系认证标准、认证范围、认证证书持有者发生变更时，需按规定重新换证。所以 A、B、C 正确。

1Z204030　建设工程项目施工质量控制

复习要点

1. 施工质量控制的依据与基本环节

1）施工质量控制的基本要求

施工质量要达到的最基本要求是：通过施工形成的项目工程实体质量经检查验收合格。

项目施工质量验收合格应符合下列要求：

（1）符合工程勘察、设计文件的要求；

（2）符合《建筑工程施工质量验收统一标准》GB 50300—2013和相关专业验收规范的规定。

施工质量在合格的前提下，还应符合施工承包合同约定的要求。施工承包合同的约定具体体现了建设单位的要求和施工单位的承诺，全面反映了对施工形成的工程实体的适用性、安全性、耐久性、可靠性、经济性和与环境的协调性六个方面质量特性的要求。

"合格"是对项目质量的最基本要求，国家鼓励采用先进的科学技术和管理方法，提高建设工程质量。全国和地方（部门）的建设主管部门或行业协会设立了"中国建筑工程鲁班奖（国家优质工程）"以及以"某某杯"命名的各种优质工程奖等，都是为了鼓励项目参建单位创造更好的工程质量。

2）施工质量控制的依据

（1）共同性依据：指适用于施工质量管理有关的、通用的、具有普遍指导意义和必须遵守的基本法规。主要包括国家和政府有关部门颁布的与工程质量管理有关的法律法规性文件。

（2）专门技术法规性依据：指针对不同的行业、不同质量控制对象制定的专业技术规范文件。包括规范、规程、标准、规定等。

（3）项目专业性依据：指本项目的工程建设合同、勘察设计文件、设计交底及图纸会审记录、设计修改和技术变更通知，以及相关会议记录和工程联系单等。

3）施工质量控制的基本环节

施工质量控制应贯彻全面、全过程质量管理的思想，运用动态控制原理，进行质量的事前控制、事中控制和事后控制。

2. 施工质量计划的内容与编制方法

1）施工质量计划的形式和内容

现行的施工质量计划有三种形式包括：（1）工程项目施工质量计划；（2）工程项目施工组织设计（含施工质量计划）；（3）施工项目管理实施规划（含施工质量计划）。

施工质量计划的基本内容一般应包括：（1）工程特点及施工条件（合同条件、法规条件和现场条件等）分析；（2）质量总目标及其分解目标；（3）质量管理组织机构和职责，人员及资源配置计划；（4）确定施工工艺与操作方法的技术方案和施工组织方案；（5）施工材料、设备等物资的质量管理及控制措施；（6）施工质量检验、检测、试验工作的计划安排及其实施方法与接收准则；（7）施工质量控制点及其跟踪控制的方式与要求；（8）质量记录的要求等。

2）施工质量计划的编制与审批

在工程项目质量控制系统中，要按照谁实施、谁负责的原则，明确施工质量控制的主体构成及其各自的控制范围。

施工质量计划应由自控主体即施工承包企业进行编制。在平行发包方式下，各承包单位应分别编制施工质量计划；在总分包模式下，施工总承包单位应编制总承包工程范围的施工质量计划，各分包单位编制相应分包范围的施工质量计划，作为施工总承包方质量计划的深化和组成部分。施工总承包方有责任对各分包方施工质量计划的编制进行指导和审核，并承担相应施工质量的连带责任。

施工单位的项目施工质量计划或施工组织设计文件编成后，应按照工程施工管理程序进行审批，包括施工企业内部的审批和项目监理机构的审查。

3）施工质量控制点的设置与管理

施工质量控制点的设置是施工质量计划的重要组成内容。施工质量控制点是施工质量控制的重点对象。

一般选择下列部位或环节作为质量控制点：

（1）对工程质量形成过程产生直接影响的关键部位、工序、环节及隐蔽工程；

（2）施工过程中的薄弱环节，或者质量不稳定的工序、部位或对象；

（3）对下道工序有较大影响的上道工序；

（4）采用新技术、新工艺、新材料的部位或环节；

（5）施工质量无把握的、施工条件困难的或技术难度大的工序或环节；

（6）用户反馈指出的和过去有过返工的不良工序。

质量控制点的重点控制对象主要包括以下几个方面：（1）人的行为；（2）材料的质量与性能；（3）施工方法与关键操作；（4）施工技术参数；（5）技术间歇；（6）施工顺序；（7）易发生或常见的质量通病；（8）新技术、新材料及新工艺的应用；（9）产品质量不稳定和不合格率较高的工序；（10）特殊地基或特种结构。

质量控制点的管理：（1）做好施工质量控制点的事前质量预控工作；（2）向施工作业班组进行认真交底，使每一个控制点上的作业人员明白施工作业规程及质量检验评定标准，掌握施工操作要领；在施工过程中，相关技术管理和质量控制人员要在现场进行重点指导和检查验收；（3）要做好施工质量控制点的动态设置和动态跟踪管理。

3. 施工生产要素的质量控制

施工生产要素是施工质量形成的物质基础。施工生产要素的质量控制主要包括：（1）施工人员的质量控制；（2）材料设备的质量控制；（3）工艺方案的质量控制；（4）施工机械的质量控制；（5）施工环境因素的控制。

4. 施工准备工作的质量控制

1）施工技术准备工作的质量控制

施工技术准备是指在正式开展施工作业活动前进行的技术准备工作。

技术准备工作的质量控制，包括对技术准备工作成果的复核审查，检查这些成果是否符合设计图纸和施工技术标准的要求；依据经过审批的质量计划审查、完善施工质量控制措施；针对质量控制点，明确质量控制的重点对象和控制方法；尽可能地提高上述工作成果对施工质量的保证程度等。

2）现场施工准备工作的质量控制

现场施工准备工作的质量控制包括：计量控制、测量控制、施工平面图控制。

3）工程质量检查验收的项目划分

根据《建筑工程施工质量验收统一标准》GB 50300—2013 的规定，建筑工程质量验收应逐级划分为单位工程、分部工程、分项工程和检验批。

单位工程的划分应按下列原则确定：

（1）具备独立施工条件并能形成独立使用功能的建筑物及构筑物为一个单位工程。

（2）对于建筑规模较大的单位工程，可将其能形成独立使用功能的部分划为一个子单位工程。

分部工程的划分应按下列原则确定：

（1）可按专业性质、工程部位确定，例如，一般的建筑工程可划分为地基与基础、主体结构、建筑装饰装修、建筑屋面、建筑给水排水及供暖、建筑电气、智能建筑、通风与空调、建筑节能、电梯等分部工程。

（2）当分部工程较大或较复杂时，可按材料种类、施工特点、施工程序、专业系统及类别等划分为若干子分部工程。

分项工程可按主要工种、材料、施工工艺、设备类别等进行划分。

检验批可根据施工质量控制和专业验收需要，按工程量、楼层、施工段、变形缝等进行划分。

室外工程可根据专业类别和工程规模划分单位工程、分部工程。

5. 施工过程的作业质量控制

施工过程的作业质量控制，是在工程项目质量实际形成过程中的事中质量控制。

1）工序施工质量控制

对施工过程的质量控制，必须以工序作业质量控制为基础和核心。工序施工质量控制包括：工序施工条件控制、工序施工效果控制。

2）施工作业质量的自控

施工作业质量的自控过程是由施工作业组织的成员进行的，其基本的控制程序包括：施工作业技术的交底、施工作业活动的实施和施工作业质量的自检自查、互检互查以及专职管理人员的质量检查等。

施工作业质量自控的要求包括：预防为主；重点控制；坚持标准；记录完整。

施工作业质量自控的有效制度有：质量自检制度；质量例会制度；质量会诊制度；质量样板制度；质量挂牌制度；每月质量讲评制度等。

3）施工作业质量的监控

为了保证项目质量，建设单位、监理单位、设计单位及政府的工程质量监督部门，在施工阶段依据法律法规和工程施工承包合同，对施工单位的质量行为和项目实体质量实施监督控制。

设计单位应当就审查合格的施工图纸设计文件向施工单位作出详细说明；应当参与建设工程质量事故分析，并对因设计造成的质量事故，提出相应的技术处理方案。

建设单位在领取施工许可证或者开工报告前，应当按照国家有关规定办理工程质量监督手续。

作为监控主体之一的项目监理机构，在施工作业实施过程中，根据其监理规划与实施细则，采取现场旁站、巡视、平行检验等形式，对施工作业质量进行监督检查，如发现工程施工不符合工程设计要求、施工技术标准和合同约定的，有权要求建筑施工企业改正。监理机构应进行检查而没有检查或没有按规定进行检查的，给建设单位造成损失时应承担赔偿责任。

必须强调，施工质量的自控主体和监控主体，在施工全过程相互依存、各尽其责，共同推动着施工质量控制过程的展开和最终实现工程项目的质量总目标。

4）隐蔽工程验收与成品质量保护

加强隐蔽工程质量验收，是施工质量控制的重要环节。其程序要求施工方首先应完成自检并合格，然后填写专用的《隐蔽工程验收单》。验收单所列的验收内容应与已完的隐蔽工程实物相一致，并事先通知监理机构及有关方面，按约定时间进行验收。验收合格的隐蔽工程由各方共同签署验收记录；验收不合格的隐蔽工程，应按验收整改意见进行整改后重新验收。严格隐蔽工程验收的程序和纪录，对于预防工程质量隐患，提供可追溯质量纪录具有重要作用。

建设工程项目已完施工的成品保护，目的是避免已完施工成品受到来自后续施工以及其他方面的污染或损坏。已完施工的成品保护问题和相应措施，在工程施工组织设计与计划阶段就应该从施工顺序上进行考虑，防止施工顺序不当或交叉作业造成相互干扰、污染和损坏；成品形成后可采取防护、覆盖、封闭、包裹等相应措施进行保护。

6. 施工质量与设计质量的协调

1）项目设计质量的控制

项目设计质量的控制，主要是从满足项目建设需求入手，以使用功能和安全可靠性为核心，进行下列设计质量的综合控制：（1）项目功能性质量控制；（2）项目可靠性质量控制；（3）项目观感性质量控制；（4）项目经济性质量控制；（5）项目施工可行性质量控制。

2）施工与设计的协调

从项目施工质量控制的角度来说，项目建设单位、施工单位和监理单位，都要注重施工与设计的相互协调。这个协调工作主要包括：（1）设计联络；（2）设计交底和图纸会审；（3）设计现场服务和技术核定；（4）设计变更的管理。

一 单项选择题

1. 建设工程项目施工质量验收合格应符合《建筑工程施工质量验收统一标准》GB 50300— 2013和相关规范的规定，符合工程勘察、设计文件的要求，同时还应符合（　　）。

A. 施工组织设计的约定　　B. 施工合同的约定

C. 监理机构的监理　　D. 政府监督部门的监督

2. 关于施工质量控制基本环节的说法，正确的是（　　）。

A. 施工质量控制应用静态控制的原理进行质量管理

B. 事前质量预控的重点是对质量管理薄弱环节制定有效的控制措施和对策

C. 事中质量控制的重点是发现施工质量方面的缺陷并提出整改措施

D. 事后质量控制的重点是质量控制点的控制

3. 下列工作中，属于施工质量控制中事前质量控制的是（　　）。

A. 编制施工质量计划　　B. 工序质量控制

C. 质量控制点的控制　　D. 工序质量偏差的纠正

4. 施工事中质量控制的关键是（　　）。

A. 坚持质量标准　　B. 质量意识和能力

C. 质量控制点的控制　　D. 工序质量偏差的纠正

5. 下列工作中，属于施工质量控制中事后质量控制的是（　　）。

A. 设置质量管理点　　B. 对作业者质量活动进行监督

C. 对质量活动结果进行评价　　D. 对质量责任进行落实

6. 施工事后质量控制的重点是（　　）。

A. 工序质量　　B. 工作质量

C. 质量控制点的验收　　D. 发现质量缺陷并提出整改措施

7. 施工质量计划应由（　　）编制。

A. 监理单位　　B. 设计单位

C. 施工单位　　D. 业主单位

8. 建设工程项目的施工质量计划应经（　　）审核批准后，才能提交工程监理单位审查。

A. 施工项目经理　　B. 企业法定代表人

C. 项目经理部技术负责人　　D. 企业技术负责人

9. 下列工作内容中，属于施工质量计划的编制内容的是（　　）。

A. 专业技术规范文件　　B. 工程建设合同

C. 勘察设计文件　　D. 质量管理组织机构和职责

10. 在总分包模式下，施工总承包单位对分包单位编制的施工质量计划（　　）。

A. 需要进行指导和审核，但不承担分包范围施工质量的责任

B. 需要进行指导和审核，并承担相应包布范围的连带责任

C. 不需要审核，但应承担施工质量的连带责任

D. 需要进行指导和审核，并承担施工质量的全部责任

11. 质量控制点的重点控制对象主要包括 10 个方面的内容，其中不属于特殊地基或特种结构方面内容的是（　　）。

A. 膨胀土地基处理　　B. 红黏土地基处理

C. 屋架的安装固定　　D. 大跨度结构的重要部位

12. 某工程在进行液压滑模施工前，施工单位书面通知监理单位到位旁站，该施工作业质量控制点属于（　　）。

A. 见证点　　B. 待检点

C. 关键操作点　　D. 技术参数点

13. 质量控制点的重点控制对象包括质量控制点的重点部位、重点工序和（　　）。

A. 重点流程　　B. 重点结果

C. 重点的质量因素　　D. 重点的安全因素

14. 对施工生产要素施工环境的控制主要是采取（　　）的控制方法。

A. 动态控制　　B. 预测预防

C. 跟踪管理　　D. 技术控制

15. 施工企业在施工人员的质量控制中应坚持执业资格注册制度和（　　）。

A. 资格考核制度　　B. 择优录用制度

C. 技能培训制度　　D. 持证上岗制度

16. 施工单位在开工前应编制测量控制方案，对建设单位提供的测量控制点、线进行复核，并将复测结果报（　　）审核批准。

A. 施工单位项目总工程师　　B. 施工单位总工程师

C. 项目监理工程师　　D. 项目总监理工程师

17. 施工质量控制必须控制全部作业过程，即对（　　）持续进行控制。

A. 各道工序施工质量　　B. 分项工程质量

C. 分部工程质量　　D. 单位工程质量

18. 施工阶段的质量控制的重点是工序质量控制，主要包括工序（　　）质量控制。

A. 施工条件和施工效果　　B. 施工环境和施工交接

C. 施工变更和施工交接　　D. 施工条件和施工变更

19. 某工程地基基础设计等级为甲级的灌注桩，共计 300 根，应采用静载荷试验的方法进行检验，对检验桩数的要求是（　　）。

A. 不少于总数的 1% 或不少于 3 根　　B. 不少于总数的 1% 且不少于 3 根

C. 不少于总数的 1% 或不少于 2 根　　D. 不少于总数的 1% 且不少于 2 根

20. 对混凝土预制桩桩身质量检验时，对检验数量的要求是（　　）。

A. 不应少于总数的 10% 或不少于 10 根

B. 不应少于总数的 30% 或不少于 20 根

C．不应少于总数的 10% 且不少于 10 根

D．不应少于总数的 30% 且不少于 20 根

21. 现场质量检查的方法包括：目测法、实测法和试验法，下列可通过目测法中“照”的手段检查质量的是（　　）。

A．油漆的光滑度

B．管道管井内管线、设备安装质量

C．内墙抹灰的大面及口角是否平直

D．混凝土的外观是否符合要求

22. 下列施工现场质量检查方法中，不属于实测法检查的是（　　）。

A．检查阴阳角的方正　　B．测量摊铺沥青拌合料的温度

C．检查砌体垂直度　　D．用超声波探测结构物内部损伤情况

23. 下列施工现场质量检查方法中，属于试验法中理化试验的是（　　）。

A．防水层的淋水试验　　B．超声波探伤

C．门窗口的对角线检查　　D．混凝土外观检查

24. 施工过程中，隐蔽工程在隐蔽前应通知（　　）进行验收，并形成验收文件。

A．施工单位质检部门　　B．设计单位

C．政府质检部门　　D．监理工程师

25. 对地基和复合地基承载力检测时，对于 $1000m^2$ 以上的工程，检测数量的要求是每（　　）m^2 至少应有 1 点。

A．100　　B．200

C．300　　D．400

26. 某基坑支护工程采用土钉墙支护方式，在施工过程质量检测试验时的主要检测试验参数是（　　）。

A．墙身完整性　　B．抗拔力

C．墙体强度　　D．锁定力

27. 在现场见证取样送检过程中，见证人员可由（　　）担任。

A．建设单位专业工程师　　B．设计单位专业工程师

C．总包单位专业工程师　　D．总监理工程师

28. 按照业主的建设意图、决策要点、法律法规和强制性标准的要求，将建设工程项目的质量目标具体化，是建设工程项目（　　）的任务。

A．决策阶段　　B．设计阶段

C．施工阶段　　D．投标阶段

29. 在施工期间，如果设计单位需要进行设计变更，则首先将设计变更要求提交给（　　）。

A．监理单位　　B．施工单位

C．建设单位　　D．施工图审查机构

30. 下列工作中，属于施工单位与设计单位进行设计联络的内容是（　　）。

A. 对项目施工可行性进行评估

B. 对项目施工经济性进行评估

C. 从施工质量控制的角度提出合理化建议

D. 消除施工图纸中的误差

二 多项选择题

1. 施工阶段项目质量控制，除了施工单位的质量控制外，还包括（　　）。

A. 建设单位的质量控制　　B. 监理单位的质量监督管理

C. 设计单位的质量控制　　D. 施工分包单位的质量控制

E. 政府质量监督机构的监督管理

2. 施工质量控制应贯彻全面、全员、全过程质量管理的思想，运用动态控制原理，进行质量的（　　）等。

A. 事前控制　　B. 事中控制

C. 事后控制　　D. 通病防治

E. 整改监督

3. 下列施工现场质量检查的内容中，属于“三检”制度范围的有（　　）。

A. 巡视检查　　B. 自检自查

C. 互检互查　　D. 平行检查

E. 专职管理人员的质量检查

4. 施工质量计划的编制形式包括（　　）。

A. 编制独立的工程项目施工质量计划

B. 在施工组织设计中编制

C. 在施工项目管理实施规划中编制

D. 在项目施工总体方案中编制

E. 在施工项目监理质量规划中编制

5. 关于施工质量控制点的说法，正确的有（　　）。

A. 建设工程项目中的所有部位和环节均应设为质量控制点

B. 质量控制点的设置应由总监理工程师决定

C. 质量控制点设置好就不应再改变

D. 质量控制点的管理通过控制点的动态设置和动态跟踪管理来实现

E. 新材料、新技术、新设备、新工艺等均可列为质量控制点

6. 在施工作业质量控制点中，属于“见证点”的施工作业有（　　）。

A. 重要部位施工　　B. 压力容器特种作业

C. 隐蔽工程　　D. 专项施工工艺

E. 砌体施工

7. 施工质量控制点的动态设置是指在（　　）时，可确定一批整个项目的质量控制点，以后随时或定期进行控制点范围的调整和更新。

A．工程开工前　　　　B．施工图设计

C．关键工序施工前　　　　D．设计交底

E．图纸会审

8. 施工人员的质量控制的主要内容有（　　）。

A．坚持职业资格注册制度　　　　B．坚持持证上岗制度

C．进行全员培训　　　　D．对分包单位施工人员进行资格考核

E．制定针对性的施工组织方案

9. 材料设备质量控制的主要内容有（　　）。

A．控制材料设备性能、标准与设计文件的相符性

B．控制材料设备各项技术性能指标、检验测试指标与标准要求的相符性

C．控制材料设备的供货时间与运输方式

D．控制材料设备进场验收程序及质量文件资料的齐全程度

E．控制优先使用节能低碳的材料

10. 施工环境因素的控制的主要内容包括（　　）。

A．施工现场自然环境因素的控制　　　　B．施工质量管理环境因素

C．施工作业环境因素　　　　D．施工环保控制因素

E．施工安全环境因素

11. 现场施工准备工作的质量控制内容包括（　　）。

A．计量控制　　　　B．测量控制

C．施工平面图控制　　　　D．施工方案控制

E．施工机械控制

12. 根据《建筑工程施工质量验收统一标准》GB 50300—2013，建设工程施工质量验收应划分为（　　）。

A．单位工程　　　　B．分部工程

C．分项工程　　　　D．专业工程

E．检验批

13. 项目监理机构对施工作业质量进行监督检查的形式有（　　）。

A．现场旁站　　　　B．巡视

C．平行检验　　　　D．现场抽检

E．破坏性检验

14. 为保证建设工程质量，国家规定对（　　）实行现场见证取样送检。

A．工程所使用的主要材料　　　　B．施工过程留置的试件

C．现场测量仪器　　　　D．混凝土试块

E．工程半成品

15. 施工阶段质量的自控主体指的是（　　）。

A. 施工承包方

B. 供应方

C. 建设单位

D. 业主

E. 监督单位

16. 下列属于隐蔽工程的施工内容有（　　）。

A. 地基基础工程

B. 钢筋工程

C. 砌体工程

D. 室外道路

E. 预埋管线

17. 建设工程项目设计质量控制主要包括（　　）。

A. 项目功能性质量控制

B. 项目可靠性质量控制

C. 项目观感性质量控制

D. 项目经济性质量控制

E. 项目操作性质量控制

18. 在建设工程项目的施工阶段，设计单位进行质量控制和验收的工作有（　　）。

A. 控制施工用材料的质量

B. 参与审核主体结构的施工方案

C. 对变更设计图纸进行控制

D. 纠正施工中发现的设计问题

E. 完善工程竣工图

19. 装配式混凝土建筑施工过程中，应采取防止（　　）损伤的保护措施。

A. 预制构件

B. 预制构件上的建筑附件

C. 预埋件

D. 预埋吊件

E. 预制模台

20. 施工与设计协调的主要工作内容包括（　　）。

A. 设计联络

B. 设计交底和图纸会审

C. 设计现场服务

D. 技术核定

E. 编制竣工图纸

【1Z204030　答案与解析】

一、单项选择题

1. B;　2. B;　3. A;　4. A;　5. C;　*6. D;　7. C;　8. D;
9. D;　10. B;　11. C;　12. A;　13. C;　14. B;　15. D;　16. C;
17. A;　18. A;　*19. B;　*20. C;　21. B;　22. D;　*23. A;　24. D;
*25. A;　26. B;　27. A;　28. B;　*29. A;　30. C

【解析】

6. 答案 D:

事后质量控制控制的重点是发现施工质量方面的缺陷，并通过分析提出施工质量改进的措施，保持质量处于受控状态。所以 D 正确。

19. 答案 B:

对于地基基础设计等级为甲级或地质条件复杂，成桩质量可靠性低的灌注桩，应采用静载荷试验的方法进行检验，检验桩数不应少于总数的 1%，且不应少于 3 根，当总桩数少于 50 根时，不应少于 2 根。所以 B 正确。

20. 答案 C：

对混凝土预制桩及地下水位以上且终孔后经过核验的灌注桩，检验数量不应少于总桩数的 10%，且不得少于 10 根。所以 C 正确。

23. 答案 A：

工程中常用的理化试验包括物理力学性能方面的检验和化学成分及化学性能的测定等两个方面。根据规定有时还需进行现场试验，例如，对桩或地基的静载试验、下水管道的通水试验、压力管道的耐压试验、防水层的蓄水或淋水试验等。所以 A 正确。

25. 答案 A：

对灰土地基、砂和砂石地基、土工合成材料地基、粉煤灰地基、强夯地基、注浆地基、预压地基，其竣工后的结果（地基强度或承载力）必须达到设计要求的标准。检验数量 $1000m^2$ 以上工程，每 $100m^2$ 至少应有 1 点，$3000m^2$ 以上工程，每 $300m^2$ 至少应有 1 点。所以 A 正确。

29. 答案 A：

在施工期间无论是建设单位、设计单位或施工单位提出，需要进行局部设计变更的内容必须按照规定的程序，先将变更意图或请求报送监理工程师审查。所以 A 正确。

二、多项选择题

1. A、B、C、E；　2. A、B、C；　3. B、C、E；　4. A、B、C；
5. D、E；　*6. A、B、D；　7. A、D、E；　8. A、B、C、D；
9. A、B、D、E；　10. A、B、C；　11. A、B、C；　12. A、B、C、E；
13. A、B、C；　*14. A、B、D、E；　15. A、B；　*16. A、B、E；
17. A、B、C、D；　18. C、D；　19. A、B、C、D；　20. A、B、C、D

【解析】

6. 答案 A、B、D：

对施工作业质量控制点，按照不同的性质和管理要求，细分为“见证点”和“待检点”进行施工质量的监督和检查。凡属“见证点”的施工作业，如重要部位、特种作业、专门工艺等，施工方必须在该项作业开始前，书面通知现场监理机构到位旁站，见证施工作业过程。所以 A、B、D 正确。

14. 答案 A、B、D、E：

为了保证建设工程质量，我国规定对工程所使用的主要材料、半成品、构配件以及施工过程留置的试块、试件等应实行现场见证取样送检。所以 A、B、D、E 正确。

16. 答案 A、B、E：

凡被后续施工所覆盖的施工内容，如地基基础工程、钢筋工程、预埋管线等均属隐蔽工程。所以 A、B、E 正确。

1Z204040 建设工程项目施工质量验收

复习要点

1. 施工过程质量验收

施工过程质量验收主要是指检验批和分项、分部工程的质量验收。

1）施工过程质量验收的内容

《建筑工程施工质量验收统一标准》GB 50300—2013与各个专业工程施工质量验收规范，明确规定了各分项工程的施工质量的基本要求，规定了分项工程检验批量的抽查办法和抽查数量，规定了检验批主控项目、一般项目的检查内容和允许偏差，规定了对主控项目、一般项目的检验方法，规定了各分部工程验收的方法和需要的技术资料等，同时对涉及人民生命财产安全、人身健康、环境保护和公共利益的内容以强制性条文作出规定，要求必须坚决、严格遵照执行。

检验批和分项工程是质量验收的基本单元；分部工程是在所含全部分项工程验收的基础上进行验收的，在施工过程中随完工随验收，并留下完整的质量验收记录和资料；单位工程作为具有独立使用功能的完整的建筑产品，进行竣工质量验收。

检验批质量验收：

检验批应由专业监理工程师组织施工单位项目专业质量检查员、专业工长等进行验收。

检验批质量验收合格应符合下列规定：

（1）主控项目和一般项目的质量经抽样检验合格；

（2）具有完整的施工操作依据、质量检查记录。

分项工程质量验收：

分项工程的质量验收在检验批验收的基础上进行。分项工程应由专业监理工程师组织施工单位项目专业技术负责人进行验收。

分项工程质量验收合格应符合下列规定：

（1）分项工程所含的检验批均应验收合格；

（2）分项工程所含的检验批的质量验收记录应完整。

分部工程质量验收：

分部工程的验收在其所含各分项工程验收的基础上进行。分部工程应由总监理工程师组织施工单位项目负责人和技术负责人等进行验收；勘察、设计单位项目负责人和施工单位技术、质量部门负责人应参加地基与基础分部工程验收；设计单位项目负责人和施工单位技术、质量部门负责人应参加主体结构、节能分部工程验收。

分部工程质量验收合格应符合下列规定：

（1）分部工程所含分项工程的质量均应验收合格；

（2）质量控制资料应完整；

（3）有关安全、节能、环境保护和主要使用功能的抽样检验结果应符合有关规定；

（4）观感质量验收应符合要求。

2）施工过程质量验收不合格的处理

（1）在检验批验收时，发现存在严重缺陷的应推倒重做，有一般的缺陷可通过返修或更换器具、设备消除缺陷后重新进行验收；

（2）个别检验批发现某些项目或指标（如试块强度等）不满足要求难以确定是否验收时，应请有资质的法定检测单位检测鉴定，当鉴定结果能够达到设计要求时，应予以验收；

（3）当检测鉴定达不到设计要求，但经原设计单位核算仍能满足结构安全和使用功能的检验批，可予以验收；

严重质量缺陷或超过检验批范围内的缺陷，经法定检测单位检测鉴定以后，认为不能满足最低限度的安全储备和使用功能，则必须进行加固处理，虽然改变外形尺寸，但能满足安全使用要求，可按技术处理方案和协商文件进行验收，责任方应承担经济责任；

通过返修或加固处理后仍不能满足安全使用要求的分部工程严禁验收。

3）装配式混凝土建筑的施工质量验收

装配式混凝土建筑的施工质量验收，除了要符合一般建筑工程施工质量验收的规定以外，也有一些专门的要求。

（1）预制构件的质量验收

① 预制构件进场时应检查质量证明文件或质量验收记录。

② 梁板类简支受弯预制构件进场时应进行结构性能检验，结构性能检验应符合国家现行有关标准的有关规定及设计的要求。

③ 钢筋混凝土构件和允许出现裂缝的预应力混凝土构件应进行承载力、挠度和裂缝宽度检验；不允许出现裂缝的预应力混凝土构件应进行承载力、挠度和抗裂检验。

④ 对于不可单独使用的叠合板预制底板，可不进行结构性能检验。对叠合梁构件，是否进行结构性能检验、结构性能检验的方式应根据设计要求确定。

⑤ 不做结构性能检验的预制构件，施工单位或监理单位代表应驻厂监督生产过程。当无驻厂监督时，预制构件进场时应对其主要受力钢筋数量、规格、间距、保护层厚度及混凝土强度等进行实体检验。检验数量：同一类型预制构件不超过 1000 个为一批，每批随机抽取 1 个构件进行结构性能检验。

⑥ 预制构件的混凝土外观质量不应有严重缺陷，且不应有影响结构性能和安装、使用功能的尺寸偏差。对出现的一般缺陷应要求构件生产单位按技术处理方案进行处理，并重新检查验收。

⑦ 预制构件粗糙面的外观质量、键槽的外观质量和数量、预制构件上的预埋件、预留插筋、预留孔洞、预埋管线等规格型号、数量应符合设计要求。

⑧ 预制板类、墙板类、梁柱类构件、装饰构件的装饰外观外形尺寸偏差和检验方法应分别符合《装配式混凝土建筑技术标准》GB/T 51231—2016 的规定。

（2）安装连接的质量验收

① 装配式结构采用后浇混凝土连接时，构件连接处后浇混凝土的强度应符合设计

要求。并应符合现行国家标准《混凝土强度检验评定标准》GB/T 50107—2010的有关规定。

② 钢筋采用套筒灌浆连接、浆锚连接时，灌浆应饱满、密实，所有出口均应出浆，灌浆料强度应符合国家现行有关标准的规定及设计要求。

③ 预制构件底部接缝座浆强度应满足设计要求。

④ 钢筋采用机械连接、焊接连接时，其接头质量应符合行业标准的有关规定。

⑤ 预制构件型钢焊接连接的型钢焊缝的接头质量，螺栓连接的螺栓的材质、规格、拧紧力矩均应满足设计要求，并应符合现行国家标准的有关规定。

⑥ 装配式结构分项工程的外观质量不应有严重缺陷，且不得有影响结构性能和使用功能的尺寸偏差。施工尺寸偏差及检验方法应符合设计要求；当设计无要求时，应符合《装配式混凝土建筑技术标准》GB/T 51231—2016的规定。

⑦ 装配式混凝土建筑的饰面外观质量应符合设计要求，并应符合现行国家标准的有关规定。

2. 竣工质量验收

施工项目竣工质量验收是施工质量控制的最后一个环节，未经验收或验收不合格的工程，不得交付使用。

1）竣工质量验收的依据

工程项目竣工质量验收的依据有：

（1）国家相关法律法规和建设主管部门颁布的管理条例和办法；

（2）工程施工质量验收统一标准；

（3）专业工程施工质量验收规范；

（4）批准的设计文件、施工图纸及说明书；

（5）工程施工承包合同；

（6）其他相关文件。

2）竣工质量验收的条件

工程符合下列条件方可进行竣工验收：

（1）完成工程设计和合同约定的各项内容。

（2）施工单位在工程完工后对工程质量进行了检查，确认工程质量符合有关法律、法规和工程建设强制性标准，符合设计文件及合同要求，并提出工程竣工报告。工程竣工报告应经项目经理和施工单位有关负责人审核签字。

（3）对于委托监理的工程项目，监理单位对工程进行了质量评估，具有完整的监理资料，并提出工程质量评估报告。工程质量评估报告应经总监理工程师和监理单位有关负责人审核签字。

（4）勘察、设计单位对勘察、设计文件及施工过程中由设计单位签署的设计变更通知书进行了检查，并提出质量检查报告。质量检查报告应经该项目勘察、设计负责人和勘察、设计单位有关负责人审核签字。

（5）有完整的技术档案和施工管理资料。

（6）有工程使用的主要建筑材料、建筑构配件和设备的进场试验报告，以及工程质量检测和功能性试验资料。

（7）建设单位已按合同约定支付工程款。

（8）有施工单位签署的工程质量保修书。

（9）对于住宅工程，进行分户验收并验收合格，建设单位按户出具《住宅工程质量分户验收表》。

（10）建设主管部门及工程质量监督机构责令整改的问题全部整改完毕。

（11）法律、法规规定的其他条件。

3）竣工质量验收的标准

单位工程是工程项目竣工质量验收的基本对象。单位工程质量验收合格应符合下列规定：

（1）单位工程所含分部工程的质量均应验收合格；

（2）质量控制资料应完整；

（3）单位工程所含分部工程有关安全、节能、环境保护和主要使用功能的检验资料应完整；

（4）主要功能项目的抽查结果应符合相关专业质量验收规范的规定；

（5）观感质量验收应符合要求。

4）竣工质量验收的程序及组织

单位工程中的分包工程完工后，分包单位应对所承包的工程项目进行自检，并应按规定的程序进行验收。验收时，总包单位应派人参加。

单位工程完工后，施工单位应组织有关人员进行自检。总监理工程师应组织各专业监理工程师对工程质量进行竣工预验收。存在施工质量问题时，应由施工单位及时整改。

工程竣工质量验收由建设单位负责组织实施。

建设单位组织单位工程质量验收时，分包单位负责人应参加验收。

竣工质量验收应当按以下程序进行：

（1）工程完工并对存在的质量问题整改完毕后，施工单位向建设单位提交工程竣工报告，申请工程竣工验收。实行监理的工程，工程竣工报告须经总监理工程师签署意见。

（2）建设单位收到工程竣工报告后，对符合竣工验收要求的工程，组织勘察、设计、施工、监理等单位组成验收组，制定验收方案。对于重大工程和技术复杂工程，根据需要可邀请有关专家参加验收组。

（3）建设单位应当在工程竣工验收7个工作日前将验收的时间、地点及验收组名单书面通知负责监督该工程的工程质量监督机构。

（4）建设单位组织工程竣工验收。

① 建设、勘察、设计、施工、监理单位分别汇报工程合同履约情况和在工程建设各个环节执行法律、法规和工程建设强制性标准的情况。

② 审阅建设、勘察、设计、施工、监理单位的工程档案资料。

③ 实地查验工程质量。

④ 对工程勘察、设计、施工、设备安装质量和各管理环节等方面作出全面评价，形

成经验收组人员签署的工程竣工验收意见。参与工程竣工验收的建设、勘察、设计、施工、监理等各方不能形成一致意见时，应当协商提出解决的方法，待意见一致后，重新组织工程竣工验收。

5）竣工验收报告

工程竣工验收合格后，建设单位应当及时提出工程竣工验收报告。工程竣工验收报告主要包括工程概况，建设单位执行基本建设程序情况，对工程勘察、设计、施工、监理等方面的评价，工程竣工验收时间、程序、内容和组织形式，工程竣工验收意见等内容。

6）竣工验收备案

建设单位应当自建设工程竣工验收合格之日起15日内，向工程所在地的县级以上地方人民政府建设主管部门备案。

一 单项选择题

1. 建设工程施工质量验收的基本单元是（ ）。

A．施工过程的质量验收　　B．项目竣工质量验收

C．检验批和分项工程　　D．分项工程和分部工程

2. 检验批的质量验收应由（ ）组织项目专业质量检查员、项目工长等相关人员参加。

A．建设单位项目技术负责人　　B．项目总监理工程师

C．专业监理工程师　　D．施工单位项目技术负责人

3. 施工过程质量验收中，分项工程质量验收的组织者是（ ）。

A．专业监理工程师　　B．施工单位项目负责人

C．建设单位项目负责人　　D．总监理工程师

4. 分部工程的质量验收应由项目总监理工程师组织（ ）等进行验收。

A．项目技术负责人、项目质量负责人

B．项目负责人、项目技术负责人

C．企业技术负责人、项目负责人

D．企业技术负责人、项目技术负责人

5. 勘察单位项目负责人应参加（ ）工程的验收。

A．地基与基础分部.　　B．主体结构分部

C．节能分部　　D．设备安装分部

6. 对不做结构性能检验的预制构件，当无驻厂监督时，进场时应进行实体检验，对同一类型预制构件，其检验数量以不超过（ ）个为一批。

A．100　　B．500

C．1000　　D．1500

7. 检验批验收时，发现部分混凝土试件强度值不满足要求，经（ ）对混凝土实

体强度进行实际检测后，达到规范允许和设计要求值时，应予以验收。

A．监理单位　　B．建设单位

C．法定检测单位　　D．设计单位

8. 项目施工质量过程验收时，需要进行观感质量验收的是（　　）。

A．检验批验收　　B．分项工程验收

C．分部工程验收　　D．竣工质量验收

9. 建设单位应当自建设工程竣工验收合格之日起（　　）日内，将建设工程竣工验收报告等相关资料报有关部门备案。

A．15　　B．20

C．24　　D．48

10. 建设单位应当在工程竣工验收（　　）个工作日前，将验收的时间、地点及验收组名单书面通知负责监督该工程的工程质量监督机构。

A．3　　B．5

C．7　　D．9

11. 住宅工程需进行分户验收，验收合格后由（　　）出具《住宅质量分户验收表》。

A．施工单位　　B．建设单位

C．监理单位　　D．质量监督单位

12. 工程完工后，施工单位向（　　）提交工程竣工报告，申请工程竣工验收。

A．监理单位　　B．建设单位

C．质量监督部门　　D．地方房屋管理部门

13. 竣工预验收应由（　　）。

A．施工单位项目负责人组织各专业负责人参加

B．总监理工程师组织各专业监理工程师参加

C．建设单位项目负责人组织总监理工程师、专业监理工程师参加

D．总监理工程师组织施工单位项目负责人、专业负责人参加

14. 某工程由于安装设备存在质量缺陷，导致分部工程质量不合格，施工单位在更换了该设备后，该分部工程应（　　）。

A．按验收程序重新组织验收

B．经有资质的检测单位检测鉴定后予以验收

C．征得建设单位同意后可予以验收

D．按技术处理方案和协商文件，进行验收

15. 工程竣工报告应由（　　）审核签字。

A．建设单位项目负责人及有关负责人

B．项目经理及施工单位有关负责人

C．总监理工程师及监理单位有关负责人

D．设计单位项目负责人及有关负责人

16. 工程质量评估报告应由（　　）审核签字。

A．建设单位项目负责人及有关负责人

B．项目经理及施工单位有关负责人

C．总监理工程师及监理单位有关负责人

D．设计单位项目负责人及有关负责人

17．质量检查报告应由（　　）审核签字。

A．建设单位项目负责人及有关负责人

B．项目经理及施工单位有关负责人

C．总监理工程师及监理单位有关负责人

D．勘察设计单位项目负责人及有关负责人

18．根据《建筑工程施工质量验收统一标准》GB 50300—2013，对涉及结构安全和使用功能的重要分部工程应进行（　　）。

A．抽样检测　　B．化学成分测定

C．破坏性试验　　D．观感质量验收

19．工程质量保修书应由（　　）签署。

A．施工单位　　B．建设单位

C．分包单位　　D．监理单位

20．下列文件中，属于竣工验收报告中应附的文件是（　　）。

A．施工许可证　　B．工程施工合同

C．规划部门出具的认可文件　　D．环保部门出具的准许使用文件

二 多项选择题

1．施工过程质量验收主要是指（　　）的质量验收。

A．检验批　　B．分项工程

C．分部工程　　D．子单位工程

E．单位工程

2．检验批的质量验收合格应符合（　　）的规定。

A．具有完整的质量验收记录　　B．主控项目的质量经抽样检验均合格

C．一般项目的质量经抽样检验合格　　D．保证项目的质量经检验合格

E．允许偏差项目的质量经检验合格

3．工程项目分部工程质量验收合格应符合的规定有（　　）。

A．所含分项工程验收合格　　B．质量控制资料完整

C．观感质量验收符合要求　　D．主控项目质量检验合格

E．涉及安全、节能、环境保护和主要使用功能的分部工程检验结果符合规定

4．装配式混凝土建筑的质量验收，除符合一般建筑工程施工质量验收的规定以外，还需要进行的验收要求有（　　）。

A．预制构件的质量验收　　B．安装连接的质量验收
C．吊装设备的质量验收　　D．表面观感质量
E．使用功能评估

5．在装配式混凝土建筑的施工质量验收中，对不允许出现裂缝的预应力混凝土构件应进行的检验内容包括（　　）。

A．承载力　　B．挠度
C．强度　　D．抗裂
E．灌料强度

6．建设工程竣工验收应具备的条件有（　　）。

A．完成建设工程设计和合同约定的各项内容
B．有完整的技术档案和施工管理资料
C．有施工单位签署的工程保修书
D．有勘察、设计、施工、工程监理等单位分别签署的质量合格文件
E．有质量监督机构的审核意见

7．工程项目竣工质量验收的依据包括（　　）。

A．工程施工组织设计　　B．工程施工承包合同
C．施工图纸　　D．质量检测功能性试验报告
E．工程施工质量验收统一标准

8．关于施工过程质量验收不合格的处理的说法，正确的是（　　）。

A．在检验批验收时，对严重的缺陷应推倒重做
B．经法定检测单位检测鉴定能够达到设计要求的检验批，应通过验收
C．经检测鉴定达不到设计要求的检验批，但经设计单位核算仍能够满足结构安全和使用功能的检验批，可予以验收
D．经检测鉴定达不到设计要求的检验批，经原法定检测单位核算不能够满足最低限度的结构安全和使用功能的检验批，则必须进行加固处理
E．严重质量缺陷或超过检验批范围内的缺陷，依法定检测鉴定以后，认为不能满足最低限度的安全储备和使用功能，则必须进行加固处理

9．住宅工程质量分户验收完毕后应填写《住宅工程质量分户验收表》，需要进行签字的人员包括（　　）。

A．建设单位项目负责人　　B．设计单位项目负责人
C．监理单位项目总监理工程师　　D．施工单位项目负责人
E．政府质量监督部门负责人

10．建设单位应当自建设工程竣工验收合格之日起15日内，将建设工程竣工验收报告和（　　）部门出具的认可文件或准许使用文件报建设行政主管部门备案。

A．设计　　B．规划
C．消防　　D．环保
E．安全

【1Z204040　答案与解析】

一、单项选择题

1．C；　2．C；　3．A；　*4．B；　5．A；　6．C；　*7．C；　8．C；
9．A；　10．C；　11．B；　12．B；　*13．B；　14．A；　15．B；　16．C；
*17．D；　18．A；　19．A；　20．A

【解析】

4．答案 B：

分部工程应由总监理工程师组织施工单位项目负责人和技术负责人等进行验收。所以 B 正确。

7．答案 C：

混凝土试件强度值不满足规范要求，强度不足，经法定检测单位对混凝土实体强度进行实际检测后，达到规范允许和设计要求值时，可不作处理。所以 C 正确。

13．答案 B：

总监理工程师应组织各专业监理工程师对工程质量进行竣工预验收。所以 B 正确。

17．答案 D：

勘察、设计单位对勘察、设计文件及施工过程中由设计单位签署的设计变更通知书进行了检查，并提出质量检查报告。质量检查报告应经该项目勘察、设计负责人和勘察、设计单位有关负责人审核签字。所以 D 正确。

二、多项选择题

1．A、B、C；　2．A、B、C；　3．A、B、C、E；　4．A、B；
5．A、B、D；　6．A、B、C、D；　7．B、C、E；　8．A、B、C、E；
9．A、C、D；　*10．B、C、D

【解析】

10．答案 B、C、D：

建设单位办理工程竣工验收备案应当提交下列文件：

（1）法律、行政法规规定应当由规划、环保等部门出具的认可文件或者准许使用文件；

（2）法律规定应当由公安消防部门出具的对大型的人员密集场所和其他特殊建设工程验收合格的证明文件。

所以 B、C、D 正确。

1Z204050　施工质量不合格的处理

复习要点

1．工程质量问题和质量事故的分类

1）工程质量不合格

根据国家标准《质量管理体系 基础和术语》GB/T 19000—2016 的定义，工程产品没有满足质量要求即为质量不合格；而与预期或规定用途有关的质量不合格，称为质量缺陷。

工程质量不合格，影响使用功能或工程结构安全，造成永久质量缺陷或存在重大质量隐患，甚至直接导致工程倒塌或人身伤亡，必须进行返修、加固或报废处理，按照由此造成直接经济损失的大小分为质量问题和质量事故。

2）工程质量事故

根据住房和城乡建设部《关于做好房屋建筑和市政基础设施工程质量事故报告和调查处理工作的通知》(建质［2010］111号)，工程质量事故是指由于建设、勘察、设计、施工、监理等单位违反工程质量有关法律法规和工程建设标准，使工程产生结构安全、重要使用功能等方面的质量缺陷，造成人身伤亡或者重大经济损失的事故。

根据建质［2010］111号文，工程质量事故造成的人员伤亡或者直接经济损失，工程质量事故分为4个等级：(1)特别重大事故；(2)重大事故；(3)较大事故；(4)一般事故。

按事故责任分类：(1) 指导责任事故；(2) 操作责任事故；(3) 自然灾害事故。

2. 施工质量事故的预防

1）施工质量事故发生的原因

施工质量事故发生的原因大致有如下四类：(1) 技术原因；(2) 管理原因；(3) 社会、经济原因；(4) 人为事故和自然灾害原因。

2）施工质量事故预防的具体措施

(1) 严格按照基本建设程序办事；

(2) 认真做好工程地质勘查；

(3) 科学地加固处理好地基；

(4) 进行必要的设计审查复核；

(5) 严格把好建筑材料及制品的质量关；

(6) 对施工人员进行必要的技术培训；

(7) 依法进行施工组织管理；

(8) 做好应对不利施工条件和各种灾害的预案；

(9) 加强施工安全与环境管理。

3. 施工质量问题和质量事故的处理

1）施工质量事故处理的依据

(1) 质量事故的实况资料；

(2) 有关合同及合同文件；

(3) 有关的技术文件和档案；

(4) 相关的建设法规。

2）施工质量事故的处理程序

(1) 事故调查；

（2）事故的原因分析；

（3）制定事故处理的方案；

（4）制定事故处理的技术方案；

（5）事故处理；

（6）事故处理的鉴定验收；

（7）提交事故处理报告。

3）施工质量事故处理的基本要求

（1）质量事故的处理应达到安全可靠、不留隐患、满足生产和使用要求、施工方便、经济合理的目的；

（2）消除造成事故的原因，注意综合治理，防止事故再次发生；

（3）正确确定技术处理的范围及正确选择处理的时间和方法；

（4）切实做好事故处理的检查验收工作，认真复查事故处理；

（5）确保事故处理期间的安全。

4）施工质量事故处理的基本方法

（1）修补处理；

（2）加固处理；

（3）返工处理；

（4）限制使用；

（5）不作处理；

（6）报废处理。

一般可不作处理的情况有：（1）不影响结构安全和使用功能的；（2）后道工序可以弥补的质量缺陷；（3）法定检测单位鉴定合格的；（4）出现的质量缺陷，经检测鉴定达不到设计要求，但经原设计单位核算，仍能满足结构安全和使用功能。

一 单项选择题

1. 根据《质量管理体系 基础与术语》GB/T 19000—2016，工程产品未满足质量要求，即为（　　）。

A. 质量不合格　　B. 质量缺陷

C. 质量问题　　D. 质量事故

2. 某工程发生一起质量事故，导致 3 人死亡，直接经济损失 2000 万元，则该起质量事故属于（　　）。

A. 一般事故　　B. 严重事故

C. 较大事故　　D. 重大事故

3. 某工程因工期进度紧，经项目负责人决定后，采用了标准要求低但施工工期短的施工工艺，造成质量事故，按照事故责任分类属于（　　）。

A．指导责任事故　　B．操作责任事故

C．技术原因事故　　D．管理原因事故

4. 某工程脚手架搭设方案因荷载参数取值错误，造成模板坍塌，按照施工事故发生的原因划分属于（　　）。

A．人为原因　　B．管理原因

C．技术原因　　D．工艺原因

5. 某工程因测量仪器未及时年检，测量时因误差较大导致工程轴线偏差，造成质量事故，按照施工事故发生的原因划分属于（　　）。

A．人为原因　　B．管理原因

C．技术原因　　D．工艺原因

6. 某工程发生质量事故导致 12 人重伤，按照事故损失的程度分级，该质量事故属于（　　）。

A．特别重大事故　　B．重大事故

C．较大事故　　D．一般事故

7. 工程质量事故发生时，施工现场有关人员应当立即向（　　）报告。

A．工程施工项目负责人　　B．工程建设单位负责人

C．工程监理单位负责人　　D．当地政府建设管理部门

8. 在工程质量事故调查中，按照规定区分事故的大小由（　　）直接或授权有关部门组织事故调查组进行调查。

A．事故发生地的住房城乡建设主管部门　B．相应级别的人民政府

C．事故发生单位的上级主管部门　　D．国家安委会下属的主管部门

9. 工程质量事故的责任处罚，要依据（　　）和有关法律法规的规定。

A．第三方机构对事故的调查报告　　B．建设承包合同中质量条款

C．当地政府对事故调查报告的批复　　D．质量监督部门出具的事故调查报告

10. 某工程混凝土结构出现裂缝，裂缝宽度 0.5mm，裂缝深度较深，应该采用的处理办法是（　　）。

A．表面密封法　　B．嵌缝密闭法

C．灌浆修补缝　　D．纤维加固法

11. 某混凝土结构存在质量缺陷，已危及结构承载力，其应该采用的处理方法是（　　）。

A．返修处理　　B．加固处理

C．返工处理　　D．报废处理

12. 某混凝土工程在施工中因振捣疏漏致使混凝土密实度不能满足规定要求，造成质量事故，从事故的责任来看属于（　　）责任事故。

A．指导　　B．操作

C．技术　　D．管理

13. 某工程混凝土灌注桩在地上部分有蜂窝麻面，对桩基进行检测，发现桩身未见异

常，承载力也满足设计要求，该质量事故的处理方案是（　　）。

A．加固处理　　B．修补处理

C．不作处理　　D．返工处理

14．施工质量事故调查处理程序的最后步骤是（　　）。

A．事故原因分析　　B．事故处理结论

C．事故处理方案　　D．事故处理报告

15．某高层建筑施工至10层时，发现1～2层误用了安定性不满足要求的水泥，该质量事故的处理方案是（　　）。

A．加固处理　　B．返工处理

C．限制使用　　D．改变使用功能

16．某建设工程发生一起质量事故，经调查分析是由于“边勘察、边设计、边施工”导致的，则该质量事故的主要原因是（　　）。

A．技术原因　　B．管理原因

C．社会、经济原因　　D．人为事故和自然灾害原因

17．对施工质量事故相关责任人的处罚情况及事故处理的结论是（　　）中包含的内容。

A．事故报告　　B．事故调查报告

C．事故处理报告　　D．事故分析报告

18．某工程混凝土试块强度值不满足设计要求，但经法定检测单位对混凝土实体强度进行实际检测后，其实际强度达到规范允许和设计要求值。该质量事故的处理方案是（　　）。

A．修补　　B．返工

C．加固　　D．不作处理

19．工程施工质量事故的处理工作包括：① 事故调查；② 事故原因分析；③ 事故处理；④ 事故处理的鉴定验收；⑤ 制定事故处理方案。其正确的处理程序是（　　）。

A．①—②—③—④—⑤　　B．②—①—③—④—⑤

C．④—②—⑤—①—③　　D．①—②—⑤—③—④

20．某工程混凝土楼面因测量误差，造成现浇楼面的平整度偏差达到9mm，对该质量事故的处理方案是（　　）。

A．修补　　B．返工

C．加固　　D．不作处理

二 多项选择题

1．工程质量事故按事故造成损失的程度分级可分为（　　）。

A．一般事故　　B．严重事故

C．较大事故　　D．重大事故

E．特别重大事故

2．工程质量事故按事故责任分类可分为（　　）。

A．指导责任事故　　B．技术责任事故

C．操作责任事故　　D．管理责任事故

E．自然灾害事故

3．下列工程质量事故发生的原因中，属于技术原因的有（　　）。

A．结构设计计算错误　　B．检验制度不严密

C．检测设备配备不齐　　D．地质情况估计错误

E．监理人员不到位

4．下列工程质量事故发生的原因中，属于管理原因的有（　　）。

A．结构构造设计不符合规范要求　　B．施工方法不正确

C．违章施工作业　　D．材料质量检验不严

E．检测仪器设备管理不善

5．施工质量事故处理的依据有（　　）。

A．有关质量事故的观测记录、照片等

B．有关合同及合同文件

C．事故造成的经济损失大小

D．施工记录、施工日志等

E．相关的建设法规

6．某工程在浇筑楼面混凝土时，发生脚手架坍塌，造成10人死亡，15人受伤，按照事故造成的损失，则该工程质量事故应判定为（　　）。

A．特别重大事故　　B．重大质量事故

C．较大质量事故　　D．指导责任事故

E．操作责任事故

7．关于施工质量事故报告和施工调查的说法，正确的有（　　）。

A．工程质量事故发生后，现场管理人员立即向工程建设单位负责人汇报

B．工程建设单位负责人接到报告后，应在12小时内向县级以上政府主管部门汇报

C．情况紧急时，现场管理人员可直接向县级以上政府主管部门汇报

D．事故调查可由政府授权委托有关部门组织事故调查组进行调查

E．未造成人员伤亡的一般事故，县级人民政府也可以委托事故发生单位组织事故调查组进行调查

8．施工质量缺陷处理的基本方法有（　　）。

A．限制使用　　B．加固处理

C．返工处理　　D．修补处理

E．不作处理

9．施工质量事故处理的基本要求包括（　　）。

A．消除造成事故的原因，防止事故再次发生

B．确定技术处理的范围和处理的时间和方法

C．尽快提交处理报告

D．做好事故处理的检查验收工作

E．确保事故处理期间的安全

10．某防洪堤坝的填筑压实工程造价约 1000 万元。因盲目抢工，未按质量标准进行严格控制，检测中发现压实土的干密度未达到规定值，经测算得知将影响土体的稳定性且不满足抗渗能力的要求。对此问题的正确处理应当是（　）。

A．应定性为较大质量事故　　B．应定性为指导责任事故

C．可对堤坝进行加固处理　　D．挖除不合格土，重新填筑

E．对事故责任人进行行政处罚

【1Z204050　答案与解析】

一、单项选择题

1．A；　2．C；　3．A；　*4．C；　*5．B；　6．C；　7．B；　8．B；

9．C；　*10．C；　11．B；　12．B；　13．C；　14．D；　*15．B；　16．C；

17．C；　18．D；　19．D；　20．D

【解析】

4．答案 C：

施工质量事故发生的原因大致有技术原因，管理原因，社会、经济原因，人为事故和自然灾害原因四类。该质量事故是结构设计方案计算错误，属于技术原因。所以 C 正确。

5．答案 B：

施工质量事故发生的原因大致有技术原因，管理原因，社会、经济原因，人为事故和自然灾害原因四类。该质量事故是检测仪器设备管理不善而失准，属于管理原因。所以 B 正确。

10．答案 C：

混凝土结构出现裂缝，经分析研究后如果不影响结构的安全和使用功能时，也可采取返修处理。当裂缝宽度不大于 0.2mm 时，可采用表面密封法；当裂缝宽度大于 0.3mm 时，采用嵌缝密闭法；当裂缝较深时，则应采取灌浆修补的方法。所以 C 正确。

15．答案 B：

举例某高层住宅施工中，有几层的混凝土结构误用了安定性不合格的水泥，无法采用其他补救办法，不得不爆破拆除重新浇筑。所以 B 正确。

二、多项选择题

1．A、C、D、E；　2．A、C、E；　*3．A、D；　*4．C、D、E；

5．A、B、D、E；　6．A、B、C；　7．A、C、D、E；　8．A、B、C、E；

9．A、B、C、D；　10．A、B、D、E

【解析】

3. 答案 A、D：

技术原因引发的质量事故是指在工程项目实施中由于设计、施工在技术上的失误而造成的质量事故。例如，结构设计计算错误、地质情况估计错误、采用了不适宜的施工方法或施工工艺等。所以 A、D 正确。

4. 答案 C、D、E：

管理原因引发的质量事故是指引发的质量事故是由于管理上的不完善或失误，例如违章作业、检测仪器设备管理不善而失准以及材料质量检验不严等原因引起的质量事故。所以 C、D、E 正确。

1Z204060 数理统计方法在工程质量管理中的应用

复习要点

1. 分层法的应用

由于项目质量的影响因素众多，对工程质量状况的调查和质量问题的分析，必须分门别类地进行，以便准确有效地找出问题及其原因所在，这就是分层法的基本思想。

应用分层法的关键是调查分析的类别和层次划分，根据管理需要和统计目的，通常可按施工时间、地区部位、产品材料、检测方法、作业组织、工程类型、合同结构等分层方法取得原始数据。

经过第一次分层调查和分析，找出主要问题的所在以后，还可以针对这个问题再次分层进行调查分析，一直到分析结果满足管理需要为止。层次类别划分越明确、越细致，就越能够准确有效地找出问题及其原因所在。

2. 因果分析图法的应用

因果分析图法又称质量特性要因分析法，是对每一个质量特性或问题逐层深入排查可能原因，然后确定其中最主要的原因，进行有的放矢地处置和管理。

因果分析图法应用时，应注意的事项是：（1）一个质量特性或一个质量问题使用一张图分析；（2）通常采用 QC 小组活动的方式进行；（3）必要时可以邀请小组以外的有关人员参与，广泛听取意见；（4）分析时要充分发表意见，层层深入，列出所有可能的原因；（5）在充分分析的基础上，由各参与人员采用投票或其他方式，从中选择多数人达成共识的最主要原因。

3. 排列图法的应用

排列图具有直观、主次分明的特点。累计频率在 0～80% 为 A 类问题，即主要问题，进行重点管理；累计频率在 80%～90% 为 B 类问题，即次要问题，作为次重点管理；累计频率在 90%～100% 为 C 类问题，即一般问题，按照常规适当加强管理。这种方法称为 ABC 分类管理法。

4. 直方图法的应用

直方图的主要用途：（1）整理统计数据，了解统计数据的分布特征，从中掌握质量能力状态；（2）观察分析生产过程质量是否处于正常、稳定和受控状态以及质量水平是否保持在公差允许的范围内。

直方图的应用，首先是收集当前生产过程质量特性抽检的数据，然后制作直方图进行观察分析，判断生产过程的质量状况和能力。

直方图的形状观察分析：正常直方图呈正态分布。异常直方图呈偏态分布，常见的异常直方图有：折齿型、陡坡型、孤岛型、双峰型和峭壁型。

直方图的位置观察分析：直方图位置观察分析是将绘制的直方图的分布位置与质量控制标准的上下限范围进行比较分析。

一 单项选择题

1. 某工程有三位工人A、B、C实施焊接作业，抽检120个焊接点，发现18个不合格点，占15%，根据下表可以确定影响焊接质量总体水平的主要是（　　）。

A．工人A　　B．工人B

C．工人C　　D．工人B、C

分层调查统计数据表

作业工人	抽检点数	不合格点数	个体不合格率	占不合格点数百分率
A	40	2	5%	11%
B	40	4	10%	22%
C	40	12	30%	67%
合计	120	18	—	100%

2. 由于工程质量形成的影响因素多，所以对工程质量状况的调查和质量问题的分析必须分门别类地进行，以便准确地找出问题及其原因。这是（　　）的基本思想。

A．分层法　　B．排列图法

C．因果分析图法　　D．直方图法

3. 应用分层法的关键是（　　）。

A．调查分析的类别和层次划分　　B．分层数据的统计和分析

C．分层的类别和层数　　D．逐层深入的排查和分析

4. 对每一个质量问题，逐层深入排查可能原因，然后确定其中最主要原因，从而进行有的放矢地管理，这是（　　）的基本原理。

A．分层法　　B．排列图法

C．因果分析图法　　D．直方图法

5. 某混凝土工程强度不合格，在采用因果分析图法进行原因分析时，发现水胶比不

准，这是属于（　　）的因素。

A．材料　　B．人员

C．施工方法　　D．环境

6．某钢结构工程在施工过程中，发现构件焊接出现不合格，施工项目部把钢结构焊接施工的生产因素作为第一层面的因素进行分析，然后对第一层面的各个因素再进行第二层面的可能原因的深入分析，直至找出主要原因，这种工程质量统计方法是（　　）。

A．直方图法　　B．因果分析图法

C．排列图法　　D．控制图法

7．用于整理质量特性统计数据，了解统计数据的分布特征，观察生产过程质量稳定与否并可用于制定质量控制公差标准的数理统计方法是（　　）。

A．分层法　　B．因果分析图法

C．排列图法　　D．直方图法

8．在质量管理过程中，通过抽样检查或检验试验所得到的关于质量问题、偏差、缺陷、不合格等方面的统计数据，以及造成质量问题的原因分析统计数据，均可采用（　　）进行状况描述。

A．分层法　　B．因果分析图法

C．排列图法　　D．直方图法

9．当采用排列图法分析工程质量问题时，将质量特性不合格累计频率为（　　）的定为A类问题，实施重点管理。

A．0～50%　　B．0～70%

C．0～80%　　D．0～90%

10．当采用排列图法分析工程质量问题时，将质量特性不合格累计频率为（　　）的定为B类问题，实施次重点管理。

A．50%～80%　　B．70%～90%

C．80%～90%　　D．90%～100%

11．用直方图法对工程质量进行统计分析时，通过对直方图与正态分布图的（　　）的观察分析，可以判断生产过程是否正常、稳定。

A．分布位置　　B．分布形状

C．分布比例　　D．高度高低

12．某工程对混凝土试块的抗压强度数据整理后绘制成直方图，其形状特征为折齿型，则可以判断的结论是（　　）。

A．属于正常直方图　　B．质量状况基本正常

C．数据为正态分布　　D．数据为偏态分布

13．利用直方图分布位置判断生产过程的质量状况和能力，如果质量特性数据的分布宽度边界达到质量标准的上下界限，说明生产过程的质量能力（　　）。

A．偏小、需要整改　　B．处于临界状态，易出现不合格

C．适中、符合要求　　D．偏大、不经济

14. 利用直方图分布位置判断生产过程的质量状况和能力，如果质量特性数据的分布居中，且边界与质量标准的上下界限有较大距离，说明生产过程的质量能力（　　）。

A. 偏小、需要整改　　B. 处于临界状态，易出现不合格

C. 适中、符合要求　　D. 偏大、不经济

15. 形状观察分析是指将绘制好的直方图形状与正态分布图的形状进行比较分析，除了看形状是否相似，还需要看（　　）。

A. 分布区间的宽窄　　B. 图形的高度

C. 对称程度　　D. 分布的密度

16. 通过直方图分布位置判断生产过程的质量状况和能力时，如果质量特性数据分布（　　），易出现不合格，在管理上必须提高总体能力。

A. 居中　　B. 偏下限

C. 宽度边界达到质量标准的上界限　　D. 超出质量标准的下界限

17. 在进行直方图分布位置的观察分析时，如果质量特性数据的分布超出质量标准的上下界限，说明生产过程（　　）。

A. 质量能力适中，符合要求　　B. 质量能力偏大，不经济

C. 质量能力偏小，需要整改　　D. 存在质量不合格，需纠偏

18. 下列直方图中，属于正常直方图的是（　　）。

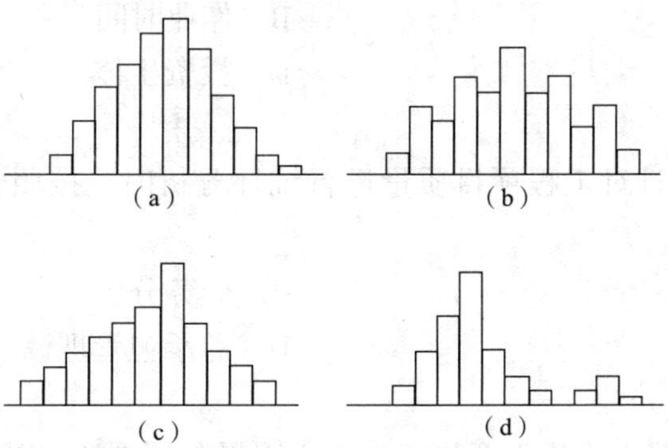

A.（a）　　B.（b）

C.（c）　　D.（d）

19. 下列直方图中，表明生产过程处于正常、稳定状态的是（　　）。

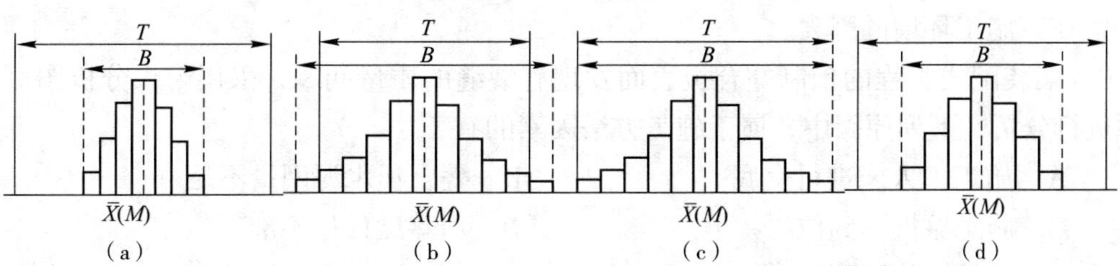

A.（a）　　B.（b）

C.（c）　　D.（d）

20. 直方图的分布形状及分布区间宽窄，取决于质量特征统计数据的（　　）。

A．平均值和标准偏差
B．样本数量和分布情况
C．控制标准和分布状态
D．分布位置和控制标准上下限

二 多项选择题

1. 工程质量管理过程中，常用的数理统计分析方法有（　　）。

A．决策树法
B．分层法
C．因果图分析法
D．排列图法
E．直方图法

2. 应用分层方法对工程质量进行统计分析时，按产品材料分层可以分为（　　）。

A．产地
B．厂商
C．规格
D．品种
E．数量

3. 在运用分层法对工程项目质量进行统计分析时，可以按照（　　）分层方法取得原始数据。

A．作业班组
B．作业时间
C．工程材料
D．投资主体
E．合同结构

4. 在应用分层法时对工程项目质量进行统计分析时，按照合同结构分层可以分为（　　）。

A．总承包
B．劳务分包
C．专业分包
D．总承包管理
E．工程咨询

5. 某结构工程混凝土强度不合格，在采用因果分析图法对其原因进行分析时，第一层面的分析因素应包括（　　）。

A．人的因素
B．机械的因素
C．材料的因素
D．施工管理的因素
E．施工环境的因素

6. 某装配式工程的预制叠合板表面发现有裂缝的质量问题，采用因果分析图对质量问题进行分析，下列原因中，属于施工方法因素的有（　　）。

A．施工工人未进行交底
B．叠合板水泥用量不足
C．施工振捣不到位
D．坍落度计量不准
E．养护措施不到位

7. 关于 ABC 分类管理法的说法，正确的有（　　）。

A．质量问题累计频率 0～80% 定为 A 类问题

B．质量问题累计频率在 80%～90% 区间的问题定为 B 类问题

C．累计频率在 90%～100% 区间的问题定为 C 类问题

D．B 类问题即次要问题，作为次重点管理

E．C 类问题即主要问题，进行重点管理

8. 运用排列图法进行质量数据统计时，正确的程序有（　　）。

A．进行质量抽样检查

B．得到质量特性不合格点统计数据

C．按照质量特性不合格点数从大到小的顺序，整理并做排列表

D．画出因果分析图

E．分别计算不合格质量特性的累计频数和累计频率

9. 对某模板工程进行抽样检查，发现在表面平整度、截面尺寸、平面水平度以及垂直度等方面存在质量问题。按照排列图法进行统计分析，上述方面的质量问题累计频率分别为 41%、72%、89% 和 100%，则该模板的质量问题主要在（　　）方面。

A．表面平整度　　B．截面尺寸

C．平面水平度　　D．垂直度

E．标高

10. 正常直方图呈正态分布，其形状特征包括（　　）。

A．中间高　　B．两边低

C．缓坡状　　D．两侧对称

E．双峰状

11. 下列直方图中，属于异常直方图的有（　　）。

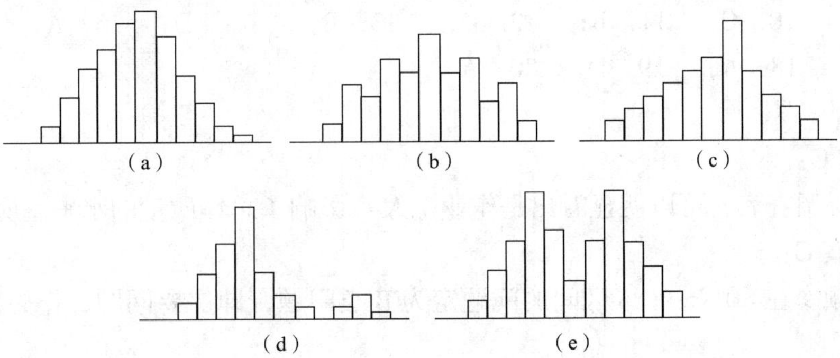

A.（a）　　B.（b）

C.（c）　　D.（d）

E.（e）

12. 直方图的分布形状及分布区间宽窄是由质量特性统计数据的（　　）决定。

A．平均值　　B．标准偏差

C．最大值　　D．最小值

E．中位数

13. 直方图的主要用途有（　　）。

A．找出影响质量问题的主要因素

B．掌握质量能力状态

C．分析生产过程质量是否处于受控状态

D．逐层分析质量问题产生的原因

E．分析质量水平是否保持在公差允许的范围内

14. 直方图法的观察分析包括（　　）。

A．分布离散性观察分析　　B．分布形状观察分析

C．分布位置观察分析　　D．分布区间观察分析

E．分布趋势观察分析

15. 关于直方图观察分析的说法，正确的有（　　）。

A．形状观察分析是指将直方图的形状与正态分布图的形状进行比较分析

B．形状观察分析一看形状是否相似，二看分布区间的宽窄

C．双峰型直方图为正常直方图

D．位置观察分析是指将直方图的分布位置与控制标准的上下限范围进行比较分析

E．数据分布超出质量标准的上下界限，说明生产过程存在质量不合格

【1Z204060　答案与解析】

一、单项选择题

*1．C；　2．A；　3．A；　4．C；　5．C；　6．B；　7．D；　8．C；
9．C；　*10．C；　11．B；　12．D；　13．B；　*14．D；　15．A；　16．B；
17．D；　18．A；　*19．D；　20．A

【解析】

1．答案 C：

通过分层调查表，可以明显看出是作业工人 C 影响了总体质量的水平。所以 C 正确。

10．答案 C：

将累计频率在 80%～90% 区间的问题定为 B 类问题，即次要问题，作为次重点管理。所以 C 正确。

14．答案 D：

直方图法的观察分析方法有：（1）通过分布形状观察分析；（2）通过分布位置观察分析。质量特性数据的分布居中且边界与质量标准的上下界限有较大的距离，说明其质量能力偏大，不经济。所以 D 正确。

19．答案 D：

位置观察分析是指将直方图的分布位置与质量控制标准的上下限范围进行比较分析，生产过程的质量正常、稳定和受控，还必须在公差标准上、下界限范围内达到质量合格的要求。所以 D 正确。

二、多项选择题

1. B、C、D、E；	2. A、B、C、D；	3. A、B、C、E；	4. A、B、C；
*5. A、B、C、E；	6. C、D、E；	*7. A、B、C、D；	*8. A、B、C、E；
9. A、B；	10. A、B、D；	11. B、C、D、E；	12. A、B；
13. B、C、E；	14. B、C；	15. A、B、D、E	

【解析】

5. 答案A、B、C、E：

用因果分析图法进行原因分析时，第一层面的因素包括人、机械、材料、施工方法和施工环境。所以A、B、C、E正确。

7. 答案A、B、C、D：

ABC分类管理法中是将累计频率0～80%定为A类问题，即主要问题，进行重点管理；将累计频率在80%～90%区间的问题定为B类问题，即次要问题，作为次重点管理；将其余累计频率在90%～100%区间的问题定为C类问题，即一般问题，按照常规适当加强管理。所以A、B、C、D正确。

8. 答案A、B、C、E：

因果分析图与排列图是两种不同的数理统计方法。所以A、B、C、E正确。

1Z204070　建设工程项目质量的政府监督

复习要点

1. 政府对项目质量的监督职能

1）监督管理部门职责的划分

国务院建设行政主管部门对全国的建设工程质量实施统一监督管理。国家交通、水利等有关部门按照国务院规定的职责分工，负责全国有关专业建设工程质量的监督管理。

县级以上地方人民政府建设行政主管部门对本行政区域内的建设工程质量实施监督管理。县级以上地方人民政府交通、水利等有关部门在各自的职责范围内，负责对本行政区域内的专业建设工程质量进行监督管理。

国务院发展计划部门按照国务院规定的职责，组织稽察特派员，对国家出资的重大建设项目实施监督检查。

国务院经济贸易主管部门按照国务院规定的职责，对国家重大技术改造项目实施监督检查。

2）政府质量监督的性质与职权

政府质量监督的性质属于行政执法行为，是主管部门依据有关法律法规和工程建设强制性标准，对工程实体质量和工程建设、勘察、设计、施工、监理单位（以下简称工程质量责任主体）和质量检测等单位的工程质量行为实施监督。

工程实体质量监督，是指主管部门对涉及工程主体结构安全、主要使用功能的工程实体质量情况实施监督。

工程质量行为监督，是指主管部门对工程质量责任主体和质量检测等单位履行法定质量责任和义务的情况实施监督。

政府建设行政主管部门和其他有关部门履行工程质量监督检查职责时，有权采取下列措施：

（1）要求被检查的单位提供有关工程质量的文件和资料；

（2）进入被检查单位的施工现场进行检查；

（3）发现有影响工程质量的问题时，责令改正。

3）政府质量监督的机构

根据《建设工程质量管理条例》，建设工程质量监督管理，可以由建设行政主管部门或者其他有关部门委托的建设工程质量监督机构具体实施。鼓励采取政府购买服务的方式，委托具备条件的社会力量进行工程质量监督检查和抽测，探索工程监理企业参与监管模式，健全省、市、县监管体系。

2. 政府对项目质量监督的内容

1）质量监督的内容

政府建设行政主管部门和其他有关部门的工程质量监督管理应当包括下列内容：

（1）执行法律法规和工程建设强制性标准的情况；

（2）抽查涉及工程主体结构安全和主要使用功能的工程实体质量；

（3）抽查工程质量责任主体和质量检测等单位的工程质量行为；

（4）抽查主要建筑材料、建筑构配件的质量；

（5）对工程竣工验收进行监督；

（6）组织或者参与工程质量事故的调查处理；

（7）定期对本地区工程质量状况进行统计分析；

（8）依法对违法违规行为实施处罚。

2）质量监督程序

对工程项目实施质量监督，应当依照下列程序进行：

（1）受理建设单位办理质量监督手续；

（2）制订工作计划并组织实施；

（3）对工程实体质量和工程质量行为进行抽查、抽测；

（4）监督工程竣工验收；

（5）形成工程质量监督报告；

（6）建立工程质量监督档案。

一 单项选择题

1. 根据《建设工程质量管理条例》，国家对建设工程实行（　　）管理制度。

A．质量监督　　B．质量检查

C．质量追查　　D．质量责任

2．我国《中华人民共和国建筑法》和《建设工程质量管理条例》规定，政府行政主管部门应设立专门机构，对建设工程质量行使（　　）职能。

A．验收　　B．保证

C．监督　　D．规范

3．按照国家现行管理制度，对国家出资的重大建设项目实施监督检查的部门是（　　）。

A．国务院建设行政主管部门　　B．国务院发展计划部门

C．国务院经济贸易主管部门　　D．国务院行业主管部门

4．按照我国现行法规规定，对国家重大技术改造项目实施监督检查的部门是（　　）。

A．国务院建设行政主管部门　　B．国务院发展计划部门

C．国务院经济贸易主管部门　　D．国务院行业主管部门

5．全国建设工程质量实行统一监督管理的部门是（　　）。

A．市场监督管理部门　　B．各级政府建设行政主管部门

C．国务院行业主管部门　　D．国务院建设行政主管部门

6．政府质量监督的性质属于（　　）。

A．行政执法行为　　B．行政监督行为

C．行政管理行为　　D．行政司法行为

7．工程实体质量监督是指主管部门对（　　）实施监督。

A．工程质量责任主体　　B．工程质量检测主体

C．工程监理责任主体　　D．工程实体质量情况

8．工程质量行为监督是指政府主管部门对工程质量责任主体和（　　）等履行法定质量和义务的情况实施监督。

A．质量检测单位　　B．材料供应单位

C．设备供应单位　　D．第三方咨询单位

9．政府质量监督机构的监督人员应当占监督机构总人数的（　　）以上。

A．50%　　B．65%

C．75%　　D．80%

10．政府建设工程质量监督机构参与建设工程项目竣工验收会议的主要目的是（　　）。

A．对建设过程质量情况进行总结，签发竣工验收意见书

B．对验收的程序形式、程序是否符合有关规定等进行监督

C．对影响结构安全的工程实体质量进行抽样检测

D．对影响使用功能的相关分部工程进行功能检测

11．政府建设主管部门对质量监督人员每（　　）进行一次岗位考核。

A．6个月　　B．12个月

C．18个月　　D．24个月

12. 质量监督机构在基础和结构阶段应（　　）安排监督检查。

A. 每季度　　B. 每月

C. 每周　　D. 不定期

13. 政府建设行政主管部门对质量监督人员每（　　）个月进行一次法律法规、业务培训。

A. 6　　B. 12

C. 18　　D. 24

14. 在工程项目开工前，监督机构接受（　　）对建设工程质量监督的申报手续，并对其提供的文件资料进行审查，审查合格签发有关质量监督文件。

A. 施工单位　　B. 建设单位

C. 监理单位　　D. 总承包单位

15. 下列内容中，属于工程质量监督机构的工作内容的是（　　）。

A. 执行工程建设强制性标准的情况　　B. 对工程项目进行质量评定

C. 对工程项目结算情况进行监督　　D. 对建筑材料检验进行监督

16. 政府质量监督机构在工程开工前监督检查的主要内容是（　　）。

A. 审查施工组织设计　　B. 审查监理规划等文件及审批手续

C. 审查各方人员的资质证书　　D. 审查各方的工程质量保证体系

17. 政府质量监督机构在监督工程竣工验收时，重点的监督内容是（　　）。

A. 参加竣工验收人员的资格证书

B. 竣工验收的组织形式、程序是否符合规定

C. 建设行政手续是否齐全

D. 工程建设强制性标准的执行情况

18. 根据政府对工程项目质量监督的要求，项目的工程质量监督档案应按（　　）建立。

A. 分部工程　　B. 单位工程

C. 单项工程　　D. 群体工程

19. 建设工程质量监督机构对地基基础的混凝土强度进行监督检测，在质量监督的性质上属于（　　）。

A. 建设行为监督　　B. 工程实体质量监督

C. 工程质量行为监督　　D. 业务管理监督

20. 政府质量监督机构对建设工程质量的监督包括监督工程建设各方主体的质量行为和（　　）。

A. 监督检查施工项目进度及投资　　B. 监督检查工程实体的施工质量

C. 监督检查施工现场的安全状况　　D. 验收工程项目施工质量

二 多项选择题

1. 政府在对工程建设各参与方行使建设工程质量监督职能时，需要对（　　）的质

量行为进行监督。

A．建设单位　　B．造价咨询单位
C．监理单位　　D．设计单位
E．施工单位

2. 政府质量监督机构在质量监督的实施过程中，形成的文件成果包括（　　）。

A．质量监督工作计划　　B．质量分析报告
C．工程质量监督报告　　D．工程质量监督档案
E．工程质量运维报告

3. 县级以上政府建设行政主管部门和其他有关主管部门履行监督检查职责时，有权采取的措施有（　　）。

A．要求被检查单位提供有关工程质量的文件和资料
B．进入被检查单位的施工现场进行检查
C．发现有重大质量问题时可以下达罚款通知单
D．进入被检查单位的质量管理部门进行检查
E．发现有影响工程质量的问题时责令改正

4. 政府建设行政主管部门质量监督管理的内容包括（　　）。

A．监督检查隐蔽工程质量　　B．执行工程建设强制性标准的情况
C．抽查主要建筑材料的质量　　D．组织工程质量事故的调查处理
E．依法对违规违法行为实施处罚

5. 政府建设行政主管部门质量监督工作计划的内容包括（　　）。

A．质量监督依据的法律、法规
B．定期或不定期进入施工现场进行监督检查的时间计划安排
C．质量监督记录用表式
D．监督人员及需用资源安排
E．工程质量监督报告

6. 政府建设行政主管部门工程质量监督报告的内容包括（　　）。

A．工程项目概况　　B．工程项目实体质量抽查情况
C．工程竣工质量验收情况　　D．项目质量评价
E．工程质量监督档案的完整情况

7. 政府质量监督人员应具备的条件有（　　）。

A．具有工程类执业注册资格
B．具有 5 年以上工程质量管理经验
C．熟悉掌握相关法律法规和工程建设强制性标准
D．具备中高级职称
E．具有良好的职业道德

8. 竣工阶段政府建设工程质量监督的主要内容为（　　）。

A．竣工验收前的质量问题整改情况复查

B．组织竣工验收会议

C．编制竣工报告

D．编制单位工程质量监督报告

E．建立建设工程质量监督档案

9. 政府建设行政主管部门对工程质量责任主体质量行为检查的内容包括（　　）。

A．工程建设各方质量体系建立及运行情况

B．工程管理人员的资格证书

C．施工组织设计审批及执行情况

D．施工过程中的质量问题查处

E．执行强制性标准的情况

10. 根据质量监督的实施程序，质量监督部门在形成工程质量监督报告前需要完成的工作包括（　　）。

A．受理建设单位办理质量监督手续

B．对工程实体质量和工程质量行为进行抽查

C．监督工程竣工验收

D．监督工程结算完成

E．建立工程质量监督档案

【1Z204070　答案与解析】

一、单项选择题

*1. A；　2. C；　3. B；　4. C；　5. D；　6. A；　*7. D；　*8. A；
9. C；　10. B；　11. D；　12. B；　*13. B；　14. B；　15. A；　16. D；
17. B；　18. B；　19. B；　20. B

【解析】

1. 答案A：

国家实行建设工程质量监督管理制度。所以A正确。

7. 答案D：

工程实体质量监督，是指主管部门对涉及工程主体结构安全、主要使用功能的工程实体质量情况实施监督。所以D正确。

8. 答案A：

工程质量行为监督，是指主管部门对工程质量责任主体和质量检测等单位履行法定质量责任和义务的情况实施监督。所以A正确。

13. 答案B：

省、自治区、直辖市人民政府建设行政主管部门每两年对监督人员进行一次岗位考核，每年进行一次法律法规、业务知识培训，并适时组织开展继续教育培训。所以B正确。

二、多项选择题

1. A、C、D、E；　2. A、C、D；　3. A、B、E；　*4. B、C、D、E；
5. A、B、C、D；　*6. A、B、C、D；　7. A、C、E；　8. A、D、E；
9. A、B、C、E；　10. A、B、C

【解析】

4. 答案B、C、D、E：

政府建设行政主管部门和其他有关部门的工程质量监督管理应当包括下列内容：

（1）执行法律法规和工程建设强制性标准的情况；

（2）抽查涉及工程主体结构安全和主要使用功能的工程实体质量；

（3）抽查工程质量责任主体和质量检测等单位的工程质量行为；

（4）抽查主要建筑材料、建筑构配件的质量；

（5）对工程竣工验收进行监督；

（6）组织或者参与工程质量事故的调查处理；

（7）定期对本地区工程质量状况进行统计分析；

（8）依法对违法违规行为实施处罚。

所以B、C、D、E正确。

6. 答案A、B、C、D：

工程质量监督报告的基本内容包括：工程项目概况；项目参建各方的质量行为检查情况；工程项目实体质量抽查情况；历次质量监督检查中提出质量问题的整改情况；工程竣工质量验收情况；项目质量评价（包括建筑节能和环保评价）；对存在的质量缺陷的处理意见等。所以A、B、C、D正确。

1Z205000　建设工程职业健康安全与环境管理

1Z205010　职业健康安全管理体系与环境管理体系

复习要点

1. 职业健康安全管理体系与环境管理体系标准

（1）职业健康安全与环境

职业健康安全是指影响或可能影响工作场所内的员工或其他工作人员（包括临时工和承包方员工）、访问者或任何其他人员的健康安全的条件和因素。

环境是指“组织运行活动的外部存在，包括空气、水、土地、自然资源、植物、动物、人，以及它（他）们之间的相互关系”。

（2）职业健康安全管理体系包括17个基本要素，其中核心要素包括以下10个：职业健康安全方针；危险源辨识、风险评价和控制措施的确定；法律法规和其他要求；目标和方案；资源、作用、职责、责任和权限；合规性评价；运行控制；绩效测量和监视；内部审核；管理评审。

《环境管理体系 要求及使用指南》GB/T 24001—2016 由“范围”“引用标准”“定义”和“环境管理体系要求”四部分组成。

熟悉考试用书图1Z205011-1 职业健康安全管理体系总体结构，并注意和考试用书图1Z205011-3 环境管理体系 要求及使用指南结构的比较。

（3）建设工程职业健康安全与环境管理的目的

职业健康安全管理的目的是防止和尽可能减少生产安全事故、保护产品生产者的健康与安全、保障人民群众的生命和财产免受损失；控制影响或可能影响工作场所内的员工或其他工作人员（包括临时工和承包方员工）、访问者或任何其他人员的健康安全的条件和因素；避免因管理不当对在组织控制下工作的人员健康和安全造成危害。

环境管理的目的是保护生态环境，使社会的经济发展与人类的生存环境相协调。企业应采取措施控制施工现场的各种粉尘、废水、废气、固体废弃物以及噪声、振动对环境的污染和危害，并且要注意节约资源和避免资源的浪费。

2. 职业健康安全与环境管理的特点和要求

（1）特点：复杂性、多变性、协调性、持续性、经济性、多样性。

（2）建设工程职业健康安全与环境管理的要求。

① 项目决策阶段

建设单位应办理各种相关审批手续，组织环境影响评价和安全预评价。

② 设计阶段

设计单位应设计环境保护设施和安全设施；注明涉及施工安全的重点部分和环节；明确工程安全环保设施费用、安全施工和环境保护措施费等；必要时，提出保障施工作业人员安全和预防生产安全事故的措施建议。

③ 施工阶段

建设单位应向有关部门提供有关安全施工措施的资料，或在开工报告批准之日起15日内备案。

施工企业的法定代表人是安全生产的第一负责人，项目负责人是施工项目生产的主要负责人。施工企业应当具备安全生产的资质条件。

总承包单位对施工现场的安全生产负总责并自行完成工程主体结构的施工。

④ 建设工程项目验收试运行阶段

建设单位应当在项目投入试生产之日起3个月内，向环保行政主管部门申请对其项目配套的环保设施进行竣工验收。

3. 职业健康安全管理体系与环境管理体系的建立和运行

（1）体系的建立包括：领导决策，成立工作组，人员培训，初始状态评审，制定方针、目标、指标和管理方案，管理体系策划与设计，体系文件编写，文件的审查、审批和发布。

体系文件包括管理手册、程序文件、作业文件三个层次。

（2）体系运行是指按照已建立体系的要求实施，其实施的重点包括培训意识和能力，信息交流，文件管理，执行控制程序，监测，不符合、纠正和预防措施，记录等。

（3）体系的维持主要是保证内部审核、管理评审和合规性评价的有效性（表1Z205010）。

体系维持工作对比表　　表1Z205010

要素名称		执行人	目的	时间间隔
内部审核		组织（内审员）	检查和评价体系是否正常运行以及是否达到了规定的目标	/
管理评审		最高管理者	判断组织的管理体系面对内部情况和外部环境的变化是否充分适应有效	/
合规性评价	项目	项目经理	履行遵守法律法规要求的承诺	1次/半年
	企业	管理者代表		1次/年

一 单项选择题

1. 职业健康安全管理体系的作用是（　　）。

A. 为管理职业健康安全风险和机遇提供一个框架

B. 满足职业健康安全管理体系的评价和认证需要

C. 提供有效的预防和保护措施以消除危险源

D. 降低职业健康安全风险并提升职业健康安全绩效

2. 企业最高管理者按计划的时间间隔对职业健康安全管理体系进行评价，称为（　　）。

A. 初始状态评审　　B. 内部审核

C. 管理评审　　D. 合规性评价

3. 针对燃油锅炉运行时二氧化硫、氢氧化物和 CO_2 等排放的环境因素，下列组织应对措施正确的是（　　）。

A. 要求财务部门监视燃料价格　　B. 用太阳能代替锅炉加热源

C. 实施运行控制以确保履行合规义务　D. 建立环境目标，安装热回收系统

4.《职业健康安全管理体系 要求及使用指南》GB/T 45001—2020 具体采用的运行模式是（　　）。

A. 系统管理理论　　B. 三全控制原理

C. EPC 运行模式　　D. 戴明模型

5. 关于环境管理体系标准的说法，正确的是（　　）。

A. 相较于职业健康安全管理体系标准，环境管理体系标准更强调领导作用

B.《环境管理体系 通用实施指南》是环境管理可供认证的管理标准

C. 环境管理体系的运行由"策划、实施和运行、检查和纠正措施、管理评审"构成

D. 环境管理是组织管理体系的组成部分，其管理的对象是一个组织

6. 下列职业健康安全管理体系的要素中，属于核心要素的是（　　）。

A. 应急准备和响应　　B. 法律法规和其他要求

C. 文件控制　　D. 沟通、参与和协商

7. 根据《环境管理体系 要求及使用指南》GB/T 24001—2016，属于运行部分内容的是（　　）。

A. 内部审核　　B. 监测、测量、分析和评价

C. 信息交流　　D. 应急准备和响应

8. 根据《职业健康安全管理体系 要求及使用指南》GB/T 45001—2020，下列职业健康安全管理体系要素中，属于策划部分内容的是（　　）。

A. 职业健康安全方针　　B. 资源、作用、职责、责任和权限

C. 法律法规和其他要求　　D. 绩效测量和监视

9. 职业健康安全管理体系与环境管理体系运行中，由组织的最高管理者对管理体系进行系统评价的是（　　）。

A. 内部审核　　　　B. 综合评审

C. 管理评审　　　　D. 合规性评价

10. 建设工程环境管理的目的是（　　）。

A. 保护生态环境

B. 对影响生产的具体因素进行状态控制

C. 保障人民群众的生命和财产免受损失

D. 保护和改善施工现场的环境

11. 建筑产品的生产涉及大量的露天作业，受到气候条件、工程地质等不可控因素的影响较大，这就决定职业健康安全与环境管理具有（　　）。

A. 单一性　　　　B. 复杂性

C. 不可逆性　　　　D. 重复性

12. 决定职业健康安全与环境管理持续性特点的是（　　）。

A. 受气候条件、工程地质条件影响较大

B. 项目建设周期长，诸多工序环环相扣

C. 项目建设现场材料、设备和工具的流动性大

D. 项目建设涉及的各工种经常需要交叉作业或平行作业

13. 对建设工程项目进行环境影响评价和安全预评价，是建设工程职业健康安全与环境管理在（　　）阶段的要求。

A. 项目决策　　　　B. 工程设计

C. 工程施工　　　　D. 项目验收试运行

14. 根据职业健康安全与环境管理的要求，办理各种有关安全环境保护方面审批手续的项目参与方是（　　）。

A. 施工单位　　　　B. 建设单位

C. 设计单位　　　　D. 监理单位

15. 工程安全环保设施费用、安全施工和环境保护措施费应在（　　）中开始明确。

A. 工程总概算　　　　B. 投资估算

C. 施工图预算　　　　D. 施工预算

16. 依法批准开工报告的建设工程，建设单位应当自开工报告批准之日起（　　）日内，将保证安全施工的措施报送至建设工程所在地的县级以上人民政府建设行政主管部门或者其他有关部门备案。

A. 5　　　　B. 7

C. 14　　　　D. 15

17. 有环保设施的建设工程项目，建设单位应向审批环境影响报告书、环境影响报告或者环境影响登记表的（　　）部门申请，对环保设施进行竣工验收。

A. 建设单位的行业管理　　　　B. 建设行政主管

C．环境保护行政主管　　　　　　D．安全生产监督管理

18．对于需要试生产的建设工程项目，建设单位对配套的环保设施向相关行政主管部门申请竣工验收的时间是（　　）。

A．项目投入试生产之日前最晚 30 天内

B．项目竣工验收后至投入试生产期间

C．项目投入试生产之日起最晚 3 个月内

D．项目投入试生产之日至正式投产之日间

19．建立职业健康安全管理体系时，组织识别工作场所中的危险源属于（　　）工作的内容。

A．管理评审　　　　　　B．合规性评价

C．内部审核　　　　　　D．初始状态评审

20．职业健康安全与环境管理体系文件中，以体系标准中管理要素为对象编写的文件是（　　）。

A．质量手册　　　　　　B．程序文件

C．作业指导书　　　　　D．记录表格

21．职业健康与安全管理体系运行是指按照已建立体系的要求实施。下列属于职业健康安全管理与环境管理体系运行重点的是（　　）。

A．内部审核　　　　　　B．信息交流

C．管理评审　　　　　　D．合规性评价

22．下列属于对职业健康安全管理与环境管理体系运行的描述中，适合信息交流活动的是（　　）。

A．对在内容上有抵触的文件和过期的文件要及时作废并妥善处理

B．确保各要素构成一个完整的、动态的、持续改进的体系和基础

C．为保证体系正确有效地运行，必须严格监测体系的运行情况

D．在体系运行过程中及时按文件要求进行记录，如实反映体系运行情况

23．在职业健康安全管理体系与环境管理体系的维持过程中，组织对其自身的管理体系所进行的检查和评价，称为（　　）。

A．持续改进　　　　　　B．管理评审

C．内部审核　　　　　　D．系统评审

24．关于职业健康与安全管理体系合规性评价的说法，正确的是（　　）。

A．公司级合规性评价每半年进行一次

B．项目组级合规性评价由最高管理者组织项目组进行

C．合规性评价是管理体系自我保证和自我监督的一种机制

D．合规性评价是为了履行遵守法律法规要求的承诺

二 多项选择题

1. 根据《职业健康安全管理体系 要求及使用指南》GB/T 45001—2020，组织在策划时就应确定法律法规要求和其他要求。其中，法律法规要求可包括（　　）。

A. 许可、执照或其他形式的授权　　B. 与卫生部门的协议

C. 法院判决或行政裁决　　D. 非强制性标准

E. 集体协商协议

2. 下列可能与组织所处环境相关的问题中，属于组织内部特征或条件的有（　　）。

A. 地方法律　　B. 产品服务

C. 企业战略　　D. 空气质量

E. 全球气候

3. 职业健康安全管理体系标准中的核心要素包括（　　）。

A. 危险源识别　　B. 风险评价和控制措施的确定

C. 应急准备和响应　　D. 运行控制

E. 记录控制

4. 下列要素中，属于职业健康安全管理体系要求中“策划”部分的有（　　）。

A. 职业健康安全方针

B. 法规和其他要求

C. 对危险源识别、风险评价和控制措施的确定

D. 组织的角色、职责和权限

E. 沟通、参与和协商

5. 根据《环境管理体系 要求及使用指南》GB/T 24001—2016，下列环境管理体系构成内容中，属于“绩效评价”部分的有（　　）。

A. 检测、测量、分析和评价　　B. 不符合和纠正措施

C. 内部审核　　D. 管理评审

E. 持续改进

6.《环境管理体系 要求及使用指南》GB/T 24001—2016 中，“支持”部分的内容包括（　　）。

A. 资源　　B. 能力

C. 职责　　D. 意识

E. 责任

7. 职业健康安全管理体系运行时的主要活动内容有（　　）。

A. 信息交流　　B. 文件管理

C. 领导决策　　D. 记录

E. 不符合、纠正和预防措施

8. 在建设工程项目决策阶段，建设单位职业健康安全与环境管理的任务包括

(　　)。

A. 提出生产安全事故防范的指导意见

B. 办理有关安全的各种审批手续

C. 组织建设工程项目环境影响评价

D. 提出保障施工作业人员安全和预防生产安全事故的措施建议

E. 将保证安全施工的措施报有关管理部门备案

9. 设计单位应提出保障施工作业人员安全和预防生产安全事故的措施建议的情形有(　　)。

A. 采用新材料的建设工程

B. 采用新结构的建设工程

C. 采用特殊结构的建设工程

D. 采用特殊管理模式的建设工程

E. 采用新工艺的建设工程

10. 在建设施工阶段，对施工企业在职业健康安全与环境管理的要求有(　　)。

A. 取得安全生产许可证

B. 将保证安全施工的措施报送有关部门备案

C. 建立有关安全生产责任制

D. 实施安全教育培训制度

E. 进行建设工程安全预评价

11. 职业健康安全管理体系与环境管理体系建立时，培训的目的有(　　)。

A. 使有关人员了解建立体系的重要性

B. 使有关人员了解标准的主要思想

C. 使有关人员了解标准的主要内容

D. 证实体系处于有效运行状态

E. 表明组织对职业健康安全与环境管理的承诺

12. 职业健康安全与环境管理体系建立时，对初始状态评审的内容有(　　)。

A. 明确职业健康安全及环境目标和指标

B. 辨识工作场所中的危险源和环境因素

C. 评审组织现有的管理制度，并与标准进行对比

D. 评审过去的事故，进行分析评价

E. 明确适用的有关职业健康安全与环境的法律、法规和其他要求

13. 职业健康安全管理体系与环境管理体系的作业文件包括(　　)。

A. 操作规程

B. 程序文件引用的表格

C. 管理手册

D. 绩效报告

E. 监测活动准则

14. 为维持职业健康安全与环境管理体系的运行，管理评审应注意的问题有(　　)。

A. 评审中提出的问题应认真进行整改，不断持续改进

B. 审查评审人员的执业资格

C. 信息输入的充分性和有效性

D．评审结论应该清楚明了、表述准确

E．评审过程要充分、严谨

【1Z205010　答案与解析】

一、单项选择题

*1．A；　2．C；　*3．C；　*4．D；　*5．A；　*6．B；　7．D；　8．C；
9．C；　10．D；　*11．B；　*12．B；　13．A；　14．B；　*15．A；　16．D；
*17．C；　18．C；　*19．D；　*20．B；　*21．B；　*22．B；　23．C；　24．D

【解析】

1．答案 A：

根据《职业健康安全管理体系 要求及使用指南》GB/T 45001—2020 第 2 条，职业健康安全管理体系的作用是为管理职业健康安全风险和机遇提供一个框架。“满足职业健康安全管理体系的评价和认证需要”是编制该规范的目的之一；“提供有效的预防和保护措施以消除危险源”和“降低职业健康安全风险并提升职业健康安全绩效”是组织相关管理工作的目的和应取得的结果。所以 A 正确。

3．答案 C：

详见《环境管理体系 通用实施指南》GB/T 24004—2017 中的附录 A.1“活动、产品和服务，以及与之相关的环境因素、环境影响、风险、机遇和措施的示例”。

4．答案 D：

两种体系的具体运行采用 PDCA 戴明模型，系统理论管理相关事务，三全控制原理指全面质量管理，EPC 运行模式为总承包模式，均与本问题无关。所以 D 正确。

5．答案 A：

比较考试用书图 1Z205011-1 职业健康安全管理体系总体结构，并注意和考试用书图 1Z205011-3《环境管理体系 要求及使用指南》结构可知，环境管理体系新标准存在领导作用部分。所以 A 正确。注意环境管理体系规范的变化。

6．答案 B：

职业健康安全管理体系包括 17 个基本要素，这 17 个要素的相互关系、相互作用共同有机地构成了职业健康安全管理体系的整体。核心要素包括以下 10 个要素：职业健康安全方针；危险源辨识、风险评价和控制措施的确定；法律法规和其他要求；目标和方案；资源、作用、职责、责任和权限；合规性评价；运行控制；绩效测量和监视；内部审核；管理评审。7 个辅助性要素包括：能力、培训和意识；沟通、参与和协商；文件；文件控制；应急准备和响应；事件调查、不符合、纠正措施和预防措施；记录控制。所以 B 正确。

11．答案 B：

依据建筑产品的特性，建设工程职业健康安全和环境管理的特点有：复杂性，职业健康安全和环境管理涉及大量的露天作业，受到气候条件、工程地质和水文地质、地理条件和地域资源等不可控因素的影响较大。所以 B 正确。

12. 答案 B:

依据建筑产品的特性，建设工程职业健康安全和环境管理的特点有：持续性，项目建设一般具有周期长的特点，从设计、实施直至投产阶段，诸多工序环环相扣。前一道工序的隐患，可能在后续的工序中暴露，酿成安全事故。所以 B 正确。

15. 答案 A:

建设工程设计阶段，在工程总概算中，应明确工程安全环保设施费用、安全施工和环境保护措施费等。题中，投资估算为决策阶段的任务，没有对投资进行分解的要求，施工图预算、施工预算为施工准备和施工阶段的任务。所以 A 正确。

17. 答案 C:

项目竣工后，建设单位应向审批建设工程项目环境影响报告书、环境影响报告或者环境影响登记表的环境保护行政主管部门申请，对环境设施进行竣工验收。所以 C 正确。

19. 答案 D:

体系建立时进行的评审工作是初始状态评审，组织识别工作场所中的危险源的工作是初始状态评审的内容，其余三项均是体系运行和维持时的工作。所以 D 正确。

20. 答案 B:

程序文件的编写应符合以下要求：程序文件要针对需要编制程序文件体系的管理要素，题中管理手册是对组织整个管理体系的整体性描述，而作业指导书、记录表格只涉及要素的部分内容。所以 B 正确。

21. 答案 B:

职业健康与安全管理体系运行是指按照已建立体系的要求实施，其实施的重点围绕培训意识和能力，信息交流，文件管理，执行控制程序，监测，不符合、纠正和预防措施，记录等活动推进体系的运行工作。其余都属于体系维持的内容。所以 B 正确。

22. 答案 B:

信息交流是确保各要素构成一个完整的、动态的、持续改进的体系和基础，应关注信息交流的内容和方式，其余均为其他体系运行活动的描述。所以 B 正确。

二、多项选择题

1. A、C、E;　　2. B、C;　　3. A、B、D;　　*4. B、C;
*5. A、C、D;　　6. A、B、D;　　7. A、B、D、E;　　*8. B、C;
9. A、B、C、E;　　10. A、C、D;　　*11. A、B、C;　　12. B、C、D、E;
13. A、B、E;　　14. A、C、D、E

【解析】

4. 答案 B、C:

职业健康安全管理体系“策划”一级要素为：目标和方案；法规和其他要求；危险源识别、风险评价和风险控制措施的确定。其中职业健康安全方针为更高一级的要素，与目标和方案不同。所以B、C正确。

5. 答案A、C、D:

根据考试用书图1Z205011-3《环境管理体系 要求及使用指南》结构可知，绩效评价部分包括检测、测量、分析和评价、内部审核、管理评审。所以A、C、D正确。

8. 答案B、C:

建设工程项目决策阶段，建设单位应按照有关建设工程法律法规和强制性标准的要求，办理各种有关安全与环境保护方面的审批手续。对需要进行环境影响评价或安全预评价的建设工程项目，应组织或委托有相应资质的单位进行建设工程项目环境影响评价和安全预评价。其余为设计、施工阶段的内容。所以B、C正确。

11. 答案A、B、C:

培训的目的是使有关人员具有完成对职业健康与环境有影响的任务的相应能力，了解建立体系的重要性，了解标准的主要思想和内容。所以A、B、C正确。

1Z205020 建设工程安全生产管理

复习要点

1. 安全生产管理制度

安全生产管理制度主要包括：安全生产责任制度；安全生产许可证制度；政府安全生产监督检查制度；安全生产教育培训制度；安全措施计划制度；特种作业人员持证上岗制度；专项施工方案专家论证制度；危及施工安全工艺、设备、材料淘汰制度；施工起重机械使用登记制度；安全检查制度；生产安全事故报告和调查处理制度；“三同时”制度；安全预评价制度；工伤和意外伤害保险制度等十四项。

（1）安全生产责任制是最基本的安全管理制度，是所有安全生产管理制度的核心。以“管生产的同时必须管安全”为原则。

工程项目部专职安全人员的配备应按住建部的规定，1万m^2以下工程1人；1万～5万m^2的工程不少于2人；5万m^2以上的工程不少于3人，且按专业配备专职安全生产管理人员。

（2）安全生产许可证制度

国家对建筑施工企业实施安全生产许可证制度。省、自治区、直辖市人民政府建设主管部门负责建筑施工企业安全生产许可证的颁发和管理。安全生产许可证的有效期为3年。安全生产许可证有效期满需要延期的，企业应当于期满前3个月向原安全生产许可证颁发管理机关办理延期手续。

（3）政府安全生产监督检查制度

国务院负责安全生产监督管理的部门依照《安全生产法》的规定，对全国建设工程安全生产工作实施综合监督管理。国务院建设行政主管部门对全国的建设工程安全生产实施监督管理。

（4）安全生产教育培训制度

企业安全生产教育培训一般包括对管理人员、特种作业人员和企业员工的安全教育。企业员工的安全教育主要有上岗前的三级安全教育、改变工艺和变换岗位安全教育、经常性安全教育三种形式。三级安全教育对建设工程来说，具体指企业（公司）、项目（或工区、工程处、施工队）、班组三级。

（5）安全措施计划制度

安全措施计划的范围应包括改善劳动条件、防止事故发生、预防职业病和职业中毒等内容，具体包括安全技术措施、职业卫生措施、辅助用房间及设施、安全宣传教育措施。

（6）特种作业人员持证上岗制度

垂直运输机械作业人员、安装拆卸工、爆破作业人员、起重信号工、登高架设作业人员等特种作业人员，必须按照国家有关规定经过专门的安全作业培训，并取得特种作业操作证后，方可上岗作业。

特种作业操作证每3年复审1次。连续从事本工种10年以上，特种作业操作证的复审时间可以延长至每6年1次。

（7）专项施工方案专家论证制度

施工单位应当在施工组织设计中编制安全技术措施和施工现场临时用电方案，对下列达到一定规模的危险性较大的分部分项工程编制专项施工方案：基坑支护与降水工程；土方开挖工程；模板工程；起重吊装工程；脚手架工程；拆除、爆破工程。

对深基坑、地下暗挖工程、高大模板工程的专项施工方案，施工单位还应组织专家进行论证。

（8）“三同时”制度

是指凡是我国境内新建、改建、扩建的基本建设项目（工程），技术改建项目（工程）和引进的建设项目，其安全生产设施必须符合国家规定的标准，必须与主体工程同时设计、同时施工、同时投入生产和使用。

2. 安全生产管理的预警体系的建立和运行

（1）安全生产管理预警体系的要素

事故的发生和发展是由于人的不安全行为、物的不安全状态以及管理的缺陷等方面相互作用的结果。预警体系应由外部环境预警系统、内部管理不良的预警系统、预警信息管理系统和事故预警系统四部分构成。

① 外部环境预警系统：自然环境突变的预警；政策法规变化的预警；技术变化的预警。

② 内部管理不良预警系统：质量管理预警；设备管理预警；人的行为活动管理预警。

（2）预警体系的建立

① 预警体系建立的原则：及时性、全面性、高效性、客观性。

② 预警体系实现的功能

预警体系功能的实现主要依赖于预警分析和预控对策两大子系统作用的发挥。

预警分析完成监测、识别、诊断与评价功能，主要由预警监测、预警信息管理、预警评价指标体系构建和预警评价等工作内容组成，应关注预警评价指标、预警方法、预警评价。

预控对策完成对事故征兆的不良趋势进行纠错和治错的功能。一般包括组织准备、日常监控和事故危机管理三个活动阶段。

（3）预警分析和预控对策的活动内容是不同的，前者主要是对系统隐患的辨识，对象是在正常生产活动中的安全管理过程；后者是对事故征兆的不良趋势进行纠错、治错的管理活动，对象是已被确认的事故现象。但两者相辅相成，预警分析是预警体系完成其职能的前提和基础，预控对策是预警体系职能活动的目标；不论生产活动是处于正常状态还是事故状态，预警分析的活动对象总是包容预控对策的活动对象。

（4）预警体系的运行

包括监测、识别、诊断、评价这四个环节预警活动，是前后顺序的因果联系。

3. 施工安全技术措施和安全技术交底

（1）施工安全控制

目标：减少或消除人的不安全行为的目标；减少或消除设备、材料的不安全状态目标；改善生产环境和保护自然环境的目标。

特点：控制面广；控制的动态性；控制系统交叉性；控制的严谨性。

控制程序：确定每项具体建设工程项目的安全目标→编制建设工程项目安全技术措施计划→安全技术措施计划的落实和实施→安全技术措施计划的验证→持续改进。

（2）安全技术措施的一般要求和内容

一般要求：必须在开工前制订；要有全面性，针对性；应力求全面、具体、可靠；必须包括应急预案；还要有可行性和可操作性等。安全技术措施分为一般工程安全技术措施和特殊工程安全技术措施。

主要内容：进入施工现场的安全规定；地面及深槽作业的防护；高处及立体交叉作业的防护；施工用电安全；施工机械设备的安全使用；在采取“四新”技术时，有针对性的专门安全技术措施；有针对自然灾害预防的安全措施；预防有毒、有害、易燃、易爆等作业造成危害的安全技术措施；现场消防措施。且必须包含施工总平面图。

此外还有：专项施工方案和安全措施，季节性施工安全技术措施。

（3）安全技术交底

主要内容：工程项目和分部分项工程的概况；本施工项目的施工作业特点和危险点；针对危险点的具体预防措施；作业中应遵守的安全操作规程以及应注意的安全事项；作业人员发现事故隐患应采取的措施；发生事故后应及时采取的避难和急救措施。

要求：必须实行逐级安全技术交底；必须具体、明确，针对性强；内容应包含潜在危险因素和存在问题；应优先采用新的安全技术措施；对于涉及“四新”项目或技术含量高、技术难度大的单项技术设计，必须经过两阶段技术交底；应向工长、班组长进行详细交底；定期向由两个以上作业队和多工种进行交叉施工的作业队伍进行书面交底；保持书面安全技术交底签字记录。

4. 安全生产检查监督的类型和内容

（1）安全检查监督的主要类型：全面安全检查、经常性安全检查、专业或专职安全管理人员的专业安全检查、季节性安全检查、节假日安全检查、要害部门重点安全检查等。

（2）安全检查监督的主要内容：查思想、查制度、查管理、查隐患、查整改和查事故处理，共六查。

5. 安全隐患的处理

（1）建设工程安全隐患包括三个部分的不安全因素：人的不安全因素（能够使系统发生故障或发生性能不良的事件的个人的不安全因素和违背安全要求的错误行为）、物的不安全状态（能导致事故发生的物质条件，包括机械设备或环境所存在的不安全因素）和组织管理上的缺陷。

（2）建设工程安全隐患治理原则：冗余安全度治理原则（设置多道防线）、单项隐患综合治理原则（人、机、料、法、环境各环节）、事故直接隐患与间接隐患并治原则、预防与减灾并重治理原则、重点治理原则、动态治理原则。

根据教材上的例子，会分类。

（3）建设工程安全隐患处理的方法：当场指正、限期纠正、预防隐患发生；做好记录、及时整改、消除安全隐患；分析统计、查找原因、制订预防措施；跟踪验证。

一 单项选择题

1. 根据国务院办公厅《关于促进建筑业持续健康发展的意见》，在安全生产管理时，应推进安全生产与（　　）技术深度融合。

A. 信息　　B. 标准化
C. BIM　　D. 装配化

2. 根据《建设工程安全生产管理条例》，达到一定规模的危险性较大的起重吊装工程应由（　　）进行现场监督。

A. 施工单位技术负责人　　B. 总监理工程师
C. 专职安全生产管理人员　　D. 专业监理工程师

3. 在安全生产管理预警体系中，技术变化的预警属于（　　）系统。

A. 外部环境预警　　B. 内部管理不良预警
C. 预警信息管理　　D. 事故预警系统

4. 施工单位应研究事故发生时疏散及抢救的方法，并定期组织训练和演习，这体现了安全隐患治理原则中的（　　）原则。

A. 单项隐患综合治理　　B. 冗余安全度治理
C. 直接与间接隐患并治　　D. 预防与减灾并重治理

5. 根据《中华人民共和国安全生产法》，对全国建设工程安全生产工作实施综合监督管理的部门是（　　）。

A. 国务院　　B. 应急管理部

C. 住房和城乡建设部　　D. 国务院授权的部门

6. 下列关于安全生产教育培训的说法，正确的是（　　）。

A. 企业新员工按规定经过三级安全教育和实际操作训练后即可上岗

B. 项目级安全教育由企业安全生产管理部门负责人组织实施，安全员协助

C. 班组级安全教育由项目负责人组织实施，安全员协助

D. 企业安全教育培训包括对管理人员、特种作业人员和企业员工的安全教育

7. 关于某起重信号工病休 7 个月后重返工作岗位的说法，正确的是（　　）年。

A. 应重新进行安全技术理论学习，经确认合格后上岗作业

B. 应重新进行实际操作考试，经确认合格后上岗作业

C. 应在从业所在地考核发证机关申请备案后上岗作业

D. 应重新进行安全技术理论学习、实际操作考试，经确认合格后上岗作业

8. 编制安全技术措施计划包括：①风险确定；②评价安全技术措施计划的充分性；③风险评价；④工作活动分类；⑤制订安全技术措施计划；⑥危险源识别。下列编制步骤中，正确的是（　　）。

A. ④⑥①③⑤②　　B. ①⑥③⑤②④

C. ⑥③①⑤②④　　D. ②④⑥①③⑤

9. 特种作业操作证有效期为（　　）年。

A. 3　　B. 5

C. 6　　D. 1

10. 施工起重机械应在验收合格后，由（　　）向建设行政主管部门或者其他有关部门登记。

A. 租售单位　　B. 制造单位

C. 施工单位　　D. 建设单位

11. 安全检查的重点是检查“三违”和（　　）。

A. 伤亡事故处理　　B. 事故隐患

C. 安全管理　　D. 安全责任制的落实

12.《中华人民共和国劳动法》规定：新建、改建、扩建工程的劳动安全卫生设施必须与主体工程（　　）。

A. 同时设计、同时施工、同时投入生产和使用

B. 同时设计、同时施工、同时验收

C. 同时立项、同时施工、同时验收

D. 同时立项、同时施工、同时投入生产和使用

13. 企业实施科学化、规范化安全管理的工作基础是（　　）。

A. “三同时”制度　　B. 伤亡事故报告处理制度

C. 安全预评价制度　　D. 安全检查制度

14. 由建筑施工企业自主决定的为从事危险作业的职工购买的保险是（　　）。

A. 工伤保险　　B. 意外伤害保险

C．基本医疗保险费　　　　D．失业保险费

15. 预警体系中，预控对策子系统用以完成对事故征兆的不良趋势进行（　　）的功能。

A．监测与识别　　　　B．诊断与评价

C．纠错与治错　　　　D．检查与纠正

16. 确定预警级别和预警信号标准，属于安全生产管理预警分析中（　　）的工作内容。

A．预警监测　　　　B．预警评价

C．预警信息管理　　　　D．预警评价指标体系的构建

17. 按照国际通用的预警信号颜色表示，安全状况为“受到事故的严重威胁”时，预警信号颜色及等级为（　　）。

A．橙色，Ⅱ级预警　　　　B．黄色，Ⅲ级预警

C．橙色，Ⅲ级预警　　　　D．黄色，Ⅱ级预警

18. 设备管理预警属于安全生产管理预警体系要素中（　　）的内容。

A．外部环境预警系统　　　　B．预警信息管理系统

C．内部管理不良预警系统　　　　D．事故预警系统

19. 根据安全生产管理预警体系的要素构成，属于外部环境预警系统的是（　　）。

A．质量管理预警　　　　B．技术变化的预警

C．设备管理预警　　　　D．人的行为活动管理预警

20. 关于安全预警分析和预控对策关系的说法，正确的是（　　）。

A．预警分析和预控对策的活动内容是相同的

B．预警分析是预警体系完成其职能的前提和基础

C．预警体系是预控对策职能活动的目标

D．预控对策的活动对象总是包容预警分析的活动对象

21. 预警体系是以警报为导向，以“矫正”为手段，以“免疫”为目的的防错、纠错系统，其功能的实现主要依赖于（　　）两大子系统作用的发挥。

A．事故预警和预警信息管理　　　　B．预警监测和预警评价

C．预警监测和预控对策　　　　D．预警分析和预控对策

22. 安全预警活动的四个环节，前后顺序正确的是（　　）。

A．监测、识别、诊断、评价　　　　B．识别、监测、诊断、评价

C．监测、识别、评价、诊断　　　　D．识别、监测、评价、诊断

23. 下列关于施工安全技术措施要求的说法，正确的是（　　）。

A．施工安全技术措施应包括应急预案

B．施工企业针对工程项目可编制统一的施工安全技术措施

C．编制施工安全技术措施应与工程施工同步进行

D．编制施工组织设计时必须包括专项安全施工技术方案

24. 由于工程所处的条件不同，所面临的危险因素会有所改变，另外施工活动分散于施工现场的各个部位，这就要求建筑工程安全控制应具有（　　）。

A．动态性　　B．广泛性

C．严谨性　　D．灵活性

25．施工安全控制系统的交叉性特点要求将（　　）结合。

A．工程系统、环境系统与社会系统　　B．安全系统、生产系统与经营系统

C．公司、工区（项目部）与班组　　D．职业健康、生产安全与环境管理

26．对于爆破、拆除、起重、大型吊装、水下等危险性较大的作业或工程，为了确保其施工安全，必须编制（　　）。

A．专项工程施工应急预案　　B．职业健康安全管理方案

C．季节性施工安全措施　　D．专项施工安全技术方案

27．建设工程项目施工安全控制包括以下工作：①确定安全目标；②编制安全技术措施计划；③安全技术措施计划的落实和实施；④安全技术措施计划的验证；⑤持续改进。正确的控制程序是（　　）。

A．①②③④⑤　　B．③①②④⑤

C．①③②④⑤　　D．①③②⑤④

28．关于施工安全技术措施一般要求的说法，正确的是（　　）。

A．在图纸会审时，就应特别注意考虑安全施工的问题

B．对高温期长的工程，应编制专项安全施工技术方案

C．具有相同结构的大型群体工程，只需编制施工安全技术总体措施

D．施工安全技术措施必须包含所有日常安全工作制度和安全纪律

29．工作人员必须在工作前，对所用的机械设备和工具进行仔细的检查，发现问题立即上报。这种检查行为被称为（　　）。

A．全面安全检查　　B．专业人员安全检查

C．要害部门重点安全检查　　D．经常性安全检查

30．检查企业领导和员工对安全生产方针的认识程度，对建立健全安全生产管理和安全生产规章制度的重视程度。此项检查属于（　　）。

A．查管理　　B．查思想

C．查制度　　D．查整改

31．施工安全检查中的查整改的主要内容是（　　）。

A．检查生产作业现场是否符合安全生产要求

B．主要检查规章制度是否真正得到落实

C．检查过去提出的安全问题是否采取了安全技术措施

D．检查对伤亡事故是否及时报告

32．班组及岗位安全检查表应由（　　）审定后方可正式实行。

A．安全技术部门　　B．最高管理者

C．项目经理　　D．生产经营部门

33．下列建设工程安全隐患的不安全因素中，属于“物的不安全状态”的是（　　）。

A．使用不安全设备　　B．造成安全装置失效

C．个人防护用品缺陷　　　　　　　　D．对易燃易爆危险品处理不当

34. 某道路上有一个坑，既要设防护栏及警示牌，又要设照明及夜间警示红灯。此项工作属于安全事故隐患治理的（　　）原则。

A．重点治理原则　　　　　　　　B．冗余安全度治理原则

C．动态治理原则　　　　　　　　D．预防与减灾并重治理原则

35. 关于安全事故隐患处理的说法，正确的是（　　）。

A．重大安全隐患排除前的作业应由专人监督

B．重复出现的安全隐患通常称为通病

C．对于违章作业应当场指出，限期纠正

D．已制定纠正措施的安全隐患应由受检单位跟踪验证

二　多项选择题

1. 关于施工项目安全技术交底的说法，正确的有（　　）。

A．施工项目必须实行逐级安全技术交底

B．交底内容应针对潜在危险因素和存在问题

C．定期向多工种交叉施工的作业队做口头技术交底

D．涉及"四新"项目，必须经过两阶段技术交底

E．交底时应将施工程序向班组长进行详细交底

2. 下列人的不安全因素中，属于不安全行为的有（　　）。

A．色盲司机　　　　　　　　B．不安全装束

C．有影响安全的性格　　　　D．疲劳和醉酒状态

E．使用不安全设备

3. 根据《建设工程安全生产管理条例》，上岗前须取得特种作业操作资格证书的有（　　）。

A．起重信号工　　　　　　　　B．垂直运输机械作业人员

C．挖掘机作业人员　　　　　　D．起重机械作业人员

E．泵送混凝土工

4. 企业员工的安全教育的形式主要包括（　　）。

A．新员工上岗前的三级安全教育　　B．改变工艺和变换岗位安全教育

C．经常性安全教育　　　　　　　　D．事故现场安全教育

E．主管部门组织的安全作业培训

5. 经常性安全教育中，最重要的是（　　）。

A．安全技术教育　　　　　　　　B．安全思想教育

C．安全态度教育　　　　　　　　D．岗位要求教育

E．安全政策教育

6. 根据《建设工程安全生产管理条例》，应组织专家进行专项施工方案论证的工程有（　　）。

A．起重吊装工程　　B．脚手架工程
C．拆除、爆破工程　　D．深基坑工程
E．高大模板工程

7. 下列安全措施中，属于安全技术措施的有（　　）。

A．保险装置　　B．防爆炸装置
C．信号装置　　D．防尘装置
E．防噪声装置

8. 企业取得安全生产许可证，应当具备的安全生产条件有（　　）。

A．配备专职安全生产管理人员　　B．建立安全生产责任制
C．从业人员须经考核合格　　D．依法参加工伤保险
E．有生产安全事故应急救援预案

9. 安全生产管理预警体系中，属于安全生产内部管理不良预警系统的有（　　）。

A．事故预警　　B．人的行为活动管理预警
C．政策法规变化的预警　　D．技术变化的预警
E．质量管理预警

10. 构建安全预警体系时，需遵循的思想和方法包括（　　）。

A．信息论　　B．系统论
C．决策论　　D．方法论
E．控制论

11. 安全预警体系建立的原则的有（　　）。

A．及时性　　B．交叉性
C．全面性　　D．动态性
E．客观性

12. 安全预控对策的活动可以分为（　　）阶段。

A．组织准备　　B．事故征兆诊断
C．日常监控　　D．识别事故征兆
E．事故危机管理

13. 建设工程施工安全控制的具体目标包括（　　）。

A．改善生产环境和保护自然环境　　B．增强各项目相关方的满意程度
C．减少或消除人的不安全行为　　D．提高企业的信誉和形象
E．减少或消除设备、材料的不安全状态

14. 安全检查监督的类型包括（　　）。

A．全面安全检查　　B．经常性安全检查
C．季节性检查　　D．节假日检查
E．定期安全检查

15. 下列关于建设工程施工安全技术交底要求的说法，正确的有（　　）。

A．必须实行逐级安全技术交底制度并延伸到班组全体作业人员

B．优先采用新的安全技术措施

C．技术难度大的单项技术设计必须经过“两阶段”技术交底

D．不定期向多工种进行交叉施工的作业队伍进行书面交底

E．交底内容应针对单位工程施工中的潜在危险因素

16. 安全检查监督的主要内容包括（　　）。

A．查思想　　B．查管理

C．查隐患　　D．查整改

E．查标准

17. 关于建设工程项目安全检查的说法，正确的有（　　）。

A．安全检查要根据检查档案组织检查工作

B．要挑选具有较高技术业务水平的专业人员参加

C．明确检查的目的和要求

D．安全检查表要由最高领导者审定

E．检查前的准备工作包括奖金准备

18. 建设工程安全隐患的不安全因素包括（　　）。

A．政策的不连续性　　B．物的不安全状态

C．自然环境的变化　　D．人的不安全行为

E．组织管理上的不安全因素

19. 作为间接的原因，事故潜在的不安全因素，组织管理上的缺陷包括（　　）的缺陷。

A．技术上　　B．机构上

C．教育上　　D．生理上

E．心理上

20. 安全事故隐患治理原则有（　　）。

A．单项隐患综合治理原则　　B．预防和减灾并重治理原则

C．重点治理原则　　D．静态治理原则

E．事故直接隐患与间接隐患并治原则

【1Z205020　答案与解析】

一、单项选择题

1．A；　2．C；　3．A；　4．D；　5．B；　*6．D；　7．B；　8．A；

9．C；　10．C；　11．D；　*12．A；　13．C；　14．B；　*15．C；　16．B；

*17．A；　18．C；　19．B；　*20．B；　*21．D；　*22．A；　23．A；　*24．A；

25．A；　26．D；　27．A；　28．A；　29．D；　30．B；　31．C；　32．A；

*33. C；　34. B；　35. C

【解析】

6. 答案D：

A选项遗漏条件“并经考核合格后方可上岗”；B选项应为项目级安全教育由项目级负责人组织实施，专职或兼职安全员协助；C选项应为班组级安全教育由班组长组织实施；企业安全生产教育培训一般包括对管理人员、特种作业人员和企业员工的安全教育，所以D正确。注意：遗漏和混淆条件是出题者的常用思路。

12. 答案A：

《中国人民共和国劳动法》第五十三条规定：新建、改建、扩建工程的劳动安全卫生设施必须与主体工程同时设计、同时施工、同时投入生产和使用。所以A正确。

15. 答案C：

预警分析完成监测、识别、诊断与评价功能，而预控对策完成对事故征兆的不良趋势进行纠错和治错的功能。所以C正确。

17. 答案A：

Ⅱ级预警，表示受到事故的严重威胁，用橙色表示。所以A正确。

20. 答案B：

预警分析和预控对策的活动内容是不同的；预警分析是预警体系完成其职能的前提和基础；预控对策是预警体系职能活动的目标；预警分析的活动对象总是包容预控对策的活动对象。所以B正确。

21. 答案D：

预警体系功能的实现主要依赖于预警分析和预控对策两大子系统作用的发挥。所以D正确。

22. 答案A：

监测是预警活动的前提，识别是运用评价指标体系对监测信息进行分析，以识别生产活动中各类事故征兆、事故诱因，以及将要发生的事故活动趋势；诊断是对已被识别的各种事故现象，进行成因过程的分析和发展趋势预测；评价对已被确认的主要事故征兆进行描述性评价。监测、识别、诊断、评价这四个环节预警活动，是前后顺序的因果联系。所以A正确。

24. 答案A：

由于建设工程项目的单件性，使得每项工程所处的条件不同，所面临的危险因素和防范措施也会有所改变，另外施工活动分散于施工现场的各个部位，这就要求建筑工程安全控制应具有动态性。所以A正确。

33. 答案C：

物的不安全状态的内容包括：（1）物本身存在的缺陷；（2）防护保险方面的缺陷；（3）物的放置方法的缺陷；（4）作业环境场所的缺陷；（5）外部的和自然界的不安全状态；（6）作业方法导致的物的不安全状态；（7）保护器具信号、标志和个体防护用品的缺陷。A、B、D属于人的不安全行为，所以C正确。

二、多项选择题

1. A、B、D、E；　2. B、E；　*3. A、B；　*4. A、B、C；
5. B、C；　6. D、E；　7. A、B、C；　*8. A、B、D、E；
*9. B、E；　10. A、B、C、E；　*11. A、C、E；　12. A、C、E；
*13. A、C、E；　14. A、B、C、D；　15. A、B、D、E；　16. A、B、C、D；
17. B、C、E；　*18. B、C、E；　19. A、C、D、E；　20. A、B、C、E

【解析】

3. 答案 A、B：

《建设工程安全生产管理条例》第二十五条规定：垂直运输机械作业人员、安装拆卸工、爆破作业人员、起重信号工、登高架设作业人员等特种作业人员。所以 A、B 正确。

4. 答案 A、B、C：

企业员工的安全教育的形式：新员工上岗前的三级安全教育、改变工艺和变换岗位安全教育、经常性安全教育。所以 A、B、C 正确。

8. 答案 A、B、D、E：

条件要求从业人员经安全生产教育和培训合格，而不是考核合格。故选项 C 表述错误，其余选项均正确。所以 A、B、D、E 正确。

9. 答案 B、E：

内部管理不良预警系统包括：质量管理预警；设备管理预警；人的行为活动管理预警。所以 B、E 正确。

11. 答案 A、C、E：

预警体系建立的原则：及时性、全面性、高效性、客观性。所以 A、C、E 正确。

13. 答案 A、C、E：

安全控制的目标是减少和消除生产过程中的事故，保证人员健康安全和财产免受损失。具体包括：（1）减少或消除人的不安全行为的目标；（2）减少或消除设备、材料的不安全状态的目标；（3）改善生产环境和保护自然环境的目标。所以 A、C、E 正确。

18. 答案 B、C、E

建设工程安全隐患包括三个部分的不安全因素：人的不安全因素、物的不安全状态和组织管理上的不安全因素。注意人的不安全行为只是人的不安全因素的一个方面，表述不完整。所以 B、C、E 正确。

1Z205030　建设工程生产安全事故应急预案和事故处理

复习要点

1. 生产安全事故应急预案的内容

应急预案是对特定的潜在事件和紧急情况发生时所采取措施的计划安排，是应急响应的行动指南。应急预案的制订，首先必须与重大环境因素和重大危险源相结合，还要考虑在实施应急救援过程中可能产生的新的伤害和损失。

（1）应急预案体系：综合应急预案、专项应急预案（如基坑开挖、脚手架拆除等事故）、现场处置方案（针对具体的装置、场所或设施、岗位所制订的应急处置措施，根据风险评估及危险性控制措施逐一编制）。

（2）应急预案编制的要求和内容

编制要求：符合有关法律、法规、规章和标准的规定；结合本地区、本部门、本单位的安全生产实际情况；结合本地区、本部门、本单位的危险性分析情况；应急组织和人员的职责分工明确，并有具体的落实措施；有明确、具体的事故预防措施和应急程序，并与其应急能力相适应；有明确的应急保障措施，并能满足本地区、本部门、本单位的应急工作要求；预案基本要素齐全、完整，预案附件提供信息准确；预案内容与相关应急预案相互衔接。

编制内容：按照《生产经营单位安全生产事故应急预案编制导则》GB/T 29639—2013的规定内容编制综合应急预案、专项应急预案和现场处置方案。

综合应急预案：总则；施工单位的危险性分析；组织机构及职责；预防与预警；应急响应；信息发布；后期处置；保障措施；培训与演练；奖惩；附则。

专项应急预案：事故类型和危害程度分析；应急处置基本原则；组织机构及职责；预防与预警；信息报告程序；应急处置；应急物资与装备保障。

现场处置方案：事故特征；应急组织与职责；应急处置；注意事项。

2. 生产安全事故应急预案的管理

建设工程生产安全事故应急预案的管理包括应急预案的评审、备案、实施、奖惩。

应急管理部负责应急预案的综合协调管理工作。

（1）地方各级应急管理部门应组织有关专家审定本部门编制的应急预案。

（2）地方各级人民政府应急管理部门的应急预案，应当报同级人民政府备案，同时抄送上一级人民政府应急管理部门。

（3）应急预案的实施包括：宣传教育、演练（每年至少组织一次综合应急预案演练或者专项应急预案演练，每半年至少组织一次现场处置方案演练）和修订。

（4）有下列情形之一的，应急预案应当及时修订并归档：

① 依据的法律、法规、规章、标准及上位预案中的有关规定发生重大变化的；

② 应急指挥机构及其职责发生调整的；

③ 面临的事故风险发生重大变化的；

④ 重要应急资源发生重大变化的；

⑤ 预案中的其他重要信息发生变化的；

⑥ 在应急演练和事故应急救援中发现问题需要修订的；

⑦ 编制单位认为应当修订的其他情况。

施工单位应急预案修订涉及组织指挥体系与职责、应急处置程序、主要处置措施、应急响应分级等内容变更的，修订工作应当参照《生产安全事故应急预案管理办法》规定的应急预案编制程序进行，并按照有关应急预案报备程序重新备案。

3. 职业健康安全事故的分类和处理

（1）按照事故发生的原因分类（参照《企业职工伤亡事故分类》GB 6441—1986）

按照事故发生的原因分类，职业伤害事故可以分为20类，其中与建筑业有关的有12类。物体打击、车辆伤害、机械伤害、起重伤害、触电、灼烫、高处坠落、坍塌、火药爆炸、中毒和窒息以及其他伤害。注意伤害的定义。

（2）按事故后果严重程度分类（参照《企业职工伤亡事故分类》GB 6441—1986）

① 轻伤事故：是指造成职工肢体或某些器官功能性或器质性轻伤损失，能引起劳动能力轻度或暂时丧失的伤害事故，一般每个受伤人员休息1个工作日（含）以上，105个工作日以下。

② 重伤事故：一般指受伤人员肢体残缺或视觉、听觉等器官受到严重损失，能引起人体长期存在功能障碍或劳动能力有重大损失的伤害，或者造成每个受伤人损失105工作日（含）以上的失能伤害的事故。

③ 死亡事故，其中，重大伤亡事故指一次事故中死亡1～2人的事故；特大伤亡事故指一次事故中死亡3人以上（含3人）的事故。

（3）按事故造成的人员伤亡或者直接经济损失分类

① 一般事故：是指造成3人以下死亡，或者10人以下重伤，或者1000万元以下直接经济损失的事故。

② 较大事故：是指造成3人以上10人以下死亡，或者10人以上50人以下重伤，或者1000万元以上5000万元以下直接经济损失的事故。

③ 重大事故：是指造成10人以上30人以下死亡，或者50人以上100人以下重伤，或者5000万元以上1亿元以下直接经济损失的事故。

④ 特别重大事故：是指造成30人以上死亡，或者100人以上重伤（包括急性工业中毒，下同），或者1亿元以上直接经济损失的事故。

（4）职业伤害事故的处理

① 安全事故处理的原则（“四不放过”原则），即事故原因未查清不放过、事故责任人未受到处理不放过、事故没有制订切实可行的整改措施不放过、事故责任人和周围群众没有受到教育不放过。

② 安全事故统计、上报的相关规定

生产安全事故发生后，事故现场有关人员应当立即向本单位负责人报告；单位负责人接到报告后，应当于1小时内向事故发生地县级以上人民政府应急管理部门和负有安全生产监督管理职责的有关部门报告。

建设行政主管部门是建设安全生产的监督管理部门，建设施工中出现了安全事故，应当向建设行政主管部门报告。专业工程出现安全事故，还需要向有关行业主管部门报告。

重大、特大事故逐级上报至国务院应急管理部门和负有安全生产监督管理职责的有关部门。

较大事故逐级上报至省、自治区、直辖市人民政府应急管理部门和负有安全生产监督管理职责的有关部门。

一般事故上报至设区的市级人民政府应急管理部门和负有安全生产监督管理职责的有关部门。

安全事故统计内容主要包括事故发生单位的基本情况、事故造成的死亡人数、受伤人数（含急性工业中毒人数）、单位经济类型、事故类别等。

安全事故发生地县级以上应急管理部门对发生的每起生产安全事故，在规定时限内通过“安全生产综合统计信息直报系统”填报。

③ 事故调查

特别重大事故由国务院或者国务院授权有关部门组织事故调查组进行调查；重大事故、较大事故、一般事故分别由事故发生地省级人民政府、设区的市级人民政府、县级人民政府负责调查。事故调查组应当自事故发生之日起60日内提交事故调查报告。

一 单项选择题

1. 在应急预案体系的构成中，针对具体设施所制定的应急处置措施属于（　　）。

A．综合应急预案　　B．专项应急预案

C．应急行动指南　　D．现场处置方案

2. 根据《生产安全事故应急预案管理办法》（2019修订版），负责全国应急预案综合协调管理工作的部门是（　　）。

A．国家安全生产监督管理总局　　B．国家安全部

C．人力资源和社会保障部　　D．应急管理部

3. 某工程因脚手架坍塌造成960万元的直接经济损失，根据《生产安全事故报告和调查处理条例》，该事故属于（　　）。

A．特别重大事故　　B．重大事故

C．较大事故　　D．一般事故

4. 针对脚手架拆除可能出现的倒塌事故，施工企业应编制（　　）。

A．综合应急预案　　B．现场处置方案

C．专项应急预案　　D．事故调查报告

5. 根据《生产经营单位安全生产事故应急预案编制导则》GB/T 29639—2013，属于现场处置方案的是（　　）。

A．信息发布　　B．事故特征

C．应急演练　　D．经费保障

6. 现场处置方案应根据（　　）逐一编制，做到事故相关人员应知应会，熟练掌握。

A．应急组织结构和相关应急职责

B．应急行动、措施和保障等基本要求和程序

C．救援程序和具体的应急救援措施

D．风险评估和危险性控制措施

7. 负责本行政区域内应急预案的综合协调管理工作的部门是（　　）。

A．国务院其他负有安全生产监督管理职责的部门

B．县级以上地方各级人民政府

C．县级以上地方各级人民政府其他负有安全生产监督管理职责的部门

D．县级以上地方各级人民政府应急管理部门

8. 地方各级人民政府应急管理部门编制的部门应急预案应当由（　　）审定。

A．上一级人民政府应急管理部门委托的有关专家

B．地方各级人民政府应急管理部门委托的有关专家

C．上一级人民政府应急管理部门

D．地方各级人民政府应急管理部门

9. 参加生产经营单位应急预案评审的人员应当包括（　　）。

A．企业主管安全生产的负责人　　B．应急管理部门的工作人员

C．应急管理方面的专家　　D．社会群众

10. 应报同级人民政府和上一级人民政府应急管理部门备案的应急预案是（　　）。

A．地方各级人民政府应急管理部门的应急预案

B．地方建设行政主管部门的应急预案

C．中央管理的总公司的综合应急预案

D．实行安全生产许可的企业综合应急预案

11. 未实行安全生产许可的企业综合预案和专项应急预案的备案，应（　　）。

A．报所在地县级以上地方人民政府应急管理部门

B．报所在地县级以上地方人民政府有关主管部门

C．报所在地县级以上地方人民政府

D．由省、自治区、直辖市人民政府应急管理部门确定

12. 关于安全生产事故应急预案管理的说法，正确的是（　　）。

A．非参建单位的安全生产及应急管理方面的专家均可受邀参加应急方案评审

B．政府部门应急预案应报同级人民政府和上一级人民政府应急管理部门备案

C．生产经营单位应每年至少组织两次综合应急预案演练或者专项应急预案演练

D．生产经营单位应每半年至少组织一次现场处置方案演练

13. 县级以上安全生产监督管理部门可以处1万元以上3万元以下罚款的情形是（　　）。

A．未进行应急预案备案　　B．未编制应急预案

C．未组织应急预案演练　　D．事故未按应急预案响应

14. 按照我国《企业职工伤亡事故分类》GB 6441—1986 的规定，职业伤害事故分为（　　）类。

A．18　　B．19

C．20　　D．21

15. 职业伤害事故分类中，物体打击伤害是指落物、滚石、（　　）等造成的人身伤害。

A．锤击、碎裂

B．堆置物倒塌

C．机械碰撞

D．爆炸引起的物体打击

16．根据《企业职工伤亡事故分类》GB 6441—1986 的规定，下列职业伤害事故中，属于灼烫事故的是（　　）。

A．雷击造成的电流灼伤

B．放射线引起的皮肤损伤

C．瓦斯爆炸引起的烫伤

D．火灾时造成的人体烧伤

17．根据《企业职工伤亡事故分类》GB 6441—1986，雷击伤害属于（　　）事故。

A．灼烫

B．火灾

C．触电

D．其他伤害

18．职业伤害事故按照事故发生的原因进行分类中，起重机驾驶员在上下驾驶室时发生坠落伤害属于（　　）。

A．机械伤害

B．起重伤害

C．高处坠落

D．其他伤害

19．建设工程职业健康安全事故按事故后果严重程度分类，一次事故中有一个伤员休息两个工作日，事故属于（　　）。

A．轻伤事故

B．重伤事故

C．死亡事故

D．重大伤亡事故

20．某工人在施工作业过程中脚部被落物砸伤，休养了 21 周。根据《企业职工伤亡事故分类》GB 6441—1986，该事故属于（　　）。

A．轻伤事故

B．重伤事故

C．职业病

D．失能伤害

21．职业伤害事故按其后果严重程度，重大伤亡事故指一次事故中死亡（　　）的事故。

A．1～2 人

B．3～10 人

C．10～30 人

D．30 人及以上

22．根据《生产安全事故报告和调查处理条例》，下列安全事故中，属于较大事故的是（　　）。

A．2 人死亡，980 万元直接经济损失

B．4 人死亡，6000 万元直接经济损失

C．3 人死亡，4800 万元直接经济损失

D．10 人死亡，3000 万元直接经济损失

23．某房屋建筑拆除工程施工中，发生倒塌事故，造成 60 人重伤、8 人死亡。根据《生产安全事故报告和调查处理条例》，该事故属于（　　）。

A．一般事故

B．较大事故

C．重大事故

D．特别重大事故

24．根据《生产安全事故报告和调查处理条例》，下列安全事故中，属于重大事故的是（　　）。

A．3 人死亡，10 人重伤，直接经济损失 2000 万元

B. 12 人死亡，直接经济损失 960 万元

C. 36 人死亡，50 人重伤，直接经济损失 6000 万元

D. 2 人死亡，100 人重伤，直接经济损失 1.2 亿元

25. 针对事故发生的原因，提出防止相同或类似事故发生的切实可行的预防措施，并督促事故发生单位加以实施，以达到事故调查和处理的最终目的。此款符合“四不放过”事故处理原则的（　　）原则。

A. 事故原因未查清不放过

B. 事故责任人未受到处理不放过

C. 事故责任人和周围群众没有受到教育不放过

D. 事故没有制定切实可行的整改措施不放过

26. 施工单位负责人接到施工现场发生安全事故的报告后，应当于（　　）小时内向事故发生地县级以上人民政府应急管理部门和负有安全生产监督管理职责的有关部门报告。

A. 1　　B. 2

C. 12　　D. 24

27. 建设工程安全事故调查组应当提交事故调查报告的时间为（　　）。

A. 自事故发生之日起 30 日内　　B. 自调查组成立之日起 30 日内

C. 自事故发生之日起 60 日内　　D. 自调查组成立之日起 60 日内

28. 我国某县工地由于发生安全事故造成经济损失 6500 万元，则该安全事故逐级上报至（　　）应急管理部门和负有安全生产监督管理职责的有关部门。

A. 国务院　　B. 省人民政府

C. 市人民政府　　D. 区级人民政府

29. 某县一建筑工地发生生产安全重大事故，则事故调查组应由（　　）负责组织。

A. 事故发生地县级人民政府　　B. 国务院应急管理部门

C. 事故发生单位　　D. 事故发生地省级人民政府

30. 根据《生产安全事故统计报表制度》（安监总统计［2016］116 号），每月生产安全事故统计数据汇总应由各级应急管理部门在（　　）完成。

A. 当月 31 日前　　B. 次月 1 日前

C. 次月 7 日前　　D. 次月 10 日前

二 多项选择题

1. 关于生产安全事故应急预案管理的说法，正确的有（　　）。

A. 生产经营单位应每半年至少组织一次现场处置方案演练

B. 生产经营单位应每年至少组织一次综合应急预案演练

C. 地方各级人民政府应急管理部门的应急预案应当报同级人民政府备案

D．生产经营单位的应急管理方面的专家均可受邀参加应急方案的评审

E．施工单位应急预案涉及应急响应等级内容变更的，应重新进行修订

2. 应当对本单位编制的应急预案进行评审，并形成书面评审纪要的生产经营单位有（　　）。

A．金属冶炼企业　　B．城市轨道交通运营单位

C．危险物品的运输单位　　D．烟花爆竹批发经营企业

E．人员密集场所经营单位

3. 专项应急预案中信息报告程序的内容有（　　）。

A．确定报警系统及程序

B．确定现场报警方式

C．确定48小时与相关部门的通信、联络方式

D．明确应急反应人员向外求援的方式

E．明确相互认可的通告、报警形式和内容

4. 综合应急预案中应急响应的内容有（　　）。

A．应急组织体系　　B．响应分级

C．通信与信息保障　　D．响应程序

E．应急结束

5. 现场处置方案中应急处置的内容主要包括（　　）。

A．事故应急处置的程序　　B．现场应急处置措施

C．事故报告的基本要求　　D．事故后果影响消除

E．抢险过程和应急救援能力评估

6. 应急预案的评审或者论证应当注重的内容有（　　）。

A．组织体系的科学性　　B．基本要素的完整性

C．预防措施的衔接性　　D．应急保障措施的可行性

E．响应程序的针对性

7. 应急预案应当及时修订的情形有（　　）。

A．生产经营单位生产工艺和技术发生变化

B．周围环境发生变化，形成新的重大危险源

C．应急组织指挥体系或者职责已经调整

D．依据的法律、法规、规章和标准发生变化

E．应急预案演练计划发生变化

8. 根据《企业职工伤亡事故分类》GB 6441—1986，与建筑业有关的职业伤害事故有（　　）。

A．冒顶片帮　　B．触电

C．机械伤害　　D．火药爆炸

E．物体打击

9. 根据《企业职工伤亡事故分类》GB 6441—1986，下列伤害事故中，属于机械伤害的有（　　）。

A. 被车辆撞击造成人员伤害

B. 搅拌机械传动装置断裂甩出伤人

C. 汽车倾覆造成人员伤亡

D. 电动切割机械防护不当造成操作人员受伤

E. 起重机吊物坠落砸伤作业人员

10. 根据《生产安全事故报告和调查处理条例》的规定，属于特别重大事故的情形有（ ）。

A. 死亡 29 人　　B. 重伤 73 人

C. 死亡 73 人　　D. 重伤 100 人

E. 直接经济损失 1 亿元

11. 某工程施工中，因脚手架坍塌导致了 620 万元的直接经济损失。对该事故处理正确的有（ ）。

A. 施工单位负责人报告了当地县级建设行政主管部门

B. 建设单位负责人报告了当地设区的市级人民政府应急管理部门

C. 负责事故调查的人民政府在收到事故报告后 30 日作出了批复

D. 该事故由施工单位负责组织了事故调查组并进行了调查

E. 事故调查确定了事故的直接责任者、间接责任者和主要责任者

12. 建设工程施工安全事故发生后，施工单位现场人员可以立即向（ ）报告。

A. 建设单位负责人　　B. 施工单位负责人

C. 建设行政主管部门　　D. 应急管理部门

E. 监理单位负责人

13. 关于生产安全事故报告和调查处理原则的说法，正确的有（ ）。

A. 事故原因未查清不放过

B. 事故责任者和周围群众未受到教育不放过

C. 事故责任者未受到处理不放过

D. 事故未整改到位不放过

E. 事故未及时报告不放过

14. 应急管理部门和负有安全生产监督管理职责的有关部门接到事故报告后，在按规定上报的同时，应当通知的相关部门有（ ）。

A. 公安机关　　B. 劳动保障行政部门

C. 人民检察院　　D. 武警消防部门

E. 医院

15.《生产安全事故统计报表制度》（安监总统计［2016］116 号）规定，安全事故报表的统计内容有（ ）。

A. 间接经济损失　　B. 事故类别

C. 伤亡人数　　D. 单位经济类型

E. 单位管理制度

【1Z205030　答案与解析】

一、单项选择题

1. D;　2. D;　3. D;　4. C;　5. B;　6. D;　7. D;　8. D;
*9. C;　10. A;　11. D;　*12. D;　13. A;　14. C;　15. A;　16. B;
17. C;　*18. C;　19. A;　*20. B;　21. A;　22. C;　23. C;　*24. B;
25. D;　26. A;　27. C;　*28. A;　29. D;　30. C

【解析】

9. 答案 C：

2016 年修订后的《生产安全事故应急预案管理办法》规定：参加应急预案评审的人员应当包括有关安全生产及应急管理方面的专家。评审人员与所评审应急预案的生产经营单位有利害关系的，应当回避。所以 C 正确。

12. 答案 D：

评审人员与所评审预案的生产经营单位有利害关系的，应当回避。地方各级安全生产监督管理部门的应急预案，应当报同级人民政府和上一级安全生产监督管理部门备案。其他负有安全生产监督管理职责的部门的应急预案，应当抄送同级安全生产监督管理部门。生产经营单位应当制定本单位的应急预案演练计划，根据本单位的事故预防重点，每年至少组织一次综合应急预案演练或者专项应急预案演练，每半年至少组织一次现场处置方案演练。所以 D 正确。

18. 答案 C：

按照《企业职工伤亡事故分类》GB 6441—1986 的规定，高处坠落指由于危险势能差引起的伤害，包括从架子、屋架上坠落以及平地坠入坑内等。所以 C 正确。

20. 答案 B：

根据《企业职工伤亡事故分类》GB 6441—1986 的规定，按事故后果严重程度分类：重伤事故，一般指受伤人员肢体残缺或视觉、听觉等器官受到严重损失，能引起人体长期存在功能障碍或劳动能力有重大损失的伤害，或者造成每个受伤人损失 105 个工作日以上的失能伤害的事故。21 周有 105 个工作日。所以 B 正确。

24. 答案 B：

重大事故，是指造成 10 人以上 30 人以下死亡，或者 50 人以上 100 人以下重伤，或者 5000 万元以上 1 亿元以下直接经济损失的事故。所以 B 正确。

28. 答案 A：

根据《生产安全事故报告和调查处理条例》，重大事故是指造成 10 人以上 30 人以下死亡，或者 50 人以上 100 人以下重伤，或者 5000 万元以上 1 亿元以下直接经济损失的事故。本事故属于重大事故，而特别重大事故、重大事故逐级上报至国务院安全生产监督管理部门和负有安全生产监督管理职责的有关部门。所以 A 正确。

二、多项选择题

1. A、B、C、E;　2. A、C、D;　*3. A、B、D、E;　4. B、D、E;

5. A、B、C； *6. A、B、D； 7. A、B、C、D； 8. B、C、D、E；
*9. B、D； 10. C、D、E； *11. A、B、E； 12. B、C、D；
13. A、B、C； 14. A、B、C； 15. B、C、D

【解析】

3. 答案A、B、D、E：

专项应急预案信息报告程序内容包括：确定报警系统及程序；确定现场报警方式，如电话、警报器等；确定24小时与相关部门的通信、联络方式；明确相互认可的通告、报警形式和内容；明确应急反应人员向外求援的方式。所以A、B、D、E正确。

6. 答案A、B、D：

应急预案的评审或者论证应当注重应急预案的实用性、基本要素的完整性、预防措施的针对性、组织体系的科学性、响应程序的操作性、应急保障措施的可行性、应急预案的衔接性等内容。所以A、B、D正确。

9. 答案B、D：

根据《企业伤亡事故分类》GB 6441—1986的规定，机械伤害指被机械设备或工具绞、碾、碰、割、戳等造成的人身伤害，不包括车辆、起重设备引起的伤害。选项A、C属车辆伤害，选项E属起重伤害。所以B、D正确。

11. 答案A、B、E：

620万元的直接经济损失为一般事故。事故发生后，单位负责人应当向事故发生地县级以上人民政府安全生产监督管理部门和负有安全生产监督管理职责的有关部门报告。一般事故由县级人民政府负责调查，只是可以委托事故发生单位组织事故调查组进行调查。所以A、B、E正确。

1Z205040 建设工程施工现场职业健康安全与环境管理的要求

复习要点

1. 施工现场文明施工的要求

文明施工是指保持施工现场良好的作业环境、卫生环境和工作秩序。

（1）文明施工主要包括：规范施工现场的场容；保持作业环境的整洁、卫生；科学组织施工，使生产有序进行；减少施工对周围居民和环境的影响；遵守施工现场文明施工的规定和要求，保证职工的安全和身体健康。搞好环境卫生管理，包括施工区、生活区环境卫生和食堂卫生管理。

（2）项目经理为现场文明施工的第一责任人。施工现场围挡高度在市区主要路段及市容景观路段不低于2.5m，在一般路段不低于1.8m。

（3）“五牌一图”，即工程概况牌、管理人员名单及监督电话牌、消防保卫（防火责任）牌、安全生产牌、文明施工牌和施工现场平面图。

（4）作业区、生活区主干道地面必须用一定厚度的混凝土硬化；施工现场设置排水系统，排水畅通，不积水；施工设施、大模板、砖头等，集中堆放整齐，大模板成对放稳，角度正确。

2. 施工现场环境保护的要求

（1）建设工程项目中防治污染的设施，必须与主体工程同时设计、同时施工、同时投入使用。排放污染物的单位，必须依照国务院环境保护行政主管部门的规定申报登记。

（2）建设工程施工现场环境保护的主要措施：大气污染的防治、水污染的防治、噪声污染的防治、固体废弃物的处理以及文明施工等措施。

① 对于细颗粒散体材料（如水泥、粉煤灰、白灰等）的运输、储存要注意遮盖、密封、防止和减少下扬。

② 水污染物的来源主要有工业污染源、生活污染源和农业污染源，禁止将有毒有害废弃物做土方回填；油料库房地面要防渗处理；100 人以上临时食堂需设置隔油池。

③ 噪声按来源可分为交通噪声、工业噪声、建筑施工噪声、社会生活噪声。

根据国家标准《建筑施工场界噪声排放标准》GB 12523—2011 的要求，对建筑施工施工过程中场界环境噪声限值为昼间 70dB，夜间为 55dB。

噪声控制技术可以从声源、传播途径、接收者防护等方面来考虑。控制噪声传播途径的方法主要有吸声、隔声、消声、减振降噪。详看教材上的举例做法，并了解各自内容分类。

尽量使用低噪声设备，凡在人口稠密区进行强噪声作业时，须严格控制作业时间，一般晚 10 时到次日早 6 时之间停止强噪声作业。

④ 建筑工程施工工地上常见的固体废弃物有建筑渣土、废弃的散装大宗建筑材料、生活垃圾、设备与材料等的包装材料、粪便等。

固体废弃物处理的基本思想：资源化、减量化、无害化。

主要处理方法：回收利用、减量化处理（分选、破碎、压实浓缩、脱水等减少其最终处置量、焚烧、热解、堆肥）、焚烧（用于不适合再利用且不宜直接予以填埋处置的废物，除有符合规定的装置外）、稳定和固化（利用水泥、沥青等胶结材料，将松散的废物胶结包裹起来）、填埋（禁止将有毒有害废弃物现场填埋）等。

3. 施工现场职业健康安全卫生的要求

（1）现场宿舍室内净高不得小于 2.4m，通道宽度不得小于 0.9m，每间宿舍居住人员不得超过 16 人；床铺不得超过 2 层，严禁使用通铺。

（2）现场食堂炊具、餐具和公用饮水器具必须清洗消毒；门扇下方应设不低于 0.2m 的防鼠挡板；粮食存放台距墙和地面应大于 0.2m。

（3）现场厕所隔板高度不宜低于 0.9m；高层建筑施工超过 8 层以后，每隔四层宜设置临时厕所。

一 单项选择题

1. 关于建设工程施工现场环境保护措施的说法，正确的是（　　）。

A．主要道路应换土覆盖，定期洒水清扫

B．建筑物内垃圾应搭设专用封闭通道清运

C．施工现场必须使用预拌混凝土

D．施工材料包装物应现场焚烧处理

2. 关于建设工程施工现场食堂卫生防疫要求的说法，正确的是（　　）。

A．项目管理人员定期进入现场食堂的制作间进行卫生防疫检查

B．制作间灶台及周边应贴瓷砖，且高度不小于 1.5m

C．食堂外应设置开放式泔水桶

D．炊事人员必须持岗位技能证上岗

3. 关于建设工程施工现场卫生防疫要求的说法，正确的是（　　）。

A．食堂应取得相关许可证，炊事人员必须体检合格

B．非炊事人员不得随意进入食堂储藏间

C．佐料和副食应存放在陶瓷盆内以便识别

D．突发疫情时应及时上报

4. 施工现场围挡高度在市区主要路段不宜低于（　　）m。

A．2.0　　B．2.5

C．1.8　　D．2.4

5. 施工现场必须设置“五牌一图”，其中“一图”指的是（　　）。

A．组织机构图　　B．施工现场总平面图

C．规划定位图　　D．消防平面布置图

6. 建设工程现场文明施工的措施中，属于现场生活设施要求的是（　　）。

A．施工现场应设固定的厕所　　B．施工现场适当地方设置吸烟处

C．适当进行绿化布置　　D．现场办公室张贴有关医院的电话号码

7. 工程建设过程中，施工场界内的污染防治属于（　　）问题。

A．职业健康安全　　B．安全生产

C．环境保护　　D．文明施工

8. 合成洗涤剂、杀虫剂、病原微生物等污染属于水污染物来源中的（　　）。

A．工业污染源　　B．生活污染源

C．农业污染源　　D．施工现场染源

9. 下列施工过程水污染的防治措施中，正确的是（　　）。

A．现制水磨石的污水可随意排放

B．城市施工现场厕所宜采用水冲式厕所

C．将有毒有害废弃物作土方回填

D．化学用品库房地面必须进行防渗处理

10. 下列噪声源中，会产生工业噪声的是（　　）。

A．鼓风机　　B．推土机

C．打桩机　　D．火车

11. 根据《建筑施工场界噪声排放标准》GB 12523—2011，对建筑施工过程中场界环境噪声在白天和晚上的排放限值分别为（　　）dB（A）。

A．70，55　　B．75，55

C．70，60　　D．80，55

12. 下列施工现场噪声控制的措施中，属于声源控制的是（　　）。

A．利用消声器阻止传播　　B．采用低噪声设备和加工工艺

C．利用吸声材料吸收声能　　D．应用隔声屏障阻碍噪声传播

13. 将阻尼材料涂在振动源上，属于传播途径的控制中的（　　）。

A．吸声　　B．隔声

C．消声　　D．减振降噪

14. 在人口稠密区，强噪声作业应停止施工的时段一般为（　　）。

A．晚 10 时到次日早 6 时　　B．晚 12 时到次日早 8 时

C．晚 10 时到次日早 5 时　　D．晚 6 时到次日早 5 时

15. 固体废弃物处理的基本思想是（　　）。

A．资源化、减量化、无害化　　B．焚烧、热解、堆肥

C．分选、压碎、脱水　　D．科学性、针对性、可行性

16. 固体废物的主要处理方法有（　　）。

A．回收利用、减量化处理、过滤　　B．回收利用、过滤、填埋

C．减量化处理、过滤、填埋　　D．回收利用、减量化处理、填埋

17. 关于高层建筑施工垃圾清理的做法，正确的是（　　）。

A．将各楼层施工垃圾焚烧后装入密封容器吊走

B．将施工垃圾洒水后沿临边窗口倾倒至地面后集中处理

C．将施工垃圾从电梯井倾倒至地面后集中处理

D．将各楼层施工垃圾装入密封容器吊走

18. 利用水泥沥青等胶结材料，将松散的废物胶结包裹起来，减少有害物质从废物中向外迁移、扩散，使得废物对环境的污染减少。此做法属于固体废物处置的（　　）。

A．填埋　　B．稳定和固化

C．堆肥　　D．压实浓缩

19. 某施工现场宿舍的设置参数中，符合要求的是（　　）。

A．室内净高小于 2.2m　　B．每间宿舍居住人员 18 人

C．2 层床铺　　D．通道宽度 1.2m

20. 高层建筑施工最低超过（　　）层以后，宜每隔四层设置临时厕所。

A．12　　B．10

C．8　　D．7

21. 某工地现场文明施工检查时，对生活设施的检查结果如下，其中不符合要求的是（　　）。

A．临时用房采用彩钢板活动房　　B．临时用房宿舍采用电炉取暖

C. 临时用房一层设置了厕所　　D. 临时用房宿舍内设置了垃圾桶

22. 下列施工现场消防管理的措施中，正确的是（　　）。

A. 应不定期进行消防教育　　B. 临时用房宿舍内设置灭火器

C. 配备经过培训的专职消防员　　D. 现场必须有消防平面布置图

23. 下列关于施工现场食堂职业健康安全卫生管理的说法，正确的是（　　）。

A. 食堂不需办理卫生许可证，但炊事人员须有健康证明

B. 除炊事人员和现场管理人员外，其他人不得随意进入制作间

C. 食堂制作间灶台及周边贴 1.8m 高瓷砖

D. 食堂外设置敞开式泔水桶，并定期进行清理

24. 根据《建设工程施工现场环境与卫生标准》JGJ 146—2013，符合施工现场厕所设置要求的是（　　）。

A. 厕所地面铺洒干砂　　B. 蹲位间设置 0.6m 高的隔板

C. 施工现场设移动式厕所　　D. 9 层建筑的施工临时厕所设置在底层

25. 下列临时设施的管理措施中，符合要求的是（　　）。

A. 淋浴间设置挂衣架　　B. 生活区不定期喷洒药物

C. 施工区设置开水炉　　D. 办公区设敞开式垃圾容器

26. 对施工现场宿舍的管理，符合《建设工程施工现场环境与卫生标准》JGJ 146—2013 要求的是（　　）。

A. 宿舍外必须设置鞋架　　B. 床铺可选用双层床

C. 应设置生活用品储藏室　　D. 寒冷地区可使用通铺

27. 建设工程施工现场环境保护的措施中，正确的防止扬尘的措施是（　　）。

A. 大城市市区设置搅拌站的工地，应将搅拌站封闭严密

B. 机动车安装减少尾气排放的装置并达到国家标准

C. 拆除旧建筑物时要注意遮盖、围挡

D. 施工现场道路应指定专人定期洒水清扫

28. 下列建设工程施工现场环境保护措施中，属于空气污染防治措施的是（　　）。

A. 禁止在施工现场焚烧油毡

B. 禁止将有毒、有害废弃物作土方回填

C. 工地临时厕所、化粪池采取防渗漏措施

D. 在声源处安装消声器

29. 下列建设工程现场文明施工的措施中，属于抓好文明施工建设工作的是（　　）。

A. 建立文明施工考核制度　　B. 施工现场文明管理组织

C. 建立宣传教育制度　　D. 建立现场治安保卫领导小组

30. 建设工程施工现场环境保护中，水污染物的主要来源属于生活污染源的是（　　）。

A. 杀虫剂　　B. 化肥

C. 农药　　D. 重金属

二 多项选择题

1. 下列施工现场噪声控制措施中，属于传播途径控制的有（　　）。
   A．使用耳塞、耳罩等防护用品
   B．限制高音喇叭的使用
   C．选用吸声材料搭设防护棚
   D．改变震动源与其他刚性结构的连接方式
   E．进行强噪声作业时严格控制作业时间
2. 关于施工现场文明施工措施的说法，正确的有（　　）。
   A．闹市区施工现场设置 2.5m 高的围挡
   B．利用现场施工道路堆放砌块材料
   C．材料库房内配备保管员住宿用的单人床
   D．施工作业区内禁止随意吸烟
   E．在总配电室设置灭火器和消防沙箱
3. 下列关于施工现场文明施工管理措施的说法，正确的有（　　）。
   A．施工现场实行封闭管理，外来人员进场实行登记制度
   B．市区主要路段的工地围挡高度不低于 2m
   C．施工现场作业区、生活区主干道地面必须硬化
   D．施工现场作业区内禁止随意吸烟
   E．施工现场消防重点部位设置灭火器和消防沙箱
4. 施工现场必须有针对性地悬挂安全警示牌的部位有（　　）。
   A．主要施工部位　　B．主要作业点
   C．危险区域　　D．主要通道口
   E．材料堆放点
5. 施工现场消防防火的重点部位有（　　）。
   A．电工材料库房　　B．油漆间
   C．木工间　　D．总配电室
   E．生活区宿舍
6. 关于施工过程水污染防治措施的说法，正确的有（　　）。
   A．禁止将有毒有害废弃物作土方回填
   B．现制水磨石的污水必须经沉淀池沉淀合格后再排放
   C．现场存放油料，必须对库房地面进行防渗处理
   D．焚烧用于不适合再利用且不宜直接予以填埋处置的废物
   E．化学用品、外加剂等要妥善保管，库内存放
7. 建设工程项目中防止污染的设施，必须与主体工程（　　）。
   A．同时设计　　B．同时申报

C．同时验收　　D．同时施工

E．同时投产使用

8. 下列建设工程施工现场的防治措施中，属于空气污染防治措施的有（　　）。

A．清理高大建筑物的施工垃圾时使用封闭式容器

B．施工现场道路指定专人定期洒水清扫

C．机动车安装减少尾气排放的装置

D．拆除旧建筑时，适当洒水

E．化学用品妥善保管，库内存放避免污染

9. 关于施工现场空气污染防治措施的做法，正确的有（　　）。

A．施工现场垃圾渣土要及时清理出现场

B．施工现场道路应指定专人定期洒水清扫，形成制度

C．车辆开出工地要做到不带泥沙，基本做到不洒土，不扬尘

D．大城市市区的建设工程不容许搅拌混凝土

E．油毡、橡胶等废弃物品应在现场及时焚烧

10. 按噪声来源属于建筑施工噪声的有（　　）。

A．高音喇叭　　B．打桩机

C．汽车　　D．推土机

E．鼓风机

11. 噪声按来源分类，可以分为（　　）。

A．机械噪声　　B．交通噪声

C．工业噪声　　D．建筑施工噪声

E．社会生活噪声

12. 根据《建筑施工场界噪声排放标准》GB 12523—2011 的规定，关于建筑施工现场噪声限值的说法，正确的有（　　）。

A．挖掘机夜间为 55dB

B．吊车、升降机等昼间为 65dB

C．推土机昼间和夜间分别为 75dB 和 50dB

D．各种打桩机昼间为 80dB

E．混凝土搅拌机昼间为 70dB

13. 固体废物的主要处理方法有（　　）。

A．回收利用　　B．减量化处理

C．焚烧　　D．稳定和固化

E．冲水稀释

14. 固体废物的处理方法有（　　）。

A．回收利用　　B．减量化处理

C．焚烧技术和填埋　　D．稳定和固化技术

E．自然风化

15. 关于建设工程现场职业健康安全卫生的管理的措施的说法，正确的有（　　）。

A．宿舍内应保证有必要的生活空间，通道宽度不得小于 0.9m

B．宿舍内应设置生活用品专柜，有条件的宿舍宜设置生活用品储藏室

C．食堂必须有卫生许可证，炊事人员必须持身体健康证上岗

D．食堂应配备必要的排风设施和冷藏设施

E．现场施工人员患有法定传染病时，应向卫生防疫部门报告

16. 施工现场食堂必须清洗消毒的器具有（　　）。

A．冷藏柜　　B．工作服

C．炊具　　D．餐具

E．公用饮水器具

17. 下列建设工程现场环境保护措施的叙述中，属于水污染防治并且正确的有（　　）。

A．将有毒有害废弃物作土方回填

B．对化学用品、外加剂妥善保管

C．工地茶炉采用电热水器

D．工地临时厕所、化粪池采取防渗漏措施

E．施工现场垃圾渣土及时清理出现场

18. 下列建设工程施工现场环境保护措施中，正确的有（　　）。

A．拆除旧建筑物时，适当洒水防止扬尘

B．将有毒有害废弃物作土方回填

C．化学用品，外加剂妥善保管

D．在声源处安装消声器消声

E．对建筑废钢材采取回收利用

19. 下列建设工程施工现场文明施工要求的叙述中，正确的有（　　）。

A．文明施工应贯穿施工结束后的清场

B．施工企业法定代表人为现场文明施工的第一责任人

C．文明施工的要求包括现场围栏等 11 项内容

D．施工现场作业区与办公、生活区必须明显划分

E．施工现场必须实行封闭管理

20. 下列建设工程现场文明施工的各项管理措施中，属于治安管理的有（　　）。

A．建立施工不扰民的措施　　B．新入场的人员做到及时登记

C．按规定设置灭火器　　D．现场不得焚烧有毒、有害物质

E．建立门卫值班管理制度

【1Z205040　答案与解析】

一、单项选择题

1. B;　2. B;　3. D;　4. B;　5. B;　6. A;　7. A;　8. B;

*9. B；　10. A；　11. A；　12. B；　*13. D；　14. A；　*15. A；　16. D；
*17. D；　18. B；　*19. D；　20. C；　21. B；　22. D；　23. C；　24. C；
25. A；　26. B；　*27. D；　28. A；　29. C；　30. A

【解析】

9. 答案 B：

现制水磨石的污水，电石（碳化钙）的污水必须经沉淀池沉淀合格后再排放，A 错。禁止将有毒有害废弃物作土方回填，C 错。化学用品、外加剂等要妥善保管，库内存放，工地临时厕所、化粪池应采取防渗漏措施，现场存放油料，必须对库房地面进行防渗处理，D 错。所以 B 正确。

13. 答案 D：

减振降噪：对来自振动引起的噪声，通过降低机械振动减小噪声，如将阻尼材料涂在振动源上，或改变振动源与其他刚性结构的连接方式等。所以 D 正确。

15. 答案 A：

固体废物处理的基本思想：采取资源化、减量化和无害化的处理，对固体废物产生的全过程进行控制。焚烧、热解、堆肥等属于固体废弃物的具体处理方法，科学性、针对性、可行性非本问题。所以 A 正确。

17. 答案 D：

高大建筑物清理施工垃圾时，要使用封闭式的容器或者采取其他措施处理高空废弃物，严禁凌空随意抛撒。施工现场用明火，做到严格按动用明火规定执行，审批手续齐全。所以 D 正确。

19. 答案 D：

现场宿舍室内净高不得小于 2.4m，通道宽度不得小于 0.9m，每间宿舍居住人员不得超过 16 人；床铺不得超过 2 层，严禁使用通铺。所以 D 正确。

27. 答案 D：

大城市市区的建设工程已不容许搅拌混凝土，A 错。机动车尾气会污染空气，但不是扬尘，B 错。拆除旧建筑物时，应适当洒水，防止扬尘，C 错。施工现场道路应指定专人定期洒水清扫，形成制度，防止道路扬尘。所以 D 正确。

二、多项选择题

1. C、D；　2. A、D、E；　3. A、C、D、E；　4. A、B、C、D；
*5. B、C、D；　6. A、B、C、E；　7. A、D、E；　8. A、B、C、D；
9. A、B、C、D；　*10. B、D；　11. B、C、D、E；　12. A、E；
13. A、B、C、D；　*14. A、B、C、D；　15. A、B、C、D；　16. C、D、E；
17. B、D；　18. A、C、D、E；　19. A、C、D、E；　20. B、E

【解析】

5. 答案 B、C、D：

易燃易爆物品堆放间、油漆间、木工间、总配电室等消防防火重点部位要按规定设置灭火器和消防沙箱，并有专人负责，对违反消防条例的有关人员进行严肃处理。所以 B、

C、D 正确。

10. 答案 B、D：

按噪声来源可分为交通噪声（如汽车、火车、飞机等）、工业噪声（如鼓风机、汽轮机、冲压设备等）、建筑施工的噪声（如打桩机、推土机、混凝土搅拌机等发出的声音）、社会生活噪声（如高音喇叭、收音机等）。所以 B、D 正确。

14. 答案 A、B、C、D：

固体废弃物的处理的基本思想是采取资源化、减量化和无害化的处理，对固体废物产生的全过程进行控制。主要处理方法：回收利用、减量化处理、焚烧、稳定和固化以及填埋。所以 A、B、C、D 正确。

1Z206000　建设工程合同与合同管理

1Z206010　建设工程施工招标与投标

复习要点

1. 施工招标

<table>
<tr><td>建设工程施工招标应该具备的条件</td><td colspan="2">（1）招标人已经依法成立；
（2）初步设计及概算应当履行审批手续的，已经批准；
（3）招标范围、招标方式和招标组织形式等应当履行核准手续的，已经核准；
（4）有相应资金或资金来源已经落实；
（5）有招标所需的设计图纸及技术资料</td></tr>
<tr><td>招标投标项目的确定</td><td colspan="2">根据《中华人民共和国招标投标法》，以下项目宜采用招标的方式确定承包人：
（1）大型基础设施、公用事业等关系社会公共利益、公众安全的项目；
（2）全部或者部分使用国有资金投资或者国家融资的项目；
（3）使用国际组织或者外国政府贷款、援助资金的项目。
上述建设工程项目的具体范围和标准，在原国家计委 2000 年 5 月 1 日第 3 号令《工程建设项目招标范围和规模标准规定》中有明确的规定</td></tr>
<tr><td>招标方式的确定</td><td colspan="2">（1）《中华人民共和国招标投标法》规定，招标分公开招标和邀请招标两种方式；
（2）根据《中华人民共和国招标投标法实施条例》（中华人民共和国国务院令第 613 号）第八条，国有资金占控股或者主导地位的依法必须进行招标的项目，应当公开招标；
（3）有下列情形之一的，可以邀请招标：①技术复杂、有特殊要求或者受自然环境限制，只有少量潜在投标人可供选择；②采用公开招标方式的费用占项目合同金额的比例过大</td></tr>
<tr><td>自行招标与委托招标</td><td colspan="2">（1）招标人可自行办理招标事宜，也可以委托招标代理机构代为办理招标事宜；
（2）招标人自行办理招标事宜，应当具有编制招标文件和组织评标的能力，即招标人具有与招标项目规模和复杂程度相适应的技术、经济等方面的专业人员；
（3）招标人不具备自行招标能力的，必须委托具备相应资质的招标代理机构代为办理招标事宜</td></tr>
<tr><td rowspan="2">招标信息的发布与修正</td><td>发布</td><td>（1）招标是一种公开的经济活动，因此要采用公开的方式发布信息；
（2）资格预审公告和招标公告应在国务院发展改革部门依法指定的媒介发布；
（3）在不同媒介发布的同一招标项目的资格预审公告或者招标公告的内容应当一致；
（4）指定媒介发布依法必须进行招标的项目的境内资格预审公告、招标公告，不得收取费用</td></tr>
<tr><td>修正</td><td>招标人在招标文件已经发布之后，发现有问题需要进一步澄清或修改，必须依据以下原则进行：
（1）时限：招标人对已发出的招标文件进行必要的澄清或者修改，应当在招标文件要求提交投标文件截止时间至少 15 日前发出；
（2）形式：所有澄清文件必须以书面形式进行；
（3）全面：所有澄清文件必须直接通知所有招标文件收受人。
澄清或者修改的内容应为招标文件的有效组成部分</td></tr>
</table>

续表

资格预审	招标人可以根据招标项目本身的特点和要求，要求投标申请人提供有关资质、业绩和能力等的证明，并对投标申请人进行资格审查。资格审查分为资格预审和资格后审
标前会议	（1）也称为投标预备会或招标文件交底会，是招标人按投标须知规定的时间和地点召开的会议； （2）标前会议上，招标人除了介绍工程概况以外，还可以对招标文件中的某些内容加以修改或补充说明，以及对投标人书面提出的问题和会议上即席提出的问题给以解答，会议结束后，招标人应将会议纪要用书面通知的形式发给每一个投标人
评标	（1）评标分为评标的准备、初步评审、详细评审、编写评标报告等过程； （2）初步评审主要是进行符合性审查，即重点审查投标书是否实质上响应了招标文件的要求； （3）详细评审是评标的核心，是对标书进行实质性审查，包括技术评审和商务评审； （4）评标方法可以采用评议法、综合评分法或评标价法等，可根据不同的招标内容选择确定相应的方法； （5）评标结束应该推荐中标候选人。评标委员会推荐的中标候选人应当限定在1～3人，并标明排列顺序

2. 施工投标

研究招标文件	投标人应该重点注意招标文件中的以下几个方面问题： （1）投标人须知； （2）投标书附录及合同条件； （3）技术说明； （4）永久性工程之外的报价补充文件
进行各项调查研究	（1）市场宏观经济环境调查； （2）工程现场考察和工程所在地区的环境考察； （3）工程业主方和竞争对手公司的调查
复核工程量	（1）对于单价合同，尽管是以实测工程量结算工程款，但投标人仍应根据图纸仔细核算工程量，当发现相差较大时，投标人应向招标人要求澄清。 （2）对于总价固定合同，更要特别引起重视，工程量估算的错误可能带来无法弥补的经济损失，因为总价合同是以总报价为基础进行结算的，如果工程量出现差异，可能对施工方极为不利。对于总价合同，如果业主在投标前对争议工程量不予更正，而且是对投标者不利的情况，投标者在投标时要附上声明：工程量表中某项工程量有错误，施工结算应按实际完成量计算。 （3）承包商在核算工程量时，还要结合招标文件中的技术规范弄清工程量中每一细目的具体内容，避免出现在计算单位、工程量或价格方面的错误与遗漏
选择施工方案	（1）施工方案是报价的基础和前提，也是招标人评标时要考虑的重要因素之一； （2）施工方案应由投标人的技术负责人主持制订，主要应考虑施工方法、主要施工机具的配置、各工种劳动力的安排及现场施工人员的平衡、施工进度及分批竣工的安排、安全措施等； （3）施工方案的制定应在技术、工期和质量保证等方面对招标人有吸引力，同时又有利于降低施工成本
投标计算	在进行投标计算时，必须首先根据招标文件复核或计算工程量。作为投标计算的必要条件，应预先确定施工方案和施工进度。此外，投标计算还必须与采用的合同计价形式相协调
确定投标策略	（1）正确的投标策略对提高中标率并获得较高的利润有重要作用； （2）常用的投标策略又以信誉取胜、以低价取胜、以缩短工期取胜、以改进设计取胜或者以先进或特殊的施工方案取胜等； （3）不同的投标策略要在不同投标阶段的工作（如制定施工方案、投标计算等）中体现和贯彻
正式投标	投标人按照招标人的要求完成标书的准备与填报之后，就可以向招标人正式提交投标文件。在投标时需要注意以下几方面： （1）注意投标的截止日期； （2）投标文件的完备性； （3）注意标书的标准； （4）注意投标的担保

3. 合同谈判与签约

合同订立的程序	根据《中华人民共和国招标投标法》对招标、投标的规定，招标、投标、中标的过程实质就是要约、承诺的一种具体方式。招标人通过媒体发布招标公告，或向符合条件的投标人发出招标文件，为要约邀请；投标人根据招标文件内容在约定的期限内向招标人提交投标文件，为要约；招标人通过评标确定中标人，发出中标通知书，为承诺；招标人和中标人按照中标通知书、招标文件和中标人的投标文件等订立书面合同时，合同成立并生效
合同谈判的主要内容	（1）关于工程内容和范围的确认； （2）关于技术要求、技术规范和施工技术方案； （3）关于合同价格条款； （4）关于价格调整条款； （5）关于合同款支付方式的条款； （6）关于工期和维修期； （7）合同条件中其他特殊条款的完善
最后文本的确定和合同签订	（1）合同风险评估：在签订合同之前，承包人应对合同的合法性、完备性、合同双方的责任、权益以及合同风险进行评审、认定和评价。 （2）合同文件内容：建设工程施工承包合同文件构成：合同协议书；工程量及价格；合同条件，包括合同一般条件和合同特殊条件；投标文件；合同技术条件（含图纸）；中标通知书；双方代表共同签署的合同补遗（有时也以合同谈判会议纪要形式）；招标文件；其他双方认为应该作为合同组成部分的文件，如：投标阶段业主要求投标人澄清问题的函件和承包人所做的文字答复，双方往来函件等。 （3）关于合同协议的补遗：在合同谈判阶段双方谈判的结果一般以《合同补遗》的形式，有时也可以以《合同谈判纪要》形式，形成书面文件。 （4）签订合同：双方在合同谈判结束后，应按上述内容和形式形成一个完整的合同文本草案，经双方代表认可后形成正式文件

一 单项选择题

1. 关于招标信息发布的说法，正确的是（　　）。

A. 投资 1000 万元的工程施工招标可以采用不公开的方式发布信息

B. 招标公告只能在中国招标投标公共服务平台发布

C. 自招标文件出售之日起至停止出售之日止，最短不得少于 5 天

D. 投标人必须自费购买相关招标或资格预审文件，未中标时予以退还

2. 根据《中华人民共和国招标投标法》及相关法规，对必须招标的项目，招标人行为符合要求的是（　　）。

A. 委托两家招标代理机构，设置两处报名点接受投标人报名

B. 就同一招标项目向潜在投标人提供有差别的项目信息

C. 以特定行业的业绩、奖项作为加分条件

D. 限定或者指定特定的品牌

3. 根据《中华人民共和国招标投标法》，招标人对已发出的招标文件进行必要的澄清或者修改的，应当在招标文件要求提交投标文件截止时间至少（　　）日前书面通知。

A. 7　　　　B. 14

C. 15　　　　D. 21

4. 根据我国相关规定，自招标文件或者资格预审文件出售之日起至停止出售之日止，最短不得少于（　　）个工作日。

A．5　　B．15

C．20　　D．30

5. 建设工程施工招标投标程序中，评标阶段初步评审环节对商务标的审查内容是(　　)。

A．标书的计价方式　　B．标书的优惠条件

C．报价计算的正确性　　D．报价的构成和取费标准

6. 建设工程评标分为评标的准备、初步评审、详细评审及编写评标报告等过程。其中，(　　)是评标的核心。

A．评标的准备　　B．初步评审

C．详细评审　　D．编写评标报告

7. 在评标过程中，对标书报价的计算错误的处理，错误的是（　　）。

A．大小写不一致时，以大写为准

B．标书正本和副本不一致的，以正本为准

C．单价与数量的乘积之和与所报的总价不一致的，以总价为准

D．单价有明显的小数点错位，应以总价为准，并修改单价

8. 在对标书详细评审中，技术评审的主要内容包括投标书的技术方案、技术措施、组织机构、进度及（　　）等进行分析评价。

A．支付条件　　B．人员配备

C．取费标准　　D．保险及优惠条件

9. 投标单位取得投标资格，获得招标文件之后的首要工作是（　　）。

A．审核工程量清单　　B．编制施工方案或施工组织设计

C．进行各项调查　　D．研究招标文件

10. 建设工程施工合同订立过程中，发承包双方开展合同谈判的时间是（　　）。

A．投标人提交投标文件时　　B．订立、签署书面合同时

C．招标人退还投标保证金后　　D．明确中标人并发出中标通知书后

11. 下列各种情形中，经批准可以采用邀请招标的是（　　）。

A．项目技术不复杂的

B．公开招标的费用与项目价值相比不值得的

C．虽然涉及国家安全，但适宜招标的

D．投资额特别大的

12. 根据《中华人民共和国招标投标法》，可以不采用法定招标方式确定中标人的项目是（　　）。

A．涉及国家安全或者抢险救灾的项目

B．大型基础设施、公用事业等关系社会公共利益、公共安全的项目

C．使用国家组织或外国政府资金的项目

D．全部或者部分使用国有资金投资或者国家融资的项目

13. 某按工程量清单计价的招标工程，投标人在复核工程量清单时发现工程数量与设计文件和现场实际有较大的差异，则投标人的正确处理方式是（　）。

A．自行调整清单数量，在附录中加以说明，并按调整后的数量投标

B．根据清单数量和投标人复核的数量分别报价，供业主选择

C．以适当的方式要求业主澄清，视结果进行投标

D．不予理会，按照招标文件提供的清单数量进行投标

14. 工程施工投标过程中，施工方案应由投标人的（　　）主持制订。

A．拟派项目经理　　B．技术负责人

C．分管投标的副总经理　　D．分管生产的副总经理

15. 根据《中华人民共和国招标投标法实施条例》(中华人民共和国国务院令613号)，投标有效期从（　　）起计算。

A．提交投标文件的截止之日　　B．提交投标文件开始之日

C．购买招标文件的截止之日　　D．招标文件规定开标之日

16. 建设工程合同的订立程序中，属于要约的是（　　）。

A．招标人通过媒体发布招标公告

B．向符合条件的投标人发出招标文件

C．招标人通过评标确定中标人，发出中标通知书

D．投标人根据招标文件内容在规定的期限内向招标人提交投标文件

17. 在签订合同的谈判中，为了防范货币贬值或者通货膨胀的风险，招标人和中标人一般通过（　　）约定风险分担方式。

A．确定合同价格条款　　B．确定价格调整条款

C．调整工程范围　　D．确定合同款支付方式

18. 投标人根据招标文件在约定期限内向招标人提交投标文件的行为，称为（　　）。

A．要约　　B．承诺

C．要约邀请　　D．合同生效

19. 下列建设工程项目招标投标活动中，属于合同承诺行为的是（　　）。

A．发布招标公告　　B．发出招标文件

C．提交投标文件　　D．发出中标通知书

20. 关于建设工程施工合同谈判与签约的说法，正确的是（　　）。

A．在合同谈判阶段形成的所有文件都是合同文件的组成部分

B．建设工程施工合同由合同双方达成协议并签字后，即受法律保护

C．双方在合同谈判结束后，即形成正式的合同文件

D．在合同谈判中，双方可以对技术要求进行进一步讨论和确认

21. 关于维修保函和保留金的说法，正确的是（　　）。

A．与保留金相比，维修保函对发包人有利

B．与保留金相比，维修保函对承包人有利

C．维修保函对业主有一定的风险

D．对于发包人，应争取拒绝承包人以维修保函代替保留金的要求

22. 关于建设工程合同订立程序的说法，正确的是（　　）。

A．招标人通过媒体发布招标公告，称为承诺

B．投标人向招标人提交投标文件，称为承诺

C．招标人向中标人发出中标通知书，称为要约邀请

D．招标人向符合条件的投标人发出招标文件，称为要约邀请

23. 建设工程招标投标活动中，自投标截止时间到投标有效期终止之前，关于投标文件处理的说法，正确的是（　　）。

A．投标人可以替换已提交的投标文件

B．投标人可以补充或修改已提交的投标文件

C．投标文件在该期间送达的，也应视为有效

D．投标人撤回投标文件的，其投标保证金将被没收

二　多项选择题

1. 根据我国有关法规规定，建设工程施工招标应该具备的条件有（　　）。

A．招标人已经依法成立

B．初步设计应当履行审批手续的，已经批准

C．招标方式应当履行核准手续的，已经核准

D．招标人已经委托了招标代理单位

E．相应的资金必须全部到位

2. 根据《中华人民共和国招标投标法》，下列宜采用公开招标方式确定承包人的项目有（　　）。

A．大型基础设施项目　　　　B．部分使用国有资产投资的项目

C．使用国际组织援助资金的项目　　　　D．关系公众安全的公共事业项目

E．技术复杂且潜在投标人较少的项目

3. 关于招标信息修正的说法，正确的有（　　）。

A．招标人在招标文件发布后，发现有问题可以按有关原则进行进一步的澄清和修改

B．招标人对已发出的招标文件进行澄清和修改，应当在招标文件要求提交投标文件截止时间至少 15 日前发出

C．所有澄清文件必须以书面形式进行

D．澄清和修改的内容与招标文件没有关系

E．所有澄清文件没有必要通知所有招标文件的收受人

4．建设工程项目施工招标评标过程主要包括（　　）。

A．评标准备　　　　B．资格预审

C．初步评审　　　　D．详细评审

E．编写评标报告

5．建设工程项目评标过程中，初步评审包括（　　）。

A．投标资格审查　　B．计价方式

C．组织结构　　D．优惠条件

E．投标担保的有效性

6．投标人须知是招标人向投标人传递的基础信息文件，投标人应特别注意其中的（　　）。

A．招标工程的范围和详细内容　　B．招标人的责权利

C．施工技术说明　　D．投标文件的组成

E．重要的时间安排

7．关于合同谈判中工期和维修期的说法，正确的有（　　）。

A．对于具有较多单项工程的项目，可在合同中明确允许分部位或分批提交业主验收

B．由于工程变更原因对工期产生不利影响时，应该给予承包人要求合理延长工期的权利

C．承包人只应该承担由于材料和施工方法及操作工艺等不符合合同规定而产生的缺陷

D．承包人不能用维修保函来代替业主扣留的保留金

E．业主和承包人应当根据项目情况、施工环境因素等商定适当的开工时间

8．下列合同条款中，与合同款支付方式有关的条款有（　　）。

A．预付款比例　　B．工程量清单错误的修正

C．市场价格波动引起的调整　　D．工程进度款支付审批程序

E．质量保证金的扣留与退还

9．施工单位中标后与建设工程项目招标人进行合同谈判后达成一致的内容，应以（　　）方式确定下来作为合同的附件。

A．合同补遗　　B．合同谈判纪要

C．协议书　　D．投标补充文件

E．工程变更文件

10．关于正式投标及投标文件的说法，正确的有（　　）。

A．标书密封不满足要求，经甲方同意投标是有效的

B．在招标文件要求提交的截止时间后送达的投标文件，招标人可以拒收

C．项目经理部组织投标时不需要企业法人对于投标项目经理的授权书

D．标书提交的基本要求是签章、密封

E．通常情况下投标不需要提交投标担保

【1Z206010　答案与解析】

一、单项选择题

1. C；　*2. A；　*3. C；　4. A；　5. C；　6. C；　7. C；　8. B；

9. D；　10. D；　11. B；　12. A；　13. C；　*14. B；　*15. A；　16. D；
17. B；　*18. A；　19. D；　20. D；　21. B；　22. D；　*23. D

【解析】

2. 答案A：

根据《中华人民共和国招标投标法实施条例》（中华人民共和国国务院令第613号）第三十二条，招标人不得以不合理的条件限制、排斥潜在投标人或者投标人。招标人有下列行为之一的，属于以不合理条件限制、排斥潜在投标人或者投标人：

（1）就同一招标项目向潜在投标人或者投标人提供有差别的项目信息；

（2）设定的资格、技术、商务条件与招标项目的具体特点和实际需要不相适应或者与合同履行无关；

（3）依法必须进行招标的项目以特定行政区域或者特定行业的业绩、奖项作为加分条件或者中标条件；

（4）对潜在投标人或者投标人采取不同的资格审查或者评标标准；

（5）限定或者指定特定的专利、商标、品牌、原产地或者供应商；

（6）依法必须进行招标的项目非法限定潜在投标人或者投标人的所有制形式或者组织形式；

（7）以其他不合理条件限制、排斥潜在投标人或者投标人。

所以A正确。

3. 答案C：

如果招标人在招标文件已经发布之后，招标人发现有问题需要进一步澄清或修改，应当在招标文件要求提交投标文件截止时间至少15日前发出。所以C正确。

14. 答案B：

施工方案应由投标人的技术负责人主持制定，主要应考虑施工方法、主要施工机具的配置、各工种劳动力的安排及现场施工人员的平衡、施工进度及分批竣工的安排、安全措施等。施工方案的制定应在技术、工期和质量保证等方面对招标人有吸引力，同时又有利于降低施工成本。所以B正确。

15. 答案A：

招标人所规定的投标截止日就是提交标书最后的期限。投标人在投标截止日之前所提交的投标是有效的，超过该日期之后就会被视为无效投标。所以A正确。

18. 答案A：

与其他合同的订立程序相同，建设工程合同的订立也要采取要约和承诺方式。根据《中华人民共和国招标投标法》对招标、投标的规定，招标、投标、中标的过程实质就是要约、承诺的一种具体方式。招标人通过媒体发布招标公告，或向符合条件的投标人发出招标文件，为要约邀请；投标人根据招标文件内容在约定的期限内向招标人提交投标文件，为要约；招标人通过评标确定中标人，发出中标通知书，为承诺；招标人和中标人按照中标通知书、招标文件和中标人的投标文件等订立书面合同时，合同成立并生效。所以A正确。

23. 答案D：

招标人所规定的投标截止日就是提交标书最后的期限。投标人在投标截止日之前所提交的投标是有效的，超过该日期之后就会被视为无效投标。在招标文件要求提交投标文件的截止时间后送达的投标文件，招标人可以拒收。自投标截止时间到投标有效期终止之前，投标人不可以替换、补充或修改已提交的投标文件。所以D正确。

二、多项选择题

1. A、B、C；　2. A、B、C、D；　*3. A、B、C；　4. A、C、D、E；

*5. A、E；　*6. A、D、E；　*7. A、B、C、E；　*8. A、D、E；

9. A、B；　10. B、D

【解析】

3. 答案A、B、C：

招标人对已发出的招标文件进行必要的澄清或者修改，应当在招标文件要求提交投标文件截止时间至少15日前发出；所有澄清文件必须直接通知所有招标文件收受人。所以A、B、C正确。

5. 答案A、E：

评标分为评标的准备、初步评审、详细评审、编写评标报告等过程。

初步评审主要是进行符合性审查，即重点审查投标书是否实质上响应了招标文件的要求。审查内容包括：投标资格审查、投标文件完整性审查、投标担保的有效性、与招标文件是否有显著的差异和保留等。另外还要对报价计算的正确性进行审查。所以A、E正确。

6. 答案A、D、E：

投标人需要注意招标工程的详细内容和范围，避免遗漏或多报。其次，还要特别注意投标文件的组成，避免因提供的资料不全而被作为废标处理。例如，曾经有一资信良好著名的企业，在投标时因为遗漏资产负债表而失去了本来非常有希望的中标机会。在工程实践中，这方面的先例不在少数。还要注意招标答疑时间、投标截止时间等重要时间安排，避免因遗忘或迟到等原因而失去竞争机会。所以A、D、E正确。

7. 答案A、B、C、E：

对于具有较多的单项工程的建设工程项目，可在合同中明确允许分部位或分批提交业主验收。因此A正确。由于工程变更（业主在工程实施中增减工程或改变设计等）、恶劣的气候影响，以及种种“作为一个有经验的承包人无法预料的工程施工条件的变化”等原因对工期产生不利影响时的解决办法，通常在上述情况下应该给予承包人要求合理延长工期的权利。因此B正确。承包人应该只承担由于材料和施工方法及操作工艺等不符合合同规定而产生的缺陷。因此C正确。承包人应力争以维修保函来代替业主扣留的保留金。与保留金相比，维修保函对承包人有利，主要是因为可提前取回被扣留的现金，而且保函是有时效的，期满将自动作废。同时，它对业主并无风险，真正发生维修费用，业主可凭保函向银行索回款项。因此，这一做法是比较公平的。维修期满后，承包人应及时从业主处撤回保函。因此D不正确。双方可根据各自的项目准备情况、季节和施工环境因素等条件洽商适当的开工时间。因此E正确。所以A、B、C、E正确。

8. **答案A、D、E：**

关于合同款支付方式的条款：建设工程施工合同的付款分四个阶段进行，即预付款、工程进度款、最终付款和退还保留金。关于支付时间、支付方式、支付条件和支付审批程序等有很多种可能的选择，并且可能对承包人的成本、进度等产生比较大的影响。所以A、D、E正确。

1Z206020 建设工程合同的内容

复习要点

根据《中华人民共和国民法典》，勘察合同、设计合同、施工承包合同属于建设工程合同，工程监理合同、咨询合同等属于委托合同。

1. 施工承包合同的内容

<table>
<tr><td>施工承包合同示范文本</td><td colspan="2">（1）国际工程界许多著名组织（如FIDIC、AIA、AGC、ICE）都编制了指导性的合同示范文本，规定了合同双方的一般权利和义务，对引导和规范建设行为起到非常重要的作用。
（2）住房和城乡建设部、国家工商行政管理总局于2017年颁发了修改的《建设工程施工合同（示范文本）》GF—2017—0201。该文本适用于房屋建筑工程、土木工程、线路管道和设备安装工程、装修工程等建设工程的施工承发包活动</td></tr>
<tr><td rowspan="4">施工承包合同文件</td><td>各种施工合同示范文本的一般组成</td><td>（1）协议书；
（2）通用条款；
（3）专用条款</td></tr>
<tr><td colspan="2">构成施工合同文件的组成部分，除了协议书、通用条款和专用条款以外，一般还应该包括：中标通知书、投标书及其附件、有关的标准、规范及技术文件、图纸、工程量清单、工程报价单或预算书等</td></tr>
<tr><td colspan="2">《建设工程施工合同（示范文本）》GF—2017—0201通用条款规定的优先顺序：
（1）合同协议书；
（2）中标通知书（如果有）；
（3）投标函及其附录（如果有）；
（4）专用合同条款及其附件；
（5）通用合同条款；
（6）技术标准和要求；
（7）图纸；
（8）已标价工程量清单或预算书；
（9）其他合同文件</td></tr>
<tr><td colspan="2">各种施工合同示范文本的内容一般包括：
（1）词语定义与解释；
（2）合同双方的一般权利和义务，包括代表业主利益进行监督管理的监理人员的权力和职责；
（3）工程施工的进度控制；
（4）工程施工的质量控制；
（5）工程施工的费用控制；
（6）施工合同的监督与管理；
（7）工程施工的信息管理；
（8）工程施工的组织与协调；
（9）施工安全管理与风险管理等</td></tr>
</table>

续表

施工承包合同文件	《建设工程施工合同（示范文本）》GF—2017—0201 的词语定义与解释	详见考试用书 1Z206021
	发包人的责任与义务	
	承包人的一般义务	
	进度控制的主要条款内容	
	质量控制的主要条款内容	
	费用控制的主要条款内容	

2. 物资采购合同的内容

建筑材料采购合同的主要内容	
标的	（1）主要包括购销物资的名称（注明牌号、商标）、品种、型号、规格、等级、花色、技术标准或质量要求等。 （2）合同中标的物应按照行业主管部门颁布的产品规定正确填写，不能用习惯名称或自行命名，以免产生差错。 （3）订购特定产品，最好还要注明其用途，以免产生不必要的纠纷
数量	（1）合同中应该明确所采用的计量方法，并明确计量单位。 （2）凡国家、行业或地方规定有计量标准的产品，合同中应按照统一标准注明计量单位，没有规定的，可由当事人协商执行，不可以用含混不清的计量单位。 （3）一次订购分期供货的合同，还应明确每次进货的时间、地点和数量
包装	（1）包装的标准：包装标准是指产品包装的类型、规格、容量以及标记等。产品或者其包装标识应该符合要求，如包括产品名称、生产厂家、厂址、质量检验合格证明等。 （2）包装物的供应和回收：包装物一般应由建筑材料的供货方负责供应，并且一般不得另外向采购方收取包装费。如果采购方对包装提出特殊要求时，双方应在合同中商定，超过原标准费用部分由采购方负责；反之，若议定的包装标准低于有关规定标准，也应相应降低产品价格
交付 及运输方式	交付方式可以是采购方到约定地点提货或供货方负责将货物送达指定地点。如果是由供货方负责将货物送达指定地点，要确定运输方式，可以选择铁路、公路、水路、航空、管道运输及海上运输等，一般由采购方在签订合同时提出要求，供货方代办发运，运费由采购方负担
验收	（1）应该明确货物的验收依据和验收方式。 （2）验收依据包括： ① 采购合同； ② 供货方提供的发货单、计量单、装箱单及其他有关凭证； ③ 合同约定的质量标准和要求； ④ 产品合格证、检验单； ⑤ 图纸、样品和其他技术证明文件； ⑥ 双方当事人封存的样品。 （3）验收方式有： ① 驻厂验收：在制造时期，由采购方派人在供应的生产厂家进行材质检验； ② 提运验收：对加工订制、市场采购和自提自运的物资，由提货人在提取产品时检验； ③ 接运验收：由接运人员对到达的物资进行检查，发现问题当场作出记录； ④ 入库验收：是广泛采用的正式的验收方法，由仓库管理人员负责数量和外观检验

续表

交货期限	（1）应明确具体的交货时间。如果分批交货，要注明各个批次的交货时间。 （2）交货日期的确定可以按照下列方式： ①供货方负责送货的，以采购方收货戳记的日期为准； ②采购方提货的，以供货方按合同规定通知的提货日期为准； ③ 凡委托运输部门或单位运输、送货或代运的产品，一般以供货方发运产品时承运单位签发的日期为准，不是以向承运单位提出申请的日期为准
价格	（1）有国家定价的材料，应按国家定价执行。 （2）按规定应由国家定价的但国家尚无定价的材料，其价格应报请物价主管部门的批准。 （3）不属于国家定价的产品，可由供需双方协商确定价格
结算	合同中应明确结算的时间、方式和手续。应明确是验单付款还是验货付款。结算方式可以是现金支付和转账结算
违约责任	当事人任何一方不能正确履行合同义务时，都可以以违约金的形式承担违约赔偿责任。双方应通过协商确定违约金的比例，并在合同条款内明确

设备采购合同的主要内容

成套设备供应合同的一般条款可参照建筑材料供应合同的一般条款，包括产品（设备）的名称、品种、型号、规格、等级、技术标准或技术性能指标；数量和计量单位；包装标准及包装物的供应与回收；交货单位、交货方式、运输方式、交货地点、提货单位、交（提）货期限；验收方式；产品价格；结算方式；违约责任等。
需要注意的是以下几个方面：

设备价格与支付	（1）设备采购合同通常采用固定总价合同，在合同交货期内价格不进行调整。 （2）明确合同价格所包括的设备名称、套数，以及是否包括附件、配件、工具和损耗品的费用，是否包括调试、保修服务的费用等。 （3）合同价内应该包括设备的税费、运杂费、保险费等与合同有关的其他费用。 （4）合同价款的支付一般分三次： ①设备制造前，采购方支付设备价格的 10% 作为预付款； ②供货方按照交货顺序在规定的时间内将货物送达交货地点，采购方支付该批设备价的 80%； ③剩余的 10% 作为设备保证金，待保证期满，采购方签发最终验收证书后支付
设备数量	明确设备名称、套数、随主机的辅机、附件、易损耗备用品、配件和安装修理工具等，应于合同中列出详细清单
技术标准	应注明设备系统的主要技术性能，以及各部分设备的主要技术标准和技术性能
现场服务	合同可以约定设备安装工作由供货方负责还是采购方负责。如果由采购方负责，可以要求供货方提供必要的技术服务、现场服务等内容
验收和保修	（1）成套设备安装后一般应进行试车调试，双方应该共同参加启动试车的检验工作。 （2）试验合格后，双方在验收文件上签字，正式移交采购方进行生产运行。若检验不合格，属于设备质量原因，由供货方负责修理、更换并承担全部费用；如果由于工程施工质量问题，由安装单位负责拆除后纠正缺陷。 （3）合同中还应明确成套设备的验收办法以及是否保修、保修期限、费用分担等

3. 施工专业分包合同的内容

（1）专业工程分包，是指施工总承包单位将其所承包工程中的专业工程发包给具有相应资质的其他建筑业企业完成的活动。
（2）为了规范管理，减少或避免纠纷，原建设部和国家工商行政管理总局发布了《建设工程施工专业分包合同（示范文本）》GF—2003—0213

专业工程分包合同的主要内容	专业工程分包合同示范文本的结构、主要条款和内容与施工承包合同相似，包括词语定义与解释，双方的一般权利和义务，分包工程的施工进度控制、质量控制、费用控制，分包合同的监督与管理，信息管理，组织与协调，施工安全管理与风险管理等
工程承包人（总承包单位）的主要责任和义务	（1）分包人对总包合同的了解：承包人应提供总包合同（有关承包工程的价格内容除外）供分包人查阅。分包人应全面了解总包合同的各项规定（有关承包工程的价格内容除外）。 （2）项目经理应按分包合同的约定，及时向分包人提供所需的指令、批准、图纸并履行其他约定的义务，否则分包人应在约定时间后 24 小时内将具体要求、需要的理由及延误的后果通知承包人，项目经理在收到通知后 48 小时内不予答复，应承担因延误造成的损失。 （3）承包人的工作： ① 向分包人提供与分包工程相关的各种证件、批件和各种相关资料，向分包人提供具备施工条件的施工场地； ② 组织分包人参加发包人组织的图纸会审，向分包人进行设计图纸交底； ③ 提供合同专用条款中约定的设备和设施，并承担因此发生的费用； ④ 随时为分包人提供确保分包工程的施工所要求的施工场地和通道等，满足施工运输的需要，保证施工期间的畅通； ⑤ 负责整个施工场地的管理工作，协调分包人与同一施工场地的其他分包人之间的交叉配合，确保分包人按照经批准的施工组织设计进行施工
专业工程分包人主要责任和义务	（1）分包人对有关分包工程的责任：除合同条款另有约定，分包人应履行并承担总包合同中与分包工程有关的承包人的所有义务与责任，同时应避免因分包人自身行为或疏漏造成承包人违反总包合同中约定的承包人义务的情况发生。 （2）分包人与发包人的关系：分包人须服从承包人转发的发包人或工程师与分包工程有关的指令。未经承包人允许，分包人不得以任何理由与发包人或工程师发生直接工作联系，分包人不得直接致函发包人或工程师，也不得直接接受发包人或工程师的指令。如分包人与发包人或工程师发生直接工作联系，将被视为违约，并承担违约责任。 （3）承包人指令：就分包工程范围内的有关工作，承包人随时可以向分包人发出指令，分包人应执行承包人根据分包合同所发出的所有指令。分包人拒不执行指令，承包人可委托其他施工单位完成该指令事项，发生的费用从应付给分包人的相应款项中扣除。 （4）分包人的工作 ① 按照分包合同的约定，对分包工程进行设计（分包合同有约定时）、施工、竣工和保修； ② 按照合同约定的时间，完成规定的设计内容，报承包人确认后在分包工程中使用。承包人承担由此发生的费用； ③ 在合同约定的时间内，向承包人提供年、季、月度工程进度计划及相应进度统计报表； ④ 在合同约定的时间内，向承包人提交详细的施工组织设计，承包人应在专用条款约定的时间内批准，分包人方可执行； ⑤ 遵守政府有关主管部门对施工场地交通、施工噪声以及环境保护和安全文明生产等的管理规定，按规定办理有关手续，并以书面形式通知承包人，承包人承担由此发生的费用，因分包人责任造成的罚款除外； ⑥ 分包人应允许承包人、发包人、工程师及其三方中任何一方授权的人员在工作时间内，合理进入分包工程施工场地或材料存放的地点，以及施工场地以外与分包合同有关的分包人的任何工作或准备的地点，分包人应提供方便； ⑦ 已竣工工程未交付承包人之前，分包人应负责已完分包工程的成品保护工作，保护期间发生损坏，分包人自费予以修复；承包人要求分包人采取特殊措施保护的工程部位和相应的追加合同价款，双方在合同专用条款内约定

合同价款及支付	（1）分包工程合同价款可以采用固定价格、可调价格和成本加酬金三种中的一种（应与总包合同约定的方式一致）。 （2）分包合同价款与总包合同相应部分价款无任何连带关系。 （3）合同价款的支付： ① 实行工程预付款的，双方应在合同专用条款内约定承包人向分包人预付工程款的时间和数额，开工后按约定的时间和比例逐次扣回； ② 承包人应按专用条款约定的时间和方式，向分包人支付工程款（进度款），按约定时间承包人应扣回的预付款，与工程款（进度款）同期结算； ③ 分包合同约定的工程变更调整的合同价款、合同价款的调整、索赔的价款或费用以及其他约定的追加合同价款，应与工程进度款同期调整支付； ④ 承包人超过约定的支付时间不支付工程款（预付款、进度款），分包人可向承包人发出要求付款的通知，承包人不按分包合同约定支付工程款（预付款、进度款），导致施工无法进行，分包人可停止施工，由承包人承担违约责任； ⑤ 承包人应在收到分包工程竣工结算报告及结算资料后 28 天内支付工程竣工结算价款，在发包人不拖延工程价款的情况下无正当理由不按时支付，从第 29 天起按分包人同期向银行贷款利率支付拖欠工程价款的利息，并承担违约责任
禁止转包 或再分包	（1）分包人不得将其承包的分包工程转包给他人，也不得将其承包的分包工程的全部或部分再分包给他人，否则将被视为违约，并承担违约责任。 （2）分包人经承包人同意可以将劳务作业再分包给具有相应劳务分包资质的劳务分包企业。 （3）分包人应对再分包的劳务作业的质量等相关事宜进行督促和检查，并承担相关连带责任

4. 施工劳务分包合同的内容

（1）劳务作业分包，是指施工承包单位或者专业分包单位（均可作为劳务作业的发包人）将其承包工程中的劳务作业发包给劳务分包单位（即劳务作业承包人）完成的活动。
（2）为了规范管理，减少或避免纠纷，建设部和国家工商行政管理总局发布了《建设工程施工劳务分包合同（示范文本）》GF—2003—0214

劳务分包合同的重要条款	《建设工程施工劳务分包合同（示范文本）》GF—2003—0214 的重要条款有： （1）劳务分包人资质情况； （2）劳务分包工作对象及提供劳务内容； （3）分包工作期限； （4）质量标准； （5）工程承包人义务； （6）劳务分包人义务； （7）材料、设备供应； （8）保险； （9）劳务报酬及支付； （10）工时及工程量的确认； （11）施工配合； （12）禁止转包或再分包等
承包人的主要义务	（1）组建与工程相适应的项目管理班子，全面履行总（分）包合同，组织实施项目管理的各项工作，对工程的工期和质量向发包人负责。 （2）完成劳务分包人施工前期的下列工作： ① 向劳务分包人交付具备本合同项下劳务作业开工条件的施工场地； ② 满足劳务作业所需的能源供应、通信及施工道路畅通； ③ 向劳务分包人提供相应的工程资料； ④ 向劳务分包人提供生产、生活临时设施。

续表

承包人的主要义务	（3）负责编制施工组织设计，统一制定各项管理目标，组织编制年、季、月施工计划、物资需用量计划表，实施对工程质量、工期、安全生产、文明施工、计量检测、实验化验的控制、监督、检查和验收。 （4）负责工程测量定位、沉降观测、技术交底，组织图纸会审，统一安排技术档案资料的收集整理及交工验收。 （5）按时提供图纸，及时交付材料、设备，所提供的施工机械设备、周转材料、安全设施保证施工需要。 （6）按合同约定，向劳务分包人支付劳动报酬。 （7）负责与发包人、监理、设计及有关部门联系，协调现场工作关系
劳务分包人的主要义务	（1）对劳务分包范围内的工程质量向承包人负责，组织具有相应资格证书的熟练工人投入工作；未经承包人授权或允许，不得擅自与发包人及有关部门建立工作联系；自觉遵守法律法规及有关规章制度。 （2）严格按照设计图纸、施工验收规范、有关技术要求及施工组织设计精心组织施工，确保工程质量达到约定的标准。 ① 科学安排作业计划，投入足够的人力、物力，保证工期； ② 加强安全教育，认真执行安全技术规范，严格遵守安全制度，落实安全措施，确保施工安全； ③ 加强现场管理，严格执行建设主管部门及环保、消防、环卫等有关部门对施工现场的管理规定，做到文明施工； ④ 承担由于自身责任造成的质量修改、返工、工期拖延、安全事故、现场脏乱造成的损失及各种罚款。 （3）自觉接受承包人及有关部门的管理、监督和检查；接受承包人随时检查其设备、材料保管、使用情况，及其操作人员的有效证件、持证上岗情况；与现场其他单位协调配合，照顾全局。 （4）劳务分包人须服从承包人转发的发包人及工程师的指令。 （5）除非合同另有约定，劳务分包人应对其作业内容的实施、完工负责，劳务分包人应承担并履行总（分）包合同约定的、与劳务作业有关的所有义务及工作程序
保险	（1）劳务分包人施工开始前，承包人应获得发包人为施工场地内的自有人员及第三人人员生命财产办理的保险，且不需劳务分包人支付保险费用。 （2）运至施工场地用于劳务施工的材料和待安装设备，由承包人办理或获得保险，且不需劳务分包人支付保险费用。 （3）承包人必须为租赁或提供给劳务分包人使用的施工机械设备办理保险，并支付保险费用。 （4）劳务分包人必须为从事危险作业的职工办理意外伤害保险，并为施工场地内自有人员生命财产和施工机械设备办理保险，支付保险费用。 （5）保险事故发生时，劳务分包人和承包人有责任采取必要的措施，防止或减少损失
劳务报酬	（1）劳务报酬可以采用以下方式中的任何一种： ① 固定劳务报酬（含管理费）； ② 约定不同工种劳务的计时单价（含管理费），按确认的工时计算； ③ 约定不同工作成果的计件单价（含管理费），按确认的工程量计算。 （2）劳务报酬，可以采用固定价格或变动价格。采用固定价格，则除合同约定或法律政策变化导致劳务价格变化以外，均为一次包死，不再调整。 （3）在合同中可以约定，下列情况下，固定劳务报酬或单价可以调整： ① 以本合同约定价格为基准，市场人工价格的变化幅度超过一定百分比时，按变化前后价格的差额予以调整； ② 后续法律及政策变化，导致劳务价格变化的，按变化前后价格的差额予以调整； ③ 双方约定的其他情形

续表

工时及工程量的确认	（1）采用固定劳务报酬方式的，施工过程中不计算工时和工程量。 （2）采用按确定的工时计算劳务报酬的，由劳务分包人每日将提供劳务人数报承包人，由承包人确认。 （3）采用按确认的工程量计算劳务报酬的，由劳务分包人按月（或旬、日）将完成的工程量报承包人，由承包人确认。对劳务分包人未经承包人认可，超出设计图纸范围和因劳务分包人原因造成返工的工程量，承包人不予计量
劳务报酬最终支付	（1）全部工作完成，经承包人认可后 14 天内，劳务分包人向承包人递交完整的结算资料，双方按照本合同约定的计价方式，进行劳务报酬的最终支付。 （2）承包人收到劳务分包人递交的结算资料后 14 天内进行核实，给予确认或者提出修改意见。承包人确认结算资料后 14 天内向劳务分包人支付劳务报酬尾款。 （3）劳务分包人和承包人对劳务报酬结算价款发生争议时，按合同约定处理
禁止转包或再分包	劳务分包人不得将合同项下的劳务作业转包或再分包给他人

5. 项目总承包合同的内容

住房和城乡建设部、国家工商行政管理总局联合制定了《建设项目工程总承包合同示范文本（试行）》GF-2011-0216，自 2011 年 11 月 1 日起试行	
合同主要内容	
项目总承包的任务	从时间范围上，一般可包括从工程立项到交付使用的工程建设全过程，具体可包括：勘察设计、设备采购、施工、试车（或交付使用）等内容。从具体的工程承包范围看，可包括所有的主体和附属工程、工艺、设备等
开展项目总承包的依据	（1）业主的功能要求； （2）业主提供的部分设计图纸； （3）业主自行采购设备清单及采购界面； （4）业主采用的工程技术标准和各种工程技术要求； （5）工程所在地有关工程建设的国家标准、地方标准或者行业标准
项目总承包单位的义务和责任	（1）承包人应按照合同约定的标准、规范、工程的功能、规模、考核目标和竣工日期，完成设计、采购、施工、竣工试验和（或）指导竣工后试验等工作，不得违反国家强制性标准、规范的规定。 （2）承包人应按合同约定，自费修复因承包人原因引起的设计、文件、设备、材料、部件、施工中存在的缺陷，或在竣工试验和竣工后试验中发现的缺陷。 （3）承包人应按合同约定和发包人的要求，提交相关报表。报表的类别、名称、内容、报告期、提交时间和份数，在专用条款中约定。 （4）承包人有权根据 4.6.4 款承包人的复工要求、14.9 款付款时间延误和 17 条不可抗力的约定，以书面形式向发包人发出暂停通知。除此之外，凡因承包人原因的暂停，造成承包人的费用增加由其自负，造成关键路径延误的应自费赶上。 （5）对因发包人原因给承包人带来任何损失、损失或造成工程关键路径延误的，承包人有权要求赔偿和（或）延长竣工日期
发包人的义务和责任	（1）负责办理项目的审批、核准或备案手续，取得项目用地的使用权，完成拆迁补偿工作，使项目具备法律规定和合同约定的开工条件，并提供立项文件。 （2）履行合同中约定的合同价格调整、付款、竣工结算义务。 （3）有权按照合同约定和适用法律关于安全、质量、标准、环境保护和职业健康等强制性标准和规范的规定，对承包人的设计、采购、施工、竣工试验等实施工作提出建议、修改和变更，但不得违反国家强制性标准、规范的规定。 （4）有权根据合同约定，对因承包人原因给发包人带来的任何损失和损害，提出赔偿。 （5）发包人认为必要时，有权以书面形式发出暂停通知。其中，因发包人原因造成的暂停，给承包人造成的费用增加，由发包人承担，造成工程关键路径延误的，竣工日期相应顺延

续表

<table>
<tr><td rowspan="5">进度计划</td><td>项目进度计划</td><td>（1）承包人负责编制项目进度计划，项目进度计划中的施工期限（含竣工试验），应符合合同协议书的约定。
（2）项目进度计划经发包人批准后实施，但发包人的批准并不能减轻或免除承包人的合同责任</td></tr>
<tr><td>项目进度计划的调整</td><td>出现下列情况，竣工日期相应顺延，并对项目进度计划进行调整：
（1）发包人根据5.2.1款提供的项目基础资料和现场障碍资料不真实、不准确、不齐全、不及时，或未能按14.3.1款约定的预付款金额和14.3.2款约定的付款时间付款，导致4.3.2款约定的设计开工日期延误，或4.4.2款约定的采购开始日期延误，或造成施工开工日期延误的。
（2）根据4.2.4款第2项的约定，因发包人原因，导致某个设计阶段审核会议时间的延误。
（3）根据4.2.4款第3项的约定，相关设计审查部门批准时间较合同约定的时间延长的。
（4）根据合同约定的其他延长竣工日期的情况</td></tr>
<tr><td>设计进度计划</td><td>承包人根据批准的项目进度计划和5.3.1款约定的设计审查阶段及发包人组织的设计阶段审查会议的时间安排，编制设计进度计划。设计进度计划经发包人认可后执行。发包人的认可并不能解除承包人的合同责任</td></tr>
<tr><td>采购进度计划</td><td>承包人的采购进度计划符合项目进度计划的时间安排，并与设计、施工、和（或）竣工试验及竣工后试验的进度计划相衔接。采购进度计划的提交份数和日期，在专用条款约定</td></tr>
<tr><td>施工进度计划</td><td>承包人应在现场施工开工15日前向发包人提交一份包括施工进度计划在内的总体施工组织设计。施工进度计划的开竣工时间，应符合合同协议书对施工开工和工程竣工日期的约定，并与项目进度计划的安排协调一致。发包人需向承包人提交关键单项工程和（或）关键分部分项工程施工进度计划的，在专用条款中约定提交的份数和时间</td></tr>
<tr><td rowspan="4">技术与设计</td><td colspan="2">（1）承包人负责提供生产工艺技术（含专利技术、专有技术、工艺包）和（或）建筑设计方案（含总体布局、功能分区、建筑造型和主体结构等）时，应对所提供的工艺流程、工艺技术数据、工艺条件、软件、分析手册、操作指导书、设备制造指导书和其他资料要求，和（或）总体布局、功能分区、建筑造型及其结构设计等负责</td></tr>
<tr><td>（2）发包人的义务</td><td>① 提供项目基础资料。发包人应按合同约定、法律或行业规定，向承包人提供设计需要的项目基础资料，并对其真实性、准确性、齐全性和及时性负责。
② 提供现场障碍资料。除专用条款另有约定外，发包人应按合同约定和适用法律规定，在设计开始前，提供与设计、施工有关的地上、地下已有的建筑物、构筑物等现场障碍资料，并对其真实性、准确性、齐全性和及时性负责。
③ 承包人无法核实发包人所提供的项目基础资料中的数据、条件和资料的，发包人有义务给予进一步确认</td></tr>
<tr><td>（3）承包人的义务</td><td>承包人有义务按照发包人提供的项目基础资料、现场障碍资料和国家有关部门、行业工程建设标准规范规定的设计深度开展工程设计，并对其设计的工艺技术和（或）建筑功能，及工程的安全、环境保护、职业健康的标准，设备材料的质量、工程质量和完成时间负责</td></tr>
<tr><td colspan="2">（4）因承包人原因，造成设计文件存在遗漏、错误、缺陷和不足的，承包人应自费修复、弥补、纠正和完善。造成设计进度延误时，应自费采取措施赶上</td></tr>
</table>

续表

<table>
<tr><td rowspan="3">技术与设计</td><td colspan="2">（5）本工程的设计阶段、设计阶段审查会议的组织和时间安排，在专用条款约定。发包人负责组织设计阶段审查会议，并承担会议费用及发包人的上级单位、政府有关部门参加审查会议的费用</td></tr>
<tr><td colspan="2">（6）承包人应根据 5.3.1 款的约定，向发包人提交相关设计审查阶段的设计文件，设计文件应符合国家有关部门、行业工程建设标准规范对相关设计阶段的设计文件、图纸和资料的深度规定。承包人有义务自费参加发包人组织的设计审查会议、向审查者介绍、解答、解释其设计文件，并自费提供审查过程中需提供的补充资料</td></tr>
<tr><td colspan="2">（7）发包人有义务向承包人提供设计审查会议的批准文件和纪要。承包人有义务按相关设计审查阶段批准的文件和纪要，并依据合同约定及相关设计规定，对相关设计进行修改、补充和完善</td></tr>
<tr><td rowspan="3">工程物资</td><td>发包人提供的工程物资</td><td>（1）由发包人负责提供的工程物资的类别、数量，在专用条款中列出。
（2）在履行合同过程中，由于国家新颁布的强制性标准、规范，造成发包人负责提供的工程物资（包括建筑构件等）不符合新颁布的强制性标准时，由发包人负责修复或重新订货。如委托承包人修复，作为变更处理。
（3）发包人请承包人参加境外采购工作时，所发生的费用由发包人承担</td></tr>
<tr><td>工程物资所有权</td><td>承包人根据合同约定提供的工程物资，在运抵现场的交货地点并支付了采购进度款，其所有权转为发包人所有。在发包人接收工程前，承包人有义务对工程物资进行保管、维护和保养，未经发包人批准不得运出现场</td></tr>
<tr><td>剩余工程物资的移交</td><td>承包人保管的工程物资（含承包人负责采购提供的工程物资并受到了采购进度款，及发包人委托保管的工程物资），在竣工试验完成后，剩余部分由承包人无偿移交给发包人，专用条款另有约定时除外</td></tr>
<tr><td rowspan="2">施工</td><td>发包人的义务</td><td>（1）提供基准坐标资料；
（2）审查总体施工组织设计；
（3）提供进场条件和确定进场日期；
（4）提供临时用水、用电等和节点铺设；
（5）办理开工等批准手续；
（6）办理施工过程中须由发包人办理的批准；
（7）提供施工障碍资料；
（8）承包人新发现的施工障碍；
（9）职业健康、安全、环境保护管理计划确认</td></tr>
<tr><td>承包人的义务</td><td>（1）放线；
（2）施工组织设计；
（3）提交临时占地资料；
（4）临时用水、用电等；
（5）协助发包人办理开工等批准手续；
（6）施工过程中需通知办理的批准；
（7）提供施工障碍资料；
（8）新发现的施工障碍</td></tr>
</table>

6. 工程监理合同的内容

（1）工程监理合同文件由协议书、中标通知书（适用于招标工程）或委托书（适用于非招标工程）、投标文件（适用于招标工程）或监理与相关服务建议书（适用于非招标工程）、专用条件、通用条件、附录（附录A：相关服务的范围和内容、附录B：委托人派遣的人员和提供的房屋、资料、设备）组成。合同签订后实施过程中双方依法签订的补充协议也是合同文件的组成部分。

（2）住房和城乡建设部、国家工商行政管理总局 2012 年颁布执行的《建设工程监理合同（示范文本）》GF—2012—0202 的主要内容如下：

监理的范围和工作内容	除专用条件另有约定外，监理工作内容包括： （1）收到工程设计文件后编制监理规划，并在第一次工地会议7天前报委托人。根据有关规定和监理工作需要，编制监理实施细则； （2）熟悉工程设计文件，并参加由委托人主持的图纸会审和设计交底会议； （3）参加由委托人主持的第一次工地会议；主持监理例会并根据工程需要主持或参加专题会议； （4）审查施工承包人提交的施工组织设计，重点审查其中的质量安全技术措施、专项施工方案与工程建设强制性标准的符合性； （5）检查施工承包人工程质量、安全生产管理制度及组织机构和人员资格； （6）检查施工承包人专职安全生产管理人员的配备情况； （7）审查施工承包人提交的施工进度计划，核查承包人对施工进度计划的调整； （8）检查施工承包人的试验室； （9）审核施工分包人资质条件； （10）查验施工承包人的施工测量放线成果； （11）审查工程开工条件，对条件具备的签发开工令； （12）审查施工承包人报送的工程材料、构配件、设备质量证明文件的有效性和符合性，并按规定对用于工程的材料采取平行检验或见证取样方式进行抽检； （13）审核施工承包人提交的工程款支付申请，签发或出具工程款支付证书，并报委托人审核、批准； （14）在巡视、旁站和检验过程中，发现工程质量、施工安全存在事故隐患的，要求施工承包人整改并报委托人； （15）经委托人同意，签发工程暂停令和复工令； （16）审查施工承包人提交的采用新材料、新工艺、新技术、新设备的论证材料及相关验收标准； （17）验收隐蔽工程、分部分项工程； （18）审查施工承包人提交的工程变更申请，协调处理施工进度调整、费用索赔、合同争议等事项； （19）审查施工承包人提交的竣工验收申请，编写工程质量评估报告； （20）参加工程竣工验收，签署竣工验收意见； （21）审查施工承包人提交的竣工结算申请并报委托人； （22）编制、整理工程监理归档文件并报委托人
项目监理机构和人员	（1）监理人应组建满足工作需要的项目监理机构，配备必要的检测设备。项目监理机构的主要人员应具有相应的资格条件。 （2）本合同履行过程中，总监理工程师及重要岗位监理人员应保持相对稳定，以保证监理工作正常进行。 （3）监理人可根据工程进展和工作需要调整项目监理机构人员。监理人更换总监理工程师时，应提前7天向委托人书面报告，经委托人同意后方可更换；监理人更换项目监理机构其他监理人员，应以相当资格与能力的人员替换，并通知委托人。 （4）监理人应及时更换有下列情形之一的监理人员： ① 严重过失行为的； ② 有违法行为不能履行职责的； ③ 涉嫌犯罪的； ④ 不能胜任岗位职责的； ⑤ 严重违反职业道德的； ⑥ 专用条件约定的其他情形。 （5）委托人可要求监理人更换不能胜任本职工作的项目监理机构人员
监理人职责	（1）在监理与相关服务范围内，委托人和承包人提出的意见和要求，监理人应及时提出处置意见。当委托人与承包人之间发生合同争议时，监理人应协助委托人、承包人协商解决。 （2）当委托人与承包人之间的合同争议提交仲裁机构仲裁或人民法院审理时，监理人应提供必要的证明资料。 （3）监理人应在专用条件约定的授权范围内，处理委托人与承包人所签订合同的变更事宜。如果变更超过授权范围，应以书面形式报委托人批准。 在紧急情况下，为了保护财产和人身安全，监理人所发出的指令未能事先报委托人批准时，应在发出指令后的24小时内以书面形式报委托人。 （4）除专用条件另有约定外，监理人发现承包人的人员不能胜任本职工作的，有权要求承包人予以调换

7. 工程咨询合同的内容

（1）合同组成

<table>
<tr><td rowspan="7">FIDIC《白皮书各部分主要内容》</td><td>框架</td><td>主要内容</td></tr>
<tr><td>协议书</td><td>确定签约双方的基本信息和合同包含的主要文件，若双方都在协议书上签字，则表明合同将在约定的时间开始执行</td></tr>
<tr><td>通用条款</td><td>包括 9 个板块，是合同的通用性条件，主要规定了签约双方的义务和责任；职员；保险；支付；协议书的开始、完成、变更和终止；争端的解决等</td></tr>
<tr><td>特殊条款</td><td>包括对应标准条件的有关条款和附加条款，是对标准条款的补充和说明，在合同履行过程中，专用条款优于通用条款</td></tr>
<tr><td>附件 A</td><td>规定咨询工程师的服务范围</td></tr>
<tr><td>附件 B</td><td>规定业主提供的职员、设备、设施和其他人员的服务</td></tr>
<tr><td>附件 C</td><td>规定报酬和支付</td></tr>
</table>

（2）义务和责任

<table>
<tr><td rowspan="6">工程咨询方的主要义务</td><td colspan="2">要认真贯彻国家有关法律、法规和政策，为国家的利益和客户的合法利益，运用合理的技能，谨慎而勤奋的工作</td></tr>
<tr><td rowspan="5">根据客户与第三方签订的合同的授权或要求，行使权力或履行职责时，应：</td><td>根据合同进行工作</td></tr>
<tr><td>在客户和第三方之间提供证明、行使决定权或处理权时，不是作为仲裁人，而是作为独立的专业人员，根据自己的专业技能和判断进行工作</td></tr>
<tr><td>在变更任何第三方的义务时，对于可能对费用或质量或时间产生重大影响的任何变更，须事先得到客户的批准</td></tr>
<tr><td>如果项目所在的管辖区有需要，工程咨询方应具有履行本协议所述服务的资格，或者由具有相应资格的专业人员执行此类服务</td></tr>
<tr><td>工程咨询方应让客户保持对其服务进展的了解</td></tr>
<tr><td rowspan="6">客户的主要义务</td><td colspan="2">提供资料</td></tr>
<tr><td colspan="2">及时决定</td></tr>
<tr><td colspan="2">协助</td></tr>
<tr><td colspan="2">设备和设施</td></tr>
<tr><td colspan="2">客户的职员</td></tr>
<tr><td colspan="2">其他人员的范围</td></tr>
<tr><td rowspan="4">双方的责任</td><td rowspan="3">工程咨询方的责任</td><td>如果确认工程咨询方违反了合同的规定，客户提出索赔，则工程咨询方应对由于其违约引起的或与之有关的事宜负责，并向客户赔偿</td></tr>
<tr><td>没有对方的同意，工程咨询方不得转让本协议规定的义务</td></tr>
<tr><td>没有客户的书面同意，工程咨询方不得开始实施、更改或终止履行全部或部分服务的任何分包合同</td></tr>
<tr><td>客户的责任</td><td>如果确认客户违反了他对工程咨询方应尽的义务，工程咨询方提出索赔，则客户应负责向工程咨询方赔偿</td></tr>
<tr><td rowspan="2">咨询工程师的权利</td><td>版权</td><td>FIDIC《白皮书》：咨询工程师对于由他编制的所有文件拥有版权</td></tr>
<tr><td>出版</td><td>FIDIC《白皮书》：除非在第二部分中另有规定，咨询工程师可单独或与他人合作出版有关工程和服务的书籍。但如果在服务完成或终止后两年内出版有关书籍，则须得到业主的批准</td></tr>
</table>

一 单项选择题

1. 根据合同通用条款规定的文件解释优先顺序，下列文件中具有最优先解释权的是（　　）。

A. 规范标准　　B. 协议书

C. 中标通知书　　D. 设计文件

2. 某工程承包人于2019年5月25日提交了竣工验收申请报告，6月10日工程竣工验收合格，6月15日发包人签发了工程接收证书。根据《建设工程施工合同（示范文本）》GF—2017—0201通用条款，该工程的缺陷责任期、保修期起算日分别为（　　）。

A. 5月15日、6月10日　　B. 6月10日、6月15日

C. 5月15日、6月15日　　D. 6月15日、6月10日

3. 根据《建设工程施工合同（示范文本）》GF—2017—0201，工程未经竣工验收，发包人擅自使用的，以（　　）为实际竣工日期。

A. 承包人提交竣工验收申请报告之日

B. 转移占有工程之日

C. 监理人组织竣工初验之日

D. 发包人签发工程接收证书之日

4. 某施工承包工程，承包人于2004年5月10日送交验收报告，发包人组织验收后提出修改意见，承包人按发包人要求修改后于2004年7月10日再次送交工程验收报告，发包人于2004年7月20日组织验收，2004年7月30日给予认可。则该工程实际竣工日期为（　　）。

A. 2004年5月10日　　B. 2004年7月10日

C. 2004年7月20日　　D. 2004年7月30日

5. 关于竣工验收的说法，错误的是（　　）。

A. 当工程按合同要求全部完成后，承包人向发包人提供完整的竣工资料和竣工验收报告

B. 发包人收到竣工报告后28天内组织验收，并在验收后14天内给予认可或提出修改意见

C. 发包人收到承包人的竣工验收报告后14天内不组织验收，将视为验收报告已被认可

D. 发包人在收到承包人竣工验收报告后28天内不组织验收，将承担工程保险责任

6. 工程具备隐蔽条件或达到专用条款约定的中间验收部位，承包人进行自检，并在隐蔽或中间验收前最晚（　　）小时书面形式通知工程师验收。

A. 12　　B. 24

C. 36　　D. 48

7. 在施工过程中，工程师发现曾检验“合格”的工程部位仍存在施工质量问题，则

修复该部位工程质量缺陷时，应（　　）。

A．由发包人承担费用，工期给予顺延

B．由承包人承担费用，工期不予顺延

C．由承包人承担费用，工期给予顺延

D．由发包人承担费用，工期不予顺延

8. 根据《建设工程施工合同（示范文本）》GF—2017—0201，工程缺陷责任期从（　　）起计算。

A．合同签订日期　　B．实际竣工日期

C．工程通过竣工验收之日　　D．颁发工程接收证书之日

9. 根据《建设工程施工合同（示范文本）》GF—2017—0201，保修期的开始计算时间是指（　　）。

A．合同基准日期　　B．实际竣工日期

C．竣工验收合格日　　D．保证金扣留日

10. 建设工程物资采购合同约定质量标准的一般原则不包括（　　）。

A．按颁布的国家标准执行

B．没有国家标准而有部颁标准的则按照部颁标准执行

C．没有国家标准和部颁标准时，可按照企业标准执行

D．按国际标准执行

11. 关于建筑材料采购合同有关条款的说法，正确的是（　　）。

A．不属于国家定价的产品，由供方确定价格

B．建筑材料的包装物一般由供方负责，并且一般不另向需方收费

C．需方提货的，以需方收货戳记的日期为准

D．建筑材料采购合同通常采用固定总价合同

12. 建筑材料采购合同中应明确货物的验收依据和（　　）。

A．验收程序　　B．验收人员

C．验收方式　　D．验收时间

13. 关于物资采购交货日期的说法，正确的是（　　）。

A．供货方负责送货的，以供货方按合同规定通知的提货日期为准

B．采购方提货的，以采购方收货戳记的日期为准

C．凡委托运输部门送货的，以供货方发运产品时承运单位签发的日期为准

D．凡委托运输单位代运的产品，以向承运单位提出申请的日期为准

14. 建筑材料采购合同中，凡委托运输部门或单位运输、送货或代运的产品，交货期限一般以（　　）的日期为准。

A．需方收货戳记　　B．承运单位送达交货地点

C．承运单位签发　　D．供方向承运单位提出申请

15. 关于物资采购合同价格，按规定应由国家定价但国家尚无定价的材料，其价格应（　　）。

A．由供需双方协商确定　　B．报请物价主管部门批准

C．由工程师确定　　D．由政府质量监督部门确定

16．某工程施工过程中，由于供货商提供的设备（施工单位采购）质量存在缺陷，导致返工并造成损失。施工单位应向（　　）索赔，以补偿自己的损失。

A．业主　　B．工程师

C．设备生产商　　D．设备供货商

17．根据《建设工程施工专业分包合同（示范文本）》GF—2003—0213，关于专业工程分包人责任和义务的说法，正确的是（　　）。

A．分包人必须服从发包人直接发出的指令

B．分包人应允许发包人授权的人员在工作时间内合理进入分包工程施工场地

C．遵守政府有关主管部门的管理规定，但不用办理有关手续

D．分包人可以直接与发包人或工程师发生直接工作联系

18．根据《建设工程施工专业分包合同（示范文本）》GF—2003—0213，关于分包人与发包人关系的说法，正确的是（　　）。

A．分包人须服从承包人转发的发包人或工程师与分包工程有关的指令

B．在某些情况下，分包人可以与发包人或工程师发生直接工作关系

C．分包人可以就有关工程指令问题，直接致函发包人或工程师

D．当涉及质量问题时，发包人或工程师可以直接向分包人发出指令

19．根据《建设工程施工专业分包合同（示范文本）》GF—2003—0213，承包人应提供总包合同供分包人查阅，但可以不包括其中有关（　　）。

A．承包工程的价格内容　　B．承包工程的进度要求

C．项目业主的情况　　D．违约责任的条款

20．根据《建设工程施工专业分包合同（示范文本）》GF—2003—0213，关于发包人、承包人和分包人关系的说法，正确的是（　　）。

A．发包人向分包人提供具备施工条件的施工场地

B．分包人可直接致函发包人或工程师

C．就分包范围内的有关工作，承包人随时可以向分包人发出指令

D．分包合同价款与总承包合同相应部分价款存在连带关系

21．根据《建设工程施工劳务分包合同（示范文本）》GF—2003—0214，从事危险作业职工的意外伤害保险应由（　　）办理。

A．发包人　　B．施工承包人

C．劳务分包人　　D．专业分包人

22．根据《建设工程施工劳务分包合同（示范文本）》GF—2003—0214，分包项目的施工组织设计应由（　　）负责编制。

A．承包人　　B．工程师

C．分包人　　D．发包人

23．建设工程施工劳务分包合同中，劳务分包人的义务包括（　　）。

A. 负责与发包人、监理、设计及有关部门联系，协调现场工作关系

B. 完成水、电、热、通信等施工管线和施工道路，并满足完成本合同劳务作业所需的能源供应、通信及施工道路畅通的时间和质量要求

C. 严格按照设计图纸、施工验收规范、有关技术要求及施工组织设计精心组织施工，确保工程质量达到约定的标准

D. 对工程的工期和质量向发包人负责

24. 根据《建设工程施工劳务分包合同（示范文本）》GF—2003—0214，劳务分包人的义务之一是（　　）。

A. 编制劳务分包项目的施工组织设计

B. 搭建生活和生产用临时设施

C. 与监理、设计及有关部门建立工作联系

D. 做好已完工程的产品保护工作

25. 运至施工现场用于劳务施工的材料和待安装设备，由（　　）办理或获得保险。

A. 发包人　　B. 承包人

C. 分包人　　D. 工程师

26. 根据《建设工程施工劳务分包合同（示范文本）》GF—2003—0214，应由劳务分包人完成的工作是（　　）。

A. 加强安全教育　　B. 收集技术资料

C. 搭建生活设施　　D. 编制施工计划

27. 业主方把建设工程项目的（　　）进行综合委托的模式称为建设工程项目总承包。

A. 设计任务与物资采购任务　　B. 工程前期准备工作与施工任务

C. 设备采购和施工任务　　D. 设计任务和施工任务

28. 约定按不同工作成果计件单价支付报酬的施工劳务分包合同履行过程中，总承包人应该承担违约责任的情况是（　　）。

A. 不按时支付劳务报酬　　B. 增加预计的工作数量

C. 减少预计的工作数量　　D. 增加新的工作内容

29. 根据《建设工程施工劳务分包合同（示范文本）》GF—2003—0214，属于劳务报酬所采用的方式的是（　　）。

A. 固定劳务报酬加奖金

B. 约定不同工种劳务的计时单价，按确认的工时计算，再加一定比例的管理费

C. 约定不同工作成果的计件单价，按确认的工程量来计算，再加一定比例的管理费

D. 固定劳务报酬（含管理费）

30. 关于劳务报酬最终支付，承包人收到劳务分包人递交的结算资料后（　　）天内进行核实，给予确认或者提出修改意见。

A. 7　　B. 14

C. 21　　D. 30

31. 建设工程项目总承包与施工总承包的最大不同之处在于项目总承包需要负责（　　）。

A. 承建项目的投料试生产

B. 全部或者部分工程的设计

C. 总价包干

D. 所有的主体工程、工艺和设备等的施工与安装

32. 关于建设工程项目总承包单位工作内容的说法，正确的是（　　）。

A. 负责办理项目的审批、核准或备案手续，取得项目用地的使用权

B. 完成拆迁补偿工作，使项目具备法律规定的开工条件

C. 按照合同约定，完成设计、采购、施工、竣工试验和竣工后试验

D. 项目总承包单位可自主确定设计人员和设计分包者

33. 根据《建设项目工程总承包合同示范文本（试行）》GF—2011—0216，关于建设工程项目发包人权利和义务的说法，错误的是（　　）。

A. 负责办理项目的审批、核准或备案手续，取得项目用地的使用权

B. 履行合同中约定的合同价格调整、付款、竣工结算义务

C. 发包人认为有必要的时候，有权以书面形式发出暂停通知

D. 发包人对因承包人原因给发包人带来的损失不能提出赔偿

34. 关于建设工程项目总承包单位工作内容的说法，正确的是（　　）。

A. 负责办理项目的审批、核准或备案手续，取得项目用地的使用权

B. 完成拆迁补偿工作，使项目具备法律规定的开工条件

C. 按照合同约定，完成设计、采购、施工、竣工试验和竣工后试验

D. 项目总承包单位可自主确定设计人员和设计分包者

35. 某建设工程项目承发包双方签订了设计—施工总承包合同，属于承包人工作范围的是（　　）。

A. 落实项目资金　　B. 办理规划许可证

C. 办理施工许可证　　D. 完成设计文件

36. 关于建设工程项目总承包商责任和义务的说法，错误的是（　　）。

A. 承包商应保证其设计人员在合同期限内的所有合理事件，随时参加业主代表的讨论

B. 承包商应在业主每次确认设计文件后若干时间内，向业主提供若干套修改后的设计文件以备查，并收取设计成本费用

C. 承包商购买材料必须符合工程技术的标准及建设实施要求、工程材料及设备可选清单

D. 承包商拟提供的全部工程设备和材料，以及准备进行的工作，均需按照合同规定的方法制造加工

37. 根据《建设工程委托监理合同（示范文本）》GF—2000—0201，监理人发现工程设计不符合国家规定的质量标准时，正确的做法是（　　）。

A. 书面报告委托人并要求设计人改正

B. 指令施工单位征求设计人的修改意见

C. 及时向设计人报告问题的具体情况

D. 口头联系设计人并书面报告委托人

38. 根据《建设工程监理合同（示范文本）》GF—2012—0202，监理工作的内容包括（　　）。

A. 主持图纸会审会议　　B. 主持第一次工地会议

C. 组织工程竣工验收　　D. 编制工程质量评估报告

二 多项选择题

1. 按照建设工程承发包方式，建设工程合同类型有（　　）。

A. 勘察、设计或施工总承包合同　　B. 总价合同

C. 工程项目总承包合同　　D. 工程监理合同

E. 建设工程物资采购合同

2. 根据《建设工程施工合同（示范文本）》GF—2017—0201，合同文本由（　　）组成。

A. 标准和技术规范　　B. 通用合同条款

C. 合同协议书　　D. 专用合同条款

E. 中标通知书

3. 根据《建设工程施工合同（示范文本）》GF—2017—0201 通用条款，除专用条款另有约定外，发包人的责任与义务包括（　　）。

A. 应按照约定向承包人免费提供图纸

B. 提供场外交通设施的技术参数和具体条件

C. 提供“三通一平”施工条件

D. 提供正常施工所需要的进入施工现场的交通条件

E. 最迟于开工日期 14 天前向承包人移交施工现场

4. 根据《建设工程施工合同（示范文本）》GF—2017—0201，属于发包人工作的有（　　）。

A. 保证向承包人提供正常施工所需的进入施工现场的交通条件

B. 依据有关法律办理建设工程施工许可证

C. 向承包人提供施工现场的地质勘察资料

D. 保证承包人施工人员的安全和健康

E. 负责对指定分包的管理，并对分包方的行为负责

5. 根据《建设工程施工合同（示范文本）》GF—2017—0201 通用合同条款，关于工程施工交通运输的说法，正确的有（　　）。

A. 发包人负责取得出入施工现场所需的批准手续和全部权利

B. 承包人未合理预见进出施工现场路径所增加的费用由发包人承担

C．场外交通设施无法满足工程施工需要的，由发包人负责完善

D．因承包人原因造成的场内基本交通设施损坏的，由发包人承担修复费用

E．运输超重件所需的道路临时加固费用由承包人承担

6．施工承包合同中，承包人一般应承担的义务包括（　　）。

A．安全施工，负责施工人员及业主人员的安全和健康

B．按合同规定组织工程的竣工验收

C．接受发包人、工程师或其他代表的指令

D．按合同约定向发包人提供施工场地办公和生活的房屋及设施

E．负责对分包的管理，但不对分包人的行为负责

7．某建筑材料采购合同中，约定由采购方于2011年6月30日到指定地点提取约定数量的货物，7月10日支付货款总额；6月25日采购方接到了提前提货通知，采购方派车于6月28日接收货物；发现供货方交货数量大于约定数量。那么采购方可采取的正确行为有（　　）。

A．应在7月8日支付货款总额

B．仍可在7月10日支付货款总额

C．只提取约定数量的货物

D．对多交货部分代为保管，但保管费应由供货方承担

E．支付6月25日～6月28日未及时提货的保管费用

8．关于物资采购合同中交货期限的说法，正确的有（　　）。

A．供方负责送货的，以供方按合同规定通知的提货日期为准

B．供方负责送货的，以需方收货戳记的日期为准

C．需方提货的，以供方按合同规定通知的提货日期为准

D．需方提货的，以需方收货戳记的日期为准

E．委托运输部门代运的产品，一般以供方发运产品时承运单位签发的日期为准

9．建筑材料采购合同中，交货日期的确定可以采用的方式有（　　）。

A．需方提货的，以需方提货日期为准

B．供方负责送货的，以货发出日期为准

C．供方负责送货的，以需方收货戳记的日期为准

D．需方提货的，以供方按合同规定通知的提货日期为准

E．委托运输部门运输的，以向承运单位提出申请的日期为准

10．关于劳务分包合同的说法，正确的有（　　）。

A．劳务分包人负责编制施工组织设计

B．劳务分包合同的劳动报酬，可以采用固定价格或变动价格

C．劳务工作完成，经承包人认可后28天内，劳务分包人向承包人递交完整的结算资料

D．劳务分包人的自有机械，由劳务分包人办理保险，支付保险费

E．运至施工现场的待安装设备，不需劳务分包人支付保险费

11. 根据《建设工程施工劳务分包合同（示范文本）》GF—2003—0214，承包人的工作有（　　）。

A. 负责编制施工组织设计

B. 科学安排作业计划

C. 组织编制年、季、月施工计划

D. 负责工程测量定位

E. 负责与监理、设计及有关部门联系

12. 某建设工程项目中，甲公司作为工程发包人与乙公司签订了工程承包合同，乙公司又与劳务分包人丙公司签订了该工程的劳务分包合同。则在劳务分包合同中，关于丙公司应承担义务的说法，正确的有（　　）。

A. 丙公司负责组织实施施工管理的各项工作，对工期和质量向发包人负责

B. 丙公司须服从乙公司转发的发包人及工程师的指令

C. 丙公司应自觉接受乙公司及有关部门的管理、监督和检查

D. 丙公司未经乙公司授权或允许，不得擅自与甲公司及有关部门建立工作联系

E. 丙公司应按时提交报表、有关的技术经济资料，配合乙公司办理交工验收

13. 根据《建设工程施工劳务分包合同（示范文本）》GF—2003—0214，需由承包人承担的保险费用有（　　）。

A. 施工场地内劳务分包人自有人员生命财产

B. 运至施工现场用于施工的材料和待安装设备

C. 承包人提供给劳务人员使用的机械设备

D. 从事危险作业的劳务分包人职工的意外伤害

E. 施工场地内劳务分包人自有的施工机械设备

14. 根据《建设工程施工劳务分包合同（示范文本）》GF—2003—0214，需由劳务分包人承担的保险费用有（　　）。

A. 施工场地内劳务分包人自有人员生命财产

B. 运至施工现场用于施工的材料和待安装设备

C. 承包人提供给劳务人员使用的机械设备

D. 从事危险作业的劳务分包人职工的意外伤害

E. 施工场地内劳务分包人自有的施工机械设备

15. 建设工程施工劳务分包合同中，关于劳务报酬最终支付的说法，正确的有（　　）。

A. 全部工作完成，经工程承包人认可后 14 天内，劳务分包人向工程承包人递交完整的结算资料

B. 工程承包人收到劳务分包人递交的结算资料后 14 天内进行核实

C. 工程承包人收到劳务分包人递交的结算资料后 28 天内进行核实

D. 工程承包人确认结算资料后 14 天内向劳务分包人支付劳务报酬尾款

E. 工程承包人和劳务分包人对劳务报酬结算价款发生争议时，按合同有关争议的约定处理

16. 关于建设工程项目总承包的说法，正确的是（　　）。

A. 目前我国未发布建设工程项目总承包的合同示范文本

B. 设计和施工总承包的范围不包括设备采购

C. 设计施工总承包适合于民用工程

D. EPC总承包适用于建设项目

E. 工程项目总承包和施工总承包的最大不同在于承包商要负责全部工程设计任务

17. 建设工程项目总承包是指工程总承包企业按照合同约定，承担工程项目的（　　）等工作，并对承包工程的质量、安全、工期、造价全面负责。

A. 勘察设计　　B. 设备采购

C. 施工　　D. 交付使用

E. 培训

18. 根据《建筑项目工程总承包合同示范文本（试行）》GF—2011—0216，承包人主要权利和义务有（　　）。

A. 负责办理项目审批、核准或备案手续，取得项目用地的使用权

B. 根据合同约定，自费修复竣工后试验中发现的缺陷

C. 按合同约定和发包人的要求，提交相关报表

D. 根据合同约定，以书面形式向发包人发出暂停通知

E. 根据合同约定，对因发包人原因带来的损失要求赔偿

19. 按照我国相关规定，监理工程师具有的权利包括（　　）。

A. 选择工程总承包人的认可权

B. 实际竣工日期的签认权

C. 要求设计单位改正设计错误的权利

D. 工程结算的否决权

E. 征得委托人同意，有权发布停工令

【1Z206020　答案与解析】

一、单项选择题

1. B；　*2. A；　3. B；　*4. B；　5. C；　6. D；　7. B；　8. C；
9. C；　*10. D；　11. B；　12. C；　*13. C；　14. C；　15. B；　16. D；
17. B；　*18. A；　*19. A；　20. C；　21. C；　*22. A；　23. C；　*24. D；
25. B；　26. A；　27. D；　*28. A；　*29. D；　*30. B；　31. B；　32. C；
33. D；　34. C；　*35. D；　36. B；　37. A；　38. D

【解析】

2. 答案A：

《建设工程施工合同（示范文本）》GF—2017—0201中有关竣工日期、缺陷责任期、

保修期的规定：

竣工日期：包括计划竣工日期和实际竣工日期。计划竣工日期是指合同协议书约定的竣工日期；实际竣工日期按照第 13.2.3 项〔竣工日期〕的约定确定。

13.2.3 竣工日期：工程经竣工验收合格的，以承包人提交竣工验收申请报告之日为实际竣工日期，并在工程接收证书中载明；因发包人原因，未在监理人收到承包人提交的竣工验收申请报告 42 天内完成竣工验收，或完成竣工验收不予签发工程接收证书的，以提交竣工验收申请报告的日期为实际竣工日期；工程未经竣工验收，发包人擅自使用的，以转移占有工程之日为实际竣工日期。

缺陷责任期：是指承包人按照合同约定承担缺陷修复义务，且发包人预留质量保证金的期限，自工程实际竣工日期起计算。

保修期：是指承包人按照合同约定对工程承担保修责任的期限，从工程竣工验收合格之日起计算。所以 A 正确。

4. 答案 B：

当工程按发包人要求修改后通过验收，其实际竣工日期为承包人送交竣工验收报告的日期。所以 B 正确。

10. 答案 D：

约定质量标准的一般原则是：按颁布的国家标准执行；没有国家标准而有部颁标准的则按照部颁标准执行；没有国家标准和部颁标准时，可按照企业标准执行；没有上述标准或虽有上述标准但采购方有特殊要求时，按照双方在合同中约定的技术条件、样品或补充的技术要求执行。所以 D 正确。

13. 答案 C：

交货期限，应明确具体的交货时间。如果分批交货，要注明各个批次的交货时间。交货日期的确定可以按照下列方式：

（1）供货方负责送货的，以采购方收货戳记的日期为准；

（2）采购方提货的，以供货方按合同规定通知的提货日期为准；

（3）凡委托运输部门或单位运输、送货或代运的产品，一般以供货方发运产品时承运单位签发的日期为准，不是以向承运单位提出申请的日期为准。

所以 C 正确。

18. 答案 A：

未经承包人允许，分包人不得以任何理由与发包人或工程师发生直接工作关系，分包人不得直接致函发包人或工程师，也不得直接接受发包人或工程师的指令。所以 A 正确。

19. 答案 A：

工程承包人（总承包单位）的主要责任和义务：分包人对总包合同的了解：承包人应提供总包合同（有关承包工程的价格内容除外）供分包人查阅。分包人应全面了解总包合同的各项规定（有关承包工程的价格内容除外）。所以 A 正确。

22. 答案 A：

根据《建设工程施工劳务分包合同（示范文本）》GF—2003—0214，承包人的职责之一是：负责编制施工组织设计，统一制定各项管理目标，组织编制年、季、月施工计划、物资需用量计划表，实施对工程质量、工期、安全生产、文明施工、计量检测、实验化验的控制、监督、检查和验收。所以A正确。

24. 答案D：

负责编制施工组织设计，向劳务分包人提供生产、生活临时设施，是承包人的义务。劳务分包人未经承包人授权或允许，不得擅自与发包人及有关部门建立工作联系。所以D正确。

28. 答案A：

按不同工作成果计件单价支付报酬的施工劳务分包合同履行过程中总承包人可根据项目具体情况和进度增加或减少工作数量、内容，不属于违约行为。所以A正确。

29. 答案D：

劳务报酬可以采用以下方式中的任何一种：（1）固定劳务报酬（含管理费）；（2）约定不同工种劳务的计时单价（含管理费），按确认的工时计算；（3）约定不同工作成果的计件单价（含管理费），按确认的工程量计算。所以D正确。

30. 答案B：

承包人收到劳务分包人递交的结算资料后14天内进行核实、给予确认或者提出修改意见。承包人确认结算资料后14天内向劳务分包人支付劳务报酬尾款。所以B正确。

35. 答案D：

在建设工程项目总承包模式中，项目总承包单位的工作范围除了全部的工程施工任务以外，还包括设计任务和物资（包括设备）采购任务。落实项目资金、办理规划许可证、办理施工许可证是建设单位的任务。所以D正确。

二、多项选择题

1. A、C； 2. B、C、D； 3. A、B、C、D； 4. A、B、C；
*5. A、C、E； 6. C、D； *7. B、C、D； 8. B、C、E；
9. C、D； 10. B、D、E； 11. A、C、D、E； 12. B、C、D、E；
13. B、C； *14. A、D、E； 15. A、B、D、E； *16. C、D；
*17. A、B、C、D； 18. B、C、D、E； 19. B、D、E

【解析】

5. 答案A、C、E：

出入现场的权利：除专用合同条款另有约定外，发包人应根据施工需要，负责取得出入施工现场所需的批准手续和全部权利，以及取得因施工所需修建道路、桥梁以及其他基础设施的权利，并承担相关手续费用和建设费用，因此A选项正确；承包人未合理预见进出施工现场路径所增加的费用由承包人承担，因此B选项错误；场外交通设施无法满足工程施工需要的，由发包人负责完善并承担相关费用，因此C选项正确；因承包人原因造成道路或交通设施损坏的，承包人负责修复并承担由此增加的费用，因此D选项错误；运输超重件所需的道路临时加固费用由承包人承担，因此E选项正确。所以A、C、E正确。

7. 答案B、C、D：

对于提前交货的情况，如果属于采购方自提货物，采购方接到提前提货通知后，可以根据自己的实际情况拒绝提前提货。对于供货方提前发运或交付的货物，采购方仍可按合同规定的时间付款，而且对多交货部分，以及不符合合同规定的产品，在代为保管期内实际支出的保管、保养费由供货方承担。所以B、C、D正确。

14. 答案A、D、E：

劳务分包人必须为从事危险作业的职工办理意外伤害保险，并为施工场地内自有人员生命财产和施工机械设备办理保险，支付保险费用；保险事故发生时，劳务分包人和承包人有责任采取必要的措施，防止或减少损失。所以A、D、E正确。

16. 答案C、D：

我国2011年发布了《建设工程项目总承包的合同示范文本（试行）》GF—2011—0216，所以A说法不正确；设计施工总承包的范围包括了设备采购，所以B说法不正确；工程项目总承包和施工总承包的最大不同在于承包商要负责全部或部分的设计，并负责物资设备的采购，所以E说法错误。所以C、D正确。

17. 答案A、B、C、D：

建设工程项目总承包的任务应该明确规定。从时间范围上，一般可包括从工程立项到交付使用的工程建设全过程，具体可包括：勘察设计、设备采购、施工、试车（或交付使用）等内容。所以A、B、C、D正确。

1Z206030 合同计价方式

复习要点

1. 单价合同

含义	当施工发包的工程内容和工程量一时尚不能十分明确、具体地予以规定时，则可以采用单价合同（Unit Price Contract）形式，即根据计划工程内容和估算工程量，在合同中明确每项工程内容的单位价格（如每米、每平方米或者每立方米的价格），实际支付时则根据每一个子项的实际完成工程量乘以该子项的合同单价计算该项工作的应付工程款
特点	（1）单价合同的特点是单价优先，例如FIDIC土木工程施工合同中，业主给出的工程量清单表中的数字是参考数字，而实际工程款则按实际完成的工程量和合同中确定的单价计算。 （2）由于单价合同允许随工程量变化而调整工程总价，业主和承包商都不存在工程量方面的风险，因此对合同双方都比较公平。 （3）在招标前，发包单位无需对工程范围作出完整的、详尽的规定，从而可以缩短招标准备时间，投标人也只需对所列工程内容报出自己的单价，从而缩短投标时间。 （4）采用单价合同对业主的不足之处是，业主需要安排专门力量来核实已经完成的工程量，需要在施工过程中花费不少精力，协调工作量大
固定单价合同	（1）固定单价合同条件下，无论发生哪些影响价格的因素都不对单价进行调整，因而对承包商而言就存在一定的风险。 （2）固定单价合同适用于工期较短、工程量变化幅度不会太大的项目
变动单价合同	当采用变动单价合同时，合同双方可以约定一个估计的工程量，当实际工程量发生较大变化时可以对单价进行调整，同时还应该约定如何对单价进行调整；当然也可以约定，当通货膨胀达到一定水平或者国家政策发生变化时，可以对哪些工程内容的单价进行调整以及如何调整等。因此，承包商的风险就相对较小

2. 总价合同

含义	(1) 指根据合同规定的工程施工内容和有关条件，业主应付给承包商的款额是一个规定的金额，即明确的总价。总价合同也称作总价包干合同，即根据施工招标时的要求和条件，当施工内容和有关条件不发生变化时，业主付给承包商的价款总额就不发生变化。 (2) 总价合同又分固定总价合同和变动总价合同两种
固定总价合同	固定总价合同的价格计算是以图纸及规定、规范为基础，工程任务和内容明确，业主的要求和条件清楚，合同总价一次包死，固定不变，即不再因为环境的变化和工程量的增减而变化
	固定总价合同适用于以下情况： (1) 工程量小、工期短，估计在施工过程中环境因素变化小，工程条件稳定并合理； (2) 工程设计详细，图纸完整、清楚，工程任务和范围明确； (3) 工程结构和技术简单，风险小； (4) 投标期相对宽裕，承包商可以有充足的时间详细考察现场、复核工程量，分析招标文件，拟订施工计划
变动总价合同	又称为可调总价合同，合同价格是以图纸及规定、规范为基础，按照时价（Current Price）进行计算，得到包括全部工程任务和内容的暂定合同价格。它是一种相对固定的价格，在合同执行过程中，由于通货膨胀等原因而使所使用的工、料成本增加时，可以按照合同约定对合同总价进行相应的调整
特点	(1) 发包单位可以在报价竞争状态下确定项目的总造价，可以较早确定或者预测工程成本； (2) 业主的风险较小，承包人将承担较多的风险； (3) 评标时易于迅速确定最低报价的投标人； (4) 在施工进度上能极大地调动承包人的积极性； (5) 发包单位能更容易、更有把握地对项目进行控制； (6) 必须完整而明确地规定承包人的工作； (7) 必须将设计和施工方面的变化控制在最小限度内

3. 成本加酬金合同

含义	也称为成本补偿合同，这是与固定总价合同正好相反的合同，工程施工的最终合同价格将按照工程的实际成本再加上一定的酬金进行计算。在合同签订时，工程实际成本往往不能确定，只能确定酬金的取值比例或者计算原则	
特点	(1) 可以通过分段施工缩短工期，而不必等待所有施工图完成才开始招标和施工； (2) 可以减少承包商的对立情绪，承包商对工程变更和不可预见条件的反应会比较积极和快捷； (3) 可以利用承包商的施工技术专家，帮助改进或弥补设计中的不足； (4) 业主可以根据自身力量和需要，较深入地介入和控制工程施工和管理； (5) 也可以通过确定最大保证价格约束工程成本不超过某一限值，从而转移一部分风险	
适用条件	(1) 工程特别复杂，工程技术、结构方案不能预先确定，或者尽管可以确定工程技术和结构方案，但是不可能进行竞争性的招标活动并以总价合同或单价合同的形式确定承包商，如研究开发性质的工程项目； (2) 时间特别紧迫，如抢险、救灾工程，来不及进行详细的计划和商谈	
形式	成本加固定费用合同	根据双方讨论同意的工程规模、估计工期、技术要求、工作性质及复杂性、所涉及的风险等来考虑确定一笔固定数目的报酬金额作为管理费及利润，对人工、材料、机械台班等直接成本则实报实销
	成本加固定比例费用合同	工程成本中直接费加一定比例的报酬费，报酬部分的比例在签订合同时由双方确定
	成本加奖金合同	奖金是根据报价书中的成本估算指标制定的，在合同中对这个估算指标规定一个底点和顶点，分别为工程成本估算的60%～75%和110%～135%。承包商在估算指标的顶点以下完成工程则可得到奖金，超过顶点则要对超出部分支付罚款。如果成本在底点之下，则可加大酬金值或酬金百分比

续表

形式	最大成本加费用合同	在工程成本总价合同基础上加固定酬金费用的方式，即当设计深度达到可以报总价的深度，投标人报一个工程成本总价和一个固定的酬金（包括各项管理费、风险费和利润）
应用	（1）当实行施工总承包管理模式或 CM 模式时，业主与施工总承包管理单位或 CM 单位的合同一般采用成本加酬金合同。 （2）在国际上，许多项目管理合同、咨询服务合同等也多采用成本加酬金合同方式	

4. 工程咨询合同的计价方式

咨询服务费用计算方法	
人月费单价法	（1）咨询服务中最常用、最基本的以服务时间为基础的计费方法。 （2）通常是按每人每月所需费用（即人月费率）乘以相应的人月数，再加上其他非工资性开支（即可报销费用）计算。 （3）该计算方法广泛用于一般性的项目规划和可行性研究、工程设计、项目管理和施工监理以及技术援助任务。 （4）需说明的是，这种方法中的“人月费”并不仅仅是咨询人员的月工资
按日计费法	（1）一种以服务时间为基础的计费方法。 （2）通常是按每人每日所需费用乘以相应的工作日数。 （3）采用这种方法时，咨询人员为该项咨询工作所付出的所有时间，包括旅行和等候时间都应作为有效工作时间计算。 （4）咨询人员出差时发生的旅费、食宿费和其他杂费由客户直接补偿，不包括在每日费率之中。 （5）每日费率与咨询服务项目的重要性、风险性和复杂程度有关，也与咨询人员的专业水平、资历和工作经验有关。 （6）该方法通常要比按人月费率折算所得的平均日费用额高，一般适用于咨询工作期限短或不连续、咨询人员少的咨询项目，如管理或法律咨询、专家论证等
工程建设费用百分比	（1）根据工程规模的大小、技术复杂程度、咨询服务内容的范围和要求等因素，取工程建设费的一定比例作为咨询费。 （2）在咨询内容和要求相同的条件下，工程规模越大、工程建设费越多，咨询费的比例越低。 （3）该方法计算简单，不需要规定各种费用的含义，而且费率一般也容易找到可参照的咨询项目对象，客户与咨询机构容易达成协议，因而只要确定工程建设费，就可以计算出所需的咨询费。 （4）该方法一般适用于工程规模较小、工期较短（一般不超过一年）的建筑工程项目。当工期较长时，工程实施过程中可能发生的变化较多，这种方法对咨询人员来说要承担一定的风险，需要在合同中明确规定工程项目范围、工期以及发生重大变化时咨询费的调整办法，例如重大的设计变更（工程范围扩大、技术复杂程度增加等）、工资、物价、外汇汇率等的变化等。若规定不论发生什么情况都不调整咨询费额，则需要在固定咨询费中加进一定数额的不可预见费，也就是适当提高咨询费的数额

咨询服务费用构成	
酬金	（1）以人月费率的构成及计算为例。 （2）人月费率包括基本工资、社会福利费、公司管理费、利润、津贴等。其中： ① 基本工资是公司每月付给个人的工资，不包括工资以外的任何额外收入（如红利款项）； ② 社会福利费是根据咨询公司所在国的法律和公司的雇工政策给予职工的福利待遇，具体指节假、病假、退休费、医疗费、社会保险费等，一般为基本工资的 20%～60%，视各国、各地区具体情况而定； ③ 公司管理费是指公司行政管理和业务活动的费用，一般以公司年度费用支出情况为依据计算，内容包括行政管理费、办公场所租金、折旧费、办公用品费、资料费、公司交通运输费、专业责任保险费、信息数据处理费、通信费、邮费等，一般为基本工资的 65%～150%。

续表

酬金	（3）根据国际金融组织的要求，咨询公司在报价时，社会福利费、公司管理费与基本工资的比例关系，必须根据经过会计师事务所审计的上年度或前3年的公司损益表、公司社会福利费明细表和公司管理费明细表中所显示的实际数据确定。利润为税前利润，它通常为基本工资、社会福利费、公司管理费三项费用总和的10%～20%。津贴是公司发给执行海外或异地任务人员的补助费，以鼓励咨询人员到海外或异地执行任务。这项费用一般为基本工资的20%～60%，其具体比例主要取决于咨询任务所在国或所在地区的生活水平、社会环境等因素
可报销费用	在执行咨询任务期间发生的、未包括在公司管理费中的、可以据实报销的费用，如咨询人员的差旅费，通信费用，各种资料的编制、复印和运输费，办公设备用品费等。对可报销费用中某些与公司管理费中名称相同的费用，如通信费用等，要明确两者之间的区别和使用范围，以避免将应在公司管理费中支出的费用列入可报销费用
不可预见费	为了解决不可预见的工作量增加和由于价格上涨而引起的实际咨询服务费用增加的问题。该项费用通常为酬金与可报销费用之和的5%～15%。如果工作量和价格均无变化，咨询公司就不能提取这笔款项。对于服务期限不超过一年的咨询合同，可不考虑价格调整因素。对于服务期限较长的咨询合同，人月费率等应规定每年作一定幅度的调整
咨询服务合同计价	
总价合同	（1）根据咨询服务的内容、要求、难易程度、所需咨询人员的大致数量和时间等因素，确定一个总的咨询费额。 （2）咨询费总额可以根据估计的工程建设费和商定的费率来确定，也可以按照人月费单价法，根据咨询服务所需人员数量和服务时间等确定
成本加固定酬金	（1）对咨询人员在咨询工作中所发生的全部成本予以补偿，并另外支付一笔固定的酬金。 （2）成本，包括工资性费用（即基本工资和各种社会福利）、公司管理费（与人月费率中的管理费概念相同）和可报销费用（与人月费率中的可报销费用概念相同）。 （3）固定酬金，是一笔用于补偿咨询人员的不可预见费、服务态度奖励和利润的费用，可以是费率固定或数额固定。 （4）若费率固定，至少为成本的15%～20%，咨询机构才能得到合理的利润；若数额固定，应预先估计将要发生的成本，再乘上适当的费率，究竟采用哪一种形式，应在合同中予以明确（多采用后者）

一 单项选择题

1. 对于采用单价合同的招标工程，如投标书中有明显的数字计算错误，业主有权先做修改再评标，当总价和单价的计算结果不一致时，正确的做法是（　　）。

A．分别调整单价和总价　　B．按市场价调整单价

C．以总价为准调整单价　　D．以单价为准调整总价

2. 某按单价合同进行计价的招标工程，在评标过程中发现某投标人的总价与单价的计算结果不一致，原因是投标人在计算时将钢材单价4000元/t误作为2000元/t。对此，业主有权（　　）。

A．以总价为准调整单价　　B．以单价为准调整总价

C．要求投标人重新提交钢材单价　　D．将该投标文件作废标处理

3. 根据FIDIC《施工合同条件》，对投标书中明显数字计算错误的修正，正确的

是（　　）。

A．业主应征求投标人意见后才能进行评标

B．当总价和单价计算结果不一致时，以单价为准调整总价

C．当总价和单价计算结果不一致时，以总价为准调整单价

D．投标人有一次修改报价的机会

4. 某单价合同的投标报价单中，投标人的投标书出现了明显的数字计算错误，导致总价和单价计算结果不一致。下列行为中，属于业主权力的是（　　）。

A．业主有权力先作修改再评标，以总价作为最终报价结果

B．业主有权力先作修改再评标，以单价为准调整的总价作为最终报价结果

C．业主没有权力先作修改再评标，可以宣布该投标人废标

D．业主没有权力先作修改再评标，可以请该报标人再报价

5. 某按变动单价计价的土方施工合同，投标时约定的工程量为 10000m^3，其中人工费占比 30%，工程量变化不调整单价，中标合同价为 30 万元；施工期间人工费平均上涨 15%，竣工结算工程量为 20000m^3，其他条件均无变化，则竣工结算价为（　　）万元。

A．31.35　　　　B．60

C．62.7　　　　D．69

6. 采用单价合同时，最后工程结算的总价是根据（　　）计算确定的。

A．发包人提供的清单工程量及承包方所填报的单价

B．发包人提供的清单工程量及承包方实际发生的单价

C．实际完成并经工程师计量的工程量及承包人所填报的单价

D．实际完成并经工程师计量的工程量及承包人实际发生的单价

7. 某土石方工程实行混合计价。其中土方工程实行总价包干，包干价 14 万元；石方工程实行单价合同。该工程有关工程量和价格资料如下表。则该工程结算价款为（　　）万元。

名称	估计工程量（m^3）	实际工程量（m^3）	承包单价（元/m^3）
土方工程	4000	4200	—
石方工程	2800	3000	120

A．47.6　　　　B．48.0

C．50.0　　　　D．50.7

8. 关于合同计价方式的说法，正确的是（　　）。

A．在固定单价合同条件下，无论发生哪些影响价格的因素都不对单价进行调整，因而对承包商来说不存在任何风险

B．当采用变动单价合同时，由于对各种影响因素的变化要进行调整，故承包商的风险就相对较大

C．固定单价合同适用于工期较长、工程量变化幅度较大的项目

D．采用单价合同对业主的不足之处是，业主需要安排专门力量来核实已经完成的工程量，需要在施工过程中花费不少精力，协调工作量大

9. 对于单价合同计价方式，确定结算工程款的依据是（　　）。

A．实际工程量和实际单价　　B．合同工程量和合同单价

C．实际工程量和合同单价　　D．合同工程量和实际单价

10. 采用固定总价合同，承包商需承担一定风险，下列风险中，属于承包商价格风险的是（　　）。

A．设计深度不够造成的误差　　B．漏报计价项目

C．工程量计算错误　　D．工程范围不确定

11. 一般而言，采用固定总价合同时，承包商的投标报价较高的原因是（　　）。

A．承包商丧失了今后一切的索赔权利

B．承包商会将工程量及一切不可预见因素的风险补偿到投标报价之中

C．业主因今后工程款结算的工作量减少而给予承包商的费用补偿

D．业主今后可以增加工程范围和内容而不给予承包商另外的费用补偿

12. 在固定总价合同形式下，承包人承担的风险是（　　）。

A．全部工程量的风险，不包括通货膨胀的风险

B．全部工程量和通货膨胀的风险

C．工程变更的风险，不包括工程量和通货膨胀的风险

D．通货膨胀的风险，不包括工程量的风险

13. 采用工程总承包模式的大型建设工程项目，建设周期三年，其合同计价方式一般采用（　　）。

A．固定总价合同　　B．单价合同

C．成本加酬金合同　　D．变动总价合同

14. 关于固定总价合同适用性的说法，错误的是（　　）。

A．工程量小、工期短，施工过程中环境因素变化小，工程条件稳定并合理

B．工程结构和技术简单，风险小

C．工程设计详细，图纸完整、清楚，工程任务和范围明确

D．合同条件中有对承包商单方面保护的条款

15. 关于总价合同特点的说法，错误的是（　　）。

A．发包单位可以在报价竞争状态下确定项目的总造价

B．承包人将承担较多的风险

C．评标时易于迅速确定最低报价的投标人

D．在施工进度上不能调动承包人的积极性

16. 关于成本加酬金合同的说法，正确的是（　　）。

A．成本加固定费用的合同，承包商的酬金不可调整

B．成本加固定比例费用的合同，有利于缩短工期

C．当设计深度达到可以报总价的深度时，适宜采用成本加奖金合同

D. 当实行风险型 CM 模式时，适宜采用最大成本加费用合同

17. 某工程由于图纸、规范等准备不充分，招标方仅能制定一个估算指标，则在招标时宜采用成本加酬金合同形式中的（　　）。

A. 成本加固定费用合同　　B. 成本加固定比例费用合同

C. 成本加奖金合同　　D. 最大成本加费用合同

18. 当工程项目实行施工总承包管理模式时，业主与施工总承包管理单位的合同一般采用（　　）。

A. 单价合同　　B. 固定总价合同

C. 变动总价合同　　D. 成本加酬金合同

19. 在非代理型施工管理模式（CM 模式）的合同中，通常采用（　　）合同。

A. 成本加固定费用　　B. 成本加固定比例费用

C. 成本加奖金　　D. 最大成本加费用

20. 关于咨询服务费用计算的说法，正确的是（　　）。

A. 咨询服务费用由酬金和可报销费用两部分组成

B. 人月费单价法一般适用于管理或法律咨询、专家论证等费用的计算

C. 人月费单价法是咨询服务中最常用、最基本的以服务时间为基础的计费方法

D. 工程建设费用百分比法一般适用于工程规模大、工期长的建设工程项目

21. 工程咨询服务合同的计价方式主要采用（　　）。

A. 总价合同和单价合同

B. 单价合同和成本加酬金合同

C. 总价合同和成本加酬金合同

D. 总价合同、单价合同和成本加酬金合同

22. 下列计算方法中，不属于工程咨询合同咨询费计算方法的是（　　）。

A. 人月费单价法　　B. 工程进度百分比

C. 工程建设费用百分比　　D. 按日计费法

二 多项选择题

1. 建设工程施工承包合同的计价方式主要有（　　）。

A. 总价合同　　B. 成本补偿合同

C. 有偿合同　　D. 单价合同

E. 可调价格合同

2. 关于固定总价合同的说法，正确的有（　　）。

A. 合同总价一次包死，业主不承担投资风险

B. 在国际上很少采用固定总价合同

C. 图纸和工程内容明确是使用这种合同的前提之一

D．固定总价合同也有调整合同总价的可能

E．合同双方结算比较简单

3. 按照我国相关规定，变动总价合同可以调整总价的情况包括（　　）。

A．通货膨胀　　B．设计变更

C．承包商施工成本增加　　D．工程量变化

E．一周内停电时间超过 6 小时

4. 当采用固定总价合同时，承包商承担的价格风险有（　　）。

A．报价计算错误　　B．工程量计算错误

C．工程范围不确定　　D．物价和人工费上涨

E．漏报项目

5. 对建设周期一年半以上的工程项目，采用变动总价合同时，应考虑引起价格变化的因素有（　　）。

A．材料费的上涨　　B．人工工资的上涨

C．银行利率的调整　　D．国家政策改变引起的工程费用上涨

E．设计变更引起的费用变化

6. 对业主而言，成本加酬金合同的优点有（　　）。

A．可以通过分段施工缩短工期

B．适用于时间紧迫的抢险救灾工程

C．根据自身力量和需要，深入介入控制工程施工和管理

D．适用于技术简单、结构方案容易确定的工程

E．通过确定最大保证价格约束工程成本

7. 关于成本加酬金合同的特点和适用条件的说法，正确的有（　　）。

A．采用这种合同承包商不承担任何价格变化和工程量变化的风险

B．这种合同适用于时间紧迫的抢险救灾工程

C．这种合同有利于业主对投资的控制

D．这种合同适用于技术简单，结构方案容易确定的工程

E．采用这种合同业主可通过确定最大保证价格来约束工程成本，从而转移一部分风险

8. 当建设工程施工承包合同的计价方式采用变动单价时，合同中可以约定合同单价调整的情形有（　　）。

A．工程量发生比较大的变化　　B．承包商自身成本发生较大的变化

C．业主资金不到位　　D．通货膨胀到达一定水平

E．国家相关政策发生变化

9. 对业主而言，成本加酬金合同的优点有（　　）。

A．可以利用承包商的施工技术专家，帮助改进或弥补设计中的不足

B．可以转移风险，有利于业主方的投资控制

C．可以根据自身力量和需要，较深入地介入和控制工程施工和管理

D．可以通过分段施工缩短工期

E．可以减少承包商的对立情绪

10. 成本加酬金合同有许多形式，主要有（　　）。

A．工程成本总价合同　　　　B．成本加固定费用合同

C．成本加固定比例费用合同　　　　D．成本加奖金合同

E．最大成本加费用合同

11. 关于单价合同的说法，正确的有（　　）。

A．投标报价单中总价和单价计算结果不一致时，以单价为准调整总价

B．对于投标书中出现明显的数字计算错误，业主有权利先作修改再评标

C．采用单价合同时，业主和承包人都不担心存在工程量方面的风险

D．采用固定单价合同时，业主招标准备时间较长

E．采用变动单价合同时，承包人的风险相对较小

【1Z206030　答案与解析】

一、单项选择题

1．D；　2．B；　3．B；　4．B；　*5．C；　6．C；　7．C；　8．D；
9．C；　10．B；　*11．B；　*12．B；　13．D；　*14．D；　15．D；　16．D；
17．C；　18．D；　*19．D；　20．C；　21．C；　22．B

【解析】

5. 答案 C：

当采用变动单价合同时，合同双方可以约定一个估计的工程量，当实际工程量发生较大变化时可以对单价进行调整，同时还应该约定如何对单价进行调整；当然也可以约定，当通货膨胀达到一定水平或者国家政策发生变化时，可以对哪些工程内容的单价进行调整以及如何调整等。本题中工程量变为投标约定的 2 倍，人工费平均上涨 15%，故竣工结算价为（30×0.3×0.15 + 30）×2 = 62.7 万元。所以 C 正确。

11. 答案 B：

在这类合同中，承包商承担了全部的工作量和价格的风险。因此，承包商在报价时应对一切费用的价格变动因素以及不可预见因素都做充分的估计，并将其包含在合同价格之中。所以 B 正确。

12. 答案 B：

固定总价合同的价格计算是以图纸及规定、规范为基础，工程任务和内容明确，业主的要求和条件清楚，合同总价一次包死，固定不变，即不再因为环境的变化和工程量的增减而变化。在这类合同中，承包商承担了全部的工作量和价格的风险。所以 B 正确。

14. 答案 D：

固定总价合同适用于以下情况：工程量小、工期短，估计在施工过程中环境因素变化

小，工程条件稳定并合理；工程设计详细，图纸完整、清楚，工程任务和范围明确；工程结构和技术简单，风险小；投标期相对宽裕，承包商可以有充足的时间详细考察现场、复核工程量，分析招标文件，拟订施工计划。所以D正确。

19. 答案D：

在工程成本总价合同基础上加固定酬金费用的方式，即当设计深度达到可以报总价的深度，投标人报一个工程成本总价和一个固定的酬金（包括各项管理费、风险费和利润）。如果实际成本超过合同中规定的工程成本总价，由承包商承担所有的额外费用，若实施过程中节约了成本，节约的部分归业主，或者由业主与承包商分享，在合同中要确定节约分成比例。在非代理型（风险型）CM模式的合同中就采用这种方式。所以D正确。

二、多项选择题

1. A、B、D；　*2. C、D、E；　3. A、B、D；　4. A、D、E；

*5. A、B、D；　6. A、B、C、E；　7. A、B、E；　8. A、D、E；

9. A、C、D、E；　10. B、C、D、E；　11. A、B、C、E

【解析】

2. 答案C、D、E：

固定总价合同的价格计算是以图纸及规定、规范为基础，工程任务和内容明确，业主的要求和条件清楚，合同总价一次包死，固定不变，即不再因为环境的变化和工程量的增减而变化。在这类合同中，承包商承担了全部的工作量和价格的风险。在国际上，这种合同被广泛接受和采用，因为有比较成熟的法规和先例的经验；在固定总价合同中还可以约定，在发生重大工程变更、累计工程变更超过一定幅度或者其他特殊条件下可以对合同价格进行调整；采用固定总价合同，双方结算比较简单，但是由于承包商承担了较大的风险，因此报价中不可避免地要增加一笔较高的不可预见风险费。所以C、D、E正确。

5. 答案A、B、D：

变动总价合同又称为可调总价合同，合同价格是以图纸及规定、规范为基础，按照时价（Current Price）进行计算，得到包括全部工程任务和内容的暂定合同价格。它是一种相对固定的价格，在合同执行过程中，由于通货膨胀等原因而使所使用的工、料成本增加时，可以按照合同约定对合同总价进行相应的调整。当然，一般由于设计变更、工程量变化和其他工程条件变化所引起的费用变化也可以进行调整。因此，通货膨胀等不可预见因素的风险由业主承担，对承包商而言，其风险相对较小，但对业主而言，不利于其进行投资控制，突破投资的风险就增大了。

对建设周期一年半以上的工程项目，则应考虑下列因素引起的价格变化问题：

（1）劳务工资以及材料费用的上涨。

（2）其他影响工程造价的因素，如运输费、燃料费、电力等价格的变化。

（3）外汇汇率的不稳定。

（4）国家或者省、市立法的改变引起的工程费用的上涨。

所以A、B、D正确。

1Z206040　建设工程施工合同风险管理、工程保险和工程担保

复习要点

1. 施工合同风险管理

工程合同风险的概念	合同风险是指合同中的以及由合同引起的不确定性	
工程合同风险的分类	按合同风险产生的原因分	（1）合同工程风险。合同工程风险是指客观原因和非主观故意导致的。 （2）合同信用风险。合同信用风险是指主观故意原因导致的
	按合同的不同阶段进行划分	（1）合同订立风险。 （2）合同履约风险
工程合同风险产生的原因	（1）合同的不确定性。 （2）在复杂的、无法预测的世界中，一个工程的实施会存在各种各样的风险事件，人们很难预测未来事件，无法根据未来情况作出计划，往往是计划不如变化，诸如不利的自然条件、工程变更、政策法规的变化、物价的变化等。 （3）合同的语句表达不清晰、不细致、不严密、矛盾等而可能造成合同的不完全，容易导致双方理解上的分歧而发生纠纷，甚至发生争端。 （4）由于合同双方的疏忽未就有关的事宜订立合同，而使合同不完全。 （5）交易成本的存在。 （6）信息的不对称。 （7）机会主义行为的存在	
施工合同风险的类型	项目外界环境风险	（1）在国际工程中，工程所在国政治环境的变化，如发生战争、禁运、罢工、社会动乱等造成工程施工中断或终止。 （2）经济环境的变化，如通货膨胀、汇率调整、工资和物价上涨。物价和货币风险在工程中经常出现，而且影响非常大。 （3）合同所依据的法律环境的变化，如新的法律颁布，国家调整税率或增加新税种，新的外汇管理政策等。在国际工程中，以工程所在国的法律为合同法律基础，对承包商的风险很大。 （4）自然环境的变化，如百年不遇的洪水、地震、台风等，以及工程水文、地质条件存在不确定性，复杂且恶劣的气候条件和现场条件，其他可能存在的对项目的干扰因素等
	项目组织成员资信和能力风险	（1）业主资信和能力风险。 （2）承包商（分包商、供货商）资信和能力风险，主要包括承包商的技术能力、施工力量、装备水平和管理能力不足等。 （3）其他方面
	管理风险	（1）对环境调查和预测的风险。 （2）合同条款不严密、错误、二义性，工程范围和标准存在不确定性。 （3）承包商投标策略错误，错误地理解业主意图和招标文件，导致实施方案错误、报价失误等。 （4）承包商的技术设计、施工方案、施工计划和组织措施存在缺陷和漏洞，计划不周。 （5）实施控制过程中的风险
工程合同风险分配	合同风险应该按照效率原则和公平原则进行分配。 （1）从工程整体效益出发，最大限度发挥双方的积极性，尽可能做到： ① 谁能最有效地（有能力和经验）预测、防止和控制风险，或能有效地降低风险损失，或能将风险转移给其他方面，则应由他承担相应的风险责任；	

续表

工程合同风险分配	② 承担者控制相关风险是经济的，即能够以最低的成本来承担风险损失，同时他管理风险的成本、自我防范和市场保险费用最低，同时又是有效、方便、可行的； ③ 通过风险分配，加强责任，发挥双方管理和技术革新的积极性等。 （2）公平合理，责权利平衡，体现在： ① 承包商提供的工程（或服务）与业主支付的价格之间应体现公平，这种公平通常以当地当时的市场价格为依据； ② 风险责任与权利之间应平衡； ③ 风险责任与机会对等，即风险承担者同时应能享有风险控制获得的收益和机会收益； ④ 承担的可能性和合理性，即给风险承担者以风险预测、计划、控制的条件和可能性。 （3）符合现代工程管理理念。 （4）符合工程惯例，即符合通常的工程处理方法

2. 工程保险

工程保险的概念	工程保险是对以工程建设过程中所涉及的财产、人身和建设各方当事人之间权利义务关系为对象的保险的总称；是对建筑工程项目、安装工程项目及工程中的施工机具、设备所面临的各种风险提供的经济保障；是业主和承包商为了工程项目的顺利实施，以建设工程项目，包括建设工程本身、工程设备和施工机具以及与之有关联的人作为保险对象，向保险人支付保险费，由保险人根据合同约定对建设过程中遭受自然灾害或意外事故所造成的财产和人身伤害承担赔偿保险金责任的一种保险形式	
工程保险种类	工程一切险	按照我国保险制度，工程险包括建筑工程一切险、安装工程一切险两类。在施工过程中如果发生保险责任事件使工程本体受到损害，已支付进度款部分的工程属于项目法人的财产，尚未获得支付但已完成部分的工程属于承包人的财产，因此要求投保人办理保险时应以双方名义共同投保
	第三者责任险	指由于施工的原因导致项目法人和承包人以外的第三人受到财产损失或人身伤害的赔偿。第三者责任险的被保险人也应是项目法人和承包人。该险种一般附加在工程一切险中
	人身意外伤害险	为了将参与项目建设人员由于施工原因受到人身意外伤害的损失转移给保险公司，应对从事危险作业的工人和职员办理意外伤害保险。此项保险义务分别由发包人、承包人负责对本方参与现场施工的人员投保
	承包人设备保险	保险的范围包括承包人运抵施工现场的施工机具和准备用于永久工程的材料及设备。我国的工程一切险包括此项保险内容
	执业责任险	以设计人、咨询人（监理人）的设计、咨询错误或员工工作疏漏给业主或承包商造成的损失为保险标的
	CIP 保险	“一揽子保险”。CIP 保险的运行机制是，由业主或承包商统一购买“一揽子保险”，保障范围覆盖业主、承包商及所有分包商，内容包括劳工赔偿、雇主责任险、一般责任险、建筑工程一切险、安装工程一切险

3. 工程担保

担保的概念	为了保证债务的履行，确保债权的实现，在债务人的信用或特定的财产之上设定的特殊的民事法律关系	
担保的方式	保证	又称第三方担保，是指保证人和债权人约定，当债务人不能履行债务时，保证人按照约定履行债务或承担责任的行为
	抵押	抵押是指债务人或者第三人不转移对所拥有财产的占有，将该财产作为债权的担保。债务人不履行债务时，债权人有权依法从将该财产折价或者拍卖、变卖该财产的价款中优先受偿

续表

<table>
<tr><td rowspan="3">担保的方式</td><td>质押</td><td colspan="2">质押是指债务人或者第三人将其质押物移交债权人占有，将该物作为债权的担保。债务人不履行债务时，债权人有权依法从将该物折价或者拍卖、变卖的价款中优先受偿</td></tr>
<tr><td>留置</td><td colspan="2">留置是指债权人按照合同约定占有债务人的动产，债务人不履行债务时，债权人有权依法留置该财产，以该财产折价或者以拍卖、变卖该财产的价款优先受偿</td></tr>
<tr><td>定金</td><td colspan="2">当事人可以约定一方向另一方给付定金作为债权的担保，债务人履行债务后，定金应当抵作价款或者收回。给付定金的一方不履行约定债务的，无权要求返还定金；收受定金的一方不履行约定债务的，应当双倍返还定金</td></tr>
<tr><td>工程担保</td><td colspan="3">建设工程中经常采用的担保种类有：投标担保、履约担保、支付担保、预付款担保、工程保修担保等</td></tr>
<tr><td rowspan="4">投标担保</td><td>含义</td><td colspan="2">是指投标人向招标人提供的担保，保证投标人一旦中标即按中标通知书、投标文件和招标文件等有关规定与业主签订承包合同</td></tr>
<tr><td>形式</td><td colspan="2">可以采用银行保函、担保公司担保书、同业担保书和投标保证金担保方式，具体方式由招标人在招标文件中规定。未能按照招标文件要求提供投标担保的投标，可被视为不响应招标而被拒绝</td></tr>
<tr><td>额度和有效期</td><td colspan="2">（1）《工程建设项目施工招标投标办法》：施工投标保证金的数额一般不得超过投标总价的 2%，但最高不得超过 80 万元人民币。投标保证金有效期应当超出投标有效期三十天。投标人不按招标文件要求提交投标保证金的，该投标文件将被拒绝，作废标处理。
（2）《招标投标法实施条例》（国务院令第 613 号）：投标保证金不得超过招标项目估算价的 2%。投标保证金有效期应当与投标有效期一致。
（3）《工程建设项目勘察设计招标投标办法》：招标文件要求投标人提交投标保证金的，保证金数额一般不超过勘察设计费投标报价的 2%，最多不超过 10 万元人民币。
（4）国际上常见的投标担保的保证金数额为 2%～5%</td></tr>
<tr><td>作用</td><td colspan="2">保护招标人不因中标人不签约而蒙受经济损失。另一个作用是，在一定程度上可以起筛选投标人的作用</td></tr>
<tr><td rowspan="5">履约担保</td><td>含义</td><td colspan="2">招标人在招标文件中规定的要求中标的投标人提交的保证履行合同义务和责任的担保。这是工程担保中最重要也是担保金额最大的工程担保</td></tr>
<tr><td rowspan="3">形式</td><td>银行履约保函</td><td>（1）银行履约保函是由商业银行开具的担保证明，通常为合同金额的 10%左右。
（2）银行保函分为有条件的银行保函和无条件的银行保函</td></tr>
<tr><td>履约担保书</td><td>由担保公司或者保险公司开具履约担保书，当承包人在执行合同过程中违约时，开出担保书的担保公司或者保险公司用该项担保金去完成施工任务或者向发包人支付完成该项目所实际花费的金额，但该金额必须在保证金的担保金额之内</td></tr>
<tr><td>保留金</td><td>保留金是指在发包人（工程师）根据合同的约定，每次支付工程进度款时扣除一定数目的款项，作为承包人完成其修补缺陷义务的保证。保留金一般为每次工程进度款的 10%，但总额一般应限制在合同总价款的 5%（通常最高不得超过 10%）。一般在工程移交时，业主（工程师）将保留金的一半支付给承包人；质量保修期满（或“缺陷责任期满”）时，将剩下的一半支付给承包人</td></tr>
<tr><td>作用</td><td colspan="2">履约担保将在很大程度上促使承包商履行合同约定，完成工程建设任务，从而有利于保护业主的合法权益。一旦承包人违约，担保人要代为履约或者赔偿经济损失</td></tr>
</table>

续表

预付款担保	含义	指承包人与发包人签订合同后领取预付款之前，为保证正确、合理使用发包人支付的预付款而提供的担保
	形式	（1）预付款担保的主要形式是银行保函。预付款担保的担保金额通常与发包人的预付款是等值的。 （2）发包人与承包人约定的其他形式，如预付款担保也可由担保公司提供保证担保，或采取抵押等担保形式
	作用	保证承包人能够按合同规定进行施工，偿还发包人已支付的全部预付金额。如果承包人中途毁约，中止工程，使发包人不能在规定期限内从应付工程款中扣除全部预付款，则发包人作为保函的受益人有权凭预付款担保向银行索赔该保函的担保金额作为补偿
支付担保	含义	支付担保是中标人要求招标人提供的保证履行合同中约定的工程款支付义务的担保
	形式	支付担保通常采用如下的几种形式：银行保函；履约保证金；担保公司担保。 发包人的支付担保应是金额担保。实行履约金分段滚动担保。支付担保的额度为工程合同总额的 20%～25%。本段清算后进入下段。已完成担保额度，发包人未能按时支付，承包人可依据担保合同暂停施工，并要求担保人承担支付责任和相应的经济损失
	作用	通过对业主资信状况进行严格审查并落实各项担保措施，确保工程费用及时支付到位；一旦业主违约，付款担保人将代为履约
	有关规定	（1）《建设工程施工合同（示范文本）》GF-2017-0201 第 2.5 条规定了关于发包人工程款支付担保的内容： 除专用合同条款另有约定外，发包人要求承包人提供履约担保的，发包人应当向承包人提供支付担保。支付担保可以采用银行保函或担保公司担保等形式，具体由合同当事人在专用合同条款中约定。 （2）《房屋建筑和市政基础设施工程施工招标投标管理办法》关于发包人工程款支付担保的内容： 招标文件要求中标人提交履约担保的，中标人应当提交。招标人应当同时向中标人提供工程款支付担保

一 单项选择题

1. 工程合同风险分配时，应该按照（　　）和公平原则进行分配。

A．效率原则　　B．保密原则

C．公正原则　　D．公开原则

2. 下列施工合同风险中，属于管理风险的是（　　）。

A．业主改变设计方案　　B．自然环境的变化

C．合同所依据法律环境的变化　　D．对环境调查和预测的风险

3. 在一份保险合同中，保险人承担或给付保险金责任的最高额度是该份保险合同的（　　）。

A．标的价值　　B．保险金额

C．保险费　　D．实际赔付额

4. 按照我国保险制度，建安工程一切险（　　）。

A．由承包人投保　　B．包含执业责任险

C．包含人身意外伤害险　　　　　　　D．投保人应以双方名义共同投保

5. 根据我国保险制度，关于建设工程第三者责任险的说法，正确的是（　　）。

A．被保险人是项目法人和承包人

B．被保险人是项目法人和承包人以外的第三人

C．赔偿范围包括承包商在工地的财产损失

D．赔偿范围包括承包商在现场从事与工作有关的职工伤亡

6. 根据《建设工程施工合同（示范文本）》GF—2017—0201，除另有约定外，国内工程中通常由发包人投保的险种是（　　）。

A．建筑工程一切险　　　　　　　　　B．工伤保险

C．人身意外伤害险　　　　　　　　　D．执业责任险

7. 根据《工程建设项目施工招标投标办法》规定，施工投标保证金的数额一般不得超过投标总价的（　　），最高不超过 80 万元人民币。

A．1%　　　　　　　　　　　　　　B．2%

C．3%　　　　　　　　　　　　　　D．5%

8. 债务人不转移对拥有财产的占有，将该财产作为债权的担保；债务人不履行债务时，债权人有权依法从将该财产折价或者拍卖、变卖该财产的价款中优先受偿。这种担保方式是（　　）担保。

A．保证　　　　　　　　　　　　　B．质押

C．留置　　　　　　　　　　　　　D．抵押

9. 建设工程中采用的投标保函、履约保函属于（　　）担保。

A．保证　　　　　　　　　　　　　B．抵押

C．留置　　　　　　　　　　　　　D．定金

10. 根据《中华人民共和国招标投标法实施条例》（中华人民共和国国务院令第 613 号），对某 3000 万元投资概算的工程项目进行招标时，施工投标保证金额度符合规定的是（　　）万元人民币。

A．50　　　　　　　　　　　　　　B．70

C．100　　　　　　　　　　　　　D．120

11. 关于“一揽子保险”（CIP）的说法，正确的是（　　）。

A．内容不包括一般责任险　　　　　B．不能实施有效的风险管理

C．不便于索赔　　　　　　　　　　D．保障范围覆盖业主、承包商及分包商

12. 施工承包合同履约担保的有效期始于（　　）之日。

A．投标截止　　　　　　　　　　　B．发出中标通知书

C．施工承包合同签订　　　　　　　D．工程开工

13. 某建设工程项目中，承包人按合同约定，由担保公司向发包人提供了履约担保书。在合同履行过程中，如果承包人违约，开出担保书的担保公司（　　）。

A．必须向发包人支付履约担保书规定的保证金

B．必须用履约担保书规定的保证金去完成施工任务

C．应完成施工任务，并向发包人支付履约担保书规定的保证金

D．用履约担保书规定的担保金去完成施工任务或向发包人支付该项保证金

14. 关于履约担保的说法，正确的是（　　）。

A．履约担保的有效期从合同签订之日起，至工程竣工交付之日止

B．工程保修担保可采用预付款扣回的方式

C．在招标公告中，发包人要规定使用哪一种形式的履约担保

D．履约担保通常采用银行保函或者履约担保书的形式

15. 某建设工程项目中，承包人按合同约定，由担保公司向发包人提供了履约担保书。合同履行过程中，当承包人违约时，开出担保书的担保公司（　　）。

A．必须向发包人支付履约担保书规定的保证金

B．必须用履约担保书规定的保证金去完成任务

C．应完成施工任务，并向发包人支付履约担保书规定的保证金

D．用履约担保书规定的担保金去完成施工任务或向发包人支付完成该项目实际所花费的金额

16. 下列担保中，担保金额在担保有效期内逐步减少的是（　　）。

A．投标担保　　B．履约担保

C．预付款担保　　D．支付担保

17. 下列工程担保中，以保护承包人合法权益为目的的是（　　）。

A．投标担保　　B．履约担保

C．预付款担保　　D．支付担保

18. 用于保证承包人能够按合同规定进行施工，合理使用发包人已支付的全部预付金额的工程担保是（　　）。

A．支付担保　　B．预付款担保

C．投标担保　　D．履约担保

19. 关于支付担保的说法，错误的是（　　）。

A．承包人向发包人提供履约担保，按合同约定履行自己的各项任务

B．一方违约后，另一方可要求提供担保的第三人承担相应责任

C．提供担保的内容、方式和相关责任，发包人承包人只需在专用条款中约定

D．发包人向承包人提供履约担保，按合同约定支付工程价款及履行合同约定的其他义务

二　多项选择题

1. 下列建设工程施工合同的风险中，属于管理风险的有（　　）。

A．环境调查不深入　　B．政府工作人员干预

C．投标策略错误　　D．汇率调整

E．合同条款不严密

2. 下列损失中，属于建设工程人身意外伤害险中除外责任范围的有（　　）。

A．项目建设人员由于施工原因而受到人身伤害的损失

B．被保险人不忠实履行约定义务造成的损失

C．战争或军事行为所造成的损失

D．投标人故意行为所造成的损失

E．项目法人和承包人以外的第三人由于施工原因受到的财产损失

3. 下列工程担保中，以保护发包人合法权益为目的的有（　　）。

A．投标担保　　B．履约担保

C．支付担保　　D．预付款担保

E．工程保修担保

4. 下列关于建设工程担保的说法，正确的有（　　）。

A．建设工程中常采用的担保种类有：投标担保、履约担保、支付担保、预付款担保、工程保修担保等

B．支付担保实行履约金分段滚动担保

C．预付款一般逐月从工程付款中扣除，但预付款担保的担保金额不能减少

D．履约担保可以采用银行保函或者履约担保书的形式

E．根据 FIDIC《土木工程施工合同条件》，提供担保的机构须经业主同意

5. 我国投标担保可以采用的担保方式有（　　）。

A．银行保函　　B．担保公司担保书

C．同业担保书　　D．信用证

E．投标保证金

6. 关于履约担保的说法，正确的有（　　）。

A．建筑业通常倾向于采用无条件银行保函作为履约担保

B．银行履约保函分为有条件和无条件的银行保函

C．履约担保书通常是由商业银行或保险公司开具

D．采用担保书的金额要求比银行保函的金额要求低

E．履约保证金额的大小取决于招标项目的类型与规模

7. 在招标文件中要求中标的投标人提交保证履行合同义务和责任的担保，其形式有（　　）。

A．保留金　　B．由保险公司开具的履约担保书

C．商业银行开具的担保证明　　D．房屋抵押他项权证

E．有价证券

8. 根据 FIDIC《土木工程施工合同条件》，关于履约担保的说法正确的有（　　）。

A．承包人可自行确定提供履约担保的机构

B．除非合同另有规定，承包人提供履约担保的费用应由发包人承担

C．承包人根据合同完成施工和竣工，并修补了任何缺陷之前，履约担保将一直有效

D．在承包人根据合同完成施工和竣工后，在发出缺陷责任书之后，可以对该担保提出索赔

E．在任何情况下，发包人在按照履约担保提出索赔之前，皆应通知承包人，说明导致索赔的违约性质

9. 关于发包人支付担保的说法，正确的有（　　）。

A．可由担保公司提供担保

B．担保的额度为工程合同价总额的 10%

C．实行履约金分段滚动担保

D．支付担保的主要作用是确保工程费用及时支付到位

E．实行支付担保的担保合同应作为施工承包合同的附件

10. 下列工程合同风险中，属于信用风险的有（　　）。

A．物价上涨　　B．知假买假

C．偷工减料　　D．违法分包

E．拖欠工程款

【1Z206040　答案与解析】

一、单项选择题

1．A；　2．D；　*3．B；　4．D；　5．A；　6．A；　7．B；　8．D；
9．*A；　*10．A；　11．D；　12．D；　13．D；　14．D；　*15．D；　16．C；
17．D；　*18．B；　*19．C

【解析】

3. 答案 B：

保险金额是保险利益的货币价值表现，简称保额，是保险人承担赔偿或给付保险金责任的最高限额。当保险金额接近于或等于财产的实际价值时，就称为足额保险或等额保险。当保险财产的保险金额小于其实际价值时称为不足额保险。当保险金额高于保险财产的实际价值，则称为超额保险。对超额部分，保险公司不负补偿责任，即不允许被保险人通过投保获得额外利益。所以 B 正确。

9. 答案 A：

担保方式有五种：保证、抵押、质押、留置和定金。保证担保，又称第三方担保，是指保证人和债权人约定，当债务人不能履行债务时，保证人按照约定履行债务或承担责任的行为。抵押是指债务人或者第三人不转移对所拥有财产的占有，将该财产作为债权的担保。债务人不履行债务时，债权人有权依法从将该财产折价或者拍卖、变卖该财产的价款中优先受偿。留置是指债权人按照合同约定占有债务人的动产，债务人不履行债务时，债权人有权依法留置该财产，以该财产折价或者以拍卖、变卖该财产的价款优先受偿。定金担保是当事人可以约定一方向另一方给付定金作为债权的担保，债务人履行债务后，定金

应当抵作价款或者收回。给付定金的一方不履行约定债务的，无权要求返还定金；收受定金的一方不履行约定债务的，应当双倍返还定金。根据定义，投标保函和履约保函属于保证担保。所以 A 正确。

10. 答案 A：

根据《工程建设项目施工招标投标办法》规定，施工投标保证金的数额一般不得超过投标总价的 2%，但最高不得超过 80 万元人民币。投标保证金有效期应当超出投标有效期三十天。投标人不按招标文件要求提交投标保证金的，该投标文件将被拒绝，作废标处理。

根据《招标投标法实施条例》（国务院令第 613 号）规定，投标保证金不得超过招标项目估算价的 2%。投标保证金有效期应当与投标有效期一致。

根据《工程建设项目勘察设计招标投标办法》规定，招标文件要求投标人提交投标保证金的，保证金数额一般不超过勘察设计费投标报价的 2%，最多不超过 10 万元人民币。

国际上常见的投标担保的保证金数额为 2%～5%。

故此题投标保证金限额为 3000×2% ＝ 60 万元。故此题只有 50 万元符合要求。

所以 A 正确。

15. 答案 D：

由担保公司或者保险公司开具履约担保书，当承包人在执行合同过程中违约时，开出担保书的担保公司或者保险公司用该项担保金去完成施工任务或者向发包人支付完成该项目所实际花费的金额，但该金额必须在保证金的担保金额之内。所以 D 正确。

18. 答案 B：

支付担保是中标人要求招标人提供的保证履行合同中约定的工程款支付义务的担保。履约担保，是指招标人在招标文件中规定的要求中标的投标人提交的保证履行合同义务和责任的担保；由于合同履行期限应该包括保修期，履约担保的时间范围也应该覆盖保修期，如果确定履约担保的终止日期为工程竣工交付之日，则需要另外提供工程保修担保；预付款担保是指承包人与发包人签订合同后领取预付款之前，为保证正确、合理使用发包人支付的预付款而提供的担保，如果发包人有要求，承包人应该向发包人提供预付款担保。所以 B 正确。

19. 答案 C：

提供担保的内容、方式和相关责任，发包人和承包人除在专用条款中约定外，被担保方与担保方还应签订担保合同，作为本合同附件。所以 C 正确。

二、多项选择题

1. A、C、E；　*2. B、C、D、E；　3. A、B、D、E；　*4. A、B、D、E；
5. A、B、C、E；　6. B、E；　*7. A、B、C；　8. C、E；
9. A、C、D、E；　10. B、C、D、E

【解析】

2. 答案 B、C、D、E：

保险责任是保险人根据合同的规定应予承担的责任。由于保险公司对各类保险都编制了标准化的格式条款，因此保险责任可以划分为基本责任和特约责任。基本责任是指标准化的保险合同中规定，保险人承担赔偿或给付的直接和间接责任；特约责任是指标准化保险合同规定属于除外责任的范围，而需另经双方协商同意后在保险合同内特别注明承保负担的一种责任。

保险受益人投保后，并非将不可合理预见的风险全部转移给了保险人，保险合同内都有除外责任条款，除外责任属于免赔责任，指保险人不承担责任的范围。各类保险合同由于标的的差异，除外责任不尽相同，但比较一致的有以下几项：

（1）投保人故意行为所造成的损失。

（2）因被保险人不忠实履行约定义务所造成的损失。

（3）战争或军事行为所造成的损失。

（4）保险责任范围以外，其他原因所造成的损失。

所以B、C、D、E正确。

4. 答案A、B、D、E：

建设工程中经常采用的担保种类有：投标担保、履约担保、支付担保、预付款担保、工程保修担保等。发包人的支付担保应是金额担保。实行履约金分段滚动担保。支付担保的额度为工程合同总额的20%～25%。发包人在工程款中逐期扣回预付款后，预付款担保额度应相应减少，但剩余的预付款担保金额不得低于未被扣回的预付款金额。履约担保可以采用银行保函、履约担保书和履约保证金的形式，也可以采用同业担保的方式，即由实力强、信誉好的承包商为其提供履约担保，但应当遵守国家有关企业之间提供担保的有关规定，不允许两家企业互相担保或多家企业交叉互保。FIDIC《土木工程施工合同条件》对履约担保的规定：提供担保的机构须经业主同意。除非合同另有规定，执行本款时所发生的费用应由承包人负担。所以A、B、D、E正确。

7. 答案A、B、C：

履约担保可以采用银行保函、履约担保书和履约保证金的形式，也可以采用同业担保的方式，即由实力强、信誉好的承包商为其提供履约担保。所以A、B、C正确。

1Z206050 建设工程施工合同实施

复习要点

1. 施工合同分析

合同分析的含义	从合同执行的角度去分析、补充和解释合同的具体内容和要求，将合同目标和合同规定落实到合同实施的具体问题和具体时间上，用以指导具体工作，使合同能符合日常工程管理的需要，使工程按合同要求实施，为合同执行和控制确定依据
合同分析的必要性	（1）通过补充和解释，可以使之简单、明确、清晰。 （2）同一个工程中的不同合同形成一个复杂的体系，十几份、几十份甚至上百份合同之间有十分复杂的关系。 （3）合同事件和工程活动的具体要求（如工期、质量、费用等），合同各方的责任关系，事件和活动之间的逻辑关系等极为复杂。

续表

合同分析的必要性	(4)许多工程小组，项目管理职能人员所涉及的活动和问题不是合同文件的全部，而仅为合同的部分内容，全面理解合同对合同的实施将会产生重大影响。 (5)在合同中依然存在问题和风险，包括合同审查时已经发现的风险和还可能隐藏着的尚未发现的风险。 (6)合同中的任务需要分解和落实。 (7)在合同实施过程中，合同双方会有许多争执，在分析时就可以预测预防	
合同分析的作用	(1)分析合同中的漏洞，解释有争议的内容。 (2)分析合同风险，制定风险对策。 (3)合同任务分解、落实	
建设工程施工合同分析的内容	合同的法律基础	通过分析，承包人了解适用于合同的法律的基本情况(范围、特点等)，用以指导整个合同实施和索赔工作。对合同中明示的法律应重点分析
	承包人的主要任务	(1)承包人的总任务，即合同标的。 (2)工作范围。它通常由合同中的工程量清单、图纸、工程说明、技术规范所定义。工程范围的界限应很清楚，否则会影响工程变更和索赔，特别对固定总价合同。 (3)关于工程变更的规定
	发包人的责任	(1)业主雇用工程师并委托其在授权范围内履行业主的部分合同责任。 (2)业主和工程师有责任对平行的各承包人和供应商之间的责任界限作出划分，对这方面的争执作出裁决，对他们的工作进行协调，并承担管理和协调失误造成的损失。 (3)及时作出承包人履行合同所必需的决策，如下达指令、履行各种批准手续、作出认可、答复请示，完成各种检查和验收手续等。 (4)提供施工条件，如及时提供设计资料、图纸、施工场地、道路等。 (5)按合同规定及时支付工程款，及时接收已完工程等
	合同价格	(1)合同所采用的计价方法及合同价格所包括的范围。 (2)工程量计量程序，工程款结算(包括进度付款、竣工结算、最终结算)方法和程序。 (3)合同价格的调整，即费用索赔的条件、价格调整方法，计价依据，索赔有效期规定。 (4)拖欠工程款的合同责任
	施工工期	在实际工程中，工期拖延极为常见和频繁，而且对合同实施和索赔的影响很大，所以要特别重视
	违约责任	(1)承包人不能按合同规定工期完成工程的违约金或承担业主损失的条款。 (2)由于管理上的疏忽造成对方人员和财产损失的赔偿条款。 (3)由于预谋或故意行为造成对方损失的处罚和赔偿条款等。 (4)由于承包人不履行或不能正确地履行合同责任，或出现严重违约时的处理规定。 (5)由于业主不履行或不能正确地履行合同责任，或出现严重违约时的处理规定，特别是对业主不及时支付工程款的处理规定
	验收、移交和保修	在合同分析中，应对重要的验收要求、时间、程序以及验收所带来的法律后果作说明。竣工验收合格即办理移交。移交作为一个重要的合同事件，表示：(1)业主认可并接收工程，承包人工程施工任务的完结；(2)工程所有权的转让；(3)承包人工程照管责任的结束和业主工程照管责任的开始；(4)保修责任的开始；(5)合同规定的工程款支付条款有效
	索赔程序和争执解决	(1)索赔的程序。 (2)争议的解决方式和程序。 (3)仲裁条款，包括仲裁所依据的法律、仲裁地点、方式和程序、仲裁结果的约束力等

2. 施工合同交底

合同交底的目的和任务如下：

（1）对合同的主要内容达成一致理解；

（2）将各种合同事件的责任分解落实到各工程小组或分包人；

（3）将工程项目和任务分解，明确其质量和技术要求以及实施的注意要点等；

（4）明确各项工作或各个工程的工期要求；

（5）明确成本目标和消耗标准；

（6）明确相关事件之间的逻辑关系；

（7）明确各个工程小组（分包人）之间的责任界限；

（8）明确完不成任务的影响和法律后果；

（9）明确合同有关各方（如业主、监理工程师）的责任和义务。

3. 施工合同实施控制

<table>
<tr><td rowspan="4">施工合同跟踪</td><td>合同跟踪的依据</td><td colspan="2">（1）合同以及依据合同而编制的各种计划文件；
（2）各种实际工程文件如原始记录、报表、验收报告等；
（3）管理人员对现场情况的直观了解，如现场巡视、交谈、会议、质量检查等</td></tr>
<tr><td rowspan="3">合同跟踪的对象</td><td>承包的任务</td><td>（1）工程施工的质量，包括材料、构件、制品和设备等的质量，以及施工或安装质量，是否符合合同要求等；
（2）工程进度，是否在预定期限内施工，工期有无延长，延长的原因是什么等；
（3）工程数量，是否按合同要求完成全部施工任务，有无合同规定以外的施工任务等；
（4）成本的增加和减少</td></tr>
<tr><td>工程小组或分包人的工程和工作</td><td>工程承包人必须对工程小组或分包人及其所负责的工程进行跟踪检查、协调关系，提出意见、建议或警告，保证工程总体质量和进度</td></tr>
<tr><td>业主和其委托的工程师的工作</td><td>（1）业主是否及时、完整地提供了工程施工的实施条件，如场地、图纸、资料等；
（2）业主和工程师是否及时给予了指令、答复和确认等；
（3）业主是否及时并足额地支付了应付的工程款项</td></tr>
<tr><td rowspan="3">合同实施的偏差分析</td><td>产生偏差的原因分析</td><td colspan="2">通过对合同执行实际情况与实施计划的对比分析，不仅可以发现合同实施的偏差，而且可以探索引起差异的原因</td></tr>
<tr><td>合同实施偏差的责任分析</td><td colspan="2">分析产生合同偏差的原因是由谁引起的，应该由谁承担责任。责任分析必须以合同为依据，按合同规定落实双方的责任</td></tr>
<tr><td>合同实施趋势分析</td><td colspan="2">针对合同实施偏差情况，可以采取不同的措施，分析在不同措施下合同执行的结果与趋势，包括：
（1）最终的工程状况，包括总工期的延误、总成本的超支、质量标准、所能达到的生产能力（或功能要求）等；
（2）承包商将承担什么样的后果，如被罚款、被清算，甚至被起诉，对承包商资信、企业形象、经营战略的影响等；
（3）最终工程经济效益（利润）水平</td></tr>
<tr><td>合同实施偏差处理</td><td colspan="3">（1）组织措施，如增加人员投入，调整人员安排，调整工作流程和工作计划等；
（2）技术措施，如变更技术方案，采用新的高效率的施工方案等；
（3）经济措施，如增加投入，采取经济激励措施等；
（4）合同措施，如进行合同变更，签订附加协议，采取索赔手段等</td></tr>
</table>

续表

工程变更管理	工程变更的原因	（1）业主新的变更指令，对建筑的新要求，如业主有新的意图、修改项目计划、削减项目预算等； （2）由于设计人员、监理方人员、承包商事先没有很好地理解业主的意图，或设计的错误，导致图纸修改； （3）工程环境的变化，预定的工程条件不准确，要求实施方案或实施计划变更； （4）由于产生新技术和知识，有必要改变原设计、原实施方案或实施计划，或由于业主指令及业主责任的原因造成承包商施工方案的改变； （5）政府部门对工程新的要求，如国家计划变化、环境保护要求、城市规划变动等； （6）由于合同实施出现问题，必须调整合同目标或修改合同条款
	工程变更的范围	FIDIC 施工合同条件下，工程变更的内容可能包括： （1）改变合同中所包括的任何工作的数量； （2）改变任何工作的质量和性质； （3）改变工程任何部分的标高、基线、位置和尺寸； （4）删减任何工作，但要交他人实施的工作除外； （5）任何永久工程需要的任何附加工作、工程设备、材料或服务； （6）改动工程的施工顺序或时间安排。 我国《建设工程施工合同（示范文本）》GF—2017—0201 第 10.1 变更的范围： 除专用合同条款另有约定外，合同履行过程中发生以下情形的，应按照本条约定进行变更： （1）增加或减少合同中任何工作，或追加额外的工作； （2）取消合同中任何工作，但转由他人实施的工作除外； （3）改变合同中任何工作的质量标准或其他特性； （4）改变工程的基线、标高、位置和尺寸； （5）改变工程的时间安排或实施顺序
	工程变更的程序	（1）提出工程变更。根据工程实施的实际情况，承包商、业主方、设计方都可以根据需要提出工程变更。 （2）工程变更的批准。承包商提出的工程变更，应该交予工程师审查并批准；由设计方提出的工程变更应该与业主协商或经业主审查并批准；由业主方提出的工程变更，涉及设计修改的应该与设计单位协商，并一般通过工程师发出。工程师发出工程变更的权力，一般会在施工合同中明确约定，通常在发出变更通知前应征得业主批准。 （3）工程变更指令的发出及执行。为了避免耽误工程，工程师和承包人就变更价格和工期补偿达成一致意见之前有必要先行发布变更指示，先执行工程变更工作，然后再就变更价格和工期补偿进行协商和确定
	工程变更的责任分析与补偿要求	（1）由于业主要求、政府部门要求、环境变化、不可抗力、原设计错误等导致的设计修改，应该由业主承担责任。由此所造成的施工方案的变更以及工期的延长和费用的增加应该向业主索赔。 （2）由于承包人的施工过程、施工方案出现错误、疏忽而导致设计的修改，应该由承包人承担责任。 （3）施工方案变更要经过工程师的批准，由于承包人的施工过程、施工方案本身的缺陷而导致了施工方案的变更，由此所引起的费用增加和工期延长应该由承包人承担责任

4. 施工分包管理方法

对施工分包单位进行管理的责任主体	对施工分包单位进行管理的第一责任主体是施工总承包单位或施工总承包管理单位	
分包管理的内容	成本控制	（1）无论采用何种计价方式，都可以通过竞争方式降低分包工程的合同价格，从而降低承包工程的施工总成本。 （2）在对分包工程款的支付审核方面，通过严格审核实际完成工程量，建立工程款支付与工程质量和工程实际进度挂钩的联动审核方式，防止超付和早付。 （3）对于业主指定分包，如果不是由业主直接向分包支付工程款，则要把握分包工程款的支付时间，一定要在收到业主的工程款之后才能支付，并应扣除管理费、配合费和质量保证金等

续表

分包管理的内容	进度控制	（1）应该根据施工总进度计划提出分包工程的进度要求，向施工分包单位明确分包工程的进度目标。应该要求施工分包单位按照分包工程的进度目标要求建立详细的分包工程施工进度计划，通过审核，判断其是否合理，是否符合施工总进度计划的要求，并在工程进展过程中严格控制其执行。 （2）在施工分包合同中应该确定进度计划拖延的责任，并在施工过程中进行严格考核。 （3）在工程进展过程中，承包单位还应该积极为分包工程的施工创造条件，及时审核和签署有关文件，保证材料供应，协调好各分包单位之间的关系，按照施工分包合同的约定履行好施工总承包人的职责
	质量控制和安全管理	（1）在分包工程施工前，应该向分包人明确施工质量要求，要求施工分包人建立质量保证体系，制定质量保证和安全管理措施，经审查批准后再进行分包工程的施工。 （2）施工过程中，严格检查施工分包人的质量保证与安全管理体系和措施的落实情况，并根据总包单位自身的质量保证体系控制分包工程的施工质量。应该在承包人和分包人自检合格的基础上提交业主方检查和验收。 （3）增强全体人员（包括承包人的作业人员和管理人员以及参与施工的各分包方的各级管理人员和作业人员）的质量和安全意识是工程施工的首要措施。工程开工前，应该针对工程的特点，由项目经理或负责质量、安全的管理人员组织进行质量、安全意识教育，通过教育提高各类管理人员和施工人员的意识，并将其贯穿到实际工作中
分包管理的方法	（1）应该建立对分包人进行管理的组织体系和责任制度，对每一个分包人都有负责管理的部门或人员，实行对口管理。 （2）分包单位的选择应该经过严格考察，并经业主和工程监理机构的认可，其资质类别和等级应该符合有关规定。 （3）要对分包单位的劳动力组织及计划安排进行审批和控制，要根据其施工内容、进度计划等进行人员数量、资格和能力的审批和检查。 （4）要责成分包单位建立责任制，将项目的质量、安全等保证体系贯彻落实到各个分包单位、各个施工环节，督促分包单位对各项工作的落实。 （5）对加工构件的分包人，可委派驻厂代表负责对加工厂的进度和质量进行监督、检查和管理。 （6）应该建立工程例会制度，及时反映和处理分包单位施工过程中出现的各种问题。 （7）建立合格材料、制品、配件等的分供方档案库，并对其进行考核、评价，确定信誉好的短名单分供方。材料、成品和半成品进场要按规范、图纸和施工要求严格检验。进场后的材料堆放要按照材料性能、厂家要求等进行，对易燃易爆材料要单独存放。 （8）对于有多个分包单位同时进场施工的项目，可以采取工程质量、安全或进度竞赛活动，通过定期的检查和评比，建立奖惩机制，促进分包单位的进步和提高	

5. 施工合同履行过程中的诚信自律

（1）2007 年 1 月，原建设部发布了《建筑市场诚信行为信息管理办法》（建市［2007］9 号），要求各地建设行政主管部门要对建筑市场信用体系建设工作高度重视，加强组织领导和宣传贯彻，并结合当地实际，制订落实实施细则。

（2）良好行为记录指建筑市场各方主体在工程建设过程中严格遵守有关工程建设的法律、法规、规章或强制性标准，行为规范，诚信经营，自觉维护建筑市场秩序，受到各级建设行政主管部门和相关专业部门的奖励和表彰，所形成的良好行为记录。

（3）不良行为记录是指建筑市场各方主体在工程建设过程中违反有关工程建设的法律、法规、规章或强制性标准和执业行为规范，经县级以上建设行政主管部门或其委托的执法监督机构查实和行政处罚，形成的不良行为记录。

（4）诚信行为记录由各省、自治区、直辖市建设行政主管部门在当地建筑市场诚信信息平台上统一公布。其中，不良行为记录信息的公布时间为行政处罚决定作出后 7 日内，公布期限一般为6个月～3年；良好行为记录信息公布期限一般为3年，法律、法规另有规定的从其规定。

（5）省、自治区和直辖市建设行政主管部门负责审查整改结果，对整改确有实效的，由企业提出申请，经批准，可缩短其不良行为记录信息公布期限，但公布期限最短不得少于3个月，同时将整改结果列于相应不良行为记录后，供有关部门和社会公众查询；对于拒不整改或整改不力的单位，信息发布部门可延长其不良行为记录信息公布期限。

一 单项选择题

1. 在建设工程施工合同分析时，关于承包人任务的说法，正确的是（　　）。

A. 应明确承包人的合同标的

B. 工程变更补偿范围以合同金额的一定百分比表示时，百分比值越大，承包人的风险越小

C. 合同实施中，对工程师指令的变更，承包人必须无条件执行

D. 工程变更的索赔有效期越短，对承包人越有利

2. 施工合同分析中，对工程师权限和责任分析属于（　　）分析的内容。

A. 合同法律基础　　B. 发包人责任

C. 承包人主要任务　　D. 合同争议解决方式

3. 在对合同中质量验收、工程移交和保修条款的分析中，应对重要的验收要求、（　　）以及验收所带来的法律后果作说明。

A. 时间、地点　　B. 时间、程序

C. 人员、责任　　D. 质量、进度

4. 施工合同交底是指（　　）。

A. 发包人向承包人进行合同交底

B. 监理工程师向承包人进行合同交底

C. 承包人的合同管理人员向其内部项目管理人员进行交底

D. 施工项目经理向施工现场操作人员进行交底

5. 在进行合同分析以后，应由（　　）作“合同交底”。

A. 各层次管理者向合同管理人员

B. 合同管理人员向各层次管理者

C. 合同管理人员向劳务作业人员

D. 项目经理向合同管理人员

6. 在施工合同实施中，“项目经理将各种任务的责任分解，并落实到具体人员”这一活动属于（　　）的内容。

A. 合同分析　　B. 合同交底

C. 合同跟踪　　D. 合同实施控制

7. 下列建设工程施工合同跟踪的对象中，属于对业主跟踪的是（　　）。

A．成本的增减　　B．施工的质量

C．分包人失误　　D．图纸的提供

8. 关于施工合同跟踪的说法，错误的是（　　）。

A．承包单位的合同管理职能部门对合同执行者的履行情况进行跟踪、监督和检查

B．合同执行者本身对合同计划的执行情况进行跟踪、检查和对比

C．可以将工程任务发包给专业分包完成，并由专业分包对合同计划的执行进行跟踪、检查和对比

D．合同跟踪的内容包括业主是否及时给予了指令、答复等

9. 下列合同实施偏差的调整措施中，属于组织措施的是（　　）。

A．增加资金投入　　B．变更技术方案

C．增加人员投入　　D．变更合同条款

10. 施工合同履行过程中，承包商向指定分包商支付工程款的时间应当是（　　）。

A．承包商收到业主工程款之后

B．分包合同约定的付款时间，不论承包人是否收到了业主支付的工程款

C．业主向承包人支付工程款之前 14 天

D．业主向承包人支付工程款之前 7 天

11. 根据《建筑市场诚信行为信息管理办法》（建市［2007］9 号），不良行为记录信息公布期限一般为（　　）。

A．6 个月～3 年　　B．1 年～3 年

C．3 个月～3 年　　D．3 年以上

12. 建设行政主管部门市场诚信信息平台上良好行为记录信息的公布期限一般为（　　）。

A．3 个月　　B．6 个月

C．1 年　　D．3 年

13. 根据《建筑市场诚信行为信息管理办法》（建市［2007］9 号），建设行政主管部门市场诚信信息平台上不良行为记录的公布时间，除法律、法规另有规定的，应为行政处罚决定做出后（　　）日内。

A．5　　B．7

C．10　　D．14

14. 施工合同的实施中，应由（　　）对各工程小组进行建设工程施工合同交底。

A．项目经理　　B．施工员

C．项目技术负责人　　D．施工企业负责人

二 多项选择题

1. 建设工程施工合同分析的作用有（　　）。
   A. 合同实施情况对比
   B. 为合同索赔提供理由和依据
   C. 分析合同风险，制定风险对策
   D. 合同任务分解、落实
   E. 分析合同条款的漏洞，解释有争议的内容
2. 合同分析，一般要分析的内容包括（　　）。
   A. 合同的法律基础　　B. 施工工期
   C. 违约责任　　D. 承包人的主要任务
   E. 竣工结算程序
3. 在施工合同分析中，发包人的合同责任有（　　）。
   A. 及时提供设计资料、图纸、施工场地等
   B. 施工现场的管理，给发包人的管理人员提供生活和工作条件
   C. 按合同规定及时支付工程款
   D. 对平行的各承包人和供应商之间的责任界限作出划分
   E. 及时作出承包人履行合同所必需的决策
4. 施工合同交底是合同管理的一项重要工作，合同交底的目的和任务包括（　　）。
   A. 将各种合同事件的责任分解落实
   B. 明确成本目标和消耗标准
   C. 跟踪业主方的失误，发现索赔的机会
   D. 寻求对自己有利的合同解释
   E. 明确完不成任务的影响和法律后果
5. 施工合同执行者进行合同跟踪的依据有（　　）。
   A. 合同订立前签署的意向书
   B. 合同以及依据合同而编制的各种计划文件
   C. 原始记录、报表、验收报告等各种实际工程文件
   D. 管理人员对现场巡视、质量检查的情况
   E. 合同实施中出现的偏差情况
6. 施工合同签订后，承包人应对施工合同进行跟踪，跟踪的对象包括（　　）等。
   A. 业主的工作　　B. 工程师的工作
   C. 设计人的工作　　D. 承包人的工作
   E. 工程分包人的工作
7. 下列工程施工变更情形中，由业主承担责任的有（　　）。
   A. 不可抗力导致的设计修改　　B. 环境变化导致的设计修改

C．原设计失误导致的设计修改　　　　D．政府部门要求导致的设计修改

E．施工方案出现错误导致的设计修改

8．关于对施工分包单位进行管理的说法，正确的有（　　）。

A．对业主指定分包单位进行管理的第一责任主体是业主

B．总承包单位要积极为分包工程的施工创造条件，协调好各分包单位之间的关系

C．分包单位的选择要符合资质类别和等级的有关规定，并经业主和监理机构的认可

D．分包工程在分包人自检合格的基础上可以直接提请业主或监理工程师验收

E．总承包单位建立工地例会制度，及时处理分包单位施工过程中出现的问题

9．根据《全国建筑市场各方主体不良行为记录认定标准》，下列不良行为中，属于承揽业务方面的有（　　）。

A．允许其他单位或个人以本单位名义承揽工程

B．按照国家规定需要持证上岗的技术工种的作业人员未取得证书上岗

C．不按照与招标人订立的合同履行义务，情节严重

D．以向招标人或者评标委员会成员行贿的手段谋取中标

E．将承包的工程转包或者违法分包

【1Z206050　答案与解析】

一、单项选择题

1．A；　2．B；　*3．B；　4．C；　*5．B；　6．B；　7．D；　8．C；　*9．C；　10．A；　*11．A；　*12．D；　*13．B；　14．A

【解析】

3．答案 B：

验收包括许多内容，如材料和机械设备的现场验收，隐蔽工程验收，单项工程验收，全部工程竣工验收等。在合同分析中，应对重要的验收要求、时间、程序以及验收所带来的法律后果作说明。所以 B 正确。

5．答案 B：

合同分析后，应向各层次管理者作"合同交底"，即由合同管理人员在对合同的主要内容进行分析、解释和说明的基础上，通过组织项目管理人员和各个工程小组学习合同条文和合同总体分析结果，使大家熟悉合同中的主要内容、规定、管理程序，了解合同双方的合同责任和工作范围，各种行为的法律后果等，使大家都树立全局观念，使各项工作协调一致，避免执行中的违约行为。所以 B 正确。

9．答案 C：

根据合同实施偏差分析的结果，承包商应该采取相应的调整措施，调整措施可以分为：

（1）组织措施，如增加人员投入，调整人员安排，调整工作流程和工作计划等；

（2）技术措施，如变更技术方案，采用新的高效率的施工方案等；

（3）经济措施，如增加投入，采取经济激励措施等；

（4）合同措施，如进行合同变更，签订附加协议，采取索赔手段等。

此题只有 C 属于组织措施，所以 C 正确。

11. 答案 A：

诚信行为记录由各省、自治区、直辖市建设行政主管部门在当地建筑市场诚信信息平台上统一公布。其中，不良行为记录信息的公布时间为行政处罚决定作出后 7 日内，公布期限一般为 6 个月～3 年。所以 A 正确。

12. 答案 D：

诚信行为记录由各省、自治区、直辖市建设行政主管部门在当地建筑市场诚信信息平台上统一公布。良好行为记录信息公布期限一般为3年，法律、法规另有规定的从其规定。公布内容应与建筑市场监管信息系统中的企业、人员和项目管理数据库相结合，形成信用档案，内部长期保留。所以 D 正确。

13. 答案 B：

不良行为记录信息的公布时间为行政处罚决定作出后 7 日内，公布期限一般为 6 个月～3 年，所以 B 正确。

二、多项选择题

1. B、C、D、E；　2. A、B、C、D；　*3. A、C、D、E；　4. A、B、E；

*5. B、C、D；　6. A、B、D、E；　*7. A、B、C、D；　*8. B、C、E；

*9. C、D、E

【解析】

3. 答案 A、C、D、E：

这里主要分析发包人（业主）的合同责任。其责任通常有如下几方面：

（1）业主雇用工程师并委托其在授权范围内履行业主的部分合同责任；

（2）业主和工程师有责任对平行的各承包人和供应商之间的责任界限作出划分，对这方面的争执作出裁决，对他们的工作进行协调，并承担管理和协调失误造成的损失；

（3）及时作出承包人履行合同所必需的决策，如下达指令、履行各种批准手续、作出认可、答复请示，完成各种检查和验收手续等；

（4）提供施工条件，如及时提供设计资料、图纸、施工场地、道路等；

（5）按合同规定及时支付工程款，及时接收已完工程等。

所以 A、C、D、E 正确。

5. 答案 B、C、D：

对合同执行者而言，合同跟踪的重要依据是合同以及依据合同而编制的各种计划文件；其次，还要依据各种实际工程文件如原始记录、报表、验收报告等；另外，还要依据管理人员对现场情况的直观了解，如现场巡视、交谈、会议、质量检查等。所以 B、C、D 正确。

7. 答案A、B、C、D:

根据工程变更的具体情况可以分析确定工程变更的责任和费用补偿。

(1)由于业主要求、政府部门要求、环境变化、不可抗力、原设计错误等导致的设计修改，应该由业主承担责任。由此所造成的施工方案的变更以及工期的延长和费用的增加应该向业主索赔。

(2)由于承包人的施工过程、施工方案出现错误、疏忽而导致设计的修改，应该由承包人承担责任。

(3)施工方案变更要经过工程师的批准，不论这种变更是否会对业主带来好处(如工期缩短、节约费用)。

(4)由于承包人的施工过程、施工方案本身的缺陷而导致了施工方案的变更，由此所引起的费用增加和工期延长应该由承包人承担责任。

(5)业主向承包人投标前(或签订合同前)，可以要求承包人对施工方案进行补充、修改或做出说明，以便符合业主的要求。在投标后(或签订合同后)，业主为了加快工期、提高质量等要求变更施工方案，由此所引起的费用增加可以向业主索赔。

所以A、B、C、D正确。

8. 答案B、C、E:

无论是业主指定的分包单位还是施工总承包或者施工总承包管理单位选定的分包单位，对分包单位进行管理的第一责任主体都是施工总承包单位或者施工总承包管理单位，选项A错；分包工程应该在承包人和分包人自检合格的基础上提交业主方检查和验收，选项D错。所以B、C、E正确。

9. 答案C、D、E:

根据《全国建筑市场各方主体不良行为记录认定标准》，属于承揽业务方面的不良行为如下：

(1)利用向发包单位及其工作人员行贿、提供回扣或者给予其他好处等不正当手段承揽的；

(2)相互串通投标或者与招标人串通投标的；以向招标人或者评标委员会成员行贿的手段谋取中标的；

(3)以他人名义投标或者以其他方式弄虚作假，骗取中标的；

(4)不按照与招标人订立的合同履行义务，情节严重的；

(5)将承包的工程转包或者违法分包的。

所以C、D、E正确。

1Z206060　建设工程索赔

复习要点

1. 索赔依据

（1）索赔的概念和分类

索赔的概念	建设工程索赔通常是指在工程合同履行过程中，合同当事人一方因对方不履行或未能正确履行合同或者由于其他非自身因素而受到经济损失或权利损害，通过合同规定的程序向对方提出经济或时间补偿要求的行为	
索赔的起因	索赔可能由以下一个或几个方面的原因引起： （1）合同对方违约，不履行或未能正确履行合同义务与责任； （2）合同错误，如合同条文不全、错误、矛盾等，设计图纸、技术规范错误等； （3）合同变更； （4）工程环境变化，包括法律、物价和自然条件的变化等； （5）不可抗力因素，如恶劣气候条件、地震、洪水、战争状态等	
索赔的分类	按索赔有关当事人分类	（1）承包人与发包人之间的索赔； （2）承包人与分包人之间的索赔； （3）承包人或发包人与供货人之间的索赔； （4）承包人或发包人与保险人之间的索赔
	按照索赔目的和要求分类	（1）工期索赔，一般指承包人向业主或者分包人向承包人要求延长工期； （2）费用索赔，即要求补偿经济损失，调整合同价格
	按照索赔事件的性质分类	（1）工程延期索赔； （2）工程加速索赔； （3）工程变更索赔； （4）工程终止索赔； （5）不可预见的外部障碍或条件索赔； （6）不可抗力事件引起的索赔； （7）其他索赔，如货币贬值、汇率变化、物价变化、政策法令变化等原因引起的索赔
承包商向业主的索赔	在建设工程实践中，比较多的是承包商向业主提出索赔。常见的建设工程施工索赔如下：	
	因合同文件引起的索赔	（1）有关合同文件的组成问题引起的索赔； （2）关于合同文件有效性引起的索赔； （3）因图纸或工程量表中的错误而引起的索赔
	有关工程施工的索赔	（1）地质条件变化引起的索赔； （2）工程中人为障碍引起的索赔； （3）增减工程量的索赔； （4）各种额外的试验和检查费用的偿付；

续表

承包商 向业主的索赔	有关工程施工的索赔	（5）工程质量要求的变更引起的索赔； （6）指定分包商违约或延误造成的索赔； （7）其他有关施工的索赔
	关于价款方面的索赔	（1）关于价格调整方面的索赔； （2）关于货币贬值和严重经济失调导致的索赔； （3）拖延支付工程款的索赔
	关于工期的索赔	（1）关于延长工期的索赔； （2）由于延误产生损失的索赔； （3）赶工费用的索赔
	特殊风险和人力不可抗拒灾害的索赔	（1）特殊风险的索赔。特殊风险一般是指战争、敌对行动、入侵行为、核污染及冲击波破坏、叛乱、革命、暴动、军事政变或篡权、内战等。 （2）人力不可抗拒灾害的索赔。人力不可抗拒灾害主要是指自然灾害，由这类灾害造成的损失应向承保的保险公司索赔。在许多合同中承包人以业主和承包人共同的名义投保工程一切险，这种索赔可同业主一起进行
	工程暂停、终止合同的索赔	（1）施工过程中，工程师有权下令暂停全部或任何部分工程，只要这种暂停命令并非承包人违约或其他意外风险造成的，承包人不仅可以得到要求工期延长的权利，而且可以就其停工损失获得合理的额外费用补偿。 （2）终止合同和暂停工程的意义是不同的。有些是由于意外风险造成的损害十分严重因而终止合同，也有些是由"错误"引起的合同终止，例如业主认为承包人不能履约而终止合同，甚至从工地驱逐该承包人
	财务费用补偿的索赔	因各种原因使承包人财务开支增大而导致的贷款利息等财务费用
业主 向承包商索赔	索赔费用和利润	承包商未按合同要求实施工程，发生下列损害业主权益或违约的情况时，业主可索赔费用和（或）利润： （1）工程进度太慢，要求承包商赶工时，可索赔工程师的加班费； （2）合同工期已到而工程仍未完工，可索赔误期损害赔偿费； （3）质量不满足合同要求，如不按照工程师的指示拆除不合格工程和材料，不进行返工或不按照工程师的指示在缺陷责任期内修复缺陷，则业主可找另一家公司完成此类工作，并向承包商索赔成本及利润； （4）质量不满足合同要求，工程被拒绝接收，在承包商自费修复后，业主可索赔重新检验费； （5）未按合同要求办理保险，业主可前去办理并扣除或索赔相应的费用； （6）由于合同变更或其他原因造成工程施工的性质、范围或进度计划等方面发生变化，承包商未按合同要求去及时办理保险，由此造成的损失或损害可向承包商索赔； （7）未按合同要求采取合理措施，造成运输道路、桥梁等的破坏； （8）未按合同条件要求，无故不向分包商付款； （9）严重违背合同（如工程进度一拖再拖，质量经常不合格等），工程师一再警告而没有明显改进时，业主可没收履约保函
	索赔工期	FIDIC 于 1999 年出版的新版合同条件《施工合同条件》（"新红皮书"）规定，当承包商的工程质量不能满足要求，即某项缺陷或损害使工程、区段或某项主要生产设备不能按原定目的使用时，业主有权延长工程或某一区段的缺陷通知期

（2）索赔成立的条件、索赔的依据和索赔证据

索赔成立的条件	构成施工项目索赔条件的事件	索赔事件，又称为干扰事件，是指那些实际情况与合同规定不符合，最终引起工期和费用变化的各类事件。通常，承包商可以提起索赔的事件有： （1）发包人违反合同给承包人造成时间、费用的损失； （2）因工程变更（含设计变更、发包人提出的工程变更、监理工程师提出的工程变更，以及承包人提出并经监理工程师批准的变更）造成的时间、费用损失； （3）由于监理工程师对合同文件的歧义解释、技术资料不确切，或由于不可抗力导致施工条件的改变，造成了时间、费用的增加； （4）发包人提出提前完成项目或缩短工期而造成承包人的费用增加； （5）发包人延误支付期限造成承包人的损失； （6）对合同规定以外的项目进行检验，且检验合格，或非承包人的原因导致项目缺陷的修复所发生的损失或费用； （7）非承包人的原因导致工程暂时停工； （8）物价上涨，法规变化及其他
	索赔成立的前提条件	索赔的成立，应该同时具备以下三个前提条件： （1）与合同对照，事件已造成了承包人工程项目成本的额外支出，或直接工期损失； （2）造成费用增加或工期损失的原因，按合同约定不属于承包人的行为责任或风险责任； （3）承包人按合同规定的程序和时间提交索赔意向通知和索赔报告。 以上三个条件必须同时具备，缺一不可
索赔的依据	合同文件	合同文件是索赔的最主要依据，包括： （1）合同协议书； （2）中标通知书； （3）投标书及其附件； （4）合同专用条款； （5）合同通用条款； （6）标准、规范及有关技术文件； （7）图纸； （8）工程量清单； （9）工程报价单或预算书。 合同履行中，发包人与承包人有关工程的洽商、变更等书面协议或文件应视为合同文件的组成部分
	订立合同所依据的法律法规	（1）适用法律和法规。建设工程合同文件适用国家的法律和行政法规。需要明示的法律、行政法规，由双方在专用条款中约定。 （2）适用标准、规范。双方在专用条款内约定适用国家标准、规范的名称
	工程建设惯例	
索赔证据	索赔证据的含义	索赔证据是当事人用来支持其索赔成立或和索赔有关的证明文件和资料。索赔证据作为索赔文件的组成部分，在很大程度上关系到索赔的成功与否。证据不全、不足或没有证据，索赔是很难获得成功的
	可以作为证据使用的材料	可以作为证据使用的材料有以下七种： （1）书证； （2）物证； （3）证人证言； （4）视听材料； （5）被告人供述和有关当事人陈述； （6）鉴定结论； （7）勘验、检验笔录

续表

<table>
<tr><td rowspan="2">索赔证据</td><td>常见的工程索赔证据</td><td>（1）各种合同文件，包括施工合同协议书及其附件、中标通知书、投标书、标准和技术规范、图纸、工程量清单、工程报价单或者预算书、有关技术资料和要求、施工过程中的补充协议等；
（2）工程各种往来函件、通知、答复等；
（3）各种会谈纪要；
（4）经过发包人或者工程师批准的承包人的施工进度计划、施工方案、施工组织设计和现场实施情况记录；
（5）工程各项会议纪要；
（6）气象报告和资料，如有关温度、风力、雨雪的资料；
（7）施工现场记录，包括有关设计交底、设计变更、施工变更指令，工程材料和机械设备的采购、验收与使用等方面的凭证及材料供应清单、合格证书，工程现场水、电、道路等开通、封闭的记录，停水、停电等各种干扰事件的时间和影响记录等；
（8）工程有关照片和录像等；
（9）施工日记、备忘录等；
（10）发包人或者工程师签认的签证；
（11）发包人或者工程师发布的各种书面指令和确认书，以及承包人的要求、请求、通知书等；
（12）工程中的各种检查验收报告和各种技术鉴定报告；
（13）工地的交接记录（应注明交接日期，场地平整情况，水、电、路情况等），图纸和各种资料交接记录；
（14）建筑材料和设备的采购、订货、运输、进场、使用方面的记录、凭证和报表等；
（15）市场行情资料，包括市场价格、官方的物价指数、工资指数、中央银行的外汇比率等公布材料；
（16）投标前发包人提供的参考资料和现场资料；
（17）工程结算资料、财务报告、财务凭证等；
（18）各种会计核算资料；
（19）国家法律、法令、政策文件</td></tr>
<tr><td>索赔证据的基本要求</td><td>索赔证据应该具有：（1）真实性；（2）及时性；（3）全面性；（4）关联性；（5）有效性</td></tr>
</table>

2. 索赔方法

<table>
<tr><td>索赔意向通知</td><td colspan="2">在工程实施过程中发生索赔事件以后，或者承包人发现索赔机会，首先要提出索赔意向，即在合同规定时间内将索赔意向用书面形式及时通知发包人或者工程师，向对方表明索赔愿望、要求或者声明保留索赔权利，这是索赔工作程序的第一步。
索赔意向通知要简明扼要地说明索赔事由发生的时间、地点、简单事实情况描述和发展动态、索赔依据和理由、索赔事件的不利影响等</td></tr>
<tr><td>索赔资料的准备</td><td colspan="2">在索赔资料准备阶段，主要工作有：
（1）跟踪和调查干扰事件，掌握事件产生的详细经过；
（2）分析干扰事件产生的原因，划清各方责任，确定索赔根据；
（3）损失或损害调查分析与计算，确定工期索赔和费用索赔值；
（4）搜集证据，获得充分而有效的各种证据；
（5）起草索赔文件</td></tr>
<tr><td rowspan="3">索赔文件的提交</td><td colspan="2">提出索赔的一方应在合同规定的时限内向对方提交正式的书面索赔文件。如果干扰事件对工程的影响持续时间长，承包人则应按工程师要求的合理间隔（一般为 28 天），提交中间索赔报告，并在干扰事件影响结束后的 28 天提交一份最终索赔报告。否则将失去该事件请求补偿的索赔权利</td></tr>
<tr><td rowspan="2">索赔文件的主要内容</td><td>（1）总述部分。概要论述索赔事项发生的日期和过程；承包人为该索赔事项付出的努力和附加开支；承包人的具体索赔要求</td></tr>
<tr><td>（2）论证部分。论证部分是索赔报告的关键部分，其目的是说明自己有索赔权，是索赔能否成立的关键</td></tr>
</table>

续表

索赔文件的提交	索赔文件的主要内容	（3）索赔款项（和／或工期）计算部分。如果说索赔报告论证部分的任务是解决索赔权能否成立，则款项计算是为解决能得多少款项。前者定性，后者定量
		（4）证据部分。要注意引用的每个证据的效力或可信程度，对重要的证据资料最好附以文字说明，或附以确认件
索赔文件的审核	对于承包人向发包人的索赔请求，索赔文件首先应该交由工程师审核。工程师根据发包人的委托或授权，对承包人索赔的审核工作主要分为判定索赔事件是否成立和核查承包人的索赔计算是否正确、合理两个方面，并可在授权范围内作出判断：初步确定补偿额度，或者要求补充证据，或者要求修改索赔报告等。对索赔的初步处理意见要提交发包人	
发包人审查	对于工程师的初步处理意见，发包人需要进行审查和批准，然后工程师才可以签发有关证书。 如果索赔额度超过了工程师权限范围时，应由工程师将审查的索赔报告报请发包人审批，并与承包人谈判解决	
协商	对于工程师的初步处理意见，发包人和承包人可能都不接受或者其中的一方不接受，三方可就索赔的解决进行协商，达成一致，其中可能包括复杂的谈判过程，经过多次协商才能达成。 如果经过努力无法就索赔事宜达成一致意见，则发包人和承包人可根据合同约定选择采用仲裁或者诉讼方式解决	
对索赔报告的反击或反驳	（1）索赔要求或报告的时限性； （2）索赔事件的真实性； （3）干扰事件的原因、责任分析； （4）索赔理由分析； （5）索赔证据分析； （6）索赔值审核	

3. 索赔费用计算

（1）索赔费用的组成

按国际惯例，一般承包人可索赔的具体费用内容如图 1Z206060 所示。

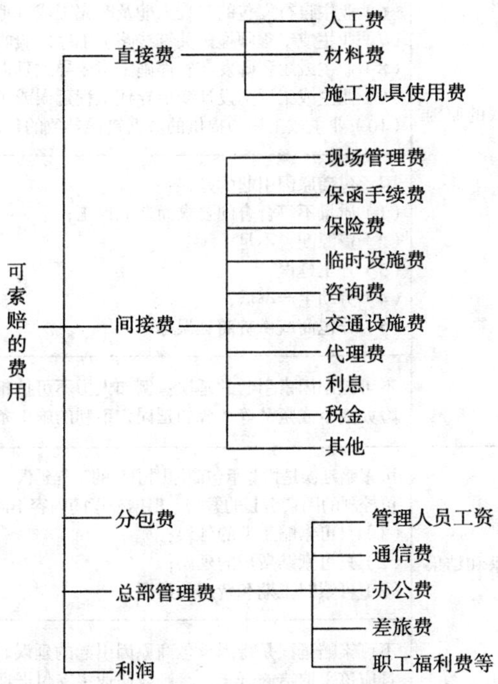

图 1Z206060　可索赔费用的组成部分

（2）索赔费用的计算方法

<table>
<tr><td>实际费用法</td><td>实际费用法是计算工程索赔时最常用的一种方法。这种方法的计算原则是以承包人为某项索赔工作所支付的实际开支为根据，向业主要求费用补偿。
用实际费用法计算时，在直接费的额外费用部分的基础上，再加上应得的间接费和利润，即是承包人应得的索赔金额。由于实际费用法所依据的是实际发生的成本记录或单据，所以，在施工过程中，系统而准确地积累记录资料是非常重要的</td></tr>
<tr><td>总费用法</td><td>总费用法就是当发生多次索赔事件以后，重新计算该工程的实际总费用，实际总费用减去投标报价时的估算总费用，即为索赔金额，即：
索赔金额＝实际总费用－投标报价估算总费用</td></tr>
<tr><td>修正的总费用法</td><td>修正的总费用法是对总费用法的改进，即在总费用计算的原则上，去掉一些不合理的因素，使其更合理。修正的内容如下：（1）将计算索赔款的时段局限于受到外界影响的时间，而不是整个施工期；（2）只计算受影响时段内的某项工作所受影响的损失，而不是计算该时段内所有施工工作所受的损失；（3）该项工作无关的费用不列入总费用中；（4）对投标报价费用重新进行核算：按受影响时段内该项工作的实际单价进行核算，乘以实际完成的该项工作的工程量，得出调整后的报价费用</td></tr>
</table>

4．工期索赔计算

<table>
<tr><td>工期延误的含义</td><td colspan="2">工期延误，又称为工程延误或进度延误，是指工程实施过程中任何一项或多项工作的实际完成日期迟于计划规定的完成日期，从而可能导致整个合同工期的延长</td></tr>
<tr><td rowspan="5">工期延误的分类</td><td rowspan="3">按照工期延误的原因划分</td><td>因业主和工程师原因引起的延误：
（1）业主未能及时交付合格的施工现场；
（2）业主未能及时交付施工图纸；
（3）业主或工程师未能及时审批图纸、施工方案、施工计划等；
（4）业主未能及时支付预付款或工程款；
（5）业主未能及时提供合同规定的材料或设备；
（6）业主自行发包的工程未能及时完工或其他承包商违约导致的工程延误；
（7）业主或工程师拖延关键线路上工序的验收时间导致下道工序施工延误；
（8）业主或工程师发布暂停施工指令导致延误；
（9）业主或工程师设计变更导致工程延误或工程量增加；
（10）业主或工程师提供的数据错误导致的延误</td></tr>
<tr><td>因承包商原因引起的延误：
（1）质量不符合合同要求而造成返工；
（2）资源配置不足；
（3）开工延误；
（4）劳动生产率低；
（5）分包商或供货商延误等</td></tr>
<tr><td>不可控制因素引起的延误：例如人力不可抗拒的自然灾害导致的延误、特殊风险如战争或叛乱等造成的延误、不利的施工条件或外界障碍引起的延误等</td></tr>
<tr><td rowspan="2">按照索赔要求和结果划分</td><td>可索赔延误是指非承包商原因引起的工程延误，包括业主或工程师的原因和双方不可控制的因素引起的索赔。根据补偿的内容不同，可以进一步划分为三种情况：
（1）只可索赔工期的延误；
（2）只可索赔费用的延误；
（3）可索赔工期和费用的延误</td></tr>
<tr><td>不可索赔延误是指因承包商原因引起的延误，承包商不应向业主提出索赔，而且应该采取措施赶工，否则应向业主支付误期损害赔偿</td></tr>
</table>

续表

工期延误的分类	按延误工作在工程网络计划的线路划分	按照延误工作所在的工程网络计划的线路性质，工程延误划分为关键线路延误和非关键线路延误。 由于关键线路上任何工作（或工序）的延误都会造成总工期的推迟，因此，非承包商原因造成关键线路延误都是可索赔延误。而非关键线路上的工作一般都存在机动时间，其延误是否会影响到总工期的推迟取决于其总时差的大小和延误时间的长短。如果延误时间少于该工作的总时差，业主一般不会给予工期顺延，但可能给予费用补偿；如果延误时间大于该工作的总时差，非关键线路的工作就会转化为关键工作，从而成为可索赔延误
	按照延误事件之间的关联性划分	单一延误是指在某一延误事件从发生到终止的时间间隔内，没有其他延误事件的发生，该延误事件引起的延误称为单一延误
		当两个或两个以上的延误事件从发生到终止的时间完全相同时，这些事件引起的延误称为共同延误
		当两个或两个以上的延误事件从发生到终止只有部分时间重合时，称为交叉延误
工期索赔的依据和条件	承包商向业主提出工期索赔的具体依据主要有： （1）合同约定或双方认可的施工总进度规划； （2）合同双方认可的详细进度计划； （3）合同双方认可的对工期的修改文件； （4）施工日志、气象资料； （5）业主或工程师的变更指令； （6）影响工期的干扰事件； （7）受干扰后的实际工程进度等	
	《建设工程施工合同（示范文本）》GF—2017—0201 第 7.5.1 规定，在合同履行过程中，因下列情况导致工期延误和（或）费用增加的，由发包人承担由此延误的工期和（或）增加的费用，且发包人应支付承包人合理的利润： （1）发包人未能按合同约定提供图纸或所提供图纸不符合合同约定的； （2）发包人未能按合同约定提供施工现场、施工条件、基础资料、许可、批准等开工条件的； （3）发包人提供的测量基准点、基准线和水准点及其书面资料存在错误或疏漏的； （4）发包人未能在计划开工日期之日起 7 天内同意下达开工通知的； （5）发包人未能按合同约定日期支付工程预付款、进度款或竣工结算款的； （6）监理人未按合同约定发出指示、批准等文件的； （7）专用合同条款中约定的其他情形	
工期索赔的分析和计算方法	工期索赔的分析	（1）工期索赔的分析包括延误原因分析、延误责任的界定、网络计划（CPM）分析、工期索赔的计算等。 （2）运用网络计划（CPM）方法分析延误事件是否发生在关键线路上，以决定延误是否可以索赔。 （3）在工期索赔中，一般只考虑对关键线路上的延误或者非关键线路因延误而变为关键线路时才给予顺延工期
	工期索赔的计算方法	（1）直接法 如果某干扰事件直接发生在关键线路上，造成总工期的延误，可以直接将该干扰事件的实际干扰时间（延误时间）作为工期索赔值
		（2）比例分析法 如果某干扰事件仅仅影响某单项工程、单位工程或分部分项工程的工期，要分析其对总工期的影响，可以采用比例分析法。

工期索赔的分析和计算方法	工期索赔的计算方法	采用比例分析法时，可以按工程量的比例进行分析，例如：某工程基础施工中出现了意外情况，导致工程量由原来的 2800m³ 增加到 3500m³，原定工期是 40 天，则承包商可以提出的工期索赔值是： 工期索赔值＝原工期 × 新增工程量 / 原工程量＝ 40×（3500−2800）/2800 ＝ 10 天 本例中，如果合同规定工程量增减 10% 为承包商应承担的风险，则工期索赔值应该是： 工期索赔值＝ 40×（3500−2800×110%）/2800 ＝ 6 天
		（3）网络分析法 在实际工程中，影响工期的干扰事件可能会很多，每个干扰事件的影响程度可能都不一样，有的直接在关键线路上，有的不在关键线路上，多个干扰事件的共同影响结果究竟是多少可能引起合同双方很大的争议，采用网络分析方法是比较科学合理的方法，其思路是：假设工程按照双方认可的工程网络计划确定的施工顺序和时间施工，当某个或某几个干扰事件发生后，使网络中的某个工作或某些工作受到影响，使其持续时间延长或开始时间推迟，从而影响总工期，则将这些工作受干扰后的新的持续时间和开始时间等代人网络中，重新进行网络分析和计算，得到的新工期与原工期之间的差值就是干扰事件对总工期的影响，也就是承包商可以提出的工期索赔值

一 单项选择题

1. 索赔是指在合同的实施过程中，合同一方因对方不履行或未能正确履行合同所规定的义务或未能保证承诺的合同条件实现而（　　），向对方提出的补偿要求。

A．拖延工期后　　B．遭受损失后

C．产生分歧后　　D．提起公诉后

2. 关于工程索赔的说法，正确的是（　　）。

A．承包人可以向发包人索赔，发包人不可以向承包人索赔

B．承包人可以向发包人索赔，发包人也可以向承包人索赔

C．由于非分包人的原因导致工期拖延，分包人可以向发包人提出索赔

D．承包人根据工程师指示指令分包人加快施工进度，分包人可以向分包人提出索赔

3. 按照索赔事件的性质，因货币贬值、汇率变化、物价变化等原因引起的索赔属于（　　）。

A．不可预见的外部条件索赔　　B．不可抗力事件引起的索赔

C．不可预见的外部障碍索赔　　D．其他索赔

4. 工程施工过程中，由于战争、敌对行动、入侵等风险造成合同无法继续履行而引起的索赔，属于（　　）。

A．因合同文件引起的索赔　　B．工程暂停的索赔

C．人力不可抗拒灾害的索赔　　D．特殊风险的索赔

5. 下列干扰事件中，承包商不能提出工期索赔的是（　　）。

A．开工前业主未能及时交付施工图纸

B．异常恶劣的气候条件

C．业主未能及时支付工程款造成工期延误

D．工程师指示承包商加快施工进度

6. 施工过程中，工程师下令暂停全部或部分工程，而暂停的起因不是由承包商引起，承包商向业主提出工期和费用索赔，则（　　）。

A．工期和费用索赔均不能成立

B．工期索赔成立，费用索赔不能成立

C．工期索赔不能成立，费用索赔能成立

D．工期和费用索赔均能成立

7. 关于建设工程索赔成立条件的说法，正确的是（　　）。

A．导致索赔的事件必须是对方的过错，索赔才能成立

B．只要对方存在过错，不管是否造成损失，索赔都能成立

C．只要索赔事件的事实存在，在合同有效期内任何时候提出索赔都能成立

D．不按照合同规定的程序提交索赔报告，索赔不能成立

8. 下列工程资料中，可以作为承包人向业主索赔依据的是（　　）。

A．合同履行中发包人和承包人洽商形成的协议

B．承包人与分包人签订的分包合同

C．承包人安全交底会议纪要

D．承包人技术交底纪要

9. 在工程实施过程中发生索赔事件以后，承包人首先应（　　）。

A．向建设主管部门报告

B．向工程师发出书面索赔意向通知

C．收集索赔证据并计算相应的经济和工期损失

D．向工程师递交正式索赔报告

10. 工程施工过程中发生索赔事件以后，承包人首先要做的工作是（　　）。

A．向监理工程师提交索赔证据　　B．提出索赔意向通知

C．提交索赔报告　　D．与业主就索赔事项进行谈判

11. 关于建设工程索赔程序的说法，正确的是（　　）。

A．设计变更发生后，承包人应在28天内向发包人提交索赔通知

B．索赔事件在持续进行，承包人应在事件终了后立即提交索赔报告

C．索赔意向通知发出后14天内，承包人应向工程师提交索赔报告及有关资料

D．工程师在收到承包人送交的索赔报告的有关资料后28天内未予答复或未对承包人进一步要求，视为该索赔已被认可

12. 索赔报告的关键部分是（　　）。

A．总述部分　　B．证据部分

C. 论证部分　　　　　　　　　　D. 索赔款项（和／或工期）计算部分

13. 当发生索赔事件时，对于承包商自有的施工机械，其费用索赔通常按照（　　）进行计算。

A. 台班折旧费　　　　　　　　　B. 台班费

C. 设备使用费　　　　　　　　　D. 进出场费用

14. 下列承包商向业主提出的施工机械使用费的索赔中，工程师不予支持的是（　　）。

A. 由于完成额外工作增加的机械使用费

B. 非承包商责任工效降低增加的机械使用费

C. 承包商原因造成的承包商自有设备台班损失费

D. 业主或监理工程师原因导致机械停工的窝工费

15. 对于承包商自有的施工机械，当发生索赔事件时，其费用索赔通常按照（　　）进行计算。

A. 台班折旧费　　　　　　　　　B. 台班费

C. 设备使用费　　　　　　　　　D. 台班折旧费＋调进调出费

16. 在索赔款项的计算中，可以进行利息索赔的情况是（　　）。

A. 工程扣款　　　　　　　　　　B. 工程延期

C. 工程变更　　　　　　　　　　D. 逾期支付

17. 某国际工程合同额为5000万元人民币，合同实施天数为300天；由国内某承包商总承包施工，该承包商同期总合同额为5亿元人民币，同期内公司的总管理费为1500万元；因为业主修改设计，承包商要求工期延期30天。该工程项目部在施工索赔中总部管理费的索赔额是（　　）万元。

A. 10　　　　　　　　　　　　B. 12

C. 15　　　　　　　　　　　　D. 50

18. 某工程因发包人原因造成承包人自有施工机械窝工10天，该机械市场租赁费为1200元/天，进出场费2000元，台班费400元/台班，其中台班折旧费160元/台班；计划每天工作1台班，共使用40天，则承包人索赔成立的费用是（　　）元。

A. 1600　　　　　　　　　　　B. 4000

C. 12000　　　　　　　　　　 D. 12500

19. 下列各项可能引起索赔的事件中，承包商可以索赔利润的情况是（　　）。

A. 工程暂停　　　　　　　　　　B. 工期延期

C. 工程变更　　　　　　　　　　D. 材料价格上涨

20. 索赔利润的款额计算通常按照（　　）计算。

A. 由监理工程师计算报业主确认的利润额

B. 采用承包商总部平均利润百分率

C. 由承包商与业主双方协商确定的利润率

D. 采用与原报价单中一致的利润百分率

21. 某建设工程项目在施工中发生下列人工费：完成业主要求的合同外工作花费 3 万元；由于业主原因导致工效降低，使人工费增加 3 万元；施工机械故障造成人员窝工损失 1 万元。则施工单位可向业主索赔的合理人工费为（　　）万元。

A. 3　　B. 4

C. 6　　D. 7

22. 关于工期索赔的说法，正确的是（　　）。

A. 所有的关键线路延误都是可索赔延误

B. 所有的非关键线路延误都是不可索赔延误

C. 非承包商原因造成的非关键工作延误超过其总时差，业主给予工期顺延和费用补偿

D. 可索赔延误与不可索赔延误同时发生，可索赔延误将变成不可索赔延误

23. 工期延误划分为单一延误、共同延误及交叉延误的依据是（　　）。

A. 延误的原因

B. 索赔要求和结果

C. 延误事件之间的关联性

D. 延误工作所在工程网络计划的线路性质

24. 某土方工程合同约定，合同工期为 60 天，工程量增减超过 15% 时，承包商可提出变更。实施中因业主提供的地质资料不实，导致工程量由 $3200m^3$ 增加到 $4800m^3$，则承包商可索赔工期（　　）天。

A. 0　　B. 16.5

C. 21　　D. 30

25. 某基础工程合同价为 2000 万元，合同总工期为 20 个月，施工过程中因设计变更，导致增加额外工程 400 万元，业主同意工期顺延。则承包商按造价比例法可索赔工期（　　）个月。

A. 2　　B. 4

C. 6　　D. 8

26. 某工程基础施工中出现了意外情况，导致了工程量由原来的 $2800m^3$ 增加到 $3500m^3$，原定工期是 40 天，则承包商可以提出的工期索赔值是（　　）天。

A. 5　　B. 6

C. 8　　D. 10

27. 某工程项目总价值 1000 万元，合同工期为 18 个月，现承包人因建设条件发生变化需增加额外工程费用 50 万元，则承包方提出工期索赔为（　　）个月。

A. 1.5　　B. 0.9

C. 1.2　　D. 3.6

28. 某工程的时标网络计划如下图所示，下列工期延误事件中，属于共同延误的是（　　）。

A. 工作 A 因发包人原因和工作 B 因承包人原因各延误 2 周

B. 工作C因发包人原因和工作G因承包人原因各延误2周

C. 工作D因发包人原因和工作F因承包人原因各延误2周

D. 工作E因发包人原因和工作F因承包人原因各延误2周

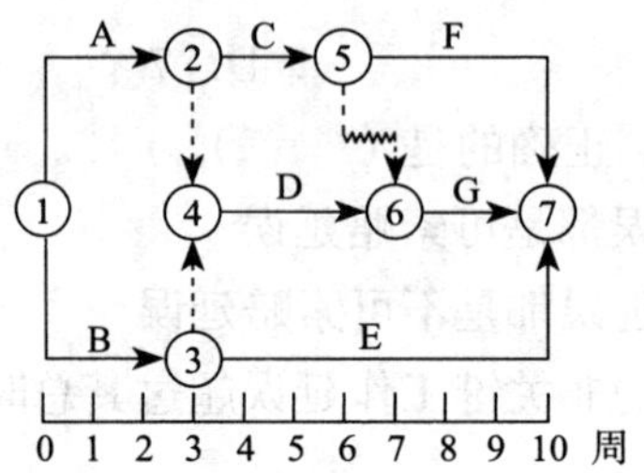

二 多项选择题

1. 某工程实行施工总承包模式，承包人将基础工程中的打桩工程分包给某专业分包单位施工，施工过程中发现地质情况与勘察报告不符而导致打桩施工工期拖延。在此情况下，（　）可以提出索赔。

A. 承包人向发包人　　B. 承包人向勘察单位

C. 分包人向发包人　　D. 分包人向承包人

E. 发包人向监理

2. 关于建设工程反索赔的说法，正确的有（　　）。

A. 反索赔工作就是反击或反驳对方的索赔要求

B. 反索赔是双向的

C. 工程师对索赔文件的审核是反索赔的工作内容之一

D. 审核索赔报告的时限性是反索赔的要点之一

E. 调查分析并确定索赔事件的原因和责任，是反索赔的工作内容之一

3. 建设工程索赔成立的前提条件有（　　）。

A. 与合同对照，事件已造成了承包人工程项目成本的额外支出或直接工期损失

B. 造成费用增加或工期损失的原因，按合同约定不属于承包人的行为责任或风险责任

C. 承包人按合同规定的程序和时间提交索赔意向通知和索赔报告

D. 造成费用增加或工期损失额度巨大，超出了正常的承受范围

E. 索赔费用计算正确，并且容易分析

4. 下列工程索赔证据中，属于书证的有（　　）。

A. 合同协议书　　B. 往来信件

C. 工程现场照片　　D. 质量责任鉴定

E. 司法判决书

5. 索赔意向通知应该包括的内容有（　　）。

A．索赔事件发生的时间、地点和简单事实情况的描述

B．索赔的依据和理由

C．索赔事件的发展动态

D．索赔工期的网络分析

E．索赔费用的计算

6. 施工现场当地流行传染病期间，依据当地政府部门的规定施工被迫暂停 70 天，则按照施工合同对索赔程序的规定，承包人应（　　）。

A．在工程师下达的停工令发布后 28 天内提出索赔通知

B．在索赔通知发出后的 28 天内提交索赔报告

C．每隔 28 天提交该阶段的索赔报告

D．索赔通知发出后每隔 28 天持续提交索赔通知

E．在正式复工后提交总损失要求的索赔报告

7. 按照国际惯例，关于建安工程索赔费用的说法，正确的是（　　）。

A．可索赔的费用包括直接费、间接费、分包费、总部管理费和利润

B．从原则上讲，承包商有索赔权利的工程成本增加，都是可以索赔费用的

C．对于不同原因引起的索赔，承包商可索赔的费用是不变化的

D．不同原因引起的索赔，承包商可索赔的费用要按照各项费用的特点、条件进行分析论证

E．在索赔款中不一定都包括工程利润

8. 按照国际惯例，承包商可索赔的材料费包括（　　）。

A．由于承包商管理不善，造成材料损坏失效引起的损失费

B．由于索赔事项导致材料实际用量超过计划用量而增加的材料费

C．由于客观原因造成材料价格大幅度上涨而增加的材料费

D．由于非承包商责任造成工期延误而导致的材料价格上涨和超期储存费用

E．承包商使用不合格材料引起的损失费用

9. 在工程项目施工过程中，施工机具使用费的索赔款项包括（　　）。

A．因机械故障停工维修而导致的窝工费

B．因监理工程师指令错误导致进行停工的窝工费

C．非承包商责任导致工效降低增加的机械使用费

D．因机械操作工患病停工而导致的机械窝工费

E．由于完成额外工作增加的机械使用费

10. 在索赔款项的计算中，具体确定利率的方法有（　　）。

A．按当时的银行贷款利率

B．按当时的银行透支利率

C．按合同双方协议的利率

D．按中央银行贴现率加三个百分点

E．按中央银行贴现率加五个百分点

11．在建设工程项目施工索赔中，可索赔的合理人工费包括（　　）。

A．完成合同之外的额外工作所花费的人工费用

B．超过法定工作时间加班劳动的人工费用

C．法定人工费增长费用

D．非承包商责任工程延期导致的人员窝工费用

E．不可抗力造成的工期延长导致的工资增加费用

12．下列各个事件中，可以计入利润的索赔事件有（　　）。

A．工程范围变更　　B．技术性错误

C．工程暂停导致工期延长　　D．设计缺陷

E．业主未及时提供现场

13．下列影响工程进度因素中，属于承包人可以要求合理延长工期的有（　　）。

A．业主在工程实施中增减工程量对工期产生不利影响

B．业主在工程实施中改变工程设计对工期产生不利影响

C．因进场材料不合格而对工期产生不利影响

D．因施工操作工艺不规范而对工期产生不利影响

E．突发的极端恶劣的气候对工期产生不利影响

14．根据《建设工程施工合同（示范文本）》GF—2017—0201，可以顺延工期的情况有（　　）。

A．发包人未按合同约定提供施工现场

B．发包人提供的测量基准点存在错误

C．发包人比计划开工日晚 5 天下达开工通知

D．监理未按合同约定发出指示、批准文件

E．分包商或供货商延误

15．某土方开挖工程，合同约定工期 12 日历天（6 月 1 日～12 日）。承包方按约定日期开工后第二天因挖土机械故障停工 1 天，导致窝工 15 工日；6 月 4 日遇百年一遇特大暴雨延误 2 天，在此期间现场排水用工 10 工日，按工程师指令修复发包方相关设施用工 20 工日；6 月 7 日因发现局部区域有未预见软土层，按工程师指令停工进行地质复查，影响工期 1 天，配合用工 10 工日；6 月 8 日按工程师指令局部挖土加深，增加工程量 500m^3。工程至 6 月 15 日完工。6 月 16 日承包方向工程师提交了索赔意向通知。该工程中构成工期索赔的事项有（　　）。

A．因挖土机械故障停工　　B．因百年一遇特大暴雨延误

C．修复发包方相关设施　　D．停工进行地质复查

E．局部挖土加深增加工程量

【1Z206060　答案与解析】

一、单项选择题

*1. B；　2. B；　3. D；　4. D；　*5. D；　6. D；　7. D；　*8. A；
9. B；　10. B；　11. D；　*12. C；　13. A；　14. C；　15. A；　16. D；
17. C；　*18. A；　19. C；　20. D；　*21. C；　22. D；　23. C；　*24. C；
*25. B；　*26. D；　27. B；　*28. A

【解析】

1. 答案 B：

建设工程索赔通常是指在合同履行过程中，合同当事人一方因对方不履行或未能正确履行合同或者由于其他非自身因素而受到经济损失或权利损害，通过合同规定的程序向对方提出经济或时间补偿要求的行为。所以 B 正确。

5. 答案 D：

工程师指令承包人加快施工进度，缩短工期，引起承包人的人力、物力、财力的额外开支，承包人提出索赔，不能提出工期索赔，因为加快施工进度并没有拖延工期。所以 D 正确。

8. 答案 A：

总体而言，索赔的依据主要是三个方面：合同文件；法律、法规；工程建设惯例。合同文件是索赔的最主要依据，包括本合同协议书；而合同履行中发包人和承包人洽商形成的协议即是本合同协议书。所以 A 正确。

12. 答案 C：

论证部分是索赔报告的关键部分，其目的是说明自己有索赔权，是索赔能否成立的关键。所以 C 正确。

18. 答案 A：

施工机械使用费的索赔包括：由于完成额外工作增加的机械使用费；非承包人责任工效降低增加的机械使用费；由于业主或监理工程师原因导致机械停工的窝工费。窝工费的计算，如系租赁设备，一般按实际租金和调进调出费的分摊计算；如系承包人自有设备，一般按台班折旧费计算，而不能按台班费计算，因台班费中包括了设备使用费。因此，承包人索赔成立的费用为 160×10＝1600 元。所以 A 正确。

21. 答案 C：

人工费包括施工人员的基本工资、工资性质的津贴、加班费、奖金以及法定的安全福利等费用。对于索赔费用中的人工费是指完成合同之外的额外工作所花费的人工费用；由于非承包人责任的工效降低所增加的人工费用；超过法定工作时间的加班劳动；法定人工费增长以及非承包人责任工程延期导致的人员窝工费和工资上涨费等。因此，施工单位可向业主索赔的人工费有两项：完成业主要求的合同外工作花费的 3 万元以及由于业主原因导致工效降低人工费增加 3 万元。所以 C 正确。

24. 答案 C：

根据工期索赔计算的比例分析法，由题意，工程由原来的 $3200m^3$ 增加到 $4800m^3$（工程量增减 15% 以内不予变更），原定工期为 60 天，因此，承包商可以提出的工期索赔值是：

工期索赔值＝原工期 × 新增工程量 / 原工程量

＝ 60×[4800-3200×（1 ＋ 15%）]/3200 ＝ 21 天

所以 C 正确。

25. 答案 B：

如果某干扰事件仅仅影响某单项工程、单位工程或分部分项工程的工期，要分析其对总工期的影响，可以采用比例分析法。采用比例分析法时，可以按工程量的比例进行分析，工期索赔值也可以按照造价的比例进行分析，即：

工期索赔值＝原合同工期 × 附加或新增工程造价 / 原合同总价＝ 20×400/2000 ＝ 4 个月。

所以 B 正确。

26. 答案 D：

工期索赔值＝原工期 × 新增工程量 / 原工程量＝ 40×（3500-2800）/2800 ＝ 10 天。所以 D 正确。

28. 答案 A：

当两个或两个以上的延误事件从发生到终止的时间完全相同时，这些事件引起的延误称为共同延误。结合题中的时标网络图可知，A 选项符合共同延误的定义。所以 A 正确。

二、多项选择题

*1. A、D； *2. A、C、D、E； *3. A、B、C； *4. A、B、E；
5. A、B、C； 6. A、B、C； 7. A、B、D、E； 8. B、C、D；
9. B、C、E； 10. A、B、C、D； 11. A、B、C、D 12. A、B、D、E；
13. A、B、E； *14. A、B、D； 15. B、D、E

【解析】

1. 答案 A、D：

工程延期索赔，因为发包人未按合同要求提供施工条件，或者发包人指令工程暂停或不可抗力事件等原因造成工期拖延的，承包人向发包人提出索赔；由于非分包人的原因导致工期拖延，分包人可以向承包人提出索赔。所以 A、D 正确。

2. 答案 A、C、D、E：

反索赔就是反驳、反击或者防止对方提出的索赔，不让对方索赔成功或者全部成功。一般认为，索赔是双向的，业主和承包商都可以向对方提出索赔要求，任何一方也都可以对对方提出的索赔要求进行反驳和反击，这种反击和反驳就是反索赔。

对对方索赔报告的反击或反驳，一般可以从以下几个方面进行。

（1）索赔要求或报告的时限性：审查对方是否在干扰事件发生后的索赔时限内及时提出索赔要求或报告。

（2）索赔事件的真实性。

（3）干扰事件的原因、责任分析：如果干扰事件确实存在，则要通过对事件的调查分析，确定原因和责任。如果事件责任属于索赔者自己，则索赔不能成立，如果合同双方都有责任，则应按各自的责任大小分担损失。

（4）索赔理由分析：分析对方的索赔要求是否与合同条款或有关法规一致，所受损失是否属于非对方负责的原因造成。

（5）索赔证据分析：分析对方所提供的证据是否真实、有效、合法，是否能证明索赔要求成立。证据不足、不全、不当、没有法律证明效力或没有证据，索赔不能成立。

（6）索赔值审核：如果经过上述的各种分析、评价，仍不能从根本上否定对方的索赔要求，则必须对索赔报告中的索赔值进行认真细致地审核，审核的重点是索赔值的计算方法是否合情合理，各种取费是否合理适度，有无重复计算，计算结果是否准确等。

所以 A、C、D、E 正确。

3. 答案 A、B、C：

索赔的成立，应该同时具备以下三个前提条件：（1）与合同对照，事件已造成了承包人工程项目成本的额外支出，或直接工期损失；（2）造成费用增加或工期损失的原因，按合同约定不属于承包人的行为责任或风险责任；（3）承包人按合同规定的程序和时间提交索赔意向通知和索赔报告。所以 A、B、C 正确。

4. 答案 A、B、E：

书证是指以其文字或数字记载的内容起证明作用的书面文书和其他载体。如合同文本、财务账册、欠据、收据、往来信函以及确定有关权利的判决书、法律文件等。所以 A、B、E 正确。

14. 答案 A、B、D：

根据《建设工程施工合同（示范文本）》GF—2017—0201 第 7.5.1 条，在合同履行过程中，因下列情况导致工期延误和（或）费用增加的，由发包人承担由此延误的工期和（或）增加的费用，且发包人应支付承包人合理的利润：

（1）发包人未能按合同约定提供图纸或所提供图纸不符合合同约定的；

（2）发包人未能按合同约定提供施工现场、施工条件、基础资料、许可、批准等开工条件的；

（3）发包人提供的测量基准点、基准线和水准点及其书面资料存在错误或疏漏的；

（4）发包人未能在计划开工日期之日起 7 天内同意下达开工通知的；

（5）发包人未能按合同约定日期支付工程预付款、进度款或竣工结算款的；

（6）监理人未按合同约定发出指示、批准等文件的；

（7）专用合同条款中约定的其他情形。

因发包人原因未按计划开工日期开工的，发包人应按实际开工日期顺延竣工日期，确保实际工期不低于合同约定的工期总日历天数。因发包人原因导致工期延误需要修订施工进度计划的，按照第 7.2.2 条〔施工进度计划的修订〕执行。所以 A、B、D 正确。

1Z206070 国际建设工程施工承包合同

复习要点

1. 国际常用的施工承包合同条件

<table>
<tr><td rowspan="4">FIDIC 系列合同条件</td><td>《施工合同条件》简称“新红皮书”</td><td>主要用于由发包人设计的或由咨询工程师设计的房屋建筑工程（Building Works）和土木工程（Engineering Works）的施工项目。合同计价方式属于单价合同，但也有某些子项采用包干价格。工程款按实际完成工程量乘以单价进行结算。一般情况下，单价可随各类物价的波动而调整。业主委派工程师管理合同，监督工程进度、质量，签发支付证书、接收证书和履约证书，处理合同管理中的有关事项</td></tr>
<tr><td>《永久设备和设计—建造合同条件》简称“新黄皮书”</td><td>适用于由承包商做绝大部分设计的工程项目，承包商要按照业主的要求进行设计、提供设备以及建造其他工程（可能包括由土木、机械、电力等工程的组合）。合同计价采用总价合同方式，如果发生法规规定的变化或物价波动，合同价格可随之调整</td></tr>
<tr><td>《EPC 交钥匙项目合同条件》简称“银皮书”</td><td>适用于在交钥匙的基础上进行的工程项目的设计和施工，承包商要负责所有的设计、采购和建造工作，在交钥匙时，要提供一个设施配备完整、可以投产运行的项目。合同计价采用固定总价方式，只有在某些特定风险出现时才调整价格。在该合同条件下，没有业主委托的工程师这一角色，由业主或业主代表管理合同和工程的具体实施</td></tr>
<tr><td>《简明合同格式》</td><td>主要适用于投资较低的一般不需要分包的建筑工程或设施，或尽管投资较高，但工作内容简单、重复，或建设周期短。合同计价可以采用单价合同、总价合同或者其他方式</td></tr>
<tr><td>英国 JCT 合同条件</td><td colspan="2">JCT 的建筑工程合同条件（JCT98）用于业主和承包商之间的施工总承包合同，主要适用于传统的施工总承包，属于总价合同。另外还有适用于 DB 模式、MC 模式的合同条件。
JCT98 的适用条件如下：
（1）传统的房屋建筑工程，发包前的准备工作完善；
（2）项目复杂程度由低到高都可以适用，尤其适用项目比较复杂，有较复杂的设备安装或专业工作；
（3）设计与项目管理之间的配合紧密程度高，业主主导项目管理的全过程，对业主项目管理人员的经验要求高；
（4）大型项目，总金额高，工期较长，至少 1 年以上；
（5）从设计到施工的执行速度较慢；
（6）对变更的控制能力强，成本确定性较高；
（7）索赔条件较清晰；
（8）违约和质量缺陷的风险主要由承包商承担，但工期延误风险由业主和承包商共同承担</td></tr>
<tr><td rowspan="2">美国 AIA 系列合同条件</td><td colspan="2">根据文件的不同性质，AIA 文件分为 A、B、C、D、F、G、INT 系列。其中：
A 系列，是关于业主与承包人之间的合同文件；
B 系列，是关于业主与建筑师之间的合同文件；
C 系列，是关于建筑师与提供专业服务的咨询机构之间的合同文件；
D 系列，是建筑师行业所用的有关文件；
F 系列，财务管理报表；
G 系列，是合同和办公管理中使用的文件和表格；
INT 系列，用于国际工程项目的合同文件（为 B 系列的一部分）。
每个系列又有不同的标准合同文件</td></tr>
<tr><td colspan="2">AIA 合同条件主要用于私营的房屋建筑工程，在美洲地区具有较高的权威性，应用广泛</td></tr>
</table>

<table>
<tr><td rowspan="5">美国AIA系列合同条件</td><td colspan="3">AIA系列合同中的文件A201，即施工合同通用条件，类似于FIDIC的土木工程施工合同条件，是AIA系列合同中的核心文件</td></tr>
<tr><td rowspan="4">施工合同通用条件</td><td>关于建筑师</td><td>AIA合同中的建筑师类似于FIDIC红皮书中的工程师，是业主与承包商的联系纽带，是施工期间业主的代表，在合同规定的范围内有权代表业主行事</td></tr>
<tr><td>由于不支付而导致的停工</td><td>规定在承包商没有过错的情况下，如果建筑师在接到承包商付款申请后7日不签发支付证书，或在收到建筑师签发支付证书情况下，业主在合同规定的支付日到期7日没有向承包商付款，则承包商可以在下一个7日内书面通知业主和建筑师，将停止工作直到收到应得的款额，并要求补偿因停工造成的工期和费用损失</td></tr>
<tr><td>关于保险</td><td>AIA合同将保险分为三部分，即承包商责任保险、业主责任保险、财产保险</td></tr>
<tr><td>业主义务</td><td>在AIA合同文本中对业主的支付能力作出了明确的规定，AIA2.2.1规定，按照承包商的书面要求，工程正式开工之前，业主必须向承包商提供一份合理的证明文件，说明业主方面已根据合同开始履行义务，做好了用于该项目的资金调配工作。提供这份证明文件是工程开工或继续施工的先决条件。证明文件提供后，在未通知承包商前，业主的资金安排不得再轻易变动</td></tr>
</table>

2. 施工承包合同争议的解决方式

<table>
<tr><td>协商解决</td><td colspan="2">协商解决争议是最常见也是最有效的方式，也是应该首选的最基本的方式。双方依据合同，通过友好磋商和谈判，互相让步，折中解决合同争议</td></tr>
<tr><td>调解</td><td colspan="2">如果合同双方经过协商谈判达不成一致意见，则可以邀请中间人进行调解。通过调解解决合同争议有如下优点：
（1）提出调解，能较好地表达双方对协商谈判结果的不满意和争取解决争议的决心。
（2）由于调解人的介入，增加了解决争议的公正性，双方都会顾及声誉和影响，容易接受调解人的劝说和意见。
（3）程序简单，灵活性较大，调解不成，不影响采取其他解决途径。
（4）节约时间、精力和费用。
（5）双方关系仍比较友好，不伤感情</td></tr>
<tr><td rowspan="4">仲裁</td><td>仲裁的概念</td><td>当协商和调解不成时，仲裁是国际工程承包合同争议解决的常用方式</td></tr>
<tr><td>仲裁的地点</td><td>国际工程承包合同争议解决的仲裁地点，通常有以下三种选择：
（1）在工程所在国仲裁，这是比较常见的选择。
（2）在被诉方所在国仲裁。
（3）在合同中约定的第三国仲裁</td></tr>
<tr><td>仲裁的效力</td><td>在双方的合同中应该约定仲裁的效力，即仲裁决定是否为终局性的。如果合同一方或双方对裁决不服，是否可以提起诉讼，是否可以强制执行等。在我国，仲裁实行一裁终局制</td></tr>
<tr><td>仲裁的特点</td><td>与诉讼方式相比，采用仲裁方式解决合同争议具有以下特点：
（1）仲裁程序效率高，周期短，费用少。
（2）保密性。仲裁程序一般都是保密的。
（3）专业化</td></tr>
</table>

DAB方式（争端裁决委员会）	DAB方式的概念	合同双方经过协商，选定一个独立公正的争端裁决委员会（DAB），当发生合同争议时，由该委员会对其争议作出决定。合同双方在收到决定后28天内，均未提出异议，则该决定即是最终的，对双方均具有约束力
	DAB的任命	DAB的任命通常有三种方式： （1）常任争端裁决委员会，在施工前任命一个委员会，通常在施工过程中定期视察现场。在视察期间，DAB也可以协助双方避免发生争端。 （2）特聘争端裁决委员会，由只在发生争端时任命的一名或三名成员组成，他们的任期通常在DAB对该争端发出其最终决定时期满。 （3）由工程师兼任，其前提是，工程师是具有必要经验和资源的独立专业咨询工程师
	DAB的报酬	对争端裁决委员会及其每位成员的报酬以及支付的条件应由业主、承包商及争端裁决委员会的每位成员协商确定。业主和承包商应该按照支付条件各自支付其中的一半
	DAB的优点	（1）DAB委员可以在项目开始时就介入项目，了解项目管理情况及其存在的问题。 （2）DAB委员公正性、中立性的规定。通常情况下可以保证他们的决定不带有任何主观倾向或偏见。DAB的委员有较高的业务素质和实践经验，特别是具有项目施工方面的丰富经验。 （3）周期短，可以及时解决争议。 （4）DAB的费用较低。 （5）DAB委员是发包人和承包人自己选择的，其裁决意见容易为他们所接受。 （6）由于DAB提出的裁决不是强制性的，不具有终局性，合同双方或一方对裁决不满意，仍然可以提请仲裁或诉讼

一 单项选择题

1. FIDIC系列合同条件中，发包人设计的或咨询工程师设计的房屋建筑工程和土木工程应常用（　　）。

A. 施工合同条件　　B. 永久设备和设计—建造合同条件

C. EPC交钥匙项目合同条件　　D. 简明合同格式

2. 关于FIDIC《永久设备和设计—建造合同条件》内容的说法，正确的是（　　）。

A. 承包商仅需负责提供设备和建造工作

B. 合同计价采用单价合同方式、某些子项采用包干价格

C. 业主委派工程师管理合同

D. 合同计价采用总价合同方式，合同价格不能调整

3. 关于FIDIC《EPC交钥匙项目合同条件》特点的说法，正确的是（　　）。

A. 适用于承包商作大部分设计的工程项目，承包商要按照业主的要求进行设计、提供设备以及建造其他工程

B. 合同采用固定总价合同，只有在特定风险出现时才调整价格

C. 业主委派工程师管理合同，监督工程进度质量

D. 承包商承担的风险较小

4. 在FIDIC系列合同文件中，《EPC交钥匙项目合同条件》的合同计价采用（　　）方式。

A．固定单价

B．变动单价

C．固定总价

D．变动总价

5. 美国的 AIA 合同条件在美洲地区具有较高的权威性，其主要用于（　　）工程。

A．房屋建筑

B．市政公用

C．石油化工

D．水利水电

6. 国际工程施工承包合同争议解决的方式中，最常用、最有效，也是应该首选的方式是（　　）。

A．协商

B．仲裁

C．调解

D．诉讼

7. 关于国际工程施工承包合同争议解决的说法，正确的是（　　）。

A．国际工程施工承包合同中，仲裁实行一裁终局制

B．国际工程施工承包合同中，应首选诉讼作为解决争议的方式

C．国际工程施工承包合同争议解决最有效的方式是协商

D．FIDIC 合同中，DAB 提出的裁决是强制性的

8. 关于 DAB（争端裁决委员会）方式解决争议的说法，正确的是（　　）。

A．DAB 提出的裁决具有终局性

B．特聘争端裁决委员会的任期与合同期限一致

C．DAB 的成员一般是工程技术和管理方面的专家

D．DAB 由合同一方当事人聘请

9. 关于 FIDIC 施工合同条件中采用 DAB（争端裁决委员会）方式解决争议的说法，正确的是（　　）。

A．特聘争端裁决委员的任期与合同期限一致

B．DAB 成员一般是工程技术和管理方面的专家

C．业主应按支付条件支付 DAB 报酬的 70%

D．DAB 提出的裁决具有强制性

10. 在国际工程承包合同中，根据工程项目的规模和复杂程度，DAB 争端裁决委员会的任命有多种方式，只在发生争端时任命的是（　　）。

A．常任争端裁决委员会

B．特聘争端裁决委员会

C．工程师兼任的委员会

D．业主指定争端裁决委员会

二 多项选择题

1. 关于 FIDIC《土木工程施工合同条件》的说法，正确的有（　　）。

A．该合同主要用于发包人设计的或咨询工程师设计的房屋建筑工程和土木工程的施工项目

B．合同计价方式属于单价合同，不包含任何包干价格

C. 一般情况下，单价可随各类物价的波动而调整

D. 由业主委派工程师管理合同

E. 由业主监督工程进度、质量，签发支付证书、接收证书和履约证书，处理合同中的有关事项

2. FIDIC 1999 年出版的《施工合同条件》（新红皮书）主要用于（　　）的施工。

A. 由发包人设计的房屋建筑工程　　B. 由承包人设计的房屋建筑工程

C. 由发包人设计的土木工程　　D. 由承包人设计的土木工程

E. 由咨询工程师设计的土木工程

3. 国际工程承包合同争议的非诉讼纠纷解决方式一般包括（　　）。

A. 仲裁　　B. 和解

C. 纠纷审议委员会　　D. NEC 裁决程序

E. FIDIC 合同条件下的工程师准仲裁

4. 与诉讼方式比较，采用仲裁方式解决合同争议的特点有（　　）。

A. 仲裁程序效率高　　B. 仲裁的费用相对较高

C. 仲裁周期短　　D. 保密性

E. 专业化的仲裁员

5. 在国际工程承包合同中，采用 DAB（争端裁决委员会）方式解决争端的优点有（　　）。

A. DAB 委员可以在项目开始时就介入，了解项目管理情况及存在的问题

B. DAB 委员由行政主管部门指派，裁决具有公正性、中立性

C. DAB 的费用较低

D. DAB 解决纠纷的周期较短

E. DAB 的裁决具有终局性，避免二次纠纷

【1Z206070　答案与解析】

一、单项选择题

1. A;　*2. C;　3. B;　*4. C;　5. A;　6. A;　*7. C;　8. C;　*9. B;　10. B

【解析】

2. 答案 C:

《永久设备和设计—建造合同条件》（Conditions of Contract for Plant and Design—Build，简称“新黄皮书”），适用于由承包商做绝大部分设计的工程项目，承包商要按照业主的要求进行设计、提供设备以及建造其他工程（可能包括由土木、机械、电力等工程的组合）。合同计价采用总价合同方式，如果发生法规规定的变化或物价波动，合同价格可随之调整。其合同管理与《施工合同条件》下由工程师负责合同管理的模式基本类似。

所以 C 正确。

4. 答案 C：

《EPC 交钥匙项目合同条件》(Conditions of Contract for EPC Turnkey Projects，简称“银皮书”)，适用于在交钥匙的基础上进行的工程项目的设计和施工，承包商要负责所有的设计、采购和建造工作，在交钥匙时，要提供一个设施配备完整、可以投产运行的项目。合同计价采用固定总价方式，只有在某些特定风险出现时才调整价格。在该合同条件下，没有业主委托的工程师这一角色，由业主或业主代表管理合同和工程的具体实施。所以 C 正确。

7. 答案 C：

国际工程施工承包合同争议解决的方式一般包括协商、调解、仲裁或诉讼等。

协商解决争议是最常见也是最有效的方式，也是应该首选的最基本的方式。双方依据合同，通过友好磋商和谈判，互相让步，折中解决合同争议。

由于诉讼在解决工程承包合同争议方面存在明显的缺陷，国际工程承包合同的争议，尤其是较大规模项目的施工承包合同争议，双方即使协商和调解不成功，也很少采用诉讼的方式解决。当协商和调解不成时，仲裁是国际工程承包合同争议解决的常用方式。

在双方的合同中应该约定仲裁的效力，即仲裁决定是否为终局性的。

DAB 提出的裁决不是强制性的，不具有终局性，合同双方或一方对裁决不满意，仍然可以提请仲裁或诉讼。所以 C 正确。

9. 答案 B：

DAB 提出的裁决不是强制性的，不具有终局性，合同双方或一方对裁决不满意，仍然可以提请仲裁或诉讼；特聘争端裁决委员会，由只在发生争端时任命的一名或三名成员组成，他们的任期通常在 DAB 对该争端发出其最终决定时期满；DAB 的成员一般为工程技术和管理方面的专家，他不应是合同任何一方的代表，与业主、承包商没有任何经济利益及业务联系，与本工程所裁决的争端没有任何联系。所以 B 正确。

二、多项选择题

*1. A、C、D；　*2. A、C、E；　3. A、C、D、E；　*4. A、C、D、E；

5. A、C、D

【解析】

1. 答案 A、C、D：

合同计价方式属于单价合同，但有些子项也会采用包干价格，选项 B 错。业主委派工程师管理合同，监督工程进度、质量，签发支付证书、接收证书和履约证书，处理合同管理中的有关事项，选项 E 错。所以 A、C、D 正确。

2. 答案 A、C、E：

FIDIC 1999 年出版的《施工合同条件》(新红皮书) 主要用于由发包人设计的或由咨询工程师设计的房屋建筑工程和土木工程。所以 A、C、E 正确。

4. 答案 A、C、D、E：

与诉讼方式相比，采用仲裁方式解决合同争议具有以下特点：(1) 仲裁程序效率高，周期短，费用少。(2) 保密性：仲裁程序一般都是保密的。从开始到终结的全过程中，双方当事人和仲裁员及仲裁机构都负有保密的责任。(3) 专业化：建设工程承包合同争议的双方往往会指定那些具有建设工程技术、管理和法规等知识的专业人士担任仲裁员，从而可以更加快捷、更加公正地审理和解决合同争议。所以 A、C、D、E 正确。

1Z207000　建设工程项目信息管理

1Z207010　建设工程项目信息管理的目的和任务

复习要点

我国在建设工程项目管理中当前最薄弱的工作领域是信息管理。

1. 项目信息管理的目的

（1）信息管理指的是信息传输的合理组织和控制。

（2）项目的信息管理是通过对各个系统、各项工作和各种数据的管理，使项目的信息能方便和有效地获取、存储、存档、处理和交流。目的旨在通过有效的项目信息传输的组织和控制为项目建设的增值服务。

（3）建设工程项目信息内容：建设工程项目的信息包括在项目决策过程、实施过程（设计准备、设计、施工和物资采购过程等）和运行过程中产生的信息，以及其他与项目建设有关的信息，它包括：项目的组织类信息、管理类信息、经济类信息、技术类信息和法规类信息。

2. 项目信息管理的任务

（1）信息管理手册的主要内容理解记忆，会找不同。

（2）信息管理部门的工作任务：负责编制信息管理手册；负责协调和组织项目管理班子中各个工作部门的信息处理工作；负责信息处理工作平台的建立和运行维护；收集信息、处理信息；负责工程档案管理等。

（3）项目信息管理任务的工作流程包括为形成各类报表和报告，收集信息、录入信息、审核信息、加工信息、信息传输和发布的工作流程。

（4）信息管理的核心手段是基于互联网的信息处理平台。

一　单项选择题

1. 信息管理指的是信息（　　）的合理组织和控制。

A. 收集　　　　B. 传输

C. 加工　　　　D. 储存

2. 关于信息管理的说法，正确的是（　　）。

A．信息的存档和处理　　B．信息的收集和更新

C．信息传输的合理组织和控制　　D．信息的收集和处理

3. 下列建设项目信息中，属于经济类信息的是（　　）。

A．编码信息　　B．质量控制信息

C．设计技术信息　　D．工作量控制信息

4. 关于建设工程项目信息内容的说法，正确的是（　　）。

A．不包括法规类信息

B．包括项目所在地的社会新闻

C．包括项目运行过程中产生的信息

D．不包括其他项目的信息

5. 建设工程项目的信息不包括（　　）。

A．组织类信息　　B．管理类信息

C．经济类信息　　D．社会类信息

6. 为了充分利用和发挥信息资源的价值，实现有序的科学信息管理，规范信息管理工作，业主和参建各方都应编制各自的（　　）。

A．项目管理手册　　B．系统开发计划

C．信息编码表　　D．信息管理手册

7. 下列内容中，不属于信息管理手册主要内容的是（　　）。

A．信息管理的任务分工表　　B．信息流程图

C．工程档案管理制度　　D．项目各参与方的工作动态

8. 下列工作任务中，不属于信息管理部门工作任务的是（　　）。

A．负责编制信息管理手册

B．负责信息处理平台的建立与运行维护

C．负责工程档案管理

D．负责项目进展的年度报告和工程总报告的编制

9. 由于建设工程项目大量数据处理的需要，应重视利用信息技术的手段进行信息管理，其核心手段是（　　）。

A．基于互联网的信息管理平台

B．基于互联网的信息传输平台

C．基于互联网的信息处理平台

D．信息处理工作平台

二 多项选择题

1. 项目管理班子中，信息管理部门的任务有（　　）。

A．编制信息管理手册

B．协调项目和所属企业的信息处理工作

C．负责信息处理平台的采购和运行维护

D．形成项目目标控制的报表和报告

E．负责工程档案管理

2. 建设工程项目的信息包括在项目决策过程、实施过程和运行过程中产生的信息及其他有关信息，包括（　　）。

A．项目的组织类信息　　B．项目的管理类信息

C．项目的经济类信息　　D．项目的技术类信息

E．项目的合同类信息

3. 建设工程项目信息管理手册的主要内容包括（　　）等。

A．信息的编码体系和编码　　B．信息输入输出模型

C．工程档案管理制度　　D．各种报表和报告格式

E．信息应用效果分析

4. 关于项目信息管理手册及其内容的说法，正确的有（　　）。

A．应编制项目参与各方通用的信息管理手册

B．信息管理部门负责编制信息管理手册

C．信息管理手册中应包含工程档案管理制度

D．信息管理的任务分工表是信息管理手册的主要内容之一

E．信息管理手册应随项目进展而做必要的修改和补充

5. 为形成各类报表和报告，应当建立包括（　　）的工作流程。

A．收集信息、录入信息　　B．信息管理和输出

C．审核信息、加工信息　　D．信息整理和共享

E．信息传输和发布

【1Z207010　答案与解析】

一、单项选择题

1．B；　2．C；　3．D；　*4．C；　*5．D；　*6．D；　7．D；　*8．D；　*9．C

【解析】

4. 答案 C：

项目的信息管理的目的旨在通过有效的项目信息传输的组织和控制为项目建设增值。所以 C 正确。

5. 答案 D：

建设工程项目的信息包括在项目决策过程、实施过程（设计准备、设计、施工和物资

采购过程等）和运行过程中产生的信息，以及其他与项目建设有关的信息，它包括：项目的组织类信息、管理类信息、经济类信息、技术类信息和法规类信息。所以 D 正确。

6. 答案 D：

业主方和项目参与各方都有各自的信息管理任务，为充分利用和发挥信息资源价值，提高信息管理效率，以及实现有序的和科学的信息管理，各方都应编制各自的信息管理手册，以规范信息管理工作。所以 D 正确。

8. 答案 D：

信息管理部门是负责协调和组织项目管理班子中各个工作部门的信息处理工作。项目进展年度报告和工程总报告的编制不是信息处理工作。所以 D 正确。

9. 答案 C：

由于建设工程项目大量数据处理的需要，在当今的时代应重视利用信息技术的手段进行信息管理。其核心的手段是基于互联网的信息处理平台。所以 C 正确。

二、多项选择题

1. A、D、E；　*2. A、B、C、D；　3. A、B、C、D；　*4. B、C、D、E；

*5. A、C、E

【解析】

2. 答案 A、B、C、D：

建设工程项目信息包括：项目的组织类信息、管理类信息、经济类信息、技术类信息和法规类信息。合同类信息属于经济类信息，与其他各类信息不在同一分类层次，因此不准确。所以 A、B、C、D 正确。

4. 答案 B、C、D、E：

业主方和项目参与各方都应编制各自的信息管理手册，主要内容包括：信息管理的任务分工表和管理职能分工表；工程档案管理制度。信息管理部门的主要工作任务是：负责编制信息管理手册，在项目实施过程中进行信息管理手册的必要的修改和补充。所以 A 错误。

5. 答案 A、C、E：

各项信息管理任务的工作流程，如：为形成各类报表和报告，收集信息、录入信息、审核信息、加工信息、信息传输和发布的工作流程。所以 A、C、E 正确。

1Z207020　建设工程项目信息的分类、编码和处理方法

复习要点

1. 项目信息的分类

（1）业主方和项目参与各方可根据各自项目管理的需求确定其信息的分类，但为了信息交流的方便和实现部分信息共享，应尽可能作一些统一分类的规定。

（2）可以从不同的角度对建设工程项目的信息进行分类，如，按项目管理工作的对象，即按项目的分解结构，如子项目 1、子项目 2 等进行信息分类，按项目实施的工作过程，如设计准备、设计、招投标和施工过程等进行信息分类，按项目管理工作的任务，如投资控制、进度控制、质量控制等进行信息分类；按信息的内容属性，如组织类信息、管理类信息、经济类信息、技术类信息和法规类信息。

重点看图 1Z207021。

（3）工程项目信息综合（多维）分类。第一维：按项目的分解结构；第二维：按项目实施的工作过程；第三维：按项目管理工作的任务。

2. 项目信息编码的方法

（1）编码由一系列符号（如文字）和数字组成，编码是信息处理的一项重要的基础工作。

（2）一个建设工程项目有不同类型和不同用途的信息，为了有组织地存储信息、方便信息的检索和信息的加工整理，必须对项目的信息进行编码。

（3）项目实施的工作项编码（项目实施的工作过程的编码）应覆盖项目实施的工作任务目录的全部内容，包括：设计准备阶段的工作项；设计阶段的工作项；招标投标工作项；施工和设备安装工作项；项目动用前的准备工作项等。

（4）项目进展报告和各类报表编码，项目进展报告和各类报表编码应包括项目管理形成的各种报告和报表的编码。

（5）工程档案编码，应根据有关工程档案的规定、项目的特点和项目实施单位的需求等而建立。

3. 项目信息处理的方法

（1）在当今的时代，信息处理已逐步向电子化和数字化的方向发展，应采取措施，使信息处理向着基于网络的信息处理平台方向发展。

（2）基于网络的信息处理平台由一系列的硬件和软件组成。

（3）建设工程项目的业主方和项目参与各方信息处理应考虑充分利用远程数据通信的方式。

一 单项选择题

1. 下列建设项目信息中，属于经济类信息的是（　　）。

A. 合同管理信息　　B. 工作量控制信息

C. 质量控制信息　　D. 风险管理信息

2. 根据建设项目信息的内容属性，质量控制信息应归类为（　　）。

A. 组织类信息　　B. 管理类信息

C. 技术类信息　　D. 经济类信息

3. 将设计准备、设计、招标投标和施工过程等进行分类属于（　　）分类。

A．第二维　　B．按项目管理工作的对象

C．按项目管理工作的任务　　D．按信息内容的属性

4. 按照（　　），可以把建设工程项目信息分为子项目 1、子项目 2 等信息分类。

A．项目实施的工作过程　　B．项目管理工作的任务

C．项目管理工作的对象　　D．项目信息的内容属性

5. 对建设工程项目信息进行综合分类，即按多维进行分类时第二维是指（　　）。

A．按管理工作的任务　　B．按项目实施的工作过程

C．按项目信息的内容　　D．按项目的分解结构

6. 一个建设项目有不同类型和不同用途的信息，为了有组织地存储信息、方便信息的检索和信息的整理，必须对项目的信息进行（　　）。

A．编码　　B．归类

C．汇总　　D．分解

7. 对项目结构的每一层的每一组成部分进行项目的编码依据是（　　）。

A．项目结构图　　B．工作任务目录

C．项目组织结构图　　D．组织矩阵图

8. 项目管理组织结构编码的依据是（　　）。

A．项目管理的组织矩阵图　　B．项目管理的组织结构图

C．项目管理职能分工表　　D．项目管理任务分工表

9. 关于项目信息编码的说法，正确的是（　　）。

A．投资项编码应采用概预算定额确定的分部分项工程编码

B．项目实施的工作项编码就是指对施工和设备安装工作项的编码

C．项目管理组织结构编码要依据组织结构图，对每一个工作部门进行编码

D．进度项编码应根据不同层次的进度计划工作需要分别建立

10. 进度计划的工作项编码应综合考虑不同层次、不同深度和（　　）的进度计划工作项的需要，建立统一的编码，服务于项目进度目标的动态控制。

A．不同系统　　B．不同部门

C．不同用途　　D．不同类型

11. 应采取措施，使建设工程项目信息的处理由传统方式向（　　）方向发展，以充分发挥信息资源的价值。

A．数字化　　B．管理信息系统

C．基于网络的信息处理平台　　D．电算化

12. 基于网络的信息处理平台是由一系列的（　　）构成。

A．硬件和软件　　B．文档资料

C．专用网站　　D．计算机网络

13. 建设工程项目的业主方和项目参与方的信息处理应考虑充分利用（　　）的方式。

A．广域网通信　　B．远程数据通信

C．局域网通信　　D．城域网通信

14. 为了实现业主方内部、业主方与项目参与各方，以及项目参与各方之间的信息交流、协同工作和文档管理，可以通过基于互联网的项目专用网站，或（　　）实现。

A．项目信息门户　　　　B．商务平台

C．网络通信协议　　　　D．现代通信技术

二 多项选择题

1. 关于信息编码的说法，正确的有（　　）。

A．项目的结构编码应依据项目的组织结构图

B．项目的组织编码应包括政府主管部门的编码

C．项目实施的工作项编码应包括项目可研阶段的工作项

D．项目的投资项编码应与项目工程量清单编码一致

E．项目的进度项编码应综合考虑不同进度计划工作项的需要

2. 项目实施的工作项编码应覆盖项目实施工作任务目录的全部内容，具体包括（　　）。

A．招标投标的工作项　　　　B．施工和准备安装工作项

C．项目目标优选工作项　　　　D．设计阶段的工作项

E．项目动用前的准备工作项

3. 工程档案编码应根据（　　）而建立。

A．项目实施单位需求　　　　B．档案管理人员学历水平

C．项目特点　　　　D．项目参与各方组织架构

E．有关工程档案的规定

4. 数据通信网络类型包括（　　）。

A．无线网　　　　B．局域网

C．城域网　　　　D．广域网

E．互联网

5. 分散在不同地点的建设项目参与方的建设项目信息处理的远程数据通信方式有（　　）。

A．基于互联网的项目专用网站　　　　B．电子邮件

C．基于互联网的项目信息门户　　　　D．局域网

E．基于互联网的搜索引擎

【1Z207020　答案与解析】

一、单项选择题

1．B；　2．C；　*3．A；　4．C；　*5．B；　6．A；　7．A；　*8．B；

9. C； *10. C； *11. C； *12. A； 13. B； *14. A

【解析】

3. 答案 A：

对建设工程项目信息分类中，有多种分类方式。按项目实施的过程分类，如将设计准备、设计、招标投标等进行信息分类。为满足项目管理工作的要求，往往需要对建设工程项目信息进行综合分类，即按多维进行分类，其中第二维分类就是按项目实施的工作过程分类。所以 A 正确。

5. 答案 B：

对建设工程项目信息进行综合分类，即按多维进行分类时，第一维是指按项目的分解结构；第二维是指按项目实施的工作过程；第三维是指按管理工作的任务。所以 B 正确。

8. 答案 B：

项目的管理组织结构编码，依据项目管理的组织结构图，对每一个工作部门进行编码。所以 B 正确。

10. 答案 C：

项目的进度计划工作项编码，应综合考虑不同层次、不同深度和不同用途的进度计划工作项的需要，建立统一的编码。所以 C 正确。

11. 答案 C：

应采取措施，使信息处理由传统方式向基于网络的信息处理平台方向发展，以充分发挥信息资源的价值以及信息对项目目标控制的作用。所以 C 正确。

12. 答案 A：

基于网络的信息处理平台由一系列硬件和软件构成：数据处理设备、数据通信网络和软件系统。所以 A 正确。

14. 答案 A：

通过基于互联网的项目专用网站，实现业主方内部、业主方与项目参与各方，以及项目参与各方之间的信息交流、协同工作和文档管理；或通过基于互联网的项目信息门户 ASP 模式为更多项目服务的公用信息平台实现业主方内部、业主方与项目参与各方，以及项目参与各方之间的信息交流、协同工作和文档管理。所以 A 正确。

二、多项选择题

1. B、E； 2. A、B、D、E； *3. A、C、E； 4. B、C、D；

5. A、B、C

【解析】

3. 答案 A、C、E：

工程档案编码，应根据工程档案的规定、项目的特点、项目实施单位需求等而建立。所以 A、C、E 正确。

1Z207030　建设工程管理信息化及建设工程项目管理信息系统的功能

复习要点

1. 管理信息化

（1）工程管理信息化的含义

信息化指的是信息资源的开发和利用，以及信息技术在工程管理中的开发和应用。工程管理信息化属于领域信息化的范畴，它和企业信息化也有联系。

（2）工程管理的信息资源包括：组织类工程信息，管理类工程信息，经济类工程信息，技术类工程信息，法规类信息等。

（3）工程管理信息化的意义

有利于提高建设工程项目的经济效益和社会效益，以达到为项目建设增值的目的。有利于项目实施期的项目目标控制。

（4）项目信息门户的定义

基于互联技术为建设工程增值的重要管理工具，是当前在建设工程管理领域中信息化的重要标志，是项目各参与方信息交流、共同工作、共同使用和互动的管理工具。

（5）项目信息门户的类型

1）PSWS 模式——为一个项目的信息处理服务而专门建立的项目专用门户网站，也可称为专用门户；

2）ASP 模式——由 ASP 服务商提供的为众多单位和众多项目服务的公用网站，也可称为公用门户。

国际上项目信息应用的主流是 ASP 模式。

（6）项目信息门户实施的条件：组织件、教育件、软件、硬件。

（7）项目信息门户的核心功能：项目各参与方的信息交流，项目文档管理，项目各参与方的共同工作。

（8）项目信息门户的主持者。

对一个建设工程而言，业主方往往是建设工程的总组织者和总集成者，一般而言，它自然就是项目信息门户的主持者。

2. 项目管理信息系统的功能

（1）建设工程项目管理信息系统是基于计算机的项目管理的信息系统，主要用于项目的目标控制。

（2）主要功能为：投资控制（业主方）或成本控制（施工方）；成本控制；进度控制；合同管理。成本控制的功能包括：投标估算的数据计算和分析；计划施工成本；计划实际成本；计划成本与实际成本的比较分析；根据工程进展进行施工成本预测等。

一 单项选择题

1. 关于项目信息门户的说法，正确的是（　　）。

A．它是基于数据处理设备的用于管理信息的工具

B．它是开放的进入万维网的入口

C．用户只能是一个工程参与单位

D．可以对每个用户的使用权限进行设置

2. 工程项目管理信息系统中，属于进度控制功能的是（　　）。

A．合同执行情况的查询和分析　　B．根据工程进展进行投资预测

C．根据工程进展进行施工成本预测　　D．编制资源需求量计划

3. 关于工程管理信息化的说法，错误的是（　　）。

A．信息化指的是信息资源以及信息技术的开发和应用

B．信息化是人类社会继农业革命、城镇化和工业化以后又一新的发展时期标志

C．我国信息化是以信息资源开发和利用为导向

D．我国信息化是以制度创新和技术创新为动力的

4. 提高数据传输的抗干扰能力，使数据传输不受距离限制并可提高数据传输的保真度和保密性可通过（　　）实现。

A．“信息处理和变换的程序化”　　B．“信息存储数字化”

C．“信息流扁平化”　　D．“信息传输的数字化和电子化”

5. “信息获取便捷”“信息透明度高”以及“信息流扁平化”有利于（　　）。

A．项目信息的检索和查询　　B．项目参与方之间的信息交流

C．数据和文件版本的统一　　D．项目的文档管理

6. 项目管理信息系统与管理信息系统（　　）。

A．服务的对象相同、服务的功能不同

B．服务的对象不同、服务的功能不同

C．服务的对象相同、服务的功能相同

D．服务的对象不同、服务的功能相同

7. 下列不属于建设项目信息的管理类信息的是（　　）。

A．进度控制信息　　B．工作量控制信息

C．合同管理信息　　D．风险管理信息

8. 关于项目信息门户的说法，不正确的是（　　）。

A．基于互联技术为建设工程增值的重要管理工具

B．是项目各参与方信息交流、共同工作、共同使用和互动的管理工具

C．可以为一个建设工程的各参与方的信息交流和共同工作服务

D．不可以为建设工程团体的管理服务

9. 项目信息门户按照其运行模式分类包括（　　）。

A．专用门户和通用门户　　B．专用门户和公用门户

C．垂直门户和水平门户　　D．共同门户和个体门户

10．国际上项目信息应用的主流是（　　）。

A．ASP 模式　　B．PSWS 模式

C．PFF 模式　　D．PMIS 模式

11．项目信息门户实施最重要的条件是（　　）。

A．组织件　　B．教育件

C．软件　　D．硬件

12．基于互联网的项目信息门户属于电子商务（E-Business）两大分支中的（　　）。

A．电子支付工作　　B．电子管理工作

C．电子共同工作　　D．电子决策工作

13．项目信息门户是一种非常重要的信息管理方式，其运行的周期是（　　）。

A．建设工程项目的实施期　　B．建设工程项目的全寿命周期

C．项目施工阶段　　D．项目决策期和项目实施期

14．对一个建设工程项目而言，项目信息门户的主持者一般是项目的（　　）。

A．业主　　B．设计单位

C．主管部门　　D．施工单位

15．建设工程的项目信息门户是基于互联网技术的重要管理工具。可以作为一个建设工程服务的项目信息门户主持者的是（　　）。

A．建设行政主管部门　　B．设计单位

C．业主委托的工程顾问公司　　D．施工单位

16．项目信息门户建立和运行的理论基础是（　　）。

A．绩效优化理论　　B．网络互联理论

C．项目集成理论　　D．远程合作理论

17．建设工程项目管理信息系统是利用计算机辅助进行项目管理的信息系统，它（　　）。

A．主要用于项目的人、财、物的管理

B．主要用于企业的产、供、销的管理

C．是项目进展的跟踪和控制系统

D．是项目信息门户（PIP）的一种方式

18．属于项目管理信息系统成本控制的功能的是（　　）。

A．项目标底的数据计算和分析

B．项目合同价的数据计算和分析

C．投标估算的数据计算和分析

D．计划资金投入和实际资金投入的比较分析

19．项目管理信息系统中成本控制的功能包括（　　）。

A．绘制网络图和计划横道图

B．编制资源需求量计划

C．进度计划执行情况的比较分析

D．计划成本与实际成本的比较分析

20. 项目管理信息系统中成本控制的功能不包括（　　）。

A．计划施工成本　　B．计算实际成本

C．投标估算的数据计算和分析　　D．编制资源需求量计划

二　多项选择题

1.《2016—2020年建筑业信息化发展纲要》提出的发展目标包括（　　）。

A．基本实现建筑企业信息系统的普及应用

B．全面提高建筑业信息化水平

C．建筑业数字化、网络化、智能化取得突破性进展

D．初步建成一体化行业监管和服务平台

E．形成一批具有关键自主知识产权的建筑业信息技术企业

2. 项目信息门户实施的条件包括（　　）。

A．结构件　　B．组织件

C．教育件　　D．软件

E．硬件

3. 项目信息门户的核心功能有（　　）。

A．项目文档管理　　B．项目合同管理

C．项目各参与方的信息交流　　D．项目各参与方的共同工作

E．项目风险管理

4. 工程项目管理信息系统的成本控制功能包括（　　）。

A．进行项目的估算、概预算的比较分析

B．计划成本与实际成本的比较分析

C．根据工程进展进行成本预测

D．计算实际成本

E．合同执行情况的查询和统计分析

5. 关于项目信息门户的说法，正确的有（　　）。

A．项目信息门户服务于一个项目的所有参与单位

B．项目信息门户是项目参与各方信息交流、共同工作、共同使用和互动的管理工具

C．项目信息门户按其运行模式分类，有PSWS模式和ASP模式两种类型

D．项目信息门户的实施是一个系统工程，关键在于其与实施有关的组织和管理问题

E．项目信息门户实施的条件包括：组织件、教育件、软件、硬件

6. 项目管理信息系统的合同管理功能应包括（　　）。

A. 合同基本数据查询　　B. 合同执行情况的查询
C. 合同通用条件的编写　　D. 合同结构的选择
E. 合同文本的查询

7.《2016—2020 年建筑业信息化发展纲要》提出要着力增强的信息技术应用能力有（　　）技术。

A. 局域网　　B. 智能化
C. 云计算　　D. BIM
E. 大数据

【1Z207030　答案与解析】

一、单项选择题

1. D；　2. D；　3. C；　4. D；　5. B；　6. B；　*7. B；　*8. D；
9. B；　10. A；　*11. A；　*12. C；　13. B；　*14. A；　*15. C；　16. D
*17. C；　18. C；　*19. D；　20. D

【解析】

7. 答案 B：

考查建设工程项目信息的分类。工作量控制信息属于经济类信息。所以 B 正确。

8. 答案 D：

项目信息门户可以为一个建设工程的各参与方的信息交流和共同工作服务，也可以为一个建设工程群体的管理服务。所以 D 正确。

11. 答案 A：

组织起着支撑和确保项目信息门户正常运行的作用，因此，组织件的创建和在项目实施过程中动态地完善组织件是项目组织门户实施最重要的条件。所以 A 正确。

12. 答案 C：

电子商务 (E-Business) 两个分支：（1）电子商业 / 贸易，如电子采购，供应链管理；（2）电子共同工作，如项目信息门户，在线项目管理。所以 C 正确。

14. 答案 A：

对一个建设工程而言，业主方往往是建设工程的总组织者和总集成者，一般而言，它自然就是项目信息门户的主持者。所以 A 正确。

15. 答案 C：

对一个建设工程而言，业主方往往是建设工程的总组织者和总集成者，一般而言，它自然就是项目信息门户的主持者。业主委托的工程顾问公司在工程管理中代表业主。所以 C 正确。

17. 答案 C：

建设工程项目管理信息系统是基于计算机的项目管理的信息系统，主要用于项目的目标控制。它是项目进展的跟踪和控制系统，也是信息流的跟踪系统。所以 C 正确。

19. 答案 D：

成本控制的功能：投资估算的数据计算和分析；计划施工成本；计算实际成本；计划成本与实际成本的比较分析；根据工程的进展进行施工成本预测等。所以 D 正确。

二、多项选择题

*1. B、C、D、E；　2. B、C、D、E；　*3. A、C、D；　4. B、C、D；

*5. A、B、C、E；　*6. A、B、E；　7. B、C、D、E

【解析】

1. 答案 B、C、D、E：

“基本实现建筑企业信息系统的普及应用”是《2011—2015 年建筑业信息化发展纲要》提出的发展目标。所以 B、C、D、E 正确。

3. 答案 A、C、D：

国际上有许多不同的项目信息门户产品(品牌)，其功能不尽一致，但其主要的核心功能是类似的，即：项目各参与方的信息交流；项目文档管理；项目各参与方的共同工作。所以 A、C、D 正确。

5. 答案 A、B、C、E：

项目信息门户的用户群就是所有与某项目有关的管理部门和某项目的参与方。项目信息门户是项目各参与方信息交流、共同工作、共同使用和互动的管理工具。项目信息门户按其运行模式分类，有 PSWS 模式和 ASP 模式两种类型。项目管理信息系统是基于数据处理设备的，为项目管理服务的信息系统，主要用于项目的目标控制。项目信息门户实施的条件包括：组织件、教育件、软件、硬件。所以 A、B、C、E 正确。

6. 答案 A、B、E：

项目管理信息系统的合同管理功能应包括：合同基本数据查询；合同执行情况的查询和统计分析；标准合同文本查询和合同辅助起草等。所以 A、B、E 正确。

综合测试题（一）

一、单项选择题（共 70 题，每题 1 分。每题的备选项中，只有 1 个最符合题意）

1. 关于建设工程管理内涵的说法，正确的是（　　）。

A．建设工程项目管理和设施管理即为建设工程管理

B．建设工程管理不涉及项目使用期的管理方对工程的管理

C．建设工程管理是对建设工程的行政事务管理

D．建设工程管理工作是一种增值服务

2. 承包商就已完工、经检验合格的工程提出支付申请，监理工程师复核后，业主批准支付。此工作程序属于（　　）流程。

A．管理工作　　B．物资采购工作

C．信息处理工作　　D．设计工作

3. 关于施工方项目管理目标和任务的说法，正确的是（　　）。

A．施工方项目管理仅服务于施工方本身的利益

B．施工方成本目标由施工企业根据其生产和经营情况自行确定

C．施工方项目管理不涉及动用前准备阶段

D．施工方不对业主方指定分包承担的目标和任务负责

4. 关于影响系统目标实现因素的说法，正确的是（　　）。

A．系统组织决定了系统目标

B．增加人员数量一定会有助于系统目标的实现

C．生产方法与工具的选择与系统目标实现无关

D．组织是影响系统目标实现的决定性因素

5. 用来表示组织系统中各子系统或各元素间指令关系的工具是（　　）。

A．组织结构图　　B．项目结构图

C．工作流程图　　D．职能分工表

6. 下列工程项目策划工作中，属于项目决策阶段合同策划的是（　　）。

A．组织方案设计竞赛　　　　　　　B．确定实施期合同结构总体方案

C．确定项目设计合同结构方案　　　D．拟定施工合同文本

7．下列工程项目策划工作中，属于建设工程项目实施阶段管理策划的是（　　）。

A．确定项目实施期管理总体方案

B．确定项目风险管理与工程保险方案

C．确定生产运营期设施管理总体方案

D．确定生产运营期经营管理总体方案

8．采用工程总承包模式的大型建设工程项目，建设周期三年，其合同计价方式一般采用（　　）。

A．固定总价合同　　　　　　　　　B．单价合同

C．成本加酬金合同　　　　　　　　D．变动总价合同

9．关于建设工程项目施工总承包管理模式的说法，正确的是（　　）。

A．施工总承包管理单位应参与全部具体工程的施工

B．业主进行施工总承包管理单位的招标时，应先确定工程总造价

C．业主不需要等待施工图设计完成后再进行施工总承包管理单位的招标

D．施工总承包管理单位负责所有分包合同的招标投标工作

10．根据《建设工程项目管理规范》GB/T 50326—2017，项目管理规划包括（　　）。

A．项目管理规划原则和内容　　　　B．项目管理规划大纲和配套措施

C．项目管理规划大纲和实施大纲　　D．项目管理规划大纲和实施规划

11．下列施工组织设计的内容中，属于施工部署及施工方案的是（　　）。

A．施工资源的需求计划　　　　　　B．施工资源的优化配置

C．投入材料的堆场设计　　　　　　D．施工机械的分析选型

12．某项目施工检查发现外墙面砖质量不合格，经调查发现是供应商的供货质量问题，项目部决定更换供应商。该措施属于项目目标控制的（　　）。

A．组织措施　　　　　　　　　　　B．管理措施

C．经济措施　　　　　　　　　　　D．技术措施

13．为赶上已拖延的施工进度，项目部决定采用混凝土泵代替原来的塔式起重机运输混凝土。该纠偏措施属于（　　）。

A．管理措施　　　　　　　　　　　B．组织措施

C．技术措施　　　　　　　　　　　D．经济措施

14. 根据《建设工程施工合同（示范文本）》GF—2017—0201，承包人应在首次收到发包人要求更换项目经理的书面通知后（　　）天内向发包人提出书面改进报告。

A．7　　B．14

C．21　　D．28

15. 沟通过程的五要素包括（　　）。

A．沟通主体、沟通客体、沟通介体、沟通内容和沟通渠道

B．沟通主体、沟通客体、沟通介体、沟通环境和沟通方法

C．沟通主体、沟通客体、沟通介体、沟通内容和沟通方法

D．沟通主体、沟通客体、沟通介体、沟通环境和沟通渠道

16. 根据通常采用的风险等级矩阵表，如果某个风险事件将对项目造成的损失等级2，且发生的概率等级为4。则该事件的风险等级为（　　）级。

A．Ⅰ　　B．Ⅱ

C．Ⅲ　　D．Ⅳ

17. 关于工程监理单位工作性质的说法，正确的是（　　）。

A．工程监理单位接受业主的委托必须保证项目目标的实现

B．工程监理单位从事监理工作的人员均应是注册监理工程师

C．工程监理单位在组织上不能依附于监理工作的对象

D．工程监理单位以独立的第三方身份处理业主和承包商的冲突

18. 施工成本核算要求的归集“三同步”是指（　　）的取值范围应当一致。

A．成本预测、成本计划、成本分析

B．目标成本、预算成本、实际成本

C．人工成本、材料成本、机械成本

D．形象进度、产值统计、实际成本

19. 根据建设工程项目施工成本的组成，属于直接成本的是（　　）。

A．工具用具使用费　　B．职工教育经费

C．机械折旧费　　D．管理人员工资

20. 某项目按施工进度编制的施工成本计划如下图所示，则4月份计划成本是（　　）万元。

A．300　　B．400

C．750　　D．1150

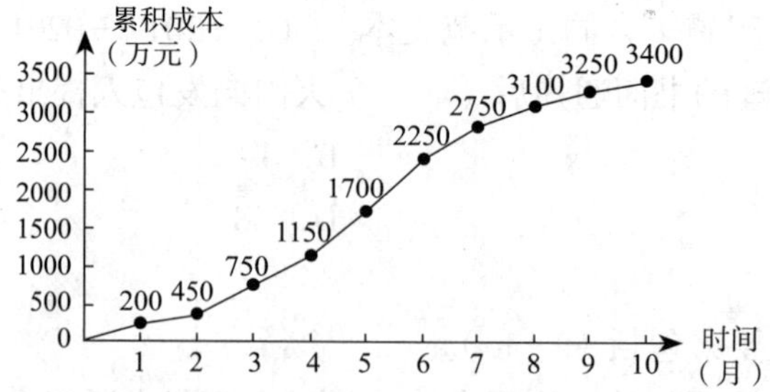

21. 关于施工预算、施工图预算“两算”对比的说法，正确的是（　　）。

A. 施工预算的编制以预算定额为依据，施工图预算的编制以施工定额为依据

B. 一般情况下，施工图预算的人工数量及人工费比施工预算低

C. 一般情况下，施工图预算的材料消耗量及材料费比施工预算低

D. “两算”对比的方法包括实物对比法

22. 某工程每月所需混凝土量相同，混凝土用量为3200m^3，计划4个月完成，混凝土综合价格为1000元/m^3；实际混凝土用量为5000m^3，用时为5个月，从第1个月至第5个月各月混凝土价格指数（%）为100、115、110、105、115。则根据赢得值法，前3个月的费用偏差为（　　）万元。

A. −20　　B. −22

C. −25　　D. −30

23. 某施工项目部根据以往项目的材料实际耗用情况，结合具体施工项目要求，制定领用材料标准控制发料。这种材料用量控制方法是（　　）。

A. 定额控制　　B. 指标控制

C. 计量控制　　D. 包干控制

24. 某项目施工成本数据见下表，根据差额计算法，成本降低率提高对成本降低额的影响程度为（　　）万元。

项目	单位	计划	实际	差额
成本	万元	220	240	20
成本降低率	%	3	3.5	0.5
成本降低额	万元	6.6	8.4	1.8

A. 0.6　　B. 0.7

C. 1.1　　D. 1.2

25. 在建设工程项目施工成本分析中，成本盈亏异常分析属于（　　）方法。

A．因素分析　　B．综合成本分析
C．成本项目分析　　D．专项成本分析

26．建设工程项目在施工时盲目赶工，将导致（　　）。
A．安全事故发生的概率减小　　B．质量事故发生的概率增加
C．施工成本增加的概率减小　　D．文明施工实现的概率增加

27．某网络计划如下图所示，逻辑关系正确的是（　　）。

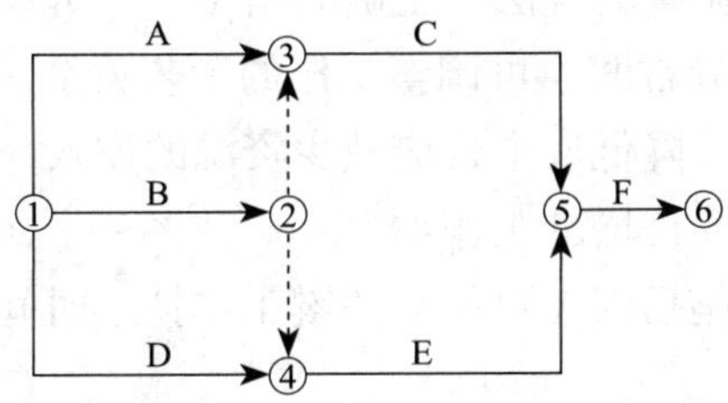

A．A 完成后同时进行 CF　　B．AB 均完成后进行 E
C．F 的紧前工作是 DE　　D．E 的紧前工作是 BD

28．一般情况下，横道图能反映出工作的（　　）。
A．总时差　　B．持续时间
C．最迟开始时间　　D．自由时差

29．关于建设工程项目总进度目标论证工作顺序的说法，正确的是（　　）。
A．先进行项目工作编码，后进行项目结构分析
B．先进行计划系统结构分析，后进行项目工作编码
C．先协调各层进度计划关系，后编制各层进度计划
D．先进行项目结构分析，后进行资料收集

30．关于虚工作的说法，正确的是（　　）。
A．虚工作只在双代号网络计划中存在
B．虚工作一般不消耗资源但占用时间
C．双代号时标网络计划中虚工作用波形线表示
D．虚工作可以正确表达工作间逻辑关系

31．下列双代号时标网络计划中，关键线路有（　　）条。
A．2　　B．3
C．4　　D．5

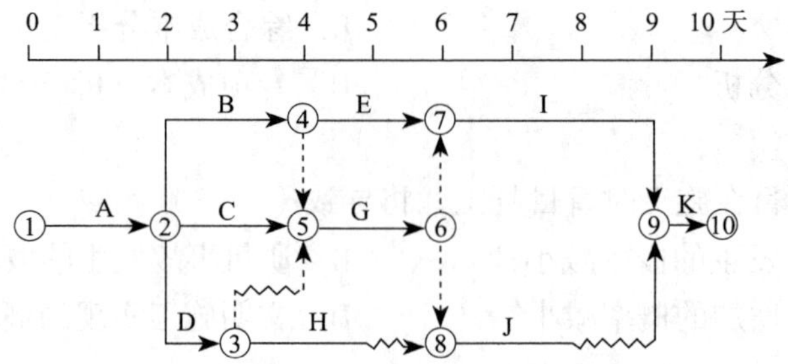

32. 关于施工进度计划调整的说法，正确的是（　　）。

A．当资源供应发生异常时，可调整工作的工艺关系

B．为充分利用资源、降低成本，应减少资源的投入

C．任何情况下均不允许增减工作项目

D．当实际进度计划拖后时，可缩短关键工作持续时间

33. 已知工作 F 有且仅有两项并行的紧后工作 G 和 H，G 工作的最迟开始时间为第 12 天，最早开始时间为第 8 天；H 工作的最迟完成时间为第 14 天，最早完成时间为第 12 天；工作 F 与 G、H 的时间间隔分别为 4 天和 5 天。则 F 工作的总时差为（　　）天。

A．0　　　　B．5

C．7　　　　D．9

34. 某工程双代号时标网络计划如下图（时间单位：天），工作 A 的总时差为（　　）天。

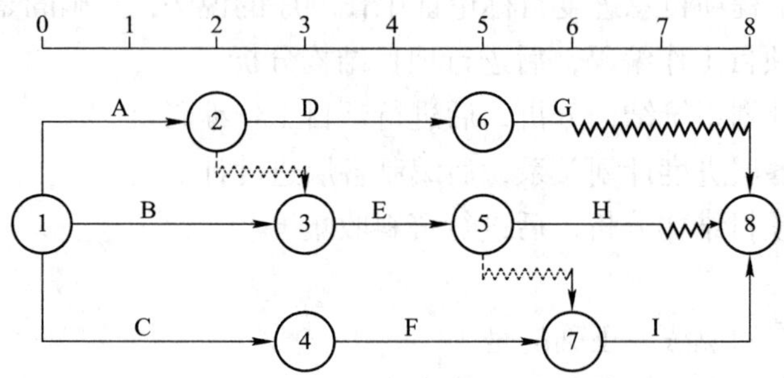

A．0　　　　B．1

C．2　　　　D．3

35. 运用建设工程的项目信息门户辅助施工项目进度控制，属于进度控制的（　　）措施。

A．技术　　　　B．管理

C．经济　　　　D．组织

36. “建设工程项目法人决策的理性化程度以及建筑企业经营者的经营管理理念”属于影响建设工程质量的（　　）。

A．社会环境因素　　B．管理环境因素

C．人的因素　　D．方法的因素

37. 某施工总承包单位依法将自己没有足够把握实施的防水工程分包给有经验的分包单位，属于质量风险应对的（　　）策略。

A．规避　　B．减轻

C．转移　　D．自留

38. 建立项目质量控制体系时，首先开展的工作是（　　）。

A．分析质量控制界面　　B．编制质量控制计划

C．制定质量控制制度　　D．确立系统质量控制网络

39. 项目质量控制体系运行的核心机制是（　　）。

A．约束机制　　B．反馈机制

C．动力机制　　D．持续改进机制

40. 关于钢筋保护层厚度检测的说法，正确的是（　　）。

A．检测结构部位由监理确定

B．板类构件应抽取构件数量的 5% 且不少于 2 个构件

C．梁类应抽取构件数量的 2% 且不少于 5 个构件

D．必须采用无损检测方法

41. 施工技术准备工作的质量控制包括（　　）。

A．计量控制　　B．测量控制

C．施工平面图控制　　D．明确质量控制方法

42. 下列质量控制工作中，属于施工技术准备工作的是（　　）。

A．编制测量控制方案

B．明确质量控制的重点对象

C．建立施工现场计量管理的规章制度

D．正确安装设置施工机械设备

43. 下列施工检验批验收的做法中，正确的是（　　）。

A．存在一般缺陷的检验批应推倒重做

B．某些指标不能满足要求时，可予以验收

C．经加固处理后仍不能满足安全使用要求的分部工程可缺项验收

D．严重缺陷经加固处理后能满足安全使用要求，可按技术处理方案进行验收

44．根据《建筑工程施工质量验收统一标准》GB 50300—2013，关于检验批质量验收合格的说法，正确的是（　　）。

A．可由监理员组织验收

B．应具有完整的施工操作依据、质量检查记录

C．主控项目不需全部检验合格

D．一般项目的检查具有否决权

45．某工程在浇筑楼板混凝土时，发生支模架坍塌，造成 3 人死亡、6 人重伤，经调查，是现场技术管理人员未进行技术交底所致。该工程质量事故应判定为（　　）。

A．操作责任的较大事故　　B．操作责任的重大事故

C．指导责任的较大事故　　D．指导责任的重大事故

46．某工程的混凝土结构出现较深裂缝，但经分析判定其不影响结构的安全和使用，正确的处理方法是（　　）。

A．表面密封　　B．嵌缝封闭

C．灌浆修补　　D．限制使用

47．在应用因果分析图确定质量问题的原因时，正确做法是（　　）。

A．不同类型质量问题可以共同使用一张图分析

B．为避免干扰，只能由 QC 小组成员独立进行分析

C．由 QC 小组组长最终确定分析结果

D．通常选出 1～5 项作为最主要原因

48．政府质量监督机构对工程项目实施质量监督的第一步工作是（　　）。

A．制定质量监管工作计划　　B．接受建设单位申报手续

C．抽查工程质量行为　　D．建立工程质量监督方案

49．关于职业健康安全与环境管理体系管理评审的说法，正确的是（　　）。

A．管理评审是管理体系接受政府监督的一种机制

B．管理评审是最高管理者对管理体系的系统评价

C．管理评审是管理体系自我保证和自我监督的一种机制

D．管理评审是第三方论证机构对管理体系的系统评价

50．关于施工安全技术措施的说法，正确的是（　　）。

A．施工安全技术措施要有针对性

B．施工安全技术措施必须包括固体废弃物的处理

C．施工安全技术措施可以不包括针对自然灾害的应急预案

D．施工安全技术措施可在工程开工后制订

51. 下列安全生产管理制度中，最基本也是所有制度核心的是（　　）。

A．安全生产责任制　　B．安全生产教育培训制度

C．安全检查制度　　D．安全措施计划制度

52. 使事故责任者和广大群众了解事故发生的原因及所造成的危害，并深刻认识到搞好安全生产的重要性，从事故中吸取教训，提高安全意识，改进安全管理工作。这体现了事故处理中的（　　）原则。

A．事故原因未查清不放过

B．事故责任人和周围群众未受到教育不放过

C．事故责任人未受到处理不放过

D．事故没有制定切实可行的整改措施不放过

53. 生产经营单位应急预案未按照有关规定备案的，由县级以上（　　）给予警告，并处罚款。

A．建设主管部门　　B．建设工程质量监督机构

C．应急管理部门　　D．人民政府

54. 下列关于施工现场宿舍设置的说法，正确的是（　　）。

A．室内净高 2.5m　　B．室内通道宽度 0.8m

C．每间宿舍居住 18 人　　D．使用通铺

55. 施工现场文明施工管理组织的第一责任人是（　　）。

A．总监理工程师　　B．业主代表

C．项目经理　　D．项目总工程师

56. 根据《中华人民共和国招标投标法实施条例》（中华人民共和国国务院令 613 号），投标有效期从（　　）起计算。

A．提交投标文件的截止之日　　B．提交投标文件开始之日

C．购买招标文件的截止之日　　D．招标文件规定开标之日

57. 根据《建设工程施工合同（示范文本）》GF—2017—0201，工程未经竣工验收，发包人擅自使用的，以（　　）为实际竣工日期。

A．承包人提交竣工验收申请报告之日
B．转移占有工程之日
C．监理人组织竣工初验之日
D．发包人签发工程接收证书之日

58．关于物资采购交货日期的说法，正确的是（　　）。
A．供货方负责送货的，以供货方按合同规定通知的提货日期为准
B．采购方提货的，以采购方收货戳记的日期为准
C．凡委托运输部门送货的，以供货方发运产品时承运单位签发的日期为准
D．凡委托运输单位代运的产品，以向承运单位提出申请的日期为准

59．采用固定总价合同，承包商需承担一定风险，下列风险中，属于承包商价格风险的是（　　）。

A．设计深度不够造成的误差　　B．漏报计价项目
C．工程量计算错误　　D．工程范围不确定

60．某单价合同的投标报价单中，投标人的投标书出现了明显的数字计算错误，导致总价和单价计算结果不一致。下列行为中，属于业主权力的是（　　）。
A．业主有权力先作修改再评标，以总价作为最终报价结果
B．业主有权力先作修改再评标，以单价为准调整的总价作为最终报价结果
C．业主没有权力先作修改再评标，可以宣布该投标人废标
D．业主没有权力先作修改再评标，可以请该报标人再报价

61．下列施工合同风险中，属于管理风险的是（　　）。
A．业主改变设计方案　　B．自然环境的变化
C．合同所依据法律环境的变化　　D．对环境调查和预测的风险

62．根据我国保险制度，关于建设工程第三者责任险的说法，正确的是（　　）。
A．被保险人是项目法人和承包人
B．被保险人是项目法人和承包人以外的第三人
C．赔偿范围包括承包商在工地的财产损失
D．赔偿范围包括承包商在现场从事与工作有关的职工伤亡

63．根据《建筑市场诚信行为信息管理办法》（建市［2007］9号），建设行政主管部门市场诚信信息平台上不良行为记录的公布时间，除法律、法规另有规定的，应为行政处罚决定做出后（　　）日内。

A．5　　B．7

C．10　　D．14

64．关于施工合同跟踪的说法，错误的是（　　）。

A．承包单位的合同管理职能部门对合同执行者的履行情况进行跟踪、监督和检查

B．合同执行者本身对合同计划的执行情况进行跟踪、检查和对比

C．可以将工程任务发包给专业分包完成，并由专业分包对合同计划的执行进行跟踪、检查和对比

D．合同跟踪的内容包括业主是否及时给予了指令、答复等

65．某国际工程合同额为5000万元人民币，合同实施天数为300天；由国内某承包商总承包施工，该承包商同期总合同额为5亿元人民币，同期内公司的总管理费为1500万元；因为业主修改设计，承包商要求工期延期30天。该工程项目部在施工索赔中总部管理费的索赔额是（　　）万元。

A．10　　B．12

C．15　　D．50

66．某基础工程合同价为2000万元，合同总工期为20个月，施工过程中因设计变更，导致增加额外工程400万元，业主同意工期顺延。则承包商按造价比例法可索赔工期（　　）个月。

A．2　　B．4

C．6　　D．8

67．关于FIDIC《永久设备和设计——建造合同条件》内容的说法，正确的是（　　）。

A．承包商仅需负责提供设备和建造工作

B．合同计价采用单价合同方式、某些子项采用包干价格

C．业主委派工程师管理合同

D．合同计价采用总价合同方式，合同价格不能调整

68．关于FIDIC《EPC交钥匙项目合同条件》特点的说法，正确的是（　　）。

A．适用于承包商作大部分设计的工程项目，承包商要按照业主的要求进行设计、提供设备以及建造其他工程

B．合同采用固定总价合同，只有在特定风险出现时才调整价格

C．业主委派工程师管理合同，监督工程进度质量

D．承包商承担的风险较小

69．下列工作任务中，不属于信息管理部门的是（　　）。

A．负责信息处理工作平台的建立和运行维护

B．负责工程档案管理

C．负责协调各部门的信息处理工作

D．负责编制行业信息管理规范

70．编码信息、单位组织信息、项目组织信息等属于（　　）信息。

A．组织类　　　　B．管理类

C．经济类　　　　D．技术类

二、多项选择题（共30题，每题2分。每题的备选项中，有2个或2个以上符合题意，至少有1个错项。错选，本题不得分；少选，所选每个选项得0.5分）

71．关于业主方项目管理目标和任务的说法，正确的有（　　）。

A．业主方的项目管理是建设工程项目管理的核心

B．业主方的项目管理目标包括项目的投资目标、进度目标和质量目标

C．业主方的项目管理工作涉及项目实施阶段的全过程

D．业主方的项目管理工作不涉及施工阶段的安全管理工作

E．业主方的项目管理质量目标不包括影响项目运行的环境质量

72．关于组织结构模式、组织分工和工作流程组织的说法，正确的有（　　）。

A．组织结构模式反映指令关系

B．组织分工是指工作任务分工

C．工作流程组织反映工作间逻辑关系

D．组织结构模式是一种相对静态的组织关系

E．组织分工和工作流程组织都是动态组织关系

73．在施工总承包管理模式下，对分包单位管理的特点有（　　）。

A．一般情况下，分包合同由施工总承包管理单位与分包单位签订

B．分包工程款可以通过施工总承包管理单位，也可由业主直接支付

C．分包合同价对业主是透明的，有利于业主方控制投资

D．施工总承包管理单位有责任对分包人的质量和进度进行控制

E．施工总承包管理单位有义务免费向分包人提供脚手架等设施

74．关于施工组织设计中施工平面图的说法，正确的有（　　）。

A．反映了最佳施工方案在时间上的安排

B．反映了施工机具等资源的供应情况

C．反映了施工方案在空间上的全面安排

D．反映了施工进度计划在空间上的全面安排

E．使整个现场能有组织地进行文明施工

75. 关于沟通障碍的说法，正确的有（　　）。

A．沟通障碍来自发送者的障碍、接受者的障碍和沟通通道的障碍

B．从信息发送者的角度看，影响信息沟通的因素可能是信息译码不准确

C．从信息接受者的角度看，影响信息沟通的因素可能是心理上的障碍

D．选择沟通媒介不当是沟通通道障碍的一个方面

E．沟通障碍包括组织的沟通障碍和能力的沟通障碍两种形式

76. 关于风险对策的说法，正确的有（　　）。

A．编制生产安全事故应急预案是生产者安全风险规避策略

B．承包商设立质量缺陷风险基金是承包商的质量风险自留策略

C．招标人要求中标人提交履约担保是招标人合同风险减轻策略

D．承包商合理安排施工工期、进度计划，避开可能发生的自然灾害是承包商的质量风险规避策略

E．依法组成联合体承接大型工程项目是承包商的风险转移策略

77. 根据《建设工程监理规范》GB/T 50319—2013，编制工程建设监理实施细则的依据有（　　）。

A．监理大纲　　B．工程建设标准

C．施工组织设计　　D．监理委托合同

E．工程设计文件

78. 下列指标中，属于项目部施工成本考核的有（　　）。

A．施工生产总成本　　B．劳动力不均衡系数

C．施工成本降低额　　D．生产能力利用率

E．施工成本降低率

79. 某项目按最早开始时间编制的施工计划及各工作每月成本强度（单位：万元/月）如下图所示，D 工作可以按最早开始时间或最迟开始时间进行安排。则 4 月份的施工成本计划值可以是（　　）万元。

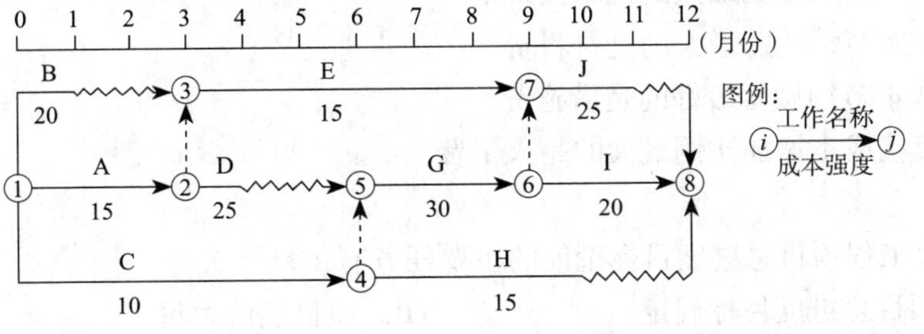

A．10　　B．15

C．25　　　　D．50

E．60

80. 某工作横道图费用偏差分析如下图所示，正确的有（　　）。

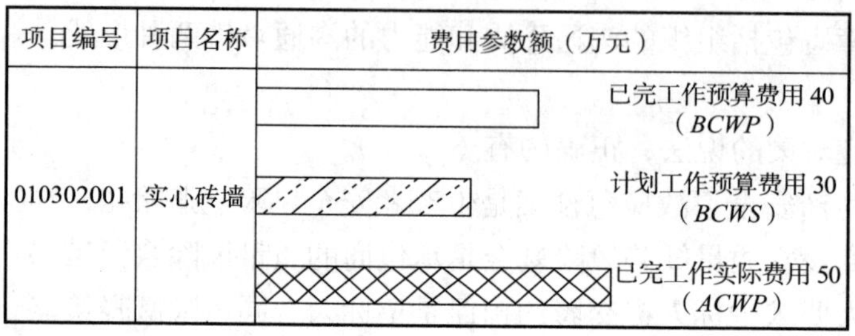

A．效率较高　　　　B．费用超支

C．进度较快　　　　D．投入超前

E．可采用抽出部分人员，放慢进度的措施

81. 某项目成本及成本构成比例数据见下表，正确的有（　　）。

成本构成比例分析表　　　　（单位：万元）

成本项目	预算成本		实际成本		降低成本		
	金额	比重	金额	比重	金额	占本项	占总量
一、直接成本	1263.79	93.20%	1200.31	92.38%	63.48	5.02%	4.68%
1. 人工费	113.36	8.36%	119.28	9.18%	−5.92	−5.22%	−0.44%
2. 材料费	1006.56	74.23%	939.67	72.32%	66.89	6.65%	4.93%
3. 机械费	87.6	6.46%	89.65	6.90%	−2.05	−2.34%	−0.15%
4. 措施费	56.27	4.15%	51.71	3.98%	4.56	8.10%	0.34%
二、间接成本	92.21	6.80%	99.01	7.62%	−6.8	−7.37%	−0.50%
总成本	1356	100.00%	1299.32	100.00%	56.68	4.18%	4.18%
比例	100	—	95.82%	—	4.18%	—	—

A．成本降低最多的项目是机械费

B．成本增加比例最大的是间接成本

C．成本节约效益最大的是材料费

D．成本节约做得最好的是措施费

E．直接成本增加比例最大的是人工费

82. 建设工程项目总进度目标论证的主要任务有（　　）。

A．项目总进度目标确定　　　　B．项目经济评价

C．总进度规划编制　　　　D．工程实施条件分析

E．工程实施策划

83. 在双代号网络图中，虚箭线的作用有（　　）。

A．联系　　B．区分

C．断路　　D．指向

E．过桥

84. 某项目时标网络计划第 2、4 周末实际进度前锋线如下图所示。关于该项目进度情况的说法，正确的有（　　）。

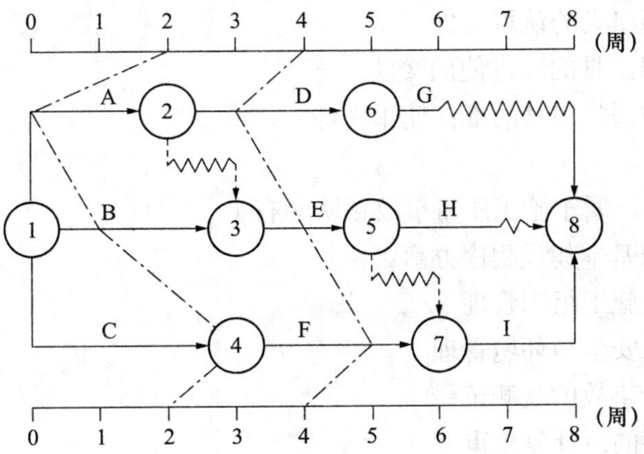

A．第 2 周末，工作 A 拖后 2 周，影响工期 2 周

B．第 2 周末，工作 B 拖后 1 周，但不影响工期

C．第 2 周末，工作 C 提前 1 周，工期提前 1 周

D．第 4 周末，工作 D 拖后 1 周，但不影响工期

E．第 4 周末，工作 F 提前 1 周，工期提前 1 周

85. 下列建设工程项目进度控制措施中，属于管理措施的有（　　）。

A．建立管理组织体系　　B．明确管理职能

C．选择合同结构　　D．分析工程风险

E．确定物资采购模式

86. 在大型群体工程项目中，第一层次质量控制体系可由（　　）的项目管理机构负责建立。

A．建设单位　　B．代建单位

C．工程总承包企业　　D．设计总负责单位

E．施工总承包单位

87. 下列施工质量控制点的管理工作中，属于事前质量预控的有（　　）。

A．明确质量控制目标

B．确定质量抽样数量

C．向施工作业班组认真交底

D．质量控制人员在现场进行指导

E．动态跟踪管理质量控制点

88. 根据建设工程竣工验收备案制度，备案文件资料包括（　　）。

A．工程竣工验收报告

B．工程竣工预验收申请报告

C．规划部门出具的认可文件

D．环保部门出具的准许使用文件

E．公安消防部门出具的准许使用文件

89. 下列措施中，属于施工质量事故预防的有（　　）。

A．严格按照基本建设程序办事

B．依法进行施工组织管理

C．加强施工安全与环境管理

D．做好质量事故的观测记录

E．进行必要的设计复核审查

90. 工程质量管理常用数据统计方法中，排列图方法可用于（　　）的数据状况描述。

A．质量偏差　　B．质量缺陷

C．质量稳定程度　　D．质量受控情况

E．造成质量问题原因

91. 关于安全生产管理制度的说法，正确的有（　　）。

A．企业取得安全生产许可证，应当具备的条件之一是依法参加工伤保险，为从业人员缴纳保险费

B．新员工上岗前的三级安全教育，对建设工程来说，具体指进企业、进项目、进班组三级

C．特种作业人员离开特种作业岗位1年后，应当重新进行培训，经培训合格后方可上岗作业

D．根据《建设工程安全生产管理条例》，对高大模板工程的专项施工方案，施工单位应当组织专家进行论证、审查

E．按照“三同时”制度要求，安全设施投资应当纳入建设项目概算

92. 关于生产安全事故应急预案的说法，正确的有（　　）。

A. 应急预案编制应结合本地区、本部门、本单位的危险性分析情况

B. 应急组织和人员的职责分工明确，并有具体的落实措施

C. 应急预案的管理不包括应急预案的奖惩

D. 生产经营单位应每一年组织一次现场处置方案演练

E. 应急预案基本要素齐全、完整，预案附件提供的信息准确

93. 关于施工过程水污染防治措施的说法，正确的有（　　）。

A. 禁止将有毒有害废弃物作土方回填

B. 现制水磨石的污水必须经沉淀池沉淀合格后再排放

C. 现场存放油料，必须对库房地面进行防渗处理

D. 施工现场搅拌站废水经沉淀池沉淀合格后也不能用于工地洒水降尘

E. 化学用品、外加剂等要妥善保管，库内存放

94. 关于合同谈判中工期和维修期的说法，正确的有（　　）。

A. 对于具有较多单项工程的建设项目工程，可在合同中明确允许分部位或分批提交业主验收

B. 由于工程变更原因对工期产生不利影响时，应该给予承包人要求合理延长工期的权利

C. 承包人只应该承担由于材料和施工方法及操作工艺等不符合合同规定而产生的缺陷

D. 承包人不能用维修保函来代替业主扣留的保留金

E. 业主和承包人应当根据项目情况、施工环境因素等商定适当的开工时间

95. 根据《建筑项目工程总承包合同示范文本（试行）》GF—2011—0216，承包人主要权利和义务有（　　）。

A. 负责办理项目审批、核准或备案手续，取得项目用地的使用权

B. 根据合同约定，自费修复竣工后试验中发现的缺陷

C. 按合同约定和发包人的要求，提交相关报表

D. 根据合同约定，以书面形式向发包人发出暂停通知

E. 根据合同约定，对因发包人原因带来的损失要求赔偿

96. 下列成本加酬金合同的优点中，对业主有利的有（　　）。

A. 可以通过分段施工缩短施工工期

B. 可以利用承包商的施工技术专家帮助改进设计的不足

C. 可以确定合同工程内容、工程量及合同终止时间

D. 可以通过最高限价约束工程成本，转移全部风险

E．可以较深入介入和控制工程施工和管理

97. 下列损失中，属于建设工程人身意外伤害险中除外责任范围的有（　　）。

A．项目建设人员由于施工原因而受到人身伤害的损失

B．被保险人不忠实履行约定义务造成的损失

C．战争或军事行为所造成的损失

D．投标人故意行为所造成的损失

E．项目法人和承包人以外的第三人由于施工原因受到的财产损失

98. 在施工合同分析中，发包人的合作责任有（　　）。

A．及时提供设计资料、图纸、施工场地等

B．施工现场的管理，给发包人的管理人员提供生活和工作条件

C．按合同规定及时支付工程款

D．对平行的各承包人和供应商之间的责任界限作出划分

E．及时作出承包人履行合同所必需的决策

99. 根据《建设工程施工合同（示范文本）》GF—2017—0201，可以顺延工期的情况有（　　）。

A．发包人未按合同约定提供施工现场

B．发包人提供的测量基准点存在错误

C．发包人比计划开工日晚 5 天下达开工通知

D．监理未按合同约定发出指示、批准文件

E．分包商或供货商延误

100. 工程项目管理信息系统中，合同管理子系统的功能有（　　）。

A．合同基本数据查询　　B．合同执行情况统计分析

C．合同通用条件的编写　　D．合同结构的选择

E．合同辅助起草

【综合测试题（一）答案】

一、单项选择题

1. D；	2. A；	3. B；	4. D；	5. A；	6. B；	7. B；	8. D；
9. C；	10. D；	11. D；	12. B；	13. C；	14. B；	15. D；	16. C；
17. C；	18. D；	19. C；	20. B；	21. D；	22. C；	23. B；	24. D；
25. D；	26. B；	27. D；	28. B；	29. B；	30. D；	31. B；	32. D；

33. C；　34. B；　35. B；　36. A；　37. C；　38. D；　39. C；　40. C；
41. D；　42. B；　43. D；　44. B；　45. C；　46. C；　47. D；　48. B；
49. B；　50. A；　51. A；　52. B；　53. C；　54. A；　55. C；　56. A；
57. B；　58. C；　59. B；　60. B；　61. D；　62. A；　63. B；　64. C；
65. C；　66. B；　67. C；　68. B；　69. D；　70. A

二、多项选择题

71. A、B、C；　72. A、C、D；　73. B、C、D；　74. C、D、E；
75. A、C、D；　76. B、D、E；　77. B、C、E；　78. C、E；
79. C、D；　80. B、C、D；　81. B、C、D、E；　82. C、D、E；
83. A、B、C；　84. B、D、E；　85. C、D、E；　86. A、B、C；
87. A、B、C；　88. A、C、D、E；　89. A、B、C、E；　90. A、B、E；
91. A、B、D、E；　92. A、B、E；　93. A、B、C、E；　94. A、B、C、E；
95. B、C、D、E；　96. A、B、E；　97. B、C、D、E；　98. A、C、D、E；
99. A、B、D；　100. A、B、E

综合测试题（二）

一、单项选择题（共 70 题，每题 1 分。每题的备选项中，只有 1 个最符合题意）

1. 根据国际设施管理协会的设施管理定义，下列管理事项中，属于物业运行管理的是（　　）。

A. 空间管理　　B. 用户管理

C. 财务管理　　D. 维修管理

2. 关于业主方项目管理目标和任务的说法，正确的是（　　）。

A. 业主方的进度目标指项目交付使用的时间目标

B. 业主方的投资目标指项目的施工成本目标

C. 投资控制是业主方项目管理任务中最重要的任务

D. 业主方项目管理任务不包括设计阶段的信息管理

3. 下列组织工具中，可以用来对项目的结构进行逐层分解，以反映组成该项目的所有工作任务的是（　　）。

A. 项目结构图　　B. 组织结构图

C. 工作任务分工表　　D. 管理职能分工表

4. 关于管理职能分工表的说法，错误的是（　　）。

A. 是用表的形式反映项目管理班子内部项目经理、各工作部门和各工作岗位对各项工作任务的项目管理职能分工

B. 可辅以管理职能分工描述书来明确每个工作部门的管理职能

C. 管理职能分工表无法暴露仅用岗位责任描述书时所掩盖的矛盾

D. 可以用管理职能分工表来区分业主方和代表业主利益的项目管理方和工程建设监理方等的管理职能

5. 下列建设工程项目策划工作中，属于实施阶段策划的是（　　）。

A. 编制项目实施期组织总体方案

B. 编制项目实施期管理总体方案

C. 编制项目实施期合同结构总体方案

D．制定项目风险管理与工程保险方案

6. 根据《建设项目工程总承包管理规范》GB/T 50358—2017，下列项目总承包方的工作中，首先应进行的是（　　）。

A．进行项目策划　　B．任命项目经理

C．召开开工会议　　D．施工开工准备

7. 与施工总承包模式相比，施工总承包管理模式具有的优势是（　　）。

A．业主方招标及合同管理工作量小

B．缩短建设周期

C．工程款项支付便捷

D．简化管理流程

8. 关于设计阶段项目管理的说法，错误的是（　　）。

A．由于设计费占建设总投资的比例小，业主方可以忽略对其进行管理

B．设计阶段的项目管理是建设工程项目管理的一个非常重要的组成部分

C．设计的质量直接影响项目实施的投资、进度和质量

D．设计的进度直接影响工程的进展

9. 根据施工组织设计的管理要求，重点、难点分部（分项）工程施工方案的批准人是（　　）。

A．项目技术负责人　　B．项目负责人

C．施工单位技术负责人　　D．总监理工程师

10. 根据动态控制原理，项目目标动态控制的第一步工作是（　　）。

A．调整项目目标　　B．分解项目目标

C．制订纠偏措施　　D．收集项目目标实际值

11. 沟通的两个层面是指（　　）。

A．信息发送者和接受者　　B．沟通内容和沟通方法

C．信息传递和交换　　D．思维交流和语言交流

12. 根据《中华人民共和国劳动法》，施工企业应按规定向劳动者支付工资，但是当企业因暂时生产经营困难无法按规定支付工资时可以延期支付，但最长不得超过（　　）日。

A．30　　B．60

C．90　　D．120

13. 下列项目风险管理工作中，属于风险应对的是（　　）。

A．收集与项目风险有关的信息

B．监控可能发生的风险并提出预警

C．向保险公司投保难以控制的风险

D．确定各种风险的风险量和风险等级

14. 根据《建设工程监理规范》GB/T 50319—2013，工程建设监理实施细则必须经（　　）批准。

A．监理单位技术负责人　　B．总监理工程师

C．专业监理工程师　　D．监理单位法定代表人

15. 建设工程项目施工成本管理涉及的时间范围是（　　）。

A．从施工图预算开始至项目动用为止

B．从工程投标报价开始至项目竣工结算完成为止

C．从工程投标报价开始至项目保证金返还为止

D．从施工准备开始至项目竣工结算完成为止

16. 关于建设工程项目施工成本管理的说法，正确的是（　　）。

A．施工成本计划是对未来的成本水平及发展趋势作出估计

B．施工成本管理是通过采取措施，把成本控制在计划范围内，并最大程度地节约成本

C．施工成本核算是通过实际成本与计划的对比，评定成本计划的完成情况

D．施工成本考核是通过成本的归集和分配，计算施工项目的实际成本

17. 在编制施工成本计划时，通常需要进行“两算”对比分析，“两算”指的是（　　）。

A．施工图预算、成本核算　　B．施工预算、成本核算

C．施工图预算、施工预算　　D．施工预算、施工决算

18. 施工企业在工程投标及签订合同阶段编制的估算成本计划，属于（　　）成本计划。

A．指导性　　B．实施性

C．作业性　　D．竞争性

19. 某分项工程某月计划工程量为 $3200m^2$，计划单价为 15 元 /m^2；月底核定承包商实际完成工程量为 $2800m^2$，实际单价为 20 元 /m^2，则该工程的已完工作实际费用（*ACWP*）为（　　）元。

A．42000　　B．48000

C. 56000　　D. 64000

20. 应用曲线法进行施工成本偏差分析时，已完工作实际成本曲线与已完工作预算成本曲线的竖向距离表示项目进展的（　　）。

A. 进度累计偏差　　B. 成本累计偏差
C. 进度局部偏差　　D. 成本局部偏差

21. 关于施工成本控制程序的说法，正确的是（　　）。

A. 管理行为控制程序是成本全过程控制的重点
B. 指标控制程序是对成本进行过程控制的基础
C. 管理行为控制程序和指标控制程序在实施过程中相互制约
D. 管理行为控制程序是项目施工成本结果控制的主要内容

22. 在进行月（季）度成本分析时，如果存在“政策性”亏损，则应（　　）。

A. 控制支出，压缩超支额　　B. 增加收入，弥补亏损
C. 降低标准，防止再超支　　D. 暂停生产，等待政策调整

23. 下列建设工程项目施工成本分析方法中，属于分析各种因素对成本影响程度的是（　　）。

A. 相关比率法　　B. 比重分析法
C. 连环置换法　　D. 动态比率法

24. 下列施工成本分析依据中，属于既可对已发生的，又可对尚未发生或正在发生的经济活动进行核算的是（　　）。

A. 会计核算　　B. 业务核算
C. 统计核算　　D. 成本预测

25. 建设工程项目进度控制的过程包括：①收集资料和调查研究；②进度计划的跟踪检查；③编制进度计划；④根据进度偏差情况纠偏或调整进度计划。其正确的工作步骤是（　　）。

A. ①—②—③—④　　B. ①—③—④—②
C. ③—①—②—④　　D. ①—③—②—④

26. 在进行建设工程项目总进度目标控制前，首先应分析和论证（　　）。

A. 进度目标实现的可能性　　B. 进度计划系统的完整性
C. 进度计划方法的适用性　　D. 进度控制方法的合理性

27. 某双代号网络计划中，工作 A 有两项紧后工作 B 和 C，工作 B 和工作 C 的最早开始时间分别为第 13 天和第 15 天，最迟开始时间分别为第 19 天和第 21 天；工作 A 与工作 B 和工作 C 的间隔时间分别为 0 天和 2 天。如果工作 A 实际进度拖延 7 天，则（　　）。

A．对工期没有影响　　B．总工期延长 1 天

C．总工期延长 2 天　　D．总工期延长 3 天

28. 某双代号网络计划如下图所示，关键线路有（　　）条。

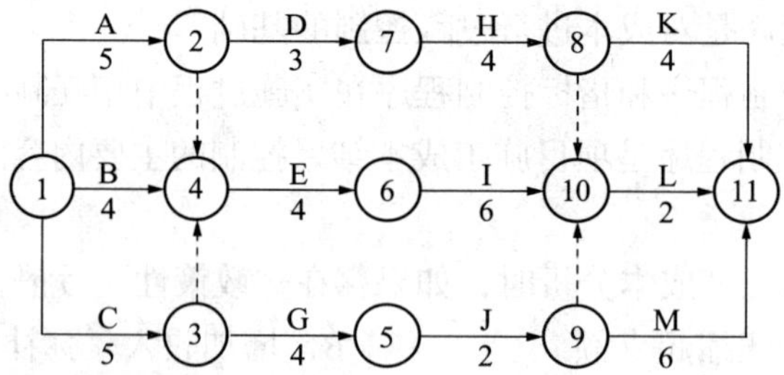

A．1　　B．2

C．3　　D．4

29. 某双代号网络计划中，工作 M 的最早开始时间和最迟开始时间分别为第 12 天和第 15 天，其持续时间为 5 天。工作 M 有 3 项紧后工作，它们的最早开始时间分别为第 21 天、第 24 天和第 28 天，则工作 M 的自由时差为（　　）天。

A．1　　B．3

C．4　　D．8

30. 某双代号网络计划中，假设计划工期等于计算工期，且工作 M 的开始节点和完成节点均为关键节点。关于工作 M 的说法，正确的是（　　）。

A．工作 M 是关键工作　　B．工作 M 的总时差等于自由时差

C．工作 M 的自由时差为零　　D．工作 M 的总时差大于自由时差

31. 某单代号网络计划如下图所示（时间单位：天），其计算工期为（　　）天。

A．20　　B．22

C．24　　D．26

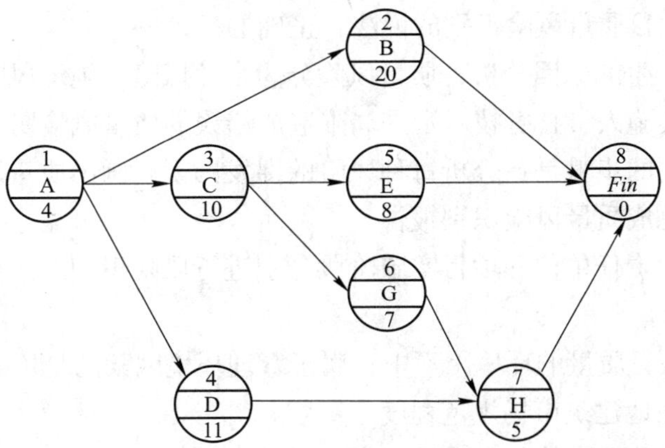

32. 某双代号网络计划中，工作M的自由时差为3天，总时差为5天。在进度计划实施检查中发现工作M的实际进度落后，且影响总工期2天。在其他工作均正常的前提下，工作M的实际进度落后（　　）天。

A．5　　B．6

C．7　　D．8

33. 下列建设工程项目进度控制的措施中，属于经济措施的是（　　）。

A．选择发承包模式　　B．落实资金供应条件

C．进行工程进度的风险分析　　D．优选工程项目的设计、施工方案

34. 某双代号网络计划如下图所示，如B、D、I工作共用一台施工机械且按B→D→I顺序施工，则对网络计划可能造成的影响是（　　）。

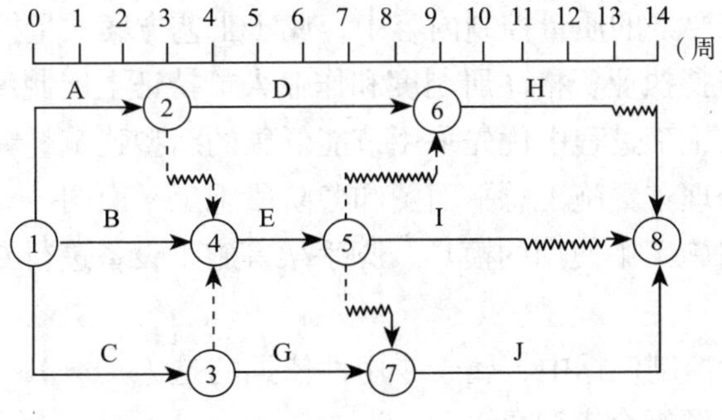

A．总工期不会延长，且施工机械在现场不会闲置

B．总工期不会延长，但施工机械会在现场闲置1周

C．总工期会延长1周，但施工机械在现场不会闲置

D．总工期会延长1周，且施工机械会在现场闲置1周

35. 关于工程项目质量风险识别的说法，正确的是（　　）。

A. 从风险产生的原因分析，质量风险分为自然风险、施工风险、设计风险

B. 因项目实施人员自身技术水平局限造成错误的质量风险属于管理风险

C. 风险识别的步骤是：分析每种风险的促发因素→画出质量风险结构层次图→将结果汇总成质量风险识别报告

D. 可按风险责任单位和项目实施阶段分别进行风险识别

36. 下列影响项目质量的环境因素中，属于管理环境因素的是（　　）。

A. 项目所在地建筑市场规范程度

B. 项目所在地政府的工程质量监督

C. 项目现场施工组织系统

D. 项目咨询公司的服务水平

37. 建立项目质量控制体系的过程包括：①分析质量控制界面；②确立系统质量控制网络；③制定质量控制制度；④编制质量控制计划。其正确的工作步骤是（　　）。

A. ①—②—③—④　　B. ②—③—①—④

C. ②—①—③—④　　D. ①—③—②—④

38. 下列项目质量控制体系中，属于质量控制体系第二层次的是（　　）。

A. 建设单位项目管理机构建立的项目质量控制体系

B. 交钥匙工程总承包企业项目管理机构建立的项目质量控制体系

C. 项目设计总负责单位建立的项目质量控制体系

D. 施工设备安装单位建立的现场质量控制体系

39. 下列施工生产要素的质量控制内容中，属于工艺方案质量控制的是（　　）。

A. 施工企业坚持执业资格注册制度和作业人员持证上岗制度

B. 施工企业在施工过程中优先采用节能低碳的新型建筑材料和设备

C. 施工企业合理布置施工总平面图和各阶段施工平面图

D. 施工企业对施工中使用的模具、脚手架等施工设备进行专项设计

40. 下列施工质量控制依据中，属于专用性依据的是（　　）。

A. 设计交底及图纸会审记录

B. 工程建设项目质量检验评定标准

C. 建设工程质量管理条例

D. 材料验收的技术标准

41. 关于主体结构工程现场质量检测的说法，正确的是（　　）。

A．按照统计方法评定混凝土强度时，同一强度等级试件的留置数量不宜少于 10 组，按非统计方法评定时，留置数量不宜少于 3 组

B．砌体工程中，普通砖 5 万块、多孔砖 10 万块各为一检验批，抽检数量为 1 组

C．对梁板类构件，应抽取构件数量的 1% 且不少于 5 个构件进行钢筋保护层厚度检测

D．混凝土预制构件结构性能检测应按同一工艺生产的不超过 100 件且不超过 3 个月的同类产品为一检验批

42. 关于建设工程竣工验收备案的说法，正确的是（　　）。

A．建设单位应在建设工程竣工验收合格之日起 30 日内，向工程所在地的县级以上地方人民政府建设主管单位备案

B．建设单位办理竣工验收备案时，应提交由监理单位编制的工程竣工验收报告

C．建设单位办理竣工验收备案时，应提交由施工单位签署的工程质量保修书

D．建设单位办理竣工验收备案时，对住宅工程应提交《住宅工程质量分户验收表》

43. 关于竣工质量验收程序和组织的说法，正确的是（　　）。

A．单位工程的分包工程完工后，总包单位应组织进行自检，并按规定的程序进行验收

B．单位工程完工后，总监理工程师应组织各专业监理工程师对工程质量进行竣工预验收

C．工程竣工质量验收由建设单位委托监理单位负责组织实施

D．工程竣工报告应由监理单位提交并须经总监理工程师签署意见

44. 根据事故造成损失的程度，下列工程质量事故中，属于重大事故的是（　　）。

A．造成 1 亿元以上直接经济损失的事故

B．造成 5000 万元以上 1 亿元以下直接经济损失的事故

C．造成 1000 万元以上 5000 万元以下直接经济损失的事故

D．造成 100 万元以上 1000 万元以下直接经济损失的事故

45. 下列工程质量问题中，可不做专门处理的是（　　）。

A．某高层住宅施工中，底部二层的混凝土结构误用安定性不合格的水泥

B．某防洪堤坝填筑压实后，压实土的干密度未达到规定值

C．某检验批混凝土试块强度不满足规范要求，但混凝土实体强度检测后满足设计要求

D．某工程主体结构混凝土表面裂缝大于 0.5mm

46. 某焊接作业由甲、乙、丙、丁四名工人操作，为评定各工人的焊接质量，共抽检 100 个焊点，抽检结果见下表。根据表中数据，各工人焊接质量由好至差的排序是（　　）。

作业工人	抽检点数	不合格点数
甲	10	2
乙	40	4
丙	20	10
丁	30	8

A. 甲→乙→丙→丁　　B. 乙→甲→丁→丙
C. 乙→甲→丙→丁　　D. 丁→乙→甲→丙

47. 关于政府主管部门质量监督程序的说法，正确的是（　　）。
A. 工程项目开工后，监督机构接受建设单位有关建设工程质量监督的申报手续，并对文件进行审查，合格后签发质量监督文件
B. 监督机构在工程基础和主体结构分部工程质量验收前，要对地基基础和主体结构混凝土强度分别进行监督检测
C. 监督机构的检查内容中不包含企业的工程经营资质证书和人员的资格证书检查
D. 监督机构要组织进行工程竣工验收并对发现的质量问题进行复查

48. 关于职业健康安全管理体系和环境管理体系标准比较的说法，正确的是（　　）。
A. 管理原理不同　　B. 管理对象相同
C. 管理目标不同　　D. 管理重点不同

49. 关于建设工程安全生产管理预警级别的说法，正确的是（　　）。
A. Ⅰ级预警表示生产活动处于正常状态
B. Ⅱ级预警表示处于事故的上升阶段
C. Ⅲ级预警表示受到事故的严重威胁
D. Ⅳ级预警一般用蓝色表示

50. 根据《中华人民共和国建筑法》及相关规定，施工企业应交纳的强制性保险是（　　）。
A. 人身意外伤害险　　B. 工程一切险
C. 工伤保险　　D. 第三者责任险

51. 根据《建筑施工企业安全生产管理机构设置及专职安全生产管理人员配备办法》，某 3 万 m^2 的建筑工程项目部应配备专职安全管理人员的最少人数是（　　）名。
A. 1　　B. 2
C. 3　　D. 4

52. 根据《安全生产许可证条例》，施工企业安全生产许可证（　　）。

A．有效期为 2 年

B．要求企业获得职业健康安全管理体系认证

C．有效期届满时经同意可以不再审查

D．应在期满后 3 个月内办理延期手续

53．关于建设工程安全事故报告的说法，正确的是（　　）。

A．各行业专业工程可只向有关行业主管部门报告

B．一般情况下，事故现场有关人员应立即向应急管理部门报告

C．应急管理部门除按规定逐级上报外，还应同时报告本级人民政府

D．事故现场有关人员应直接向事故发生地县级以上人民政府报告

54．关于施工企业生产安全事故应急预案实施规定的说法，正确的是（　　）。

A．每年至少组织两次专项应急预案演练

B．每半年至少组织两次现场处置方案演练

C．周围环境发生变化时，即使没有形成新的重大危险源也应及时进行修订

D．法定代表人发生变化时，应当及时进行修订

55．下列施工现场防止噪声污染的措施中，最根本的措施是（　　）。

A．接收者防护　　B．声源上降低噪声

C．传播途径控制　　D．严格控制作业时间

56．关于施工现场职业健康安全卫生要求的说法，错误的是（　　）。

A．生活区可以设置敞开式垃圾容器

B．施工现场宿舍严禁使用通铺

C．施工现场水冲式厕所地面必须硬化

D．现场食堂必须设置独立制作间

57．根据《中华人民共和国招标投标法》及相关法规，对必须招标的项目，招标人行为符合要求的是（　　）。

A．委托两家招标代理机构，设置两处报名点接受投标人报名

B．就同一招标项目向潜在投标人提供有差别的项目信息

C．以特定行业的业绩、奖项作为加分条件

D．限定或者指定特定的品牌

58．根据《建设工程施工合同（示范文本）》GF—2017—0201，保修期的开始计算时间是指（　　）。

A．合同基准日期　　B．实际竣工日期

C．竣工验收合格日　　D．保证金扣留日

59．根据《建设工程施工劳务分包合同（示范文本）》GF—2003—0214，应由劳务分包人完成的工作是（　　）。

A．加强安全教育　　B．收集技术资料

C．搭建生活设施　　D．编制施工计划

60．某按变动单价计价的土方施工合同，投标时约定的工程量为10000m^3，其中人工费占比30%，工程量变化不调整单价，中标合同价为30万元；施工期间人工费平均上涨15%，竣工结算工程量为20000m^3，其他条件均无变化，则竣工结算价为（　　）万元。

A．31.35　　B．60

C．62.7　　D．69

61．关于成本加酬金合同的说法，正确的是（　　）。

A．成本加固定费用的合同，承包商的酬金不可调整

B．成本加固定比例费用的合同，有利于缩短工期

C．当设计深度达到可以报总价的深度时，适宜采用成本加奖金合同

D．当实行风险型CM模式时，适宜采用最大成本加费用合同

62．下列工程担保中，应由发包人出具的是（　　）。

A．履约担保　　B．支付担保

C．预付款担保　　D．保修担保

63．在一份保险合同中，保险人承担或给付保险金责任的最高额度是该份保险合同的（　　）。

A．标的价值　　B．保险金额

C．保险费　　D．实际赔付额

64．施工合同的实施中，应由（　　）对各工程小组进行建设工程施工合同交底。

A．项目经理　　B．施工员

C．项目技术负责人　　D．施工企业负责人

65．下列建设工程施工合同跟踪的对象中，属于对业主跟踪的是（　　）。

A．成本的增减　　B．施工的质量

C．分包人失误　　D．图纸的提供

66．某工程因发包人原因造成承包人自有施工机械窝工10天，该机械市场租赁费为

1200 元 / 天，进出场费 2000 元，台班费 400 元 / 台班，其中台班折旧费 160 元 / 台班；计划每天工作 1 台班，共使用 40 天，则承包人索赔成立的费用是（　　）元。

A．1600　　B．4000

C．12000　　D．12500

67．某工程的时标网络计划如下图所示，下列工期延误事件中，属于共同延误的是（　　）。

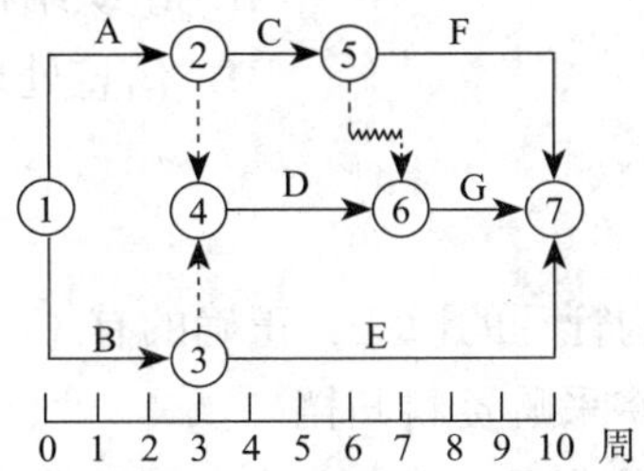

A．工作 A 因发包人原因和工作 B 因承包人原因各延误 2 周

B．工作 C 因发包人原因和工作 G 因承包人原因各延误 2 周

C．工作 D 因发包人原因和工作 F 因承包人原因各延误 2 周

D．工作 E 因发包人原因和工作 F 因承包人原因各延误 2 周

68．关于 DAB（争端裁决委员会）方式解决争议的说法，正确的是（　　）。

A．DAB 提出的裁决具有终局性

B．特聘争端裁决委员会的任期与合同期限一致

C．DAB 的成员一般是工程技术和管理方面的专家

D．DAB 由合同一方当事人聘请

69．美国的 AIA 合同条件在美洲地区具有较高的权威性，其主要用于（　　）工程。

A．房屋建筑　　B．市政公用

C．石油化工　　D．水利水电

70．项目结构信息编码的依据是（　　）。

A．项目管理结构图　　B．项目组织结构图

C．系统组织结构图　　D．项目结构图

二、多项选择题（共 30 题，每题 2 分。每题的备选项中，有 2 个或 2 个以上符合题意，至少有 1 个错项。错选，本题不得分；少选，所选每个选项得 0.5 分）

71．关于建设工程项目管理的说法，正确的有（　　）。

A．业主方是建设工程项目生产过程的总组织者

B．建设工程项目管理的核心任务是项目的费用控制

C．施工方的项目管理是项目管理的核心

D．建设工程项目各参与方的工作性质和工作任务不尽相同

E．实施建设工程项目管理需要有明确的投资、进度和质量目标

72. 下列组织论基本内容中，属于相对静态的组织关系的有（　　）。

A．组织分工　　B．组织结构模式

C．物质流程组织　　D．信息处理工作流程组织

E．管理工作流程组织

73. 关于建设工程物资采购管理的说法，正确的有（　　）。

A．物资采购结束后应将采购资料归档

B．物资采购应符合工程进度、安全和成本管理等要求

C．物资采购应明确采购产品或服务的基本要求、采购分工及有关责任

D．工程建设物资由工程承包单位采购的，发包单位可以指定生产厂或供应商

E．物资采购应符合有关合同和设计文件规定的数量、技术要求和质量标准

74. 下列施工组织设计内容中，属于专项施工方案的有（　　）。

A．施工安排　　B．施工进度计划

C．施工现场平面布置　　D．施工方法及工艺要求

E．资源配置计划

75. 根据《建设工程施工合同（示范文本）》GF—2017—0201，除在专用合同条款中明确的事项外，承包人必须向发包人提交（　　），项目经理才能履行职责。

A．项目经理工作履历

B．项目经理与承包人之间的劳动合同

C．承包人为项目经理缴纳社会保险的有效证明

D．项目经理持有的建造师执业资格证书

E．项目经理的专业技术职称证书

76. 下列建设工程项目风险中，属于经济与管理风险的有（　　）。

A．工程施工方案　　B．事故防范措施和计划

C．承包方管理人员的能力　　D．引起火灾和爆炸的因素

E．现场与公用防火设施的可用性

77. 根据《建设工程监理规范》GB/T 50319—2013，工程建设监理规划应在（　　）

后开始编制。

A．签订委托监理合同

B．收到设计文件

C．第一次工地会议

D．建设单位指定日期

E．施工单位进场

78. 施工成本分析是在成本形成过程中，将施工项目的成本核算资料与（　　）进行比较，以了解成本变动情况。

A．本施工项目的目标成本

B．类似施工项目的预算成本

C．本施工项目的实际成本

D．本施工项目的预算成本

E．类似施工项目的实际成本

79. 下列按费用构成要素划分的建筑安装工程费用中，应计入企业管理费用的有（　　）。

A．固定资产使用费

B．材料采购及保管费

C．管理人员工资

D．检验试验费

E．工具用具使用费

80. 关于施工成本偏差分析方法的说法，正确的有（　　）。

A．横道图法具有形象、直观等优点

B．横道图法是进行偏差分析最常用的一种方法

C．表格法反映的信息量大

D．表格法具有灵活、适用性强的优点

E．曲线法不能用于定量分析

81. 关于分部分项工程成本分析的说法，正确的有（　　）。

A．必须对施工项目中的所有分部分项工程进行成本分析

B．分部分项工程成本分析方法是进行实际成本与目标成本两者的对比

C．分部分项工程成本分析的对象为已完分部分项工程

D．分部分项工程成本分析是施工项目成本分析的基础

E．主要分部分项工程要从开工到竣工进行系统的成本分析

82. 建设工程项目总进度目标论证时，在进行项目的工作编码前应完成的工作有（　　）。

A．调查研究和收集资料

B．编制各层进度计划

C．进度计划系统的结构分析

D．项目结构分析

E．协调各层进度计划的关系

83．某双代号网络计划如下图所示，图中关键线路有（　　）。

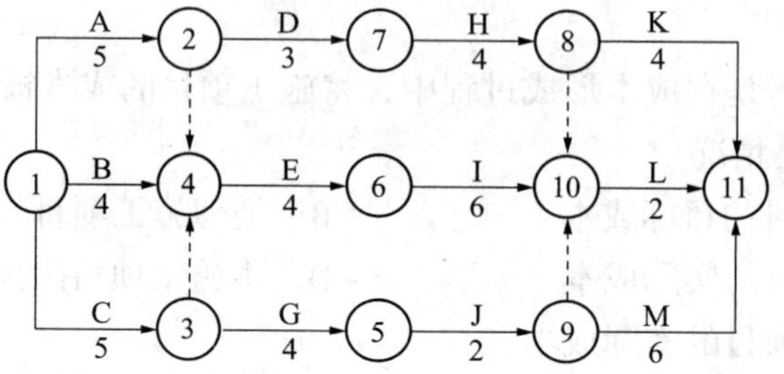

A．①－②－④－⑥－⑩－⑪　　B．①－②－⑦－⑧－⑪

C．①－③－④－⑥－⑩－⑪　　D．①－③－⑤－⑨－⑪

E．①－③－⑤－⑨－⑩－⑪

84．关于工作总时差、自由时差及相邻两工作间间隔时间关系的说法，正确的有（　　）。

A．工作的自由时差一定不超过其相应的总时差

B．工作的自由时差一定不超过其与紧后工作之间的间隔时间

C．工作的自由时差一定不超过其紧后工作的总时差

D．工作的总时差一定不超过其紧后工作的自由时差

E．工作的总时差一定不超过其与紧后工作之间的间隔时间

85．关于建设工程项目进度控制措施的说法，正确的有（　　）。

A．各类进度计划的编制、审批程序属于组织措施

B．进度控制的管理措施涉及管理的思想、方法和手段、承发包模式等

C．对工程项目的进度开展风险管理属于经济措施

D．进度控制会议的组织设计属于技术措施

E．应用信息技术进行进度控制属于管理措施

86．根据建设工程全过程质量管理的要求，质量控制的主要过程包括（　　）。

A．项目策划与决策过程　　B．设备材料采购过程

C．施工组织与实施过程　　D．工程质量的评定过程

E．项目运行与维修过程

87．施工质量计划的基本内容包括（　　）。

A．质量总目标及分解目标

B．质量管理组织机构和职责

C．施工质量控制点及跟踪控制的方式

D．工序质量偏差的纠正

E．质量记录的要求

88. 关于施工项目分部工程质量验收的说法，正确的有（　　）。

A．分部工程应由总监理工程师组织施工单位项目负责人和项目技术负责人等进行验收

B．勘察、设计单位项目负责人和施工单位技术、质量部门负责人应参加地基与基础分部工程验收

C．设计单位项目负责人和施工单位技术、质量部门负责人应参加设备安装分部的工程验收

D．分部工程验收需对地基基础、主体结构、设备安装分部工程进行见证取样试验或抽样检测

E．分部工程验收需要对观感质量进行验收，并综合给出质量评价

89. 关于施工质量事故调查处理的说法，正确的有（　　）。

A．未造成人员伤亡的一般事故，县级人民政府可以委托事故发生单位组织调查

B．在事故原因分析中，必要时要组织对事故项目进行检测鉴定和专家技术论证

C．制定事故处理技术方案时，只需考虑使用功能，不需考虑成本

D．事故处理应包括对事故相关责任者实施行政处罚

E．事故处理报告应包括对事故相关责任者的处罚情况和事故处理的结论

90. 根据下列直方图的分布位置与质量控制标准的上下限范围的比较分析，正确的有（　　）。

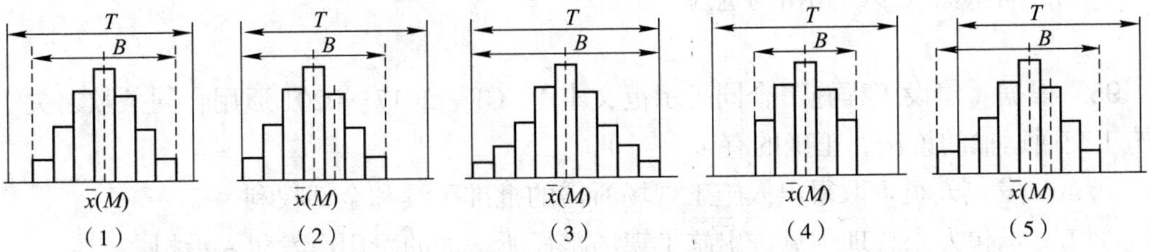

A．图（1）显示生产过程的质量正常、稳定、受控

B．图（2）显示质量特性数据分布偏上限，易出现不合格

C．图（3）显示质量特性数据分布达到质量标准上下限，质量能力处于临界状态

D．图（4）显示质量特性数据的分布居中，质量能力偏大，不经济

E．图（5）显示质量特性数据超出质量标准的下限，存在质量不合格情况

91. 根据《特种作业人员安全技术培训考核管理规定》及有关制度，施工现场的压力焊作业人员应具备的条件有（　　）。

A. 年满 16 周岁，且不超过法定退休年龄

B. 具有初中及以上文化程度

C. 经社区或县级以上医疗机构体检健康合格

D. 取得特种作业操作证

E. 在从业所在地或户籍所在地参加培训

92. 地方各级应急管理部门制定的应急预案，应当报（　　）备案。

A. 同级人民政府

B. 上一级人民政府

C. 同级其他负有安全生产监督管理职责的部门

D. 上一级应急管理部门

E. 同级建设行政主管部门

93. 关于建设工程现场职业健康安全卫生措施的说法，正确的有（　　）。

A. 每间宿舍居住人员不得超过 16 人

B. 施工现场宿舍必须设置可开启式窗户

C. 现场食堂炊事人员必须持身体健康证上岗

D. 施工区必须配备开水炉

E. 厕所应设专人负责清扫、清毒

94. 下列合同条款中，与合同款支付方式有关的条款有（　　）。

A. 预付款比例　　B. 工程量清单错误的修正

C. 市场价格波动引起的调整　　D. 工程进度款支付审批程序

E. 质量保证金的扣留与退还

95. 根据《建设工程施工合同（示范文本）》GF—2017—0201 通用合同条款，关于工程施工交通运输的说法，正确的有（　　）。

A. 发包人负责取得出入施工现场所需的批准手续和全部权利

B. 承包人未合理预见进出施工现场路径所增加的费用由发包人承担

C. 场外交通设施无法满足工程施工需要的，由发包人负责完善

D. 因承包人原因造成的场内基本交通设施损坏的，由发包人承担修复费用

E. 运输超重件所需的道路临时加固费用由承包人承担

96. 关于固定总价合同的说法，正确的有（　　）。

A. 合同总价一次包死，业主不承担投资风险

B．在国际上很少采用固定总价合同

C．图纸和工程内容明确是使用这种合同的前提之一

D．固定总价合同也有调整合同总价的可能

E．合同双方结算比较简单

97. 下列建设工程施工合同的风险中，属于管理风险的有（　　）。

A．环境调查不深入

B．政府工作人员干预

C．投标策略错误

D．汇率调整

E．合同条款不严密

98. 根据《全国建筑市场各方主体不良行为记录认定标准》，下列不良行为中，属于承揽业务方面的有（　　）。

A．允许其他单位或个人以本单位名义承揽工程

B．按照国家规定需要持证上岗的技术工种的作业人员未取得证书上岗

C．不按照与招标人订立的合同履行义务，情节严重

D．以向招标人或者评标委员会成员行贿的手段谋取中标

E．将承包的工程转包或者违法分包

99. 下列工程索赔证据中，属于书证的有（　　）。

A．合同协议书

B．往来信件

C．工程现场照片

D．质量责任鉴定

E．司法判决书

100. 下列工程项目管理信息系统的功能中，属于成本控制子系统的有（　　）。

A．投标估算的数据计算和分析

B．编制资源需求量计划

C．计划施工成本

D．计算实际成本

E．计划成本与实际成本的比较分析

【综合测试题（二）答案】

一、单项选择题

1．D；　2．A；　3．A；　4．C；　5．D；　6．B；　7．B；　8．A；

9．C；　10．B；　11．D；　12．A；　13．C；　14．B；　15．C；　16．B；

17．C；　18．D；　19．C；　20．B；　21．C；　22．A；　23．C；　24．B；

25. D; 26. A; 27. B; 28. C; 29. C; 30. B; 31. D; 32. C;
33. B; 34. A; 35. D; 36. C; 37. B; 38. C; 39. C; 40. A;
41. A; 42. C; 43. B; 44. B; 45. C; 46. B; 47. B; 48. D;
49. D; 50. C; 51. B; 52. C; 53. C; 54. D; 55. B; 56. A;
57. A; 58. C; 59. A; 60. C; 61. D; 62. B; 63. B; 64. A;
65. D; 66. A; 67. A; 68. C; 69. A; 70. D

二、多项选择题

71. A、D、E; 72. A、B; 73. A、B、C、E; 74. A、B、D、E;
75. B、C; 76. B、E; 77. A、B; 78. A、C、D;
79. A、C、D、E; 80. A、C、D; 81. C、D、E; 82. A、C、D;
83. A、C、D; 84. A、B; 85. A、B、E; 86. A、B、C、D;
87. A、B、C、E; 88. A、B、D、E; 89. A、B、D、E; 90. A、C、D、E;
91. B、C、D、E; 92. A、D; 93. A、B、C、E; 94. A、D、E;
95. A、C、E; 96. C、D、E; 97. A、C、E; 98. C、D、E;
99. A、B、E; 100. A、C、D、E

网上增值服务说明

为了给一级建造师考试人员提供更优质、持续的服务，我社为购买正版考试图书的读者免费提供网上增值服务。**增值服务包括**在线答疑、在线视频课程、在线测试等内容。

网上免费增值服务使用方法如下：

1．计算机用户

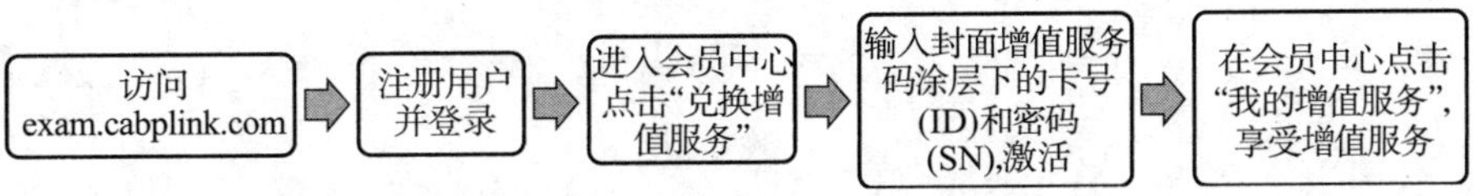

2．移动端用户

注：增值服务从本书发行之日起开始提供，至次年新版图书上市时结束，提供形式为在线阅读、观看。如果输入卡号和密码或扫码后无法通过验证，请及时与我社联系。

客服电话：4008-188-688（周一至周五 9：00—17：00）

Email：jzs@cabp.com.cn

防盗版举报电话：010-58337026，举报查实重奖。

网上增值服务如有不完善之处，敬请广大读者谅解。欢迎提出宝贵意见和建议，谢谢！